Geschichte der Philosophie

dargestellt

von

Bruno Bauch, Nicolai Hartmann, Richard Hönigswald,
Walter Kinkel, Hans Leisegang, Fritz Medicus,
Johannes M. Verweyen, Max Wundt

Band 6

Die Philosophie von der Renaissance bis Kant

von

Richard Hönigswald

1923

Walter de Gruyter & Co.

vormals G. J. Göschen'sche Verlagshandlung - J. Guttentag, Verlagsbuchhandlung - Georg Reimer - Karl J. Trübner - Veit & Comp.

Berlin und Leipzig

Die Philosophie von der Renaissance bis Kant

Von

Richard Hönigswald

1923

Walter de Gruyter & Co.

vormals G. J. Göschen'sche Verlagshandlung - J. Guttentag, Verlagsbuchhandlung - Georg Reimer - Karl J. Trübner - Veit & Comp.

Berlin und Leipzig

Geschichte der Philosophie

Die einzelnen Bände behandeln folgende Epochen:

Band 1: Frühantike
*Band 2: Klassische Antike
Band 3: Spätantike
a) Ethische Systeme
b) Neuplatonismus
*Band 4: Mittelalter
Band 5: Renaissance
*Band 6: Vorkantianer
*Band 7: Kant
*Band 8: Deutscher Idealismus
*1. Teil: Fichte, Schelling u. die Romantik
2. Teil: Hegel
Band 9: Positivismus
Band 10: Neuidealismus

Die mit * bezeichneten Bände sind erschienen.

Druck von Walter de Gruyter & Co. in Berlin.

Dem teuern Andenken meiner Frau

Inhaltsübersicht.

Vorwort.

Das vorliegende Buch untersucht die Entfaltung der philosophischen Probleme in der Zeit zwischen Renaissance und Kant. Es will Problemgeschichte bieten und unter problemgeschichtlichen Gesichtspunkten gewertet sein; d. h. es bekennt sich zu den methodischen Grundsätzen, die des Verfassers „Philosophie des Altertums", München 1917, und seine Schrift über „Die philosophischen Motive im neuzeitlichen Humanismus", Breslau 1918, bestimmt hatten. Sachlich und zeitlich Bedingtes verknüpfen sich auch hier zu einer logisch einheitlichen Aufgabe: es gilt den Wechsel der geschichtlichen Erscheinungsformen des philosophischen Denkens und den in sich selbst ruhenden Zusammenhang der sachlichen Motive durchgängig aufeinander zu beziehen; diese in jenen zu entdecken, jene als Voraussetzung für die Entfaltung und Befestigung sachlicher Problembestände zu erweisen.

Diese Gesichtspunkte kommen in Anlage und Darstellung zu mannigfacher Ausprägung. Aber auch das im engeren Sinn Geschichtliche hat im Hinblick auf die besonderen Zwecke des Gesamtwerkes entsprechende Berücksichtigung erfahren müssen: wo es in der Sache begründet zu sein schien, ward die Erörterung durch biographische und zeitgeschichtliche Hinweise unterbrochen.

Das Schwergewicht der Darstellung liegt auf den großen systematischen und kritischen Leistungen des 17. und 18. Jahrhunderts. Sie bestimmen die Perspektive der Betrachtung und damit die Voraussetzungen, um auch den mehr abseits gelegenen Erscheinungen ihren Ort und ihre Bedeutung in dem Zusammenhang des Ganzen anzuweisen. Es folgt aus dem Begriff der Philosophie, daß ihre Geschichte immer aufs neue in Angriff genommen werde. Und so mag auch das vorliegende Buch als Erfüllung dieser Forderung der Sache der Philosophie dienen. — Gliederung, Inhaltsverzeichnis und Kapitelüberschriften gewähren unter solchen Umständen kein vollständiges Bild von dem Umfang des verarbeiteten Stoffes und der Methode seiner Bewältigung. Hier muß eben, soweit nicht das Register helfend herangezogen werden kann, der Inhalt des Werkes selbst für sich sprechen.

Breslau, den 16. August 1922.

R. Hönigswald.

1. Die Zeit zwischen der Renaissance und Kant muß, ihrer philosophiegeschichtlichen Bedeutung nach betrachtet, als ein Ganzes gewertet werden. Sie bringt die gedanklichen Motive der Renaissance zu voller Entfaltung, indem sie sie den kühnsten spekulativen Zwecken dienstbar macht; zugleich aber schafft sie auf allen Gebieten philosophischer Forschung einen Widerstreit der Probleme und Entscheidungen, der nur durch die Tiefe der Kantischen Fragestellung geschlichtet und damit erst für die weitere Entwicklung des philosophischen Denkens fruchtbar werden konnte. Dem Reichtum ihrer Gedankenwelt vermag kein noch so umfassendes Schlagwort gerecht zu werden. Sie entwickelt einen nie übertroffenen Sinn für subtilste logische Aufgaben und mit unerhörter Kühnheit entwirft sie den Plan neuer Wissenschaften. Sofort aber schreitet sie auch vom Plan zur Ausführung. Überall legt sie Hand an, und wie in den Tagen des klassischen Altertums verschmelzen ihr vielfach die Begriffe von Wissenschaft und Philosophie. In rascher Folge mehrt sie auf allen Gebieten positiver Forschung den Besitzstand der Erkenntnis. In immer neuen Abwandlungen und unter immer reicheren Gesichtspunkten wird ihr aber auch die Erkenntnis selbst zum Problem: in lebendigem Zusammenhang mit der Pflege der Wissenschaften erwächst ihr deren philosophische Theorie. Nach allen Seiten hin erstreckt sich dabei der Bereich ihrer wissenschaftlichen Interessen. Nicht allein Mathematik und mathematische Naturwissenschaft erfahren in der Periode seit dem Abklingen der Renaissance und bis zum Auftreten Kants eine noch nie dagewesene Förderung: auch die Lehren von Recht, Staat und Gesellschaft finden im Rahmen kühner Utopien und, was noch viel wesentlicher ist, als Gegenstände strenger methodischer Forschung neue und fruchtbare Erörterung. Die letzten Glaubensfragen des religiösen Lebens durchdringen dabei, durch die Kämpfe der Reformation zu frischer Aktualität erweckt, das Ganze. Sie wirken sich hier bald in zart abgetönter Stimmungsmystik, bald in tiefsinniger Hingabe an den Urgrund aller Dinge und damit an die Dinge selbst aus. Sie offenbaren sich dort in einer verstandesklaren, den Interessenkreis

wissenschaftlicher Erkenntnis mannigfach schneidenden und damit auf die Schicksale der Erkenntnis bestimmend zurückwirkenden Metaphysik. Die aristotelisch-scholastische Überlieferung, vor allem aber ein nüchterner Empirismus kreuzen an mehr als einem Punkte die Wege dieser Metaphysik; und in zahlreichen Schattierungen tritt die Skepsis auf den Plan, um sich in hundertfältigen Beziehungen mit dem Geist der sogenannten „Aufklärung" zu verweben. Alles aber, Wissenschaft und Mystik, Empirismus und Skepsis, Methodenlehre und Metaphysik drängen nach endgültiger Klärung ihrer Begriffe. Was sind sie, was bedeuten sie im Ganzen eines Systems möglicher Erkenntnis? Es ist die Frage Kants, die sich damit als sachlich geforderter Abschluß unserer Epoche ankündigt.

2. Es wäre ein müßiges Beginnen, den Zeitpunkt bestimmen zu wollen, an dem die Philosophie der Renaissance „aufhört". Gleichwie ihre Anfänge sich tief in die mittelalterliche Kultur hinein verlieren, so reicht sie mit charakteristischen Kundgebungen weit herein in den Bereich der eigentlichen „neuen" Zeit. Überhaupt: nur sachlich, nicht zeitlich sind auch hier die Grenzwerte zu bestimmen. Das Leben manchen Denkers, der vermöge seiner sachlichen Einstellung noch so gut wie ganz zur „Übergangszeit" gerechnet werden muß, erstreckt sich bereits tief in das Jahrhundert hinein, dem Descartes und Spinoza, Hobbes und Leibniz das Gepräge geben; vor dessen Mitte noch John Locke und Isaac Newton geboren wurden. Andererseits findet sich eine reiche Fülle bedeutender Gestalten, die, obgleich zeitgeschichtlich noch durchaus der Renaissance zugehörig, mit einigen ihrer besten Leistungen doch schon über die Renaissance und deren entscheidende Kämpfe weit hinausragen. Man denke nur an Nicolaus von Cues und dessen Verdienste um die Grundlegung der Erkenntnis. Wieder andere lassen einen bemerkenswerten Widerstreit entdecken zwischen ihrer persönlichen Stimmung und der systematischen Bedeutung ihrer Ideen. Nicht nur das Leben Bacons von Verulam fällt in die neue Zeit; auch sein persönliches Verhältnis zu den Problemen scheint letzten Endes durch sie bestimmt. Und doch verrät das Gefüge seiner Begriffe, in weit höherem Maße als etwa die Philosophie des Ludovicus Vives, den entscheidenden und kaum gehemmten Einfluß peripatetischer Grundsätze. Giordano Bruno erleidet für die neue Weltanschauung den Feuertod. Und doch bleibt ihm der Geist der mathematischen Naturforschung fremd; doch steht er in bezug auf

die Grundfragen des Erkenntnisproblems restlos auf dem Boden der aristotelischen Überlieferung. Das alles und vieles andere schließt die Angabe zeitlicher Grenzwerte unserer Epoche geradezu aus. — Dazu kommt noch, daß als Weiterbildung mittelalterlicher Wissenschaft thomistische und scotistische Lehren durch die Renaissance, wenn auch von ihr nicht unbeeinflußt und auf sie in mannigfacher Verschlingung mit dem protestantischen Aristotelismus zurückwirkend, hindurchgehen. Die Schulen von Salamanka und Coimbra haben mächtig nachgewirkt. In der Kultur des Jesuiten-Ordens fand der Thomismus eine kraftvolle Stütze. Vor allem aber reicht der große scholastische Systematiker Franz Suarez mit seinem Einfluß tief in die neue Zeit, ja bis in die philosophische Gegenwart herein. Und über die Renaissance hinweg wirkt auch der gefährlichste Widerpart der Scholastik, die aus wesentlich neuplatonischen Quellen genährte Mystik. So können denn die Grenzen der Periode zwischen der Renaissance und Kant überall nur nach relativen Maßstäben abgesteckt werden.

3. Der Geist der Renaissance ist auch auf dem Boden der neuen Zeit noch unmittelbar wirksam und gegenwärtig, solange der Kampf gegen die aristotelische Überlieferung des Mittelalters Selbstzweck ist; solange die Ergebnisse positiv-wissenschaftlicher Forschung, und seien sie wie bedeutend immer, auf diesen Selbstzweck abgestimmt erscheinen. Ja, selbst da, wo man, obzwar noch inmitten jenes Kampfes stehend, doch auch schon volle Klarheit über die Grundsätze anstrebt, die ihn beherrschen und seinen Ausgang bestimmen mögen — selbst da darf noch von philosophischer „Renaissance" im engeren Sinne gesprochen werden. Wo dagegen die Absicht vorherrscht, das Problem der Philosophie, das sich aus geschichtlichen, wie aus sachlichen Gründen zunächst als das Problem der Erkenntnis darstellt, in selbständiger gedanklicher Analyse zu bewältigen, da ist — mag daneben auch das Motiv der Abwehr peripatetisch-mittelalterlicher Einflüsse noch so deutlich hervortreten; mag die Abhängigkeit von den Vorarbeiten der Renaissance noch so unverkennbar sein — bereits die „neue" Zeit am Werke. Unter solchen Gesichtspunkten wäre eine Gestalt wie Galilei der Renaissance, dagegen der 31 Jahre ältere Montaigne, gewiß aber der nur um ein Vierteljahrhundert jüngere Thomas Hobbes schon der Neuzeit zuzuzählen. Immerhin, wo der Kampf gegen die aristotelische Überlieferung in das Licht einer bewußten und grundsätzlichen Überlegung gerückt erscheint; wo, um es so auszudrücken, sein Begriff zur Er-

örterung steht, da mag der kritische Historiker noch eine besondere Periode des Übergangs von der Renaissance zur Neuzeit in Ansatz bringen. Doch soll damit nicht die Möglichkeit einer schematisierenden Gliederung der philosophischen Entwicklung eingeräumt, es sollen im Gegenteil die Fülle und der Reichtum der in Frage kommenden geschichtlichen und sachlichen Beziehungen dargetan werden. In solchem Sinn will der folgende Abschnitt verstanden sein.

A. Der Übergang von der Renaissance zur Neuzeit.

1. Das Motiv der Gegenständlichkeit.

1. Die philosophischen Bestrebungen, die von der Renaissance zur Neuzeit im engeren Sinne des Wortes hinüberleiten, erfahren ihre schärfste Ausprägung in dem Ruf nach einer Reform der Logik. Die aristotelisch-scholastische Logik lehrte wohl beweisen, vermochte aber nicht zu überzeugen. Sie zwang, aber sie förderte nicht. Sie stand neben der forschenden Wissenschaft; sie hatte keinen unmittelbaren Anteil an deren Schicksalen und Erfolgen. Die auf eigenen Bahnen selbständig fortschreitende Einsicht fühlte sich zu neuen und entscheidenden Fragen gedrängt über Methode, Umfang und Prinzipien, kurz den Begriff der Erkenntnis. Der logischen Überlieferung aber blieb der eigentümliche und grundsätzliche Sinn dieser Fragen fremd. Die positive Forschung zog dem Begriff der Erkenntnis einen Rahmen, den die überlieferte Logik nicht auszufüllen vermochte. Sie forderte darum eine „neue" Logik; eine Logik, die entschlossen war, ihr Schicksal an das der Ergründung neuer Wahrheiten zu heften; eine Logik nicht sowohl des Beweises, als vielmehr der „Erfindung". Es ist eine Logik, die nicht nur einen vorhandenen Geistesbesitz zu verteidigen, sondern ihn nach Grundsätzen umzubilden und zu mehren bestimmt ist. Mancher positive Vorschlag freilich verfehlt noch sein Ziel. Oft genug scheitert noch der Erfolg des Kampfes an der Unzulänglichkeit der Voraussetzungen, die ihn beherrschen; daran, daß er vielfach noch mit den Mitteln der alten Logik und von deren Boden aus geführt ward. Oft genug freilich offenbart er aber schon eine geradezu klassische Höhe methodischer Vollendung. Allein, hier wie dort ist das Ziel nicht nur dieses, Erkenntnisse von objektivem Wert zutage zu fördern, sondern

vor allem anderen: das Problem der Erkenntnis selbst, der Begriff der Objektivität.

2. In allen ihren Schattierungen läßt die philosophische Renaissance diese Tendenzen klar erkennen: auf humanistischer Seite nicht minder, als in den auf eine Neubegründung der Naturforschung gerichteten Bestrebungen. Es ist heute leicht einzusehen, woran Lorenzo Vallas Forderung, Logik sei auf Rhetorik zurückzuführen, im einzelnen scheitern mußte. Aber es wäre ebenso so leicht zu zeigen, daß in jener Forderung, so unerfüllbar, ja so unersprießlich sie auch sein mag, eine bedeutsame methodologische Idee nach Gestaltung drängt. Logik sollte in ein eindeutiges Verhältnis der Abhängigkeit gesetzt werden zu einem Wert, dessen Gegenständlichkeit, gleichviel aus welchen Gründen und mit welchem Recht, als unantastbar feststehend galt, zu der Gesetzlichkeit der Sprache. An der „Wirklichkeit" des zweckvollen Gebrauchs, der von der Sprache gemacht wird, wo diese den vollen Einsatz der gesamten Persönlichkeit fordert [1]), wo sie deren ungeschmälerte „Wirklichkeit" widerspiegelt, sollte sich die Logik aufbauen und bewähren. Es steht darum auch nicht im Widerspruch hierzu, daß der Humanismus da, wo er nach der Lage der Dinge Zweifel hegen konnte, ob sich in dem Gebrauch der Sprache wirklich echte gegenständliche Werte auswirken, der „lebendigen" Sache mit einer oft rücksichtslosen Schroffheit vor dem „toten" Wort den Vorzug gibt. „Res ipsa me cogit", sagt einmal Petrarca. „Ubi enim res video, verbis contrariis fidem non habeo [2])." Was der Humanismus letzten Endes will, ist eben erkenntnistheoretisch betrachtet nichts anderes, wie das, was auch den großen philosophierenden Naturforschern der Spätrenaissance, etwa Galilei, als Ziel vorschwebt: Wissenschaft zu treiben um des Sinnes der Wissenschaft selbst willen; in den Erkenntnissen und den sie bestimmenden Methoden den Begriff der Erkenntnis zu schärfster Ausprägung zu bringen. In solchen Bestrebungen erhebt sich der Geist der Renaissance oft zu einer geradezu klassischen Höhe logischer Vollendung: sie wächst gleichsam über sich selbst hinaus und ergreift Probleme, deren Bewältigung schlechthin neue Mittel der Analysis voraussetzt. Leibnizens gewaltige Idee eines universellen Kalküls, der in seinem ganzen Umfang und in seiner ganzen Tiefe zugleich Logik sein will, bedeutet nicht nur eine Wieder-

[1]) Ernst Cassirer, Das Erkenntnisproblem in der Philosophie und Wissenschaft der neueren Zeit. Bd. I, S. 124. 1906.

[2]) Vgl. Prantl, Geschichte der Logik Bd. III, S. 154, Anm. 11.

erweckung der alten „lullischen" Kunst. In seinen „wunderlichen Bemühungen"[1]), alle überhaupt möglichen Erkenntnisse in mathematischen Zeichen festzulegen, deren Wechselbezug den Mehrdeutigkeiten und Unklarheiten der Sprachen schlechthin entrückt ist, offenbart sich in Wahrheit der große Gedanke, daß eine, von den lebendigen Interessen der forschenden Wissenschaft abgesonderte Logik den Begriff der Wissenschaft selbst gefährden müßte. Dieser Gedanke aber bedeutet die Erfüllung einer Forderung der Renaissance.

3. Bis ins einzelne der entlegensten Problemgebiete hinein ließen sich solche Beziehungen zwischen der ausgehenden Renaissance und der „neuen" Zeit verfolgen. Hieronymus Cardanus, tief hineinverstrickt in Magie und Mystik, erfüllt von einem unklaren Streben nach astrologischer Ergründung der Weltzusammenhänge, grundsatzloser Ausschweifung ergeben, ergreift, wenn auch noch verschwommen und tastend, in der Gesetzlichkeit der Zahl eine Bedingung gegenständlicher Erkenntnis. In einer merkwürdigen Bekenntnisschrift „De vita propria" enthüllt er in rücksichtsloser Selbstzergliederung sein Inneres, mit allen Fehlern und Leidenschaften, allen Vorzügen und Talenten. Auch das selbstgenugsame Einzelwesen wird eben als Gegenstand, es wird als besonderer Typus der Gegenständlichkeit gewertet. Die „Wahrheit" ist es, deren Idee jene Selbstbekenntnisse dienen sollen; — dieselbe Wahrheit, in deren Namen er die Utopien und Staatsromane durch eine Wissenschaft ersetzt wissen will: nüchternen Sinnes müßten die Bedingungen, d. h. die besondere geschichtliche Bestimmtheit der wirklichen Staaten kritisch geprüft werden. Telesio und Campanella, beide weit mehr der Stimmung als den Leistungen nach Gegner der aristotelischen Überlieferung, ringen nichtsdestoweniger mit Ideen zur Reform der Methoden und des Problems der Erkenntnis. Noch stellt es sich ihnen unter dem Bilde metaphysischer und pseudopsychologischer Gleichnisse dar. Aber schon läßt der Gedanke, daß das Erkennen ein Einswerden des Verstandes mit seinen Objekten bedeute, die scharfen Umrisse der Aufgaben erkennen, an deren Lösung sich die Meister der neueren Philosophie mit geläuterten Mitteln versuchen sollten. — Seit jeher war die Mystik der gefährlichste Widerpart der aristotelisierenden Scholastik. Allein auf den Höhen und am Ausgang der Renaissance nimmt vielfach auch sie neue Formen an. Neue Probleme treten in

[1]) Windelband, Geschichte der Philosophie. 2. Aufl., S. 326. 1906.

ihren Gesichtskreis, vor allen Dingen wird sie sich in gewissem Sinne selbst zum Problem. Wohl lebt noch in Johannes Reuchlin und Agrippa von Nettesheim, in Valentin Weigel und Jakob Böhme der Geist von Magie und Kabbala. Daneben aber regt sich in ihnen der Sinn für eine schlechthin neue Aufgabe. Die höchsten Werte in der Sphäre des Gefühls, vor allem des religiösen, sollen in ihrer vollen Selbständigkeit ergriffen, die Beziehung jeder möglichen Erkenntnis auf diese Werte erfaßt und festgehalten werden. Auf mannigfach verschlungenen Pfaden streben sie im Grunde genommen demselben Ziele zu. Unter sehr verschiedenen geschichtlichen und persönlichen Voraussetzungen arbeiten sie mit einem größeren oder geringeren Grad methodischer Bewußtheit an der Bewältigung einer der größten Aufgaben der neuen Zeit; an der Sicherung und Rechtfertigung des spezifischen Geltungswerts religiöser Erlebnisse gegenüber den Ansprüchen der forschenden Wissenschaft. Zwar bejahen sie diese Ansprüche und damit den Begriff wissenschaftlicher Erkenntnis. Allein, sie tun es nicht um der Erkenntnis selbst willen, sondern unter dem Gesichtspunkt ihres Verhältnisses zu dem spezifischen Wahrheitswert des religiösen Erlebens. Die besondere Geltungsform der Wissenschaft, so kann man sagen, gliedert sich ihnen in den Zusammenhang eines Systems von Geltungswerten ein, an dessen Spitze der religiöse steht. Ein klarer Sinn für die Ganzheit und Unteilbarkeit der Kultur, für das Einheitliche und Organische ihres Wesens, ein tiefes Verständnis für das schlechthin Individuelle ihrer jeweiligen Gestaltungen kündigt sich hier, wenn auch vorerst noch verworren und dunkel, an. Weder opfert diese Mystik soziale Werte, noch ist sie wirklichkeitsfremd: arbeitet sie doch an ihrem Teil daran, dem Begriff der „Wirklichkeit" einen neuen und reicheren Inhalt zu geben. — Es ist nicht schwer, an den Sentenzen und Ergebnissen, die Paracelsus unter den Gesichtspunkten der späteren Forschung schärfste Kritik zu üben. Auch liegen die neuplatonischen Elemente seines Philosophierens über die Natur offen zutage. Aber dieser Neuplatonismus ist oft genug nur das Gewand, in das sich die Absage an die aristotelische Logik und das kraftvolle Bekenntnis zu einem neuen Begriff von Natur und Methode kleiden. Es ist ihm vielfach ein Mittel, zu unterscheiden zwischen der berechtigten, ihres Verfahrens sicheren Philosophie, wie er selbst sie treibt, und der „Spekulation", die er verachtet. „Es ist vonnöten, die Spekulation zu verlassen, und dem nachzugehen, was nicht aus Spekulieren gezeigt wird, sondern aus der Deutung und Darlegung. Darüber ist nun der Streit und Krieg, daß meine Gegner spekulieren und ich aus der Natur lehre [1])." Wohl verlieren sich „Deutung" und „Darlegung" vielfach in ein Gewirr dunkler Qualitäten. Aber nicht immer sind daran die Grundsätze der Fragestellung schuld. In vielen Fällen entspringen die Schwierigkeiten aus der methodologischen Besonderheit des Problemkreises, von dem aus Paracelsus die Reform der Logik einzuleiten unternommen hatte: aus der Eigenart der Medizin, mit ihrer Einstellung auf den komplexen, allen verfügbaren Mitteln der Logik schlechthin verschlossenen Begriff des organischen Geschehens, auf die biologischen Wertbegriffe der Gesundheit und der Krankheit, auf die Gesichtspunkte der Heilung und der Kunst des ärztlichen Handelns. Bedenkt man die ungeheure Komplexion dieser Sachlage, so wird man der logischen Kraft und Bewußtheit, mit der Paracelsus daran arbeitet, „die Gesamtheit der mittelalterlichen Lehrverfassung allmählig in das System der Erfahrungswissenschaften hinüberzuleiten" [2]), nur die höchste Bewunderung zollen können. Ja man wird bekennen müssen, daß in Paracelsus' berühmtem Satz, Philosophie sei die „unsichtige Natur", Motive mit erklingen, die über den Gedankenkreis der Renaissance weit hinausweisen.

4. Und ganz ähnlich liegen die Dinge, wenn man seinen Blick auf die Vertreter der Rechts- und Staatsphilosophie richtet. Schon war oben der Abneigung gegen die Utopien und Staatsromane Erwähnung geschehen — als eines unmißverständlichen Zeichens dafür, daß nun auch die Begriffe „Recht" und „Staat" in ihrer spezifischen Gegenständlichkeit erfaßt werden wollen. Ein neuer, auf Grundsätze gerichteter Begriff der Politik fügt sich alsbald hinzu. Die Ideen der nationalen Selbständigkeit und der nationalen Geschichte bewähren als objektive Voraussetzungen jenes Begriffs einen stetig wachsenden Einfluß auf Richtung und Ergebnisse staatsmännischer Entscheidungen. Sie verknüpfen sich mit dem Ideal der bürgerlichen Freiheit und gewinnen damit einen unverlierbaren Bezug auf die Prinzipien des sittlichen Handelns. Nur unter solchen Voraussetzungen ist eine Gestalt wie die des Nicolo Macchiavelli zu verstehen. Unter solchen Voraussetzungen aber tritt sie auch in ein eindeutiges Verhältnis zu dem Um-

---

[1]) Paracelsus (Ausgabe von Huser) II, 106.

[2]) Ernst Cassirer, a. a. O. S. 101.

kreis wissenschaftlicher Bestrebungen, deren Ziel die durch keinerlei realpolitische Rücksichten gehemmte theoretische Begründung und Sicherung der Begriffe „Recht" und „Staat" darstellt. Gerade diese Bestrebungen nun weisen, weil sie sich bewußtermaßen auf die letzten Bedingungen des Begriffs der Gegenständlichkeit überhaupt beziehen, über die Renaissance und deren engeren Problemkreis hinaus. Nicht daß Männer wie Albericus Gentilis und Hugo Grotius den Begriff des Naturrechts neu begründeten, sichert ihnen in der Geschichte der Philosophie unvergängliche Bedeutung; — sondern dies, daß sie nach einem Prinzip suchten, die Mannigfaltigkeit empirischer Rechtsverhältnisse zu beherrschen; nach einem Kriterium, das über alle positiven Rechtsbestimmungen erhaben, sich unabhängig von diesen einzuführen vermöchte. Sie vermuteten wie gesagt dieses Kriterium in der Gesetzlichkeit der Natur. Das mag für ihre Zeit charakteristisch sein. Daß sie aber überhaupt danach fahndeten, begründet ein neues Verhältnis zum Problem der Gegenständlichkeit. — Mancher bedeutende Namen ließe sich noch in solchem Zusammenhang nennen. Denn in ungezählten Wendungen kamen allerorten verwandte Bestrebungen zur Geltung: zunächst als der Gedanke, daß die Stellung des Menschen in der Welt letzten Endes nicht sowohl nach seinem tatsächlichen Verhältnis zu anderen Faktoren in der Welt, als vielmehr nach dem ideellen Bezug seines Begriffs auf den Begriff der Welt zu beurteilen sei. Diesen ideellen Bezug herstellen aber bedeutet nichts anderes, wie den Begriff der Gegenständlichkeit als letzte Instanz aller theoretischen Entscheidungen anrufen. Wo sie gefällt werden, da reichen die Augen des Menschen weiter „als das gesamte Weltall". „Jammern wir darüber", meint einmal Petrus Ramus, der scharfe Kritiker der aristotelischen Logik, „daß der Mensch in die engen Schranken des Körpers, wie in ein Gefängnis gebannt sei: die Mathematik befreit ihn und macht den Menschen größer als das gesamte Weltall, so daß er, der nicht den millionsten Teil eines Punktes von ihm ausmacht, es in seiner Gesamtheit und mit Augen, die weiter reichen als es selbst, anschaut[1])."

5. Indessen in allen bisher erwähnten Fällen scheint die Beziehung auf die Philosophie der Neuzeit durchwegs an Motiven zu haften, die für die Denker selbst keineswegs entscheidend sind. Bei allen

[1]) Petri Rami Verimandui, Dialecticae Institutiones, ad celeberrimam et illustrissimam Lutetiae Parisiorum Academiam. Item Aristotelicae Animadversiones Basilicae. Zuerst 1593, S. 67 f.

hat man, trotz ihrer unverkennbaren sachlichen Einstellung auf neue, systematisch bereits jenseits der Renaissance gelegene Fragestellungen, doch immer noch das Gefühl, sich inmitten des philosophischen Gedankenkreises der Renaissance zu befinden. Ihnen nun stehen einige wenige, aber große Gestalten gegenüber, die eine wesentlich andere Beurteilung fordern. Die gedanklichen Motive, die über die Renaissance hinausgreifen, entfalten sich in ihnen zu gesteigerter Selbständigkeit. Ja selbst ihre Stellung innerhalb der Renaissance wird nur im Hinblick auf jene Motive bestimmbar. So verkörpern sie recht eigentlich die problemgeschichtliche Funktion der Renaissance, Bindeglied zu sein zwischen Mittelalter und Neuzeit. Sie rücken die gesamte Philosophie der Renaissance durch die Art, wie sie über deren Begriff hinausführen, in die Beleuchtung der „neuen" Zeit und schaffen gerade damit wieder die unerläßlichen Voraussetzungen für deren sachgemäße Beurteilung. Nur wenige Namen sind hier zu nennen, aber ihre Träger verteilen sich auf ganz verschiedene Perioden der Renaissance. Nikolaus von Cues steht an ihrem Anfang, Leonardo da Vinci auf ihrer Höhe, Johannes Kepler und Galileo Galilei an ihrem Ausgang.

2. Nikolaus von Cues.

1. Auch Nikolaus von Cues (1402—1464) kommt vom Neuplatonismus. Wie der Neuplatonismus, so denkt, wenigstens ursprünglich, auch er sich das Verhältnis zwischen Gott und Welt. Die Gottheit galt dem Neuplatonismus als das in unerreichbaren metaphysischen Höhen, in schlechthin ursprünglicher Erhabenheit thronende Eine. Sie teilt keine Eigenschaft mit den erkennbaren Dingen. Sie bestimmt jegliches Sein und steht doch über ihm, ja selbst jenseits jedes Gedachtwerdens. Sie lenkt die Vernunft, und die Vernunft entspringt aus ihr. Aber sie selbst, die Gottheit, gehört nicht zum Wirkungsbereich der Vernunft; sie ist übervernünftig. Nur das Dasein und nicht auch die Eigenschaften Gottes erfaßt die denkende Vernunft: nur daß Gott sei, nicht was er ist. So erscheint die Erkenntnis Gottes letzten Endes als ein diese Einsicht verkörperndes Nichtwissen. Gott erkennen, heißt solches Nichtwissen haben. Eine positive Erkenntnis Gottes gibt es darüber hinaus nur in einem unmittelbaren Akt des „Schauens", in einem seligen Einswerden mit Gott während eines nur Auserwählten vergönnten Zu-

standes intuitiver Ekstase, in dem die Vernunft schweigt und die Seele nur empfängt; in dem sie sich, den höchsten Genuß erlebend, an ihren Gegenstand verliert. Aber gerade, weil Gott sich in der Welt auswirkt, muß die als absolut und schlechthin jenseitig gesetzte Wesenheit Gottes zugleich in ein erkenntnismäßig begreifbares oder doch symbolisierbares Verhältnis zur Welt treten. Und so kam es schon auf dem Boden des Neuplatonismus zu den mannigfachen, unter ganz verschiedenen geschichtlichen und sachlichen Voraussetzungen unternommenen Versuchen, den als schlechthin transzendent erfaßten, von der Welt aus unerreichbaren Gott durch ein System von Zwischenwesen mit der Welt doch wieder unauflöslich verbunden zu denken. Drei Motive begegnen sich in solchen Gedanken. Einmal die Grundanschauung des klassischen Platonismus; sodann die Rücksicht auf den mystischen Gehalt des religiösen Erlebens überhaupt, des Christentums im besonderen. Schließlich eine gewisse Neigung zu einer naturalistischen Deutung des Verhältnisses zwischen Gott und Welt [1]). Ohne die beiden ersten vermissen zu lassen, entfaltet die Philosophie des Cusaners dem Geist der Renaissance gemäß vornehmlich das zuletzt genannte Motiv. Sie bekennt sich somit zu einem im Neuplatonismus selbst von vornherein angelegten Gesichtspunkt: Wirkt sich die göttliche Realität mittelbar oder unmittelbar in dem Getriebe der Welt aus, dann heißt die Welt erkennen in gewissem Sinne auch Gott begreifen. Alsbald nun nehmen gerade diese Gedanken bei Nikolaus festere Formen an. Wohl kennt auch er noch die Idee einer Stufenfolge der göttlichen Offenbarung. Trotzdem ist ihm Gott in allem mit der ganzen Fülle seines Wesens gegenwärtig [2]). Die Zwischenwesen, die Gott und Welt im klassischen Neuplatonismus verbinden, verschwinden. Es gibt für Nikolaus keine Weltseele und keine Natur neben Gott. Höchstens unsere Auffassung ist es, die solche vermittelnde Zwischenglieder entdeckt [3]). Die Verwandlung der „negativen" in eine naturalistische Theologie war damit,

---

[1]) Vgl. hierzu meinen „Giordano Bruno" in dem Sammelwerk „Große Denker", herausgegeben von E. von Aster. 1912, Bd. I, S. 318 ff.

[2]) Vgl. Rudolf Eucken, Nikolaus von Cues als Bahnbrecher neuer Ideen. Philos. Monatshefte XIV, 449—470. Wiederabgedruckt in den Beiträgen zur Einführung in die Geschichte der Philosophie. Leipzig 1906.

[3]) Sed non est nisi modus intelligendi: quando scilicet mens nostra concipit deum quasi artem architectonicam cui ars alia executoria subsit, ut conceptus divinus in esse prodeat.

wie man leicht erkennt, eingeleitet. Und die Unendlichkeit der göttlichen Realität hört zugleich auf, bloße Verneinung der Endlichkeit zu sein. Sie wird ein positives Merkmal und die Idee der Unendlichkeit ein wohlumschriebenes Ziel selbständiger methodischer Bestimmung [1]).

2. Die problemgeschichtliche Wirkung des cusanischen Denkens erscheint damit nach zwei Richtungen hin vorgezeichnet. Einmal nach der Seite des Pantheismus hin: weder Giordano Bruno, noch Descartes [2]), noch auch und vor allem Spinoza, so sehr sie sich auch voneinander unterscheiden mögen, sind ohne die cusanischen Voraussetzungen denkbar. Sodann aber mit Bezug auf die Entwicklung des mathematischen Problems der Unendlichkeit, dessen erste und oberste Bedingung in der Forderung einer positiven Bestimmtheit des Unendlichkeitsgedankens beschlossen ist. Nikolaus selbst schwindet der Abstand zwischen Gott und Welt durch jene positive Bestimmtheit noch keineswegs. Gott ist mit dem ganzen Reichtum seines Wesens in der Welt, die Welt enthält Gott; aber eben als Welt bleibt sie von Gott immer noch wesenhaft unterschieden. Wohl ist auch sie, weil sie sich mit Gottes Natur erfüllt, unendlich. Aber diese Unendlichkeit erscheint im Vergleich zu der des „absolut Größten" als eine eingeschränkte, eine „zusammengezogene" Unendlichkeit. Allein, auch nichts Einzelnes ist außer Gott. Weil sich alles Einzelne dem Gesamtleben der Welt in Gott einfügt, weil andererseits die Welt nichts ist, wie eben dieses Gesamtleben des Einzelnen, behält das Individuelle auch in Gott seinen unaufhebbaren Eigenwert. Es bleibt ein selbständiges Ziel der Erkenntnis und eben darum etwas vom Vereinzelten, Isolierten, schlechthin und grundsätzlich Unterschiedenes; das Allgemeine aber, soll es nicht zu einem bloßen ens rationis, einem leeren Gedankending herabsinken, ist selbst nur im Einzelnen und an ihm. Mag also auch Gottes Wesen jedes Einzelding in gleichem Maß erfüllen — das Einzelding bleibt unersetzbar. „Wird eine Kammer durch viele Kerzen erleuchtet, so bleibt doch das Licht einer jeden Kerze unterschieden von dem der anderen [3])." Das Individuelle, Einzigartige ist mit allem anderen Einzigartigen in Gott und wird in Gott allein erkannt. Es ist mit allem

[1]) Vgl. Jonas Cohn, Die Geschichte des Unendlichkeitsproblems. 1896. S. 54 ff.

[2]) Primum memini, cardinalem Cusanum doctoresque alios plurimos supposuisse mundum infinitum. Ep. I, 36, 80.

[3]) Nik. Cus. I, 92 a.

anderen Einzigartigen in Gott durch eine umfassende Ordnung verknüpft, doch so, daß auch diese Ordnung selbst wieder, von jedem Einzigartigen aus gesehen, einen Eigenwert gewinnt. In solchen Ansätzen ringt bereits Leibnizens Idee des Individuellen nach Gestaltung. Die Einzigkeit des Individuellen stellt sich auch schon bei Nikolaus nicht sowohl als Schranke, denn als Grenzwert der Erkenntnis dar, als Aufgabe, deren die Erkenntnis sich zu bemächtigen hat, weil es ja nur in Rücksicht auf die Erkenntnis, die doch letzten Endes Erkenntnis des Verhältnisses zwischen Gott und Welt sein muß, Individuelles überhaupt erst gibt. Daneben freilich kündigt sich machtvoll der Gedanke an, daß das Individuelle seine eigene „innere" Bestimmtheit[1]) fordere: — daß die Gesetzlichkeit des Geschehens in der Welt und die „individuelle Norm" des Einzelwesens in unaufhebbarer Harmonie verbunden seien. Erst in der unverbrüchlichen Gesetzlichkeit der Welt gestaltet sich das Individuelle zum Ausdruck göttlicher Selbstoffenbarung. Die Harmonie zwischen Einzelwesen und göttlicher Weltgesetzlichkeit umspannt alle Gegensätze und überbrückt sie damit; oder genauer: sie bestimmt sie als Gegensätze in der Einheit einer sie allseits umfassenden Ordnung.

3. Mathematische Gleichnisse bestimmen dabei Gehalt und Darstellung der cusanischen Gedanken. Daß der größte Winkel auch der kleinste ist, daß der Kreis mit unendlichem Radius zur geraden Linie wird, sind Motive, an denen zugleich das spekulative Interesse des Denkers an dem Aufbau der Mathematik lebendige Gestalt gewinnt. Denn auch ein neuer Begriff der Mathematik bereitet sich vor: ihre herkömmlichen Grenzen weiten sich und mit ihnen vor allem anderen der Begriff der Messung. Hat man, so meint er, eingesehen, daß das Größte mit dem Kleinsten einer gesetzlichen Ordnung gemäß zusammenfallen kann, so sei man zu der Kenntnis vorgedrungen, daß auch die Messung entgegengesetzter Größen, die bisher für inkommensurabel galten, möglich ist. An manchen und entscheidenden Punkten hat Nikolaus von solchen Einsichten mathematischen Gebrauch gemacht. Er scheint zum erstenmal den Begriff des Unendlichen mit Erfolg auf den Kreis angewandt zu haben, indem er ihn als Vieleck von unendlich vielen Seiten auffaßt und so mit der Gesetzlichkeit der Geraden in einer beide beherrschenden Norm verknüpft. Darum ist hier das Ziel der

[1]) Eucken, a. a. O.

Erkenntnis nicht ein sinnlich Vorzustellendes, also auch nicht die „extensive Ausdehnung und Begrenzung“ [1]), sondern ihre begriffliche Definition und Bestimmtheit. In der weitaus überwiegenden Mehrzahl der Fälle aber ist Nikolaus weit davon entfernt, die mathematische Tendenz seiner Gedankenentwicklung restlos inne zu halten. Gerade in der cusanischen Lehre von der Koinzidenz der Gegensätze verbinden sich vielmehr dauernd mathematische mit metaphysischen Elementen zu unentwirrbarer systematischer Gemeinschaft. Mit Recht hatte man diesen Umstand für die Dunkelheit der cusanischen Lehren verantwortlich gemacht; mit Recht freilich auch hervorgehoben, daß die metaphysischen Lehren des Cusaners ihre Fruchtbarkeit der Verbindung mit den mathematischen verdankten. Den ganzen Umkreis der geschichtlichen und systematischen Beziehungen seiner Philosophie aber übersieht man erst, wenn man den inhaltsschweren Begriff der „docta ignorantia“ ins Auge gefaßt hat. Ein in seinen Motiven bis auf Bonaventura, ja auf Augustinus zurückgreifendes Wort erhält hier eine neue und bedeutsame Prägung. Das „gelehrte Nichtwissen“ bedeutet kurz gesagt ein Wissen um die Gründe des Nichtwissens. Das Nichtwissen hört damit auf, Schranken der Erkenntnis anzuzeigen. Denn in seinen Gründen bejaht es die Erkenntnis. So aber wird das Nichtwissen selbst Erkenntnis. Es ist der unerläßliche Grenzwert, von dem aus die Erkenntnis sich bestimmt. Nur wo ich die Gründe des Nichtwissens sehe, gewinne ich Erkenntnis. So schreitet die Vernunft, auch wenn sie sich ihr Nichtwissen gestehen muß, im eigenen Felde, im Felde der Erkenntnis, fort. Sie erkennt eben auch im Nichtwissen und sie erfaßt in solcher Erkenntnis ihr eigenes Wesen und ihre eigenen Bedingungen. Das jenseits der Erkenntnis Gelegene erscheint nicht mehr in unerreichbaren Fernen. Es erhält vielmehr, gleich dem Unendlichen, von den Voraussetzungen der Erkenntnis seinen positiven Gehalt und seine positive Bestimmtheit. Auch das Unendliche ist darum nicht sowohl Schranke, als vielmehr Mittel der Erkenntnis. Ja mehr noch! Es ist ihr Ziel und bestimmt ihr, in der unendlichen Abfolge der Aufgaben, die Richtung. „Von größerer Freude wird erfüllt, wer einen unermeßlichen und unzählbaren Schatz, als wer einen zählbaren und endlichen findet; so ist auch das heilige Nichtwissen die erwünschteste Nahrung meines Geistes, zumal ich diesen Schatz in

[1]) Cassirer, a. a. O. S. 67.

meinem eigenen Acker finde und er mir somit als Eigentum zugehört [1])." Daß er immer wieder nicht zu wissen weiß, gibt dem Geist stets neue Nahrung: es stellt ihn vor Fragen, es gibt ihm den Anstoß, „wie ein Feuer, das aus dem Kiesel erweckt ist, durch das Licht, das aus ihm ausstrahlt, ohne Grenzen zu wachsen" [2]).

4. Galilei und Descartes, Spinoza, Hobbes und Leibniz, alle die großen Verfechter des logischen Motivs der Analysis, sind nur von diesen Gedanken des Cusaners aus zu verstehen. In der beständigen Annäherung an den idealen Gehalt des Wissens ist für Nikolaus der eigentliche und tiefste Sinn der Erkenntnis beschlossen. Denn gerade in den Bedingungen des Nichtwissens, wir dürfen kurz sagen: der Frage, enthüllen sich die Bedingungen der Erkenntnis. „Was in jeder Frage vorausgesetzt wird, das ist zugleich das Licht, das uns zu dem Gefragten hinleitet [3])." Man kann die Idee der analytischen Methode gar nicht schärfer kennzeichnen; den Gedanken, daß schon die Frage den Bedingungen der Antwort genügen müsse, daß die Antwort in der Frage, die Entscheidung in der „Hypothesis" vorweggenommen werde; daß das Schicksal der wissenschaftlichen Forschung in den Fragen, die sie stellt, beschlossen sei. Aber auch alle grundsätzliche Skepsis erscheint damit im Prinzip überwunden. „Denn wer immer zu wissen begehrt, setzt voraus, daß es eine Wissenschaft gibt, vermöge deren der Wissende zum Wissenden wird. Wer zweifelt, der wird dazu bestimmt und angestachelt von dem Gedanken einer unendlichen Erkenntnis, die alle mögliche Wahrheit enthält und in sich faßt" [4]). Auch im Zweifel entdeckt der Geist sich selbst, d. h. die Bedingungen der Erkenntnis. Und auch die Schranken, die den Geist von der Sinnlichkeit zu trennen scheinen, fallen. Denn auch das Sinnliche findet der Geist in „seinem Acker". Er ergreift im Sinnlichen sich selbst, er „hebt" das Mannigfache des Sinnlichen empor „zur Einheit und Einfachheit des Gedankens". Dem Stoff nach an die Sinnenwelt gebunden, gliedert sie der Geist doch überall seiner eigenen Ordnung gemäß; — sei es, daß er sie als „ratio"

[1]) De visione Dei (1453/54) Cap. XVI, fol. 108 a.

[2]) II, 188 a: „posse semper plus et plus intelligere sine fine, est similitudo aeternae sapentiae, et ex hoc elice, quod est vira imago, quae se conformat creatori sine fine."

[3]) Id quod in omni inquisitione praesupponitur est ipsum lumen, quod etiam ducit ad inquisitum. Complementum theologicum Cap. IV, fol. 95 a.

[4]) Cap. IV, fol. 95 a.

der Norm des Satzes vom Widerspruch unterwirft[1]), sei es, daß er sie auf seiner höchsten Stufe, im „Intellekt“, als Einheit erfaßt, auch wo sie sich in Gegensätzlichkeiten darstellt. Der Geist erkennt, was er „schafft“ und er „schafft“, was er begreift. Der letzte und eigentümliche Sinn mathematischer Erkenntnis ringt hier nach Gestaltung und Ausdruck. Es klingt das Grundmotiv der großen mathematisierenden Systeme des 17. Jahrhunderts an, daß alles Erkennen sich als definierendes Schaffen des zu Erkennenden darstelle, daß es mithin der Begriff sei, worin die Dinge sich letzten Endes bestimmen. Wohl weichen sie ja, den Zufälligkeiten ihres Daseins nach betrachtet, von der Norm des Begriffs deutlich ab. Aber nur gemäß dieser Norm sind wieder Sinn und Ausmaß jenes Zufallsverhaltens zu werten. Das Tatsächliche bleibt mit dem Ideellen in der Einheit einer übergreifenden Gesetzlichkeit verknüpft.

5. Nie freilich hat Nikolaus aufgehört, diesem und verwandten Gedanken einen metaphysischen Sinn zu geben; nie auch wohl die Möglichkeit einer Trennung erkenntnistheoretischer und metaphysischer Gesichtspunkte in Erwägung gezogen. Der kritischen Reflexion erscheint solche Trennung nichtsdestoweniger geboten. Denn sie stellt sich ihr als Voraussetzung dar, die problemgeschichtlichen Beziehungen zwischen Nikolaus und seinen Nachfolgern nach sachlichen Maßstäben zu würdigen. Diese Beziehungen aber können gar nicht umfassend genug gedacht werden. Nikolaus ergreift in der Lehre von der „docta ignorantia“ die Probleme des Begriffs und der Methode. Die Anschauung wird ihm Element, nicht aber Grund und Resultat der Erkenntnis. Ja, erst in ihrem Verhältnis zum Begriff, in ihrer Beziehung zur wissenschaftlichen Aufgabe bestimmt sie sich selbst. Das gilt auch für die Anschauung im Bereich der Mathematik. Ihr logisches Recht entspringt auch hier aus der Besonderheit der Aufgaben, denen sie zu dienen hat. Durch die begrenzte Strecke hindurch, die sich den Sinnen darbietet, wird gleichsam die ideelle Norm geschaut, der sie letzten Endes selbst erst ihre Bestimmtheit und ihr Dasein verdankt. Aus jener Norm allein sind erst Sinn und Gesetz jeglicher „Begrenzung“ zu verstehen. So wendet sich der Blick des Denkers von den extensiv-sinnlichen Größenmerkmalen der geometrischen Gebilde zu deren unsinnlichem Gesetz: von dem sichtbaren Dreieck zu einem solchen, das losgelöst scheint von

---

[1]) I, 51 a.

allen sinnlichen Bestimmungen [1]). Der für das ganze weitere Schicksal der mathematischen Forschung und des Problems der philosophischen Methode entscheidende Übergang vom Begriff des Maßes zu dem der Ordnung ist damit, wenn auch noch nicht endgültig vollzogen, so doch grundsätzlich angebahnt. Die „zufälligen" Differenzen der Größe bejahen recht eigentlich nur die Harmonie des sie gemeinsam bestimmenden Gesetzes. In seiner „außerendlichen" Bestimmtheit erst wird dieses Gesetz der Grund jeder endlichen Begrenzung [2]). Aber gerade weil jene Ordnungen unsinnlich sind, lassen sie sich nur in einem System von Beziehungen festhalten. Der Begriff des Zeichens vertieft sich damit. Ganz so wie später bei Leibniz, bedeutet der Gedanke einer Auflösung aller Erkenntnis in eine Ordnung von Zeichen auch hier das Gegenteil einer Verwechslung von Symbol und Sache [3]). Das „Zeichen" ist vielmehr auch hier nur ein anderer Ausdruck für den alles beherrschenden Begriff der Ordnung, für die Forderung einer schlechthin eindeutigen Bestimmtheit aller Erkenntnis in diesem Begriff. So begegnen sich in ihren letzten Absichten die Lehre von der docta ignorantia und der Satz von dem Zusammenfallen der Gegensätze in dem göttlichen Weltgesetz. In unlösbarer Gemeinschaft bestimmen sie Nikolaus' Haltung nicht zuletzt auch gegenüber bedeutsamen Fragen der Religionsphilosophie und der Kirchenpolitik seiner Zeit: hinter der Mannigfaltigkeit und Gegensätzlichkeit der Glaubensbekenntnisse steht ihm als übergreifende Einheit die Idee des religiösen Glaubens selbst. Vor allem aber entspringt jener Gemeinschaft der Probleme der mächtige Antrieb, der von Nikolaus für die Entwicklung des Begriffs der Harmonie nach allen Richtungen hin ausgeht. Alles in der Welt ist wie in einem gewaltigen Kunstwerk gemäß der Einheit der göttlichen Ordnung zu vollendeter Harmonie verbunden. Die wunderbare Erscheinung, daß die Welt allenthalben ein wohlgegliedertes System von Gattungen und damit eine stetig fortlaufende Einheit (unum continuum) darstellt; daß alle Beziehungen in ihr unendlicher Abstufungen fähig sind, fesselt seinen, gleichermaßen auf Tatsachen wie auf Prinzipien gerichteten Sinn. Aber mehr als alles andere bewegt ihn die Harmonie

[1]) . . . trigonum simpliciter absolutum ab omni quantitate et qualitate, magnitudine et multitudine. Compl. theol. V, fol. 95 b.

[2]) Vgl. Cassirer, a. a. O. S. 69.

[3]) Hierzu: Richard Falckenberg, Grundzüge der Philosophie des Nikolaus Cusanus, mit besonderer Berücksichtigung der Lehre vom Erkennen. Breslau 1880.

der Wahrheiten in der allumspannenden Idee der einen Wahrheit. „Unaussprechlich ist die Freude, wenn der Intellekt in der Vielheit des erkennbaren Wahren die Einheit der unendlichen Wahrheit selbst berührt. Denn er sieht in der Verschiedenheit des geistig Sichtbaren die Einheit aller Schönheit, er hört im Geist die Einheit aller Harmonie, er kostet die Einheit aller erfreulichen Süßigkeit. Er ergreift die Einheit aller Gründe und Ursachen und erfaßt alles in der Wahrheit, dem einzigen Gegenstand seiner Liebe, mit geistiger Lust[1]." Man erkennt, eine wie unendliche Vertiefung das uralte Motiv vom Weltorganismus jetzt erfahren hat. Es ist dem neuplatonisch-aristotelischen Mutterboden entwachsen[2]. Es ist das Gegenstück geworden zu der harmonischen Gliederung der Idee der Wahrheit selbst. Man sieht aber auch, wie wenig das Schlagwort von der „Hinwendung zur Natur" den Kern der cusanischen Tendenzen und Leistungen trifft. Denn nicht die Stimmung des Naturalismus beherrscht Cues, wie so manchen anderen Denker der Renaissance auch; oder doch nicht diese Stimmung allein. Die Größe und Originalität seiner Hinwendung zur Natur besteht darin, daß sich in ihr zugleich eine Hinwendung zu den Grundsätzen aller Erkenntnis der Natur ausprägt. Wie er seine Blicke gleichermaßen auf Gott und auf die Welt gerichtet hält, so umspannt er auch zugleich die Natur und die letzten Bedingungen ihrer Bestimmtheit in aller Erkenntnis. Der göttlichen Einheit, die sich in der Welt „expliziert" und als mit sich ewig identisches Urprinzip den Weltprozeß im Gang erhält, entsprechen die Einheit und Einzigkeit der Wahrheit, in der der Geist die Fülle der Erkenntnisse und die Mannigfaltigkeit des Stoffes bewältigt, in der er sich diesen Stoff „assimiliert". Der Entwicklungsgang der abendländischen Philosophie ist in Nikolaus für Jahrhunderte vorgezeichnet. Wie kein zweiter Denker seiner Zeit hat er das Problem der Erkenntnis in seinen metaphysischen Tiefen und dem Reichtum seiner methodologischen Bezüge durchschaut.

3. Leonardo da Vinci und Galilei. Kepler.

1. Eine Erscheinung von wesentlich anderem Typus und ganz anderen Dimensionen ist, auch wenn man sich auf seine wissenschaftlich-

[1] I, 55a.

[2] Vgl. hierzu meine Schrift „Philosophische Motive im neuzeitlichen Humanismus". Breslau 1918.

philosophischen Leistungen beschränkt, Leonardo da Vinci (1452 bis 1519). Wir dürfen uns hier über ihn kurz fassen. Denn nicht die ungeheure Vielseitigkeit seiner wissenschaftlichen Interessen, sondern die zielsichere Wucht seiner methodischen Haltung stempeln ihn zum Philosophen. — Auch in Leonardo wirkt zunächst das neuplatonische Motiv vom Weltorganismus. Im quellenden Leben der Natur spiegelt sich ihm das Leben und Streben des menschlichen Geistes. Allein, dieser Auffassung entspringt noch kein Prinzip der Erkenntnis der Natur. Die Natur erkennen, heißt nicht, sie als Gesamtheit deuten, es heißt vielmehr ihre Einzelerscheinungen erklären. Erklärung aber ist Einsicht in die Notwendigkeit von Zusammenhängen. Wo sich diese Notwendigkeit am vollendetsten darstellt, da ist auch die Erklärung am vollkommensten. Jenes aber ist in der Mathematik der Fall. Und so muß Erkenntnis der Natur Erkenntnis der mathematischen Notwendigkeiten in der Natur bedeuten. Eine Reihe der wichtigsten Folgen ergibt sich aus dieser schlichten Forderung. Die erste ist die grundsätzliche Abweisung aller Formen der Astrologie und Magie. Wohl ist auch diesen der Gedanke notwendiger Zusammenhänge keineswegs fremd. Auch sie lassen ja alles mit allem nach dem Stande der Gestirne in unabwendbarer Ordnung verknüpft sein. Nichts steht auch für sie außerhalb der Harmonie solcher Ordnung, auch nicht Menschenschicksal und Menschheitsgeschichte. Ja, selbst das flüchtige Wort wird Ursache, Namen, Zahlen, Figuren und Schriftzeichen kraftbegabte Wesenheiten in dem Zusammenhang der Natur. Wer sie zu meistern versteht, der erkennt nicht nur, der beherrscht vor allem auch den Lauf der Dinge. Allein die „Notwendigkeit" des Astrologen und Magikers ist nicht die der sachlich-logischen Bedingtheit. Es ist vielmehr die eines geheimnisvollen Zwanges, der Sache und Symbol unlösbar aneinander kettet. Sie ist, um es so auszudrücken, subjektive Notwendigkeit. Ihr steht als objektive Notwendigkeit gegenüber das, was der Einsicht in die Bedingtheit oder, was dasselbe bedeutet, in die gesetzliche Bestimmtheit, entspricht [1]). Auf sie zielt Leonardo ab. Sie meint er, wo er grundsätzlich die mathematische Erklärung von Naturerscheinungen fordert. Aber indem er das tut, führt er die entscheidende Voraussetzung ein, daß die Kompetenzen der Mathematik über deren eigenes

[1]) Vgl. auch hierzu meine Schrift „Die philosophischen Motive im neuzeitlichen Humanismus".

und ursprüngliches Geltungsgebiet hinausreichen. Mathematik ist jetzt nicht nur ein in sich selbst geschlossenes System von Einsichten. Sie ist auch auf die Natur „anwendbar", ja sie liefert die Grundsätze einer Unterscheidung zwischen phantastischer Deutung und methodischer Erkenntnis der Erscheinungen. Das philosophische Problem der Möglichkeit einer mathematischen Naturwissenschaft ist damit gestellt. Nur was sich in der Natur den Bedingungen mathematischer Erkenntnis fügt, ist Gegenstand wissenschaftlicher Erklärung. Das ist der Weg, der Leonardo zu dem Begriff der Materie hinführte. Nur die Bewegung ist an der Materie durch die gedanklichen Mittel der Mathematik darzustellen und zu beherrschen. Sie allein hat darum wissenschaftlich begründetes Dasein: in dem Paradies der mathematischen Wissenschaften, der Mechanik, gelange man zu den Früchten der Mathematik. Unter solchen Voraussetzungen sind Leonardos Einzelleistungen auf dem Gebiet der Mechanik zu werten: seine Bemühungen um eine experimentelle Begründung des Fallgesetzes auf der schiefen Ebene, dann seine Andeutungen über den Grundsatz der virtuellen Geschwindigkeiten [1]). Auch Raum und Zeit werden ihm von hier aus, d. h. erst im Hinblick auf die Grundlagen der Mechanik, Gegenstand besonderer und tief eindringender Erwägungen. In ihrer Übereinstimmung, wie in ihren Unterschieden beleuchten ihm letzten Endes auch sie nur jenes Verhältnis zwischen Mathematik und Natur. Der Begriff der Erfahrung nimmt damit feste Formen an. Erfahrung gilt ihm nicht als mera experientia; nicht als eine Häufung von Einzelheiten, sondern als eine nach methodisch zu rechtfertigenden Grundsätzen der Vernunft wohlgegliederte Mannigfaltigkeit; — gerade deshalb aber auch als Ausdruck objektiver Notwendigkeit und Einsicht. Sie wird ihm zum Widerpart kritiklosen Autoritätsglaubens. In der Methode erst bestimmt sich also Erfahrung und über die Methode allein führt der Weg zur Erfahrung. Der Gedanke ist deren oberstes Gesetz. Denn Methode bedeutet Gedanke. Der Gedanke beherrscht die Erfahrung und definiert ihren Begriff. Gerade deshalb aber ist Erfahrung ein anderes, denn ein gliederungsloser Haufen von Tatsachen. Ebendarum stellt sie sich dar als eine nach Prinzipien, d. h. Gedanken, gegliederte Einheit. Nur unter solchen Voraussetzungen besteht Leonardos Forderung, daß das

[1]) Vgl. Grothe, Leonardo da Vinci als Ingenieur und Philosoph. Berlin 1874. Ebenso Eugen Dühring, Kritische Geschichte der allgemeinen Prinzipien der Mechanik. 3. Aufl. Ebenso Ernst Cassirer, a. a. O.

Verhältnis zwischen Ursache und Wirkung in Gedanken, also in der Forschung umzukehren sei, zu Recht. Denn nur dann vermag die Einsicht zielsicher vom Komplexen zum Einfachen, von dem Bedingten zu dessen Bedingungen analytisch fortzuschreiten, wenn sich ihr Bedingungen und Bedingtes in der gedanklichen Einheit einer systematischen Gemeinschaft verknüpfen. — Leonardo bereitet vor, was später bei Galilei, in noch deutlicherer Hinwendung zu positiven Problemen der physikalischen Forschung, nach fruchtbarer Entfaltung drängt; und er setzt fort, was Marsilius Ficinus (1433—1499), platonische Motive lebensvoll erneuernd, begonnen hatte. Die Probleme der Methode und des Begriffs kommen fortan nicht mehr zur Ruhe. In immer steigender Vollendung begleiten sie den Entwicklungsgang der Philosophie bis Kant und bestimmen so deren weiteres Schicksal. Leonardo aber hat sie mit seltener Schärfe und Ursprünglichkeit formuliert. Wohl spricht aus mancher seiner Wendungen der Künstler, der gewohnt ist, in die Tat umzusetzen, was er im Geiste entworfen hatte; — das Bedeutsame aber bleibt, daß er dem Begriff des „Entwerfens" zugleich einen tiefen theoretischen Sinn zu geben verstand. Er bezeichnet ihm ein Verhältnis zwischen Erkenntnis und Gegenstand, wie es vor allem die Mathematik verkörpert. Nicht nach Art von „Schwarmgeistern", sondern gezügelt durch die Idee der Methode, d. h. durch den Begriff der Gegenständlichkeit vertieft sich der Forscher in den Plan seiner Untersuchung und umgrenzt er sich die Bedingungen seines Objekts.

2. Zu voller Reife entfalten sich diese Motive bei Galileo Galilei (1564—1641). Sein Denken ist beherrscht von der völligen Hingabe an die Probleme der positiven Forschung. Aber nur um so tiefer faßt er die Aufgabe, ihren Begriff zu voller Klarheit zu führen. An den konkreten Fragen der physikalischen Forschung vollzieht sich bei Galilei der entscheidende Wandel in der grundsätzlichen Auffassung des Problems der Logik: der restlose Übergang von der scholastischen Freiheit zu strenger wissenschaftlicher Gebundenheit. Das Problem der Methode tritt bei Galilei in unmittelbare Beziehung zu den Aufgaben der forschenden Wissenschaft: Naturgesetze suchen bedeutet bereits Kriterien ihrer ausnahmslosen Geltung voraussetzen. — Jetzt handelt es sich darum, die Erscheinungen der Verschlingung zufälliger Umstände zu entrücken, d. h. sie zu definieren, sie auf ihren Begriff zu bringen. Wie aber soll dieses Ziel erreicht werden? Gewiß nicht so, daß viele Fälle der in Frage gestellten Erscheinung — es handelt sich bekanntlich

um die des freien Falls der Körper — nebeinandergestellt, verglichen und auf ihre gemeinsamen Merkmale hin geprüft werden. Denn daß ein Merkmal vielen Fällen gemeinsam ist, begründet noch lange nicht die Gesetzlichkeit eines Verhaltens, obschon freilich der Gesetzlichkeit alle Fälle werden genügen, das Gesetz mithin allen Fällen wird gemeinsam sein müssen. Nur das Gesetz hat eben den begründeten Anspruch für jeden möglichen Fall zu gelten, nicht aber das allen tatsächlich beobachteten Fällen — vielleicht doch nur zufällig — Gemeinsame. In einem völlig neuen Sinn spricht Galilei von einer Erkenntnis aus Erfahrung oder, wenn man sie so nennen will, von Induktion; in einem Sinn, der nun auch dem Ergebnis der Induktion eine ganz neue Bedeutung sichert. Denn das Gesetz, zu dem er vordringt oder doch vordringen will, ist nicht eine bloße Gleichförmigkeit des Geschehens. Es ist sehr viel mehr; es repräsentiert die Einsicht in die Bedingungen einer Gleichförmigkeit. Eben deshalb aber bedeutet es, seiner Idee nach, den Begriff der Erscheinungen, die seiner Bedingung genügen; und eine Theorie des Naturgesetzes stellt sich dar als der Teil einer Lehre vom Begriff, d. h. als Logik. Nicht nur der unlösbare Zusammenhang zwischen Methodenlehre und Logik erscheint damit für alle Zeiten festgelegt; es ist vor allem der Gang der Forschung selbst aufs bemerkenswerteste vorgezeichnet. „Gesetz" bedeutet jetzt soviel, wie den Inbegriff von Bedingungen, die eine Erscheinung als eben die Erscheinung, die sie ist, bestimmen. Das Gesetz des freien Falles der Körper stellt sich dar als die Bedingung, in Rücksicht auf welche ein Naturereignis sich erst als „freier Fall eines Körpers" eindeutig, d. h. objektiv kennzeichnet. Nicht nur muß also jeder Einzelfall einer Erscheinung dem Naturgesetz unterliegen. Das Gesetz muß auch an jedem Einzelfall aufgewiesen werden können. Eine schlechthin neue methodologische Aufgabe gilt es damit für Galilei zu bewältigen: die logische Analyse des Einzelfalls. Ist sie vollzogen, so ist das Gesetz gefunden, das über alle empirischen Verschiedenheiten der Einzelfälle hinweggreift. Ebendarum erscheint jeder Versuch Galileis zu dem Gesetz des freien Falls der Körper vorzudringen, zugleich als ein Versuch solcher Analyse[1]). In diesem Sinn

[1]) Vgl. hierzu Paul Natorp, Galilei als Philosoph. Philosoph. Monatsh. 1882. Alois Riehl, Über den Begriff der Wissenschaft bei Galilei. Vierteljahrsschr. für wissenschaftl. Philosophie 1892, ferner meine Schrift: Beiträge zur Erkenntnistheorie und Methodenlehre 1906.

kommt es Galilei nicht auf die Kenntnis des Verhaltens vieler Fälle, sondern auf die Erkenntnis eines Falles an. Denn sie schließt die Erkenntnis aller Fälle einer Erscheinung in sich. Überhaupt stelle sich Induktion als Abzählung des Einzelnen verstanden, als unmöglich oder als unnütz dar. Sie ist unmöglich, wenn die Anzahl der fraglichen Fälle unendlich, unnütz, wenn diese Anzahl begrenzt wäre. Denn dort könnte das Verfahren niemals abgeschlossen werden, hier aber wäre das Ergebnis in den Vordersätzen bereits vorweggenommen [1]). Wohl hat auch Galilei viele Fälle untersucht. Aber die Tendenz, der Sinn solcher Untersuchung geht auf die Analyse des Einzelfalls. Es werden viele Fälle untersucht, aber nur um die Struktur des Einzelfalls zu ermitteln. Durch die Beschränkung auf diese Aufgabe schließt Galilei die „Erfahrung" nichts weniger denn aus. Im Gegenteil: er macht sie erst, indem er den Einzelfall aus der Verschlingung zufälliger Umstände herauslöst, zur Quelle strenger wissenschaftlicher Erkenntnis. Alle seine methodischen Maßnahmen zielen darauf ab, den Einzelfall in seiner begrifflichen Reinheit, d. h. in seiner Notwendigkeit zu erfassen. Gerade deshalb aber ist Erfahrung systematische Einheit, methodische Verknüpfung von Analysiertem, nicht prinzipienlose Häufung des Unanalysierten und logisch Vereinzelten. Auch Erfahrung bedeutet eben Erkenntnis, auch der Erfahrung eignet, obschon auf besondere Weise Notwendigkeit. So ist die Ausschaltung zufälliger und deshalb die Reinheit der Erkenntnis des Gesetzes „störender" Umstände, ein wesentliches Element seines gesamten methodischen Verhaltens.

3. In keinem Verfahren kann der Versuch eine größere Rolle spielen als bei Galilei. Er erweist sich als die entscheidende und letzte Instanz bei der Ergründung der Naturgesetze. Aber trotzdem, ja gerade deshalb, spiegelt er nur die ursprüngliche Absicht der Galileischen Methodik wieder. Die Versuche macht man hier nicht, um durch einen Vergleich ihrer Ergebnisse die Gesetzlichkeit der in Frage gestellten Erscheinung zu begründen, sondern sie stellen sich dar als Repräsentanten eben dieser Gesetzlichkeit der Erscheinung selbst. Sie sind anders gesagt nicht eine Grundlage, auf welcher sich die Erkenntnis des Gesetzes, wie bei der herkömmlichen Induktion, aufbaut; sie sind vielmehr der erfahrungsmäßig greifbare Ausdruck jener Erkenntnis. Sie begründen das Gesetz nicht, sondern sie „verifizieren" es, oder sie begründen es doch

[1]) Galilei, Gegen Vincenzo di Grazia, Op. XII, 513.

nur, sofern sie es verifizieren. Der Versuch wiederholt die Bedingungen, die das Gesetz im Hinblick auf den Versuch „hypothetisch" ausspricht. Nur zeitlich sind die einzelnen Phasen der Untersuchung: der hypothetische Ansatz der Naturgesetzlichkeit, die Entwicklung seiner Folgen und die Verifikation im Experiment, voneinander getrennt. Sachlich gehören sie unlösbar zusammen. Weil und sofern der Einzelfall — wenigstens der Idee nach — in seiner jeglichem Zufall entrückten Beschaffenheit, d. h. in seiner begrifflichen Bestimmtheit, seiner „Notwendigkeit" dasteht, wohnt auch dem Schluß von dem einen analysierten Fall auf alle Fälle Notwendigkeit inne. Gänzlich neue Begriffe der „Induktion" und des „Experiments" sind damit eingeführt. Jene ist nicht mehr die vergleichende Aufzählung von Fällen mit der Absicht, aus ihnen das Gesetz zu „abstrahieren". Und dieses hat aufgehört, nichts als „eine kluge Frage an die Natur" zu sein. Die Induktion, d. h. die Ergründung von Gesetzen aus der Erfahrung, erscheint mit der „Deduktion" der Folgen aus dem ersten Ansatz der im Versuch zu verifizierenden Beziehung schlechthin verschmolzen. Aus der Induktion ist eben, wie man es nannte, das „induktiv-deduktive" Verfahren geworden. Oder mit anderen Worten: Aus Anlaß der naiven Erfahrung, daß ihrer Unterlage beraubte Körper zu Boden fallen, wird in der methodischen Absicht, die zufälligen Umstände auszuschalten, eine bestimmte und wohldefinierte Beziehung als Gesetz der Erscheinung in Ansatz gebracht. Man „steigt" also, wenn man will, von dem unanalysierten Anlaß der Untersuchung zu dem notwendigen Gesetz „auf", man „induziert", aber mit dem Gedanken, sofort auch zu dem Experiment, d. h. zu der im Sinne der Hypothese analysierten Erfahrung herabzusteigen. Indessen, Aufstieg und Abstieg sind nur Momente eines Sachverhalts, der seinen methodologischen Sinn nur als Ganzes zu bewähren vermag. Auch das Wort „Deduktion" muß darum einen grundlegenden Wandel seiner Bedeutung erfahren. Deduktion, die fähig sein soll, neue Einsichten zu zeitigen, ist Analyse. Sie ist die Methode, Gegebenes auf seine Bedingungen hin zu prüfen, aus seinen Bedingungen, d. h. in seiner Bedingtheit zu begreifen. Die Mathematik ist das Vorbild der Deduktion geworden; und das Große an Galileis Verfahren ist dies, daß sein Urheber es verstanden hat, die Erfahrung mit dem ursprünglich mathematischen Motiv der Analysis zu durchdringen und ihrem Begriff damit einen neuen methodischen Inhalt zu geben. Ebendarum aber hat sich auch das Experiment hier in den „zielbewußten Eingriff" verwandelt, durch welchen „einfache Formen des Geschehens isoliert werden, um sie der Messung zu unterwerfen“ [1]).

4. Auch der Begriff der *Hypothese* aber gewinnt damit einen neuen und bedeutsamen Sinn; oder vielmehr, er kehrt zu seinem ältesten und sachlich ursprünglichen, dem *platonischen* Sinn zurück. Denn „Hypothesis“ bedeutet auch im Rahmen des Galileischen Verfahrens, genau wie bei Plato, *Grundlegung*. Als „hypothetisch“ stellt sich ein Ansatz dar, nicht weil er unbegründet ist, sondern weil er selbst den Anspruch darauf erhebt, Begründung zu sein. Wohl freilich kann dieser Anspruch erst dann als erfüllt gelten, wenn er sich im Versuch bewährt hat. Allein, so gewiß auch der Versuch im Zusammenhang des Galileischen Verfahrens nur einen anderen Ausdruck der Bedingungen, also des Begriffs der in Frage stehenden Erscheinung bedeutet, so gewiß steht der methodische Sinn jenes Anspruchs auch unabhängig von der Bewährung des hypothetischen Ansatzes durch das Experiment fest. Der Satz, daß die Geschwindigkeit des frei herabfallenden Körpers mit der Fallzeit wächst, ist „Hypothesis“, sofern er den Anspruch enthält, die Erscheinung des freien Falles der Körper zu definieren, d. h. sie frei von allen zufälligen und störenden Umständen zu bestimmen. Nur in Rücksicht auf diesen Anspruch kann denn auch von einer „Verifikation“ seiner Folgen durch das Experiment — etwa mit Hilfe der Atwoodschen Fallmaschine — gesprochen werden. *Experiment und Hypothesis sind wechselbezogen.* Widersprechen sie einander, so sind ihre Begriffe selbst unmöglich, d. h. die Bedingungen des Verfahrens sind unerfüllt, und die Untersuchung muß von vorne begonnen werden. In einer bestimmten Phase der Untersuchungen Galileis war das in der Tat auch der Fall. Für seine erste Annahme, daß nämlich die Geschwindigkeit der frei herabfallenden Körper mit den durchlaufenen *Räumen* wachse, fand sich keine experimentelle Bestätigung: sie selbst hörte damit auf, „Hypothesis“ zu sein. Die „Hypothesis“ fordert eben das Experiment, d. h. sie schafft dessen Bedingungen. Sie bedingt damit aber auch seine technischen Voraussetzungen. Denn das Instrument steht so wenig neben der Methode und außerhalb ihrer, wie das Ergebnis der Forschung. Es ist vielmehr selbst Produkt der Methode, „der sichtbar oder materiell gewordene Ausdruck des geistigen Verfahrens selbst“ [2]). In dem Be-

[1]) *Windelband*, Geschichte der Philosophie. 2. Aufl. 1900, S. 131.

[2]) *Alois Riehl*, Philosophischer Kritizismus. Bd. II, 2. Leipzig 1887, S. 4.

griff des Naturgesetzes vereinigen sich für Galilei „Denken" und „Erfahrung" zu unaufhebbarer Gemeinschaft. In diesem Begriff bestimmt sich ihm daher auch sein Verhältnis zur überlieferten Logik: der blutlosen „Abstraktion" von den Dingen hat die Besinnung auf die Bedingungen ihrer gegenständlichen Bestimmtheit Platz zu machen. Diese aber umfaßt die volle, allen Zufälligkeiten entkleidete Wirklichkeit. Je strenger und folgerichtiger die Analyse, um so schärfer bestimmt sich durch sie jene Wirklichkeit. Logik selbst aber ist nur in Rücksicht auf die Bedingungen der Erkenntnis möglich, sie ist ihm nun wirklich das „‚Organon' der Entdeckungen geworden"[1]).

5. Allein, der neue Begriff der Naturerkenntnis fordert einen neuen Begriff der Natur. Wie bestimmt sich der Begriff der Natur, sofern deren Erkenntnis sich gemäß der Methode Galileis vollzieht? Man sieht: das Problem der exakten Naturwissenschaft ist zugleich das Problem ihrer möglichen Gegenstände. Die Einheit der Erkenntnis bestimmt die Einheit der Natur. Die Begriffe, in denen diese letztere sich darstellt, erfüllen lediglich die Forderungen wissenschaftlicher Erkenntnis. So ist der vielberufene „Materialismus" Galileis, so ist auch seine Atomistik zu beurteilen. Materie und Atome sind nicht von aller Erkenntnis unabhängige Seinswerte. Ihre Begriffe stellen sich vielmehr dar als Mittel der Ordnung und erkenntnismäßigen Bewältigung des Mannigfaltigen, als Träger des Gedankens der Notwendigkeit[2]). Sie sind nicht anders zu bewerten wie die Lehre Galileis von der Subjektivität der sinnlichen Qualitäten: die Eindeutigkeit der Erkenntnis fordert es, daß bei der Erforschung der Gesetzlichkeit der Natur von der sinnlichen Bestimmtheit der Farbe und des Tons abgesehen und lediglich die „notwendige" Beschaffenheit der Dinge, wie sie sich nach den Gesichtspunkten von Zahl, Zeit und Raum darstellt, in Betracht gezogen werde. Und ganz ebenso steht es um Bewegung und Beharrung. Auch sie sind nicht Gegebenheiten irgendwelcher Art. Auch sie bestehen nur zu Recht, sofern sich in ihnen mathematische Forderungen erfüllen, sofern sie in ihrer Notwendigkeit und Eindeutigkeit erwiesen werden können. Die „risolutive" Methode bewährt sich eben auch an ihnen: sie begründen die Erfahrung, weil sie im Geiste entworfen, die Erscheinungen zu gegenständlicher Bestimmtheit bringen. Alles, was

[1]) Cassirer, a. a. O. S. 323.
[2]) Dialogo dei massimi sistemi. Vierter Tag, Op. I, 497.

diesem Sachverhalt widerstreitet, ist dem wissenschaftlichen Begriff der Bewegung fremd. Nicht ihr undefiniertes „Wesen", sondern ihre Gesetzlichkeit allein gilt es ihm zu erfassen. Damit erscheint Galileis Verhältnis zur Metaphysik in Frage gestellt. Sein Begriff einer Erkenntnis der Natur ist der Begriff einer Erkenntnis der Ordnung von Erscheinungen. Besteht er zu Recht, dann ist Natur als Gegenstand möglicher Erkenntnis, und nicht durch die Idee eines geheimnisvollen Wirkens metaphysischer Kräfte zu bestimmen. Ebensowenig aber gestattet sie Ausnahmen von ihren Gesetzen. Sie selbst eben bedeutet „Ordnung". Darum „erklärt" das wirkliche Naturgesetz Ausnahmen nicht minder als Regeln. Denn die Ausnahme ist, gleich der Regel, deren Begriff sie fordert und ergänzt, insolange ein schlechthin unbestimmtes Gebilde, als sie nicht aus einem Gesetz begriffen ist. Jeglicher Empirismus ist damit für Galilei im Prinzip überwunden. Denn gerade der Empirismus gewährt, wenigstens im Bereich der Naturerkenntnis, der Metaphysik die stärkste Stütze. Der Empirist beruft sich beständig auf „Tatsachen" und damit auf die Objektivität der Natur. Dennoch fehlt ihm jede Möglichkeit, den Begriff der Tatsache selbst auch nur zu erörtern, geschweige denn in seiner Strenge und Reinheit herauszustellen. Darum fordert er im letzten Grunde, was er zu bekämpfen vorgibt: die Annahme eines metaphysischen „Wesens" der Natur hinter der Gesetzlichkeit der Ereignisse, um dann sofort auf die Erkenntnis dieses Wesens, sei es freudig, sei es resigniert zu verzichten. Ganz anders Galilei. Ihm wird in der Erforschung der Gesetze des Tatsächlichen die „Tatsache" selbst zum Problem. Er erfaßt ihren Begriff in dem der Forschung und gibt damit dem alten parmenideischen Gedanken einen neuen und kritischen Gehalt: τὸ γὰρ αὐτὸ νοεῖν ἐστί τε καὶ εἶναι. Objektives Sein ist seinem Begriff nach den Bedingungen der Erkenntnis gemäß. Galilei hat die große Frage: Wie wird der Begriff des Gegenstandes durch die Bedingungen seiner Erkenntnis definiert? zunächst negativ, d. h. mit der grundsätzlichen Absage an die Metaphysik beantwortet. Die extensive Beschränktheit unserer Erkenntnis vertrüge sich sehr wohl mit ihrer intensiven Vollkommenheit, und es gebe keine vollkommenere Erkenntnis als jene „certezza obiettiva" in Mathematik und mathematischer Naturgesetzlichkeit. Nicht ein Absolutes werde in der Naturerkenntnis erfaßt, wohl aber werden in ihr absolut gewisse Einsichten gewonnen oder doch angestrebt. Das Naturgesetz hat keinen räumlichen und zeitlichen Geltungsbereich. Denn es ist die Bedingung, unter der Eintritt und Verlauf einer natürlichen Erscheinung steht; die Voraussetzung, der sie unterliegt, wann, wo und wie oft immer, ja selbst, ob sie auch in Wirklichkeit niemals erfolgen möchte. Es ist eben die Bedingung der Erscheinung, *wenn* sie erfolgt, es ist ihr Begriff. In Rücksicht darauf aber ist das Naturgesetz Beziehung, Relation. Darum sind auch die grundlegenden Begriffe der Naturwissenschaft Beziehungsbegriffe. Und unter ihnen steht in erster Reihe der der *Bewegung*.

6. Bewegung wissenschaftlich, d. h. in ihrer streng begrifflich-mathematischen Bestimmtheit erfassen, bedeutet: sie als Relation erfassen. Auch Bewegung ist, um es nun noch einmal auszusprechen, nicht dinghaft-substantiale, sie ist *funktionale* Bestimmtheit. Je tiefer man in ihre Gesetzlichkeit eindringt, um so deutlicher kommt dieser ihr Beziehungscharakter zur Ausprägung und Gestaltung. Um nur eines zu erwähnen: Der folgenschwere, ja für die weiteren Schicksale der physikalischen Forschung bis auf den heutigen Tag geradezu entscheidende Grundsatz der Relativität der Bewegung hat den Gedanken, daß Bewegung nur in Beziehungsbegriffen zu definieren sei, zu seiner notwendigen Voraussetzung. Das copernicanische Motiv, daß alle sichtbare Ortsveränderung sowohl aus der Bewegung der Gegenstände, als auch aus der des Zuschauers und schließlich aus der Vereinigung beider verstanden werden könne, daß mithin keiner dieser Faktoren vor dem anderen ausgezeichnet sei[1]), erfährt erst bei Galilei seine unerläßliche logische Vertiefung. Nur im Hinblick auf einen bestimmten Koordinaten-Mittelpunkt gewinnt auch für Copernicus, wie später für Kepler, eine besondere Bewegungserscheinung ihre theoretische Bestimmtheit. Erst bei Galilei aber erfährt das Problem eine grundsätzliche und nach Maßgabe der damaligen *Mittel* erschöpfende Erledigung. Denn für Galilei steht es, zum Unterschied von seinen Vorgängern, nicht mehr in Frage, „wo" der Mittelpunkt der Planetenbewegung zu suchen sei. Jegliche Bevorzugung eines Ortes im Raum hat für ihn aufgehört, einen angebbaren Sinn zu haben. Ja, der Raum selbst erlangt erst durch diesen Umstand, der ihn zugleich in ein neues Verhältnis zur Erfahrung bringt, seine eigentümliche wissenschaftliche Bestimmtheit. Er ist eines der Prinzipien des unbegrenzten, und dennoch systematischen Fortschritts der Erfahrung. Was *Giordano Bruno*

[1]) *Copernicus*, De revolutionibus I, 5.

gefühlsmäßig und im wesentlichen auf den Schultern des Neuplatonismus erfaßt hatte und in begeisterten Worten verkündet, die Unendlichkeit der Welten, das hat bei Galilei in dem wohlfundierten Begriff der Unabschließbarkeit der Erfahrung seine festen wissenschaftlichen Wurzeln [1]). So wird für Galilei der Begriff der Relation allenthalben zum Ausdruck und Träger des Gedankens wissenschaftlicher Objektivität. Weder seine Stellung zum Wurfproblem, noch auch der in seiner Fruchtbarkeit kaum zu überschätzende Gedanke, die endliche Wegstrecke als Integral der Geschwindigkeit darzustellen, wären ohne das erkenntnistheoretische Grundmotiv, daß sich der Gegenstand der Erkenntnis in Beziehungen gestalten müsse, möglich gewesen. Die Idee der Relation allein gestattet es, scheinbar starre Gegensätzlichkeiten in der Einheit übergreifender Ordnungen aufzuheben und das äußerlich Getrennte in systematischer Gemeinschaft zu umspannen. Und so ist es denn ein einziges, umfassendes Motiv, dem Galileis methodologische Überlegungen, dem sein Kampf sowohl gegen die Metaphysik, als auch gegen den Empirismus der Spätrenaissance entspringen: das erkenntnistheoretische Motiv der Begriffe von Objektivität und Wissenschaft. Galilei stellt die philosophische Reflexion ganz in den Dienst seiner naturwissenschaftlichen Ziele: nur auf die Methoden der Erforschung von Naturgesetzen richtet sich sein Augenmerk. Was seine Aufgabe an Voraussetzungen enthalten mag, bleibt zunächst noch unerörtert. Daß Mathematik und Natur zusammenstimmen, daß und warum Mathematik nicht sowohl äußerlich und sekundär auf die Natur „angewandt" wird, als vielmehr den Begriff der Natur ursprünglich bestimmen hilft; vermöge welcher letzten Bedingungen der Gedanke sich überhaupt der Wirklichkeit bemächtigt, — wird ihm ausdrücklich und in dieser theoretischen Form noch nicht zum Problem. Er ist geneigt, die Antworten auf diese Fragen als selbstverständliche Voraussetzungen seines Verhaltens vorwegzunehmen. Das Große aber an ihm ist, daß er trotz, ja vielleicht gerade als Folge dieser Beschränkung, die Aufgaben naturwissenschaftlicher Erkenntnis und damit den Begriff des Naturgesetzes mit einer kaum jemals übertroffenen Folgerichtigkeit umschrieben und ihnen damit für alle Zeiten den Ort in der Gemeinschaft philosophischer Probleme angewiesen hat. Vollends klar aber wird Galileis Stellung in der Philosophie erst, wenn man es versucht, die Leistungen älterer Zeitgenossen an ihr zu messen.

[1]) Opere II, 83—85.

7. Auch Galileis großer Freund, Johannes Kepler (1571 bis 1630) bekennt sich zu einem neuen Ideal der Erkenntnis aus Erfahrung, zu einem bis dahin unerhörten Begriff wissenschaftlicher Exaktheit. Man weiß es: die Annahme einer Kreisbewegung der Planeten um die Sonne scheitert für Kepler an der Tatsache einer unerklärlichen Differenz von acht Längenminuten. Er läßt sie fallen und gelangt so zu der Entdeckung der elliptischen Gestalt der Planetenbahnen [1]). In einem Hymnus auf das platonische Motiv der „Wiedererinnerung" bezeichnet er als Quelle aller Einsichten in die wahre Ordnung der Natur die „verborgenen Kräfte der Seele", in der diese durch den Anblick der Wirklichkeit nur geweckt würden [2]). Der Geist erfüllt, indem er erkennt, die Wirklichkeit mit seinem Gesetz. Er projiziert gleichsam die ursprüngliche Ordnung, die er in allem Erkennen betätigt, auf den Inbegriff seiner möglichen Gegenstände. So steht ihm die Welt, ein Widerspiel seines eigenen Wesens, als harmonische Ordnung gegenüber. Ihre ursprünglichen Eigenschaften sind darum von mathematisch-quantitativer Art: Maß und Zahl, Größe und Ausdehnung sind die primären Formen, in denen das Sein der Dinge sich bestimmt und vollendet. Eine unübersehbare Fülle einzelner Erkenntnisse erschließt sich Kepler auf dieser Grundlage. Von der Entdeckung der Planetenbahnen bis zu den tiefen spekulativen Erwägungen über die „Angemessenheit" des sinnlichen Substrates der Erkenntnis und der obersten Gesetze der Intelligenz quillt ihm alles aus jenem Grundsatz der Harmonie. Und doch umspannt dieser, bemächtigt man sich nur aller seiner Voraussetzungen, den Begriff der Erkenntnis, wie er Kepler selbst als Ideal vorschwebt, noch lange nicht. Es ward oft und mit Recht hervorgehoben, daß Keplers Harmonie-Begriff zu gleichen Teilen durch künstlerische und durch wissenschaftliche Motive bestimmt sei. Man darf nun weder die ästhetische Komponente in Keplers Gedankengang überschätzen, noch auch deren sachlichen Wert bei der Bewältigung wissenschaftlicher Aufgaben überhaupt gering achten. Dennoch muß man erkennen, daß eine ästhetische Wertung der Erkenntnis, ihrer Gegenstände und ihrer Methoden, ihr volles Recht erst dann zu be-

[1]) Kepler, Opera omnia ed. Ch. Frisch. Frankfurt und Erlangen, 1857 ff., III, 258: „. . . . . . sola igitur haec octo minuta viam praeiverunt ad totam astronomiam reformandam. Vgl. auch R. Eucken, Kepler als Philosoph. Philos. Monatsh. 1878. XIV. Ebenso Herbart, III, 514.

[2]) Kepler, a. a. O. V, 262 f.

haupten vermag, wenn jede Gefahr einer Vermengung künstlerischer und wissenschaftlicher Motive grundsätzlich beseitigt erscheint. Gerade das aber ist bei Kepler, trotz der logischen Tiefen seiner Konzeption, noch nicht der Fall. Und gerade das ist es, was bei Galilei zu voller und bewußter Klarheit gediehen ist. Die Idee einer unaufhebbaren, objektiven Notwendigkeit in dem Zusammenhang der Ereignisse gilt auch Kepler als selbstverständliches Leitmotiv seiner wissenschaftlichen Bestrebungen. Allein zwischen die sachlichen Voraussetzungen und Kriterien seines Verfahrens drängt sich ihm an den entscheidenden Punkten immer wieder das ästhetische Motiv der Einheit und Geschlossenheit des Kunstwerks. Man braucht den tiefgehenden Einfluß von Keplers Harmonie-Gedanken auf Leibniz, man braucht die Beziehungen des Deismus der Aufklärungsperiode zu den ästhetischen Motiven jenes Gedankens nicht zu übersehen und kann dennoch den wesentlichen Abstand ermessen, der Kepler und Galilei in bezug auf die logische Reinheit der Problemstellung trennt. Gewiß, Kepler greift weit über seine Vorläufer hinaus. Auch Nikolaus von Cues hatte ja zwischen den Dingen feste Verhältnisse anzunehmen gelehrt; — aber sofort hinzugefügt, daß sie dem Menschen verschlossen und unbegreiflich bleiben müßten [1]). Kepler hat solche Verhältnisse in mathematischen Beziehungen gesucht und gefunden. Aber der Begriff dieser Beziehungen entbehrt bei ihm noch der logischen Einheit und Vollendung, die er in den Überlegungen Galileis erreichen sollte. Und nicht wesentlich anders steht es um den Begriff der Hypothese. Auch hier wieder ist die gemeinsame Grundlage für Kepler und Galilei die Philosophie Platos. Beiden gilt die Hypothese für mehr, denn für ein bloß technisches Hilfsmittel der Lösung wissenschaftlicher Aufgaben; beide erkennen in ihr das erste und wesentliche Glied jedes methodischen Verfahrens; das Gegenteil vager, auf bloßem Glauben gegründeter Annahmen. Niemand bekämpft, gerade im Hinblick auf den methodischen Begriff der Hypothese, heftiger und zugleich wirksamer die „Paracelsisten" und Mystiker verschiedener Färbung als Kepler. Niemand hat den Unterschied zwischen einem metaphysischen, auf verborgene „Substanzen" und den auf die Gesetzlichkeit von Erscheinungen bezogenen Gebrauch der Hypothese schärfer herausgestellt als er. Und doch ent-

[1]) Nik. v. Cues, I, 4 (de docta ignorantia): omnia ad se invicem quandam (nobis tamen occultam et incomprehensibilem) habent proportionem.

kehrt, blickt man nur tiefer, sein Begriff der Hypothese der durchgängigen Beziehung auf die Idee der Analysis. Noch haftet ihr, zum Unterschied von Galilei, etwas von dem Gedanken eines „Spiels" mit Symbolen an. Wohl verwahrt er sich mit eindrucksvollen Worten gegen den Vorwurf eines leichtfertigen Gebrauchs von Symbolen. „Denn durch Symbole wird nichts bewiesen; kein Geheimnis der Natur wird durch geometrische Symbole enthüllt. Sie liefern uns nur schon zuvor Bekanntes; — falls nicht durch sichere Gründe zwingend dargetan wird, daß sie nicht bloß Gleichnisse sind, sondern die Art und die Ursachen der Verknüpfung der beiden miteinander verglichenen Dinge darstellen [1])." Aber noch fehlt dem Begriff der Ursache hier die volle logische Durchbildung: sie bedeutet noch nicht definierende Bedingung. — Auch die „Kraft" hat schon bei Kepler aufgehört, metaphysischer Wesensbegriff zu sein. Sie wurzelt für ihn „statt in der vagen Analogie zum sinnlichen Begehren gegründet zu sein, in dem reinen Erkenntnisgesetz der Zahl"[2]). Aber vergebens suchte man eine restlose analytische Durchführung des Gedankens. Kepler fehlt kurz gesagt die logische Geschlossenheit, die logische „Einfalt" Galileis, mögen ihm auch im einzelnen die tiefsten Einblicke in die Struktur der Erkenntnis und ihrer Gegenstände gelungen sein. Seine Kritik des Begriffs der Materie, die dessen durchgängige mathematische Bedingtheit begründen soll, darf als ein Muster feinster Analyse gelten. Aber noch erscheint die logische Quelle des wissenschaftlichen Begriffs der Materie, die geometrische Gesetzlichkeit nämlich, in bemerkenswerter Abhängigkeit von der Idee des göttlichen Wesens [3]). Schon erkennt er, daß die Analysis der Geometrie überzuordnen sei. Aber noch überwiegt bei ihm die Einstellung auf den Gedanken der platonischen Naturphilosophie, daß das Universum sich gemäß der Gesetzlichkeit der fünf regulären Körper aufbaue. Galilei wäre ohne Kepler nicht möglich gewesen. Stammt doch geradezu das Wort „Naturgesetz", der Sinn, in dem wir uns bis auf den heutigen Tag seiner bedienen, von Kepler [4]); wie es denn Kepler gewesen ist, der auch für ungleichförmige Bewegungen ein Gesetz nicht nur gefordert, sondern in seiner Theorie der elliptischen Planetenbahnen geradezu aufgewiesen hatte. Galilei aber

[1]) Kepler, Op. I, 378 (Brief an Joachim Tanck vom 12. Mai 1608).

[2]) Cassirer, a. a. O. S. 274.

[3]) „Tibi Deus in naturam venit, mihi natura ad divinitatem aspirat". Op. I, 332 (Brief an Fabricius).

[4]) Op. III, 37.

überragt ihn als derjenige, der — wieder in konkreten naturwissenschaftlichen Leistungen — den Begriff des Naturgesetzes mit der Idee der Analysis für alle Zeiten verknüpft und damit von allen definitionsfremden Zutaten grundsätzlich befreit hat.

4. Giordano Bruno. Francis Bacon.

1. Ganz anders und viel einfacher gestaltet sich Galileis Verhältnis zu Giordano Bruno (1548—1600) und Francis Bacon (1561 bis 1626). Um es sofort hervorzuheben: zu dem einen wie zu dem anderen ist es durchaus negativ. Denn wie sehr sich auch Bruno und Bacon in bezug auf Lehre und Persönlichkeit unterscheiden mögen, in dem einen, für ihre philosophiegeschichtliche Stellung wesentlichen Punkt stimmen sie überein, daß sie dem Geist der mathematischen Analyse fremd und verständnislos gegenüberstehen oder deren methodisches Recht auf die Natur grundsätzlich bestreiten. Drei Motive bestimmen Giordano Brunos Denken[1]). Einmal der Neuplatonismus, sodann die aristotelische Scholastik und schließlich die große Entdeckung des Copernicus. Die beiden ersten geben ihm die kosmische Weite des Gesichtskreises; das zuletzt genannte erfüllt den Rahmen mit einem konkreten Inhalt. Wir sahen es schon bei Nikolaus von Cues: Die neuplatonische Lehre, Gott „wirke sich"—unmittelbar oder durch vermittelnde Zwischenwesen — als Schöpfer und Gestalter der erkennbaren Welt „aus", muß eine gewisse Neigung zum Naturalismus hin zeitigen. Sie drängt insbesondere in einer Zeit wie der Renaissance, zu einer gewissen „Verweltlichung" des Gottesbegriffs. Sie begünstigt zum mindesten pantheistische Ausdeutungen seines Ideengehalts. Nun, Giordano Bruno ist zunächst von dieser Seite her zu begreifen. Allein, die Beziehung zum Neuplatonismus vermag Brunos philosophisches Charakterbild doch noch nicht zu erschöpfen. Es kommt vor allem noch eine weitreichende Abhängigkeit des Denkers von der aristotelischen Überlieferung in Frage. Auch sie freilich ist in der Beziehung zum Neuplatonismus entscheidend vorgebildet. Denn eine tiefe Wesensgemeinschaft verbindet trotz aller grundsätzlichen Unterschiede den aristotelisch-scholastischen Gedankenkreis mit dem Geist des Aristotelismus. Sie findet ihre nächste und wichtigste

[1]) Hierzu und zu dem folgenden vgl. meine Abhandlung über Giordano Bruno in „Große Denker", Leipzig 1912.

Ausprägung in dem gemeinsamen, freilich nur selten bewußt vertretenen Gegensatz zum klassischen Platonismus. Für den antiken wie den mittelalterlichen Aristotelismus war, um es mit einem Worte zu sagen, die erkenntnistheoretische Bedeutung der platonischen Idee verblaßt. Sie hatte aufgehört, der Inbegriff von Bedingungen zu sein, der „Wahres", „Gutes" und „Schönes" genügen müssen, um sich als objektive Bestimmtheiten über die Sphäre des individuellen Meinens zu zeitloser Geltung zu erheben. Die aristotelische Überlieferung verwandelt die Idee in ein absolut Seiendes hinter dem, was als „wahr", „gut" und „schön" Gegenstand der Wissenschaft, der sittlichen und der ästhetischen Beurteilung wird; — nicht freilich, weil sie Plato „mißversteht"[1]), sondern aus tief in der Sache selbst entspringenden problemgeschichtlichen Motiven, mit einem unzweifelhaften geschichtlichen Recht und in teilweiser Übereinstimmung mit zeitweiligen Anschauungen Platos selbst. In seinem unentwegten Ringen um den logischen Ausbau des Begriffs der Idee symbolisiert Plato gelegentlich den Sinn gegenständlicher Erkenntnis durch das Verhältnis der Zugehörigkeit des Individuums zu einer Klasse. Das Individuum „ist" für die Erkenntnis, indem es dem Gesetz der Gattung zustrebt. Die aristotelische Überlieferung nun bemächtigt sich vor allem dieses Gesichtspunktes. Erkennen wird jetzt dem Klassifizieren kurzweg gleichgeachtet. Der symbolische Gedanke vom Hinstreben des zu Erkennenden nach dem Gesetz seiner Klasse gleitet hinüber in die These, daß das Einzelne durch dieses Gesetz verursacht werde. Bedeutet aber Erkennen Klassifizieren, dann ist nicht mehr die mathematische Analyse, sondern die Beschreibung von Klassenbeziehungen das ideale wissenschaftliche Verfahren. Diese Mathematikfremdheit, ja Mathematikfeindschaft des antiken wie des mittelalterlichen Aristotelismus geht nun, trotz der heftigen Abneigung des Denkers gegen die peripatetische Überlieferung, restlos auf Bruno über. Er verdammt die Aristoteliker. Aber wie ein Bekenntnis zu dem Geiste ihrer Lehren klingt sein Vorwurf gegen den im übrigen leidenschaftlich bewunderten Copernicus, dieser sei „più studioso della matematica, che della natura" gewesen. Bruno steckt, trotz seines heftigen, ja dogmatischen Kampfes gegen die Aristoteliker, ganz in den Kategorien ihrer Schule. Kausalität vermengt sich ihm mit Zweckbestimmtheit. Der biologische Begriff

---

[1]) Vgl. meine „Philosophie des Altertums, problemgeschichtliche und systematische Untersuchungen". München 1917. IX.

wird ihm Muster und Vorbild aller wissenschaftlichen Begriffsbildung überhaupt. Die „Materie" der Erkenntnis wächst ihm gleichsam wie der individuelle Organismus in eine gattungsmäßig bestimmte „Form" hinein. Die „Form" als reale Ursache bildet sich ihren „Stoff". Sie ist „substantiale" Realität, und sie vor allem ist es, deren sich die Erkenntnis bemächtigt. In einem teleologisch und eben deshalb zugleich real gegliederten System von Formen gestaltet sich ihm stufenweise, von Form zu Form getrieben, das Sein der Dinge nicht minder als deren Erkenntnis, um schließlich in Sein und Idee der höchsten Einheit, des Weltorganismus, zu gipfeln.

2. Es ist der Begriff, den Bruno nach allen Seiten hin ausspinnt; der Begriff zugleich, in dem sich die naturalistischen Tendenzen der Neuplatoniker mit verwandten Motiven der aristotelischen Überlieferung begegnen. Bruno hält fest an der Beseeltheit der Dinge und erweist sich auch darin als — Aristoteliker. Denn wo die Begriffe der Verursachung und der Zwecksetzung zusammenfließen, da kann der Gedanke nicht mehr fern sein, die „Ordnung" der Welt als das Werk seelischer Faktoren zu deuten. Das Motiv einer, den verschiedenen Graden der Ordnung angepaßten Stufenfolge psychischer Prinzipien wird wirksam. Ästhetische und ethische Wertgesichtspunkte gesellen sich den theoretischen hinzu: den höheren Formen der seelischen Beweger entsprechen vollkommenere Bewegungen. Der ewige Beweger aber, Gott, erscheint als die Quelle der vollkommensten Bewegung, des kreisförmigen Umschwungs der Himmelskörper. Bruno ist von solchen Gedanken auf das mächtigste ergriffen. Er bekämpft, ja er verachtet geradezu die alte aristotelische Lehre von dem Umschwung der Himmelskörper um die Erde. Daneben aber verficht er mit unzweideutiger Bestimmtheit die echt aristotelische Annahme der Gestirnseelen. Es gebe keinen Philosophen von Bedeutung, meint Bruno, der nicht die Welt und ihre einzelnen Sphären für belebt hielte. „Nicht ohne eine Form des Sinns oder des Bewußtseins, die jedoch von der oberflächlichen Philosophie nicht bemerkt wird, ballen sich selbst die Wassertropfen zur kugelförmigen Gestalt, die ihrer Selbsterhaltung am gemäßesten ist[1])." Und nun vergleiche man mit diesen und ähnlichen Sentenzen die Gesichtspunkte, unter denen Galilei seine Reform der Methodenlehre einleitete. Nicht

[1]) Giordano Bruno, Summa Terminorum Metaphysicorum (Jordani Bruni Nolani Opera latine conscripta Napoli 1879—91. Vol. I, pars 4, p. 103 f.

die Deutung der Bewegungserscheinungen, sondern ihre von aller Deutung unabhängige Gesetzlichkeit ist sein Problem. Er will wissen, wie sich bestimmte Arten der Bewegung unabhängig von jeder möglichen Tätigkeit beseelter Wesen bestimmen möchten; er will zu ihrem Begriff im Sinne der Forderungen reiner Geltungsbestimmtheit vordringen; er will sie gemäß dem ursprünglichen Sinn der platonischen Idee definieren. An diesem sachlich negativen Verhältnis Brunos zu Galilei und den Versuchen einer Grundlegung der mathematischen Naturwissenschaft ändert auch die Bewunderung nichts, die er Copernicus zollt. Denn Bruno wertet die copernicanische Lehre nicht sowohl nach ihrer naturwissenschaftlichen, als nach ihrer spekulativen Seite hin; sie sollte ihm letzten Endes neue Gesichtspunkte liefern für die Beurteilung der Struktur der „Welt". Copernicus war in diesem Punkte weitaus zurückhaltender. In bewußter Anlehnung an uralte pythagoreische Gedanken von der Bewegung der Erde um die Sonne wollte er eine Hypothese ersinnen, welche die beobachtbaren Bewegungen der Gestirne leichter zu erklären gestattet als durch die herkömmliche ptolemäische Lehre mit ihrer verwickelten Kombination von Kreisbahnen. Bruno dagegen verknüpft die copernicanische Annahme mit der Fragestellung des Neuplatonismus. Er gibt ihr damit einen kosmischen Hintergrund und erteilt ihr eine Wertbetonung, die von der schlichten naturwissenschaftlichen Absicht ihres Urhebers wesentlich abweicht. Nur auf jenem Hintergrund aber kann Bruno in der copernicanischen Lehre einen Beweis gegen den aristotelischen Gedanken von der räumlichen Endlichkeit der Welt erblicken. Er mißt den Wert der copernicanischen Hypothese nicht zuletzt daran, daß sie ihm das göttliche Universum gleichsam anschaulich zu fassen ermöglicht. Das Universum steht jetzt in greifbarer Bestimmtheit vor seinem Geiste. Die Erde erscheint ihm in den „Himmel" versetzt; der Begriff des Himmels selbst aber gerät ins Wanken. Jegliche Ortsbestimmung wird relativ. Die aristotelische Unterscheidung einer Welt über und einer Welt unter dem Monde ist in ihren Grundlagen erschüttert. Ungehemmt stürmt seine Phantasie bis über die Fixsternsphäre hinaus: nichts scheint ihm der Annahme widersprechen zu können, daß die Fixsterne Sonnen sind, die von bewohnten Planeten — „Erden" — nach einem universellen, alles zweckvoll gestaltenden Plan umkreist werden. Allein, jeder einzelne Zug dieses gewaltigen Weltbildes ist spekulativ. Nicht der Begriff der Analysis, nicht das galileische Motiv des mathematischen Naturgesetzes bestimmen seinen eigentlichen Sinn.

Es ist vielmehr der neuplatonische Satz von der Unendlichkeit der Welt, der für Bruno durch die copernicanische Idee greifbare Gestalt gewinnt und eine Art von erfahrungsmäßiger Rechtfertigung erfährt. Und die copernicanische Hypothese wieder erlangt durch ihre organische Verbindung mit dem pantheistischen Naturalismus der Neuplatoniker den Gewißheitsgrad eines Glaubenssatzes. Bruno bekämpft die peripatetische Überlieferung, sofern sie diesem Glaubenssatz widerspricht. Aber er steht, ohne es zu wissen, auf deren Schultern, wo sie die Voraussetzungen jener Glaubensüberzeugung fördert. Nicht auf die Physik und deren Grundlagen zielt Brunos Weltbild, sondern auf die Metaphysik. Er überträgt die copernicanische Struktur unseres Planetensystems auf den Kosmos; — und zwar nicht, weil er sich durch den Begriff des Naturgesetzes oder durch die Prinzipien der Erkenntnis dazu gedrängt und berechtigt fühlt, sondern weil ihm ein Kosmos von copernicanischer Struktur als die einzig würdige Entfaltung des göttlichen Wesens erscheint. Der Gedanke der Unendlichkeit des astronomischen Kosmos, die Idee seiner copernicanischen Struktur und die sich in der Natur enthüllende göttliche Realität verschmelzen für Brunos Gefühl zu einem einzigen spekulativen Gebilde. Darum entzündet sich in religiös-ekstatischer Hingabe Brunos Phantasie an der copernicanischen Lehre; darum aber gewinnt auch seine Metaphysik allenthalben einen bedeutungsvollen naturwissenschaftlichen Einschlag. Allein, nirgends wird hier, wie bei Galilei, die logische Analyse des Begriffs der Wissenschaft philosophisches Motiv. Man hat es oft ausgesprochen, daß Bruno manches Ergebnis späterer mühevoller Forschung vorweggenommen habe. Das ist genau in dem Umfang der Fall, als es den neuplatonisch-peripatetischen Motiven seines Denkens entspricht. Die Sonnennatur der Fixsterne, die nicht begrenzbare Anzahl möglicher Sonnensysteme, die Relativität jeglicher Ortsbestimmtheit, der Kampf gegen die aristotelische Vorstellung von einem Mittelpunkt des Weltalls, die Einteilung der Gestirne, auch der nicht sichtbaren, in leuchtende und beleuchtete, in „Sonnen" und „Erden", die Möglichkeit einer Vielzahl bewohnter Welten — sie gelten ihm einzeln und in ihrer Gesamtheit nur, sofern sie seine spekulativen Voraussetzungen bestätigen. In der Tat: keiner der Begriffe, die Leonardo, Kepler und Galilei erst überwinden mußten, um für eine wissenschaftliche Erforschung der Natur und des Begriffs der Naturerkenntnis freie Bahn zu gewinnen, ist bei Bruno beseitigt. Es bezeichnet die ganze Tiefe des Gegensatzes zwischen den Naturbetrachtungen Brunos und Galileis, daß jener in echt aristotelischen Wendungen die Körper an ihren jeweiligen „natürlichen“ Ort, zu dem sie hinstreben, weder „schwer“ noch „leicht“ sein läßt. Die Idee eines mathematischen Gesetzes, das „Schweres“ und „Leichtes“ — ebenso „Warmes“ und „Kaltes“ — in der Einheit eines Begriffs zu umspannen lehrt, ist ihm verschlossen. Dafür bietet sich ihm als Erklärungsprinzip natürlicher Erscheinungen das Streben des „Stoffes“ zur „Form“, der individuellen Gestaltung zu der Norm ihres metaphysischen „Wesens“ dar. Galileis Absicht geht dahin, die Erscheinungen in einer mathematisch definierten Ordnung von Beziehungen zum Begriff der Natur zu verknüpfen. Bruno dagegen und die Überlieferung, in deren Bann er steht, isolieren die Phänomene voneinander. Bestimmen doch die „individuellen Substanzen“ als Zweckursachen die individuelle Gestaltung der Erscheinungen. An allen entscheidenden Punkten ließe sich so der grundsätzliche Unterschied zwischen Bruno und Galilei scharf herausstellen: an dem brunonischen Begriff der Materie nicht minder, als an seiner Konzeption des Atoms oder an seiner Stellung zum Problem des Minimums. Gerade diese letztere ist besonders lehrreich. Nur weil Gott auch im „Kleinsten“ mit der ganzen Fülle seines Wesens gegenwärtig ist, gilt es Bruno als Gegenstand philosophischer Überlieferung. Aber auch, wo er sich des logischen Gehalts der Idee vom „Kleinsten“ zu bemächtigen strebt, ist es ihm lediglich das Nichtmehrsichtbare, das nur phantasiemäßig Vorstellbare, nicht aber wie in aller exakten Wissenschaft und bei Galilei: das in bestimmt definierter Erkenntnisabsicht Gedachte. Galileis entscheidende Ansätze zu einer exakten Theorie des Begriffs sind Bruno fremd. Die Allgemeinheit des Begriffs ist hier eine Folge seiner „Abstraktheit“, d. h. seiner phantasiemäßigen Entfernung von dem sinnlich Gegebenen, nicht aber seiner — mathematischen — Bestimmtheit. Wenn es Bruno einmal für unmöglich erklärt, von sinnlichen Inhalten eine allgemeine Bestimmung und Definition geben zu können, so ist solcher Empirismus gerade das, was Galileis Wissenschaft überwindet. So ist denn auch der brunonische Begriff des Gesetzes dem galileischen diametral entgegengesetzt. Er bedeutet günstigstenfalls Gleichförmigkeit und Regel, nicht Einsicht, analytisch zu begründende Bedingung des Geschehens. Es hängt damit zusammen, daß Bruno den methodischen Sinn der Mathematik überhaupt verkennt. Nicht nur lehnt Bruno das „Irrationale“, wie alles „Unmeßbare“ ab; die Mathematik wird ihm, wohl unter dem Einfluß neupythagoreischer Motive, zum Ausdruck geheimnisvoller Kraftwirkungen und selbst der Begriff der „mathematischen Magie" ist ihm geläufig. Brunos dithyrambische Verherrlichung der Natur mag immerhin als stimmungsgemäßes Symbol des Strebens der Zeit nach objektiver Naturerkenntnis gelten. Die wissenschaftliche Entdeckung dieses Begriffs aber, die Aufgabe seiner methodischen Begründung und damit das Problem der Natur selbst knüpfen sich für alle Zeiten an den Namen Galileis.

3. Ganz ähnlich wie zu Bruno, gestaltet sich Galileis Verhältnis zu dem Lordkanzler Francis Bacon, Baron von Verulam (1561—1626). Der eigenartige Mann bleibt, auf den glanzvollen Höhen seiner Laufbahn, wohin ihn Schicksal, Begabung und Ehrgeiz gestellt hatten, wie nach seinem selbstverschuldeten Sturz, von dem leidenschaftlichen Drang erfüllt, die Erkenntnis und deren Methoden vermittels der „Erfahrung" neu zu begründen. Er eröffnet den Reigen der englischen Empiristen der neueren Zeit. Allein, dieser englische „Empirismus" ist, wie sich später zeigen wird, ein Gebilde von keineswegs einheitlicher Struktur. Um so wichtiger erscheint es, sich über den besonderen Sinn, in dem Bacon die „Erfahrung" aufs Schild erhebt, Rechenschaft zu geben. Erfahrung gilt ihm zunächst als einzige Quelle aller Wissenschaft. Die Wissenschaftlichkeit eines Verfahrens sichern, heißt in seinem Bereich die Erfahrung vor allen Fälschungen durch subjektive Zutaten bewahren. Daraus folgt zweierlei. Einmal die eigentümliche Richtung seiner Kritik des Verstandes: sie ist eine Lehre von den „Idolen", d. h. von den subjektiv bedingten Trübungen, denen Erfahrung allenthalben ausgesetzt erscheint. Sodann aber die radikale Ablehnung des Gedankens, daß wissenschaftlich brauchbare Erfahrung sich den Sinnen unmittelbar, d. h. ohne vorherige Ausschaltung der „Idole" darbieten könnte. Was man gemeinhin Erfahrung nennt, sei nichts anderes wie ein unsicheres Tasten, „wie der Mensch es bei Nacht macht, wenn er versucht, sich durch Befühlen der Gegenstände auf den rechten Weg zu bringen, während es doch gescheiter und angemessener wäre, den Anbruch des Tages zu erwarten oder ein Licht anzuzünden. Eben dieses letztere aber ist das Verfahren und die Art der echten Erfahrung: sie steckt zuerst ein Licht an und weist sodann mit ihm den Weg, indem sie mit völlig geordneten und durchdachten, nicht aber mit vorschnellen und irrigen Beobachtungen beginnt und aus ihnen allgemeine Sätze folgert,

die selbst wieder den Zugang zu neuen Experimenten erschließen [1])." Man hat mit Recht darauf verwiesen, daß diese Sätze ebensogut auch bei Galilei stehen könnten. Scheint es doch, als glaube auch Bacon in der theoretischen Ordnung der Einzelbeobachtungen die entscheidende Bedingung für deren gegenständlichen Sinn und deren wissenschaftlichen Wert erblicken zu müssen [2]). Indessen nur unter zwei Voraussetzungen könnte von dieser Übereinstimmung zwischen Galilei und Bacon die Rede sein: einmal, wenn der Nachweis erbracht wäre, daß das, was Bacon als Erfahrung bezeichnet, wirklich „idolfrei" ist, sodann aber, wenn es gelänge, das Recht jener Ordnung, die gegebenenfalls Wissenschaftlichkeit und Gegenständlichkeit der Erfahrung verbürgen soll, zu erweisen. Weder das eine, noch auch das andere aber ist der Fall. Der Galileische Begriff eines Gegenstandes der Erfahrung war an den Gedanken geknüpft, daß darüber, was im besonderen Fall als „Tatsache" betrachtet zu werden verdiene, nur dieselbe theoretische Ordnung entscheiden könne, in der die Tatsache selbst sich bestimmt. Das Gesetz einer Tatsache finden, sie definieren, heißt ein Urteil darüber fällen, ob eine bestimmte Beobachtung den Anspruch darauf habe, als „Tatsache" gewertet zu werden. Was als Gesetz des freien Falls der Körper erkannt wird, das allein bestimmt auch, wann eine Erscheinung als freier Fall eines Körpers bezeichnet werden darf. Ganz anders Bacon. Für ihn gibt es dieses Verhältnis zwischen Tatsache und Gesetzlichkeit nicht. Darum sind seine „Gesetze" auch nicht Gesetze, seine „Tatsachen" auch nicht Tatsachen im Sinne Galileis. Tatsachen gelten ihm als letzte, als metaphysische Gegebenheiten; eine schlechthin und grundsätzlich unerklärliche Beziehung verknüpft sie für ihn mit dem „Gesetz". Der Unterschied, der damit zwischen Galilei und Bacon angedeutet wird, mag fürs erste geringfügig erscheinen: er ist genauer besehen der tiefste, den es in Rücksicht auf das Problem der Tatsache überhaupt geben kann. So überraschend es denn auch klingen mag, es trifft doch buchstäblich zu: Bacon verfehlt den Begriff der Gegenständlichkeit der Tatsache, gerade weil sie für ihn das schlechthin, das grundsätzlich undefiniert Gegebene ist. Eine Tatsache als Tatsache, d. h. in ihrer unantastbaren Gegenständlichkeit werten, heißt sie in eine notwendige, begriffliche Wechselbeziehung zum Gesetz bringen. Deshalb bestimmen sich in

[1]) Francis Bacon, Novum Organon. Liber I. Aphorism. LXXXII.

[2]) Vgl. Cassirer, Das Erkenntnisproblem usw. 2. Bd., S. 119.

oller wirklichen Naturwissenschaft immer zugleich Gesetz und zugleich Tatsachen. Deshalb aber ist Bacon von aller wirklichen Naturforschung, trotz aller Begeisterung für die „Erfahrung", himmelweit entfernt. Nur sofern eben Tatsachen von vornherein und ihrem Begriff nach auf Gesetze bezogen erscheinen, sind sie „idolfrei".

4. Und auch für die Ordnungen, in denen er „Tatsachen" zusammenzufassen meint, entbehrt er demnach eines objektiven Kriteriums. Er besitzt, genau besehen, dessen Begriff gar nicht. Denn auch das wirkliche Naturgesetz ist nichts ohne einen ursprünglichen Bezug auf den Begriff der Tatsache. Ihn aufgeben, bedeutet das Naturgesetz aufheben, d. h. der Subjektivität überantworten. Es ist das Große an der Wissenschaftslehre Galileis, erkannt zu haben, daß die Bedingungen dieses Bezugs zwischen Tatsache und Gesetz in der Mathematik, in der „Tatsache" der mathematischen Naturwissenschaft erfüllt sind. Kein Zufall darum, daß Bacon jeder Sinn für Mathematik und mathematische Naturwissenschaft abhanden kommt; daß ihm Mathematik als Verfälschung naturwissenschaftlicher Gegenständlichkeit durch gegenstandsferne Produkte der „Abstraktion" erscheint. Was einmal der Mystiker Robert Fludd (1574—1637) gegen Kepler einwendet, das ist im Grunde genommen auch die Überzeugung Bacons: daß nämlich die Natur, in ihrer vollen Gegenständlicheit erfaßt, nichts mit den mathematischen „Abstraktionen" gemein haben könne, in denen ihre Gesetze durch die exakte Forschung verflüchtigt zu werden drohen. Und genau wie gegen die aristotelisierenden Feinde der mathematischen Naturwissenschaft, so ist auch gegen Bacon einzuwenden: Der „Natur" und ihrer ungeschmälerten „Wirklichkeit" steht derjenige am nächsten, dem es um die methodische Rechtfertigung dieser Begriffe zu tun ist; nicht aber der, dem eine Kombination von vermeintlichen „Tatsachen", wenn sie nur eine bestimmte Technik offenbart und bestimmten Zwecken dient, schon „Erfahrung" heißt. Kein Zufall denn auch, daß Bacon sich in einem kritiklosen Registrieren von Einzeltatsachen, oder doch dessen, was er dafür hält, erschöpft. Wahllos rafft er das Material zu seinen „Induktionen" von allen Seiten her zusammen. Er sucht und „findet" gelegentlich Gesetze von Erscheinungen, die gar keine Erscheinungen sind; die höchstens als „Schein" gegenständlichen Wert beanspruchen können. Er wertet schließlich das Wissen — wir würden das mit einem modernen Schlagwort „pragmatistisch" nennen — lediglich nach seiner Funktion, Quelle der „Macht" zu sein. Der „Nutzen"

der Erkenntnis ist es eben, was bei Bacon ganz wie bei den heutigen Pragmatisten, als Surrogat für den abhanden gekommenen gegenständlichen Sinn der Erkenntnis eintritt. Nicht das Große, wenn man will: das „Moderne" des baconschen Gedankens, daß Wissen „Macht" bedeute, wird damit bezweifelt. In Frage gestellt ist nur, ob „Wissen" dadurch, daß es Macht bedeutet, ausreichend bestimmt sei. Die Gefahr aber, diese Frage bedingungslos zu bejahen, muß bei einem Denker besonders groß werden, dem es an einem scharfen Begriff des Wissens grundsätzlich gebricht. Selbst die Macht, die das Wissen bedeutet, ist als gegenständliche Größe nur dann zu ermessen, wenn ihrem Bezug auf das Wissen gegenständlicher Sinn eignet. Das aber ist nur der Fall, wenn das Wissen unabhängig von seiner Funktion, Macht zu sein, erfaßt und bestimmt wird. Erforschung der Natur ist für Bacon nicht sowohl Ergründung von Gesetzlichkeiten, in denen sich Tatsachen bestimmen, als vielmehr das Eindringen in ein von Gesetzlichkeiten unabhängig seiendes „Wesen". Die „Eingeweide der Natur" gilt es ihm bloßzulegen. Und das Mittel, dieses Ziel zu erreichen ist ihm — der aristotelische Begriff der „substantialen Form". Wohl spricht auch Bacon von „Analyse". Allein, dieser Begriff gewinnt für ihn nicht den mathematisch-galileischen, den „analytischen" Sinn. Er verharrt vielmehr in seiner mittelalterlich-peripatetischen Bedeutung. Die Einzeldinge, so verlangt Bacon, sollten in ihre Merkmale zerlegt werden. Er hält der aristotelischen Überlieferung vor, dieses Ziel verfehlt zu haben. In vorschneller Beschränkung ihrer Aufgabe sei sie bei den Einzeldingen stehen geblieben, anstatt sich die Frage nach der Natur der Merkmale vorzulegen, aus denen sie sich zusammensetzen. Jene Merkmale seien den Einzeldingen gegenüber die einfacheren „Naturen". Nicht „von den komplizierten Formen, die in einer Verbindung mehrerer Eigenschaften bestehen, wie Löwe, Adler, Roß, Gold usw." habe man zunächst zu sprechen, sondern von den einfachen „Eigenschaften", ohne die jene Formen überhaupt nicht wären. Die „Natur" des Goldes z. B. offenbart sich nur dem, der vorher über die Natur des „Gelbseins" ins Klare gekommen. Diese Eigenschaften sind selbst wieder dinghaft-substantiale Bestimmtheiten: eben „Naturen". In echt aristotelischer Wendung bringt sie nun Bacon in Beziehung auf den Begriff der substantialen „Formen". Ihr Sinn ist durch „Formen" verbürgt. Diese Formen aber sind von aller Erkenntnis unabhängige, wenngleich in der Erkenntnis durch „Abstraktion" zu fassende Seinswerte; hier deutlicher, dort weniger deutlich ausgeprägt. Sie sind nicht Bedingungen, die ein Geschehen zu definieren gestatten, also nicht Gesetze im exakten, dem Galileischen Sinn des Wortes. Wohl nennt sie Bacon gelegentlich Gesetze. „So nehmen wir die Form der Wärme, die Form des Lichts gleichbedeutend mit dem Gesetz der Wärme, dem Gesetz des Lichts." Aber er fügt bezeichnenderweise sofort hinzu: „Dabei halten wir uns stets an die praktische Seite der Sache selbst. Wenn wir z. B. bei der Form der Wärme sagen: ‚die Dünne ist nicht zu berücksichtigen', oder: ‚die Dünne gehört nicht zur Form der Wärme', so heißt das soviel als: ‚man kann die Wärme auf dichte Körper übertragen', oder von der anderen Seite, ‚man kann die Wärme dünnen Körpern entziehen'[1])."

5. Alle Begriffe Bacons, auch wo sie an die methodologischen Formeln der exakten Wissenschaft anklingen, tragen den Stempel der aristotelischen Überlieferung an sich. Gleichwie ihm das Gesetz substantielle Form ist, so gilt ihm auch Natur nicht als prinzipiell begreiflicher, sondern als ein der Bestimmung grundsätzlich widerstreitender, und nur durch ein System technischer Kunstgriffe zu bewältigender Sachverhalt. „Methode" ist für Bacon nicht sowohl ein Inbegriff von Einsichten in die Bedingungen eines Naturereignisses, als vielmehr der Inbegriff von Vorkehrungen, die getroffen werden müssen, um die Truggebilde des eigenen Geistes von den substantialen Formen der Dinge, von ihrer wesenhaften Beschaffenheit, fernzuhalten. An die Stelle einer fortgesetzten Verfeinerung der Begriffe habe die Hinwendung zu den von den Begriffen grundsätzlich unterschiedenen Dingen zu treten. Wir wissen, was bei Galilei die Rückkehr zum klassischen Platonismus, was hier der platonische Gedanke von der Versenkung in die dem Geist ursprünglich innewohnenden Bedingungen der Erkenntnis für die Begründung des Begriffs der Naturwissenschaft zu bedeuten hatten. Für Bacon ist Plato der cavillator urbanus, der tumidus poeta, der theologus mente captus[2]). Das Experiment tritt bei Galilei als Korrelat des Begriffs auf. Sein Verhältnis zur Natur ist hier kein anderes, wie das des Begriffs zur Natur: es ist nur ein besonderer Ausdruck ihrer durchgängigen gesetzlichen Bestimmtheit. Bei Bacon wird es zu einem grundsätzlich isolierten Kunststück, der Natur an einem Punkte ihre Geheimnisse abzulisten. Die Induktion erscheint bei Bacon nicht

[1]) Bacon, a. a. O. XVII.

[2]) Works, Ellis, Spedding und Heath. London 1857 ff. III,530 f.

als ein Element der Analyse, sondern als eine lediglich den „praktischen" Bedürfnissen des Erkennens angepaßte Technik. Verwandtes gilt für die *Hypothese*. Auch sie hat, soweit sie als selbständiges Erkenntnismotiv für Bacon überhaupt in Frage kommt, jeglichen Bezug auf den Begriff der Analysis, alle Hinweise auf die platonische Funktion der „Begründung" abgestreift. *Beobachten* hat aufgehört, die methodische Ergänzung des Begriffs zu sein. Es ist von dem Sammeln und einem grundsatzlosen, jede quantitativ-funktionelle Bestimmtheit ausschaltenden, Nebeneinanderstellen des Ähnlichen kaum noch zu unterscheiden [1]). Wohl rückt ja auch Bacon den Gedanken der Aktivität des Forschens stark in den Vordergrund. Allein, die von ihm gemeinte Aktivität ist nicht im Hinblick auf die Bedingungen definiert, denen der Begriff der Erkenntnis genügt. Sie entspricht nicht der Idee einer durchgängigen logischen Bestimmtheit, also der grundsätzlichen Begreiflichkeit des Gegenstandes der Wissenschaft. Sie enthält nichts von der Einsicht, daß „Tatsachen" ihre Bestimmtheit eben jener Aktivität zu verdanken hätten. D. h. auch sie trägt weit mehr den Charakter des Technisch-Zufälligen als des Erkenntnistheoretisch-Prinzipiellen an sich. Eine Neigung zu kritiklosem Analogisieren weit auseinanderfallender Sachverhalte muß die Folge sein. Sie tritt nirgends klarer in die Erscheinung als in der baconischen Idee einer „ersten Philosophie". Zunächst freilich gewinnt es fast den Anschein, als entwürfe Bacon darin den durchaus modernen Plan einer allgemeinsten Wissenschaft von den überhaupt möglichen Beziehungen [2]). Sofort aber verliert der Gedanke diesen scheinbaren Sinn, wenn Bacon dazu übergeht, seine Grundsätze an konkreten Beispielen zu bewähren. Es gelte für die Medizin nicht minder als für die Moral, daß eine ansteckende Krankheit, solange sie in Zunahme begriffen ist, leichter übertragbar sei als nach Erreichung ihres Höhepunktes. Im physikalischen Geschehen, wie im politischen Parteikampf bestätigte sich die Regel, daß die Kraft eines tätigen Wesens sich im Widerstreit zu einem Gegensatz verstärke. Eine aufgelöste Dissonanz erregt Lust in der Musik nicht minder als im Spiel der Leidenschaften und Affekte [3]). Es ist schwer zu verkennen, daß solche Zusammenstellungen, daß die Vermengung von Bild und Sache für Wissenschaft und Wissenschaftstheorie so gut wie nichts zu bedeuten haben.

[1]) Vgl. z. B. *Bacon*, Aphorismen. II. Teil. XLVIII.

[2]) W. I, 550 f.

[3]) Vgl. auch *Cassirer*, a. a. O. S. 130.

Zwar ist es ein wichtiger Gedanke, in der Mannigfaltigkeit der Wissensgebiete ein eigentümliches logisches Problem zu suchen und damit ihre Verschiedenheit nicht minder als die Voraussetzungen ihrer Zusammengehörigkeit zu unterstreichen. Allein, sofort verliert auch dieser Gedanke seinen methodischen Sinn, wenn als Prinzip der Verknüpfung von Wissenschaften nicht der Begriff der Wissenschaft, sondern vage, oberflächlichen Vergleichen entsprungene Analogien zwischen den Gegenständen der Wissenschaften geltend gemacht werden. Die in der traditionellen Auffassung des Begriffs wurzelnde Abneigung Bacons gegen die Idee der Analysis ließe sich überall leicht auch im einzelnen nachweisen. Aus ihr wird es letzten Endes verständlich, daß ihm an die Stelle einer universellen Lehre von der Bewegung eine Wissenschaft tritt, in der Bewegungen und „Kräfte" nach schlechthin äußerlichen Kriterien zusammengerafft und auf eine geradezu groteske Weise beschrieben und katalogisiert werden. Neben einer Kraft „der Selbständigkeit" (libertatis), „vermöge welcher sich die Körper von einer unnatürlichen Pressung und Dehnung zu befreien suchen", gibt es für ihn eine Kraft, motus hyles genannt, die die Körper „nach einem neuen Umfang" streben läßt, „und zwar mit Drang und oft mit großem, z. B. Schießpulver". Er kennt Körper mit großem und Körper mit kleinem Einigungstrieb (motus congregationis majoris und minoris). Dort „neigen" die Körper „sich zu gleichartigen Massen hin", hier trennen sich „homogene Teile von den heterogenen", um „unter sich in Verbindung zu treten". „Rahm sammelt sich in der Milch, Hefe und Weinstein schlagen sich im Weine nieder". Es gibt „magnetische" Kräfte und wieder solche mit „Trennungstrieb" (motus fugae), vermöge dessen „feindliche Körper aus Abneigung einander fliehen, sich trennen, sich zu mischen verweigern". Beispiele dafür sind ihm: die Exkretionen der Tiere, dann „der Abscheu, welchen die Sinne, vorzüglich Geschmack und Geruch, vor manchen Gegenständen äußern". Er spricht von einem Trieb der „Stellung" oder der „Lage", von einer „Durchgangskraft", ja sogar von einer Kraft der „königlichen oder Staatsgewalt" (motus regius sive politicus), „wodurch einige, in einem Körper vorherrschende, bestimmende Teile die übrigen beherrschen, unterjochen, zur Einigung und Trennung, zu unfreiwilliger Stellung oder Bewegung zwingen, je nachdem es die Ordnung oder das Wohl der gebietenden Teile mit sich bringt". Die „zitternde Bewegung" habe ihre eigene Kraft, doch dürften wir ihr „wie die Astronomen sie nahmen, keinen großen Glauben beimessen".

Die letzte Kraft, die neunzehnte, ist „der Ruhetrieb, der Trieb, die Bewegung zu meiden".

6. Doch genug der unerfreulichen Aufzählung! Nicht die Rückständigkeit Bacons in naturwissenschaftlichen Dingen sollte sie beweisen, sondern seine völlige und grundsätzliche Verkennung des Begriffs wissenschaftlicher Analyse. Der Mann, der in dem Glauben lebte, es hätte vor und neben ihm noch keine Wissenschaft gegeben, der sich die Kraft zutraute, alle wirkliche Wissenschaft erst zu „instaurieren", stand ihren Prinzipien und Aufgaben mit einer kaum zu überbietenden Fremdheit gegenüber. Den Syllogismus, das aristotelische Mittel des deduktiven Beweises, mißachtet er. Denn diese Beweisart bedeute, so meint er ganz wie Galilei, nichts gegenüber der Feinheit der Natur; sie helfe mehr disputieren als erkennen. Aber dennoch wirkt in ihm die Überlieferung, die er im Rahmen eines verwickelten Systems von Kunstgriffen entwurzelt zu haben glaubt, auf eine geradezu zügellose Weise fort. So kann es denn auch nicht Wunder nehmen, daß seine Angst vor dem „Idol" nicht ausreicht, um ihn von Anthropomorphismen, oft genug der gröbsten Art, abzuhalten. „Was sich an seinem rechten Platz befindet, das bewegt sich, sofern es an der Bewegung seine Freude hat, im Kreise, weil dies allein eine ewige und unendliche Bewegung ist. Was sich an seinem rechten Platz befindet, zugleich aber die Bewegung verabscheut, verharrt in Ruhe, während schließlich das, was nicht an seinem gehörigen Ort ist, sich in gerader Linie zu seinen Genossen hinbewegt [1])." — Gewiß, Bacon hat auch unleugbare literarische Verdienste: er hat, um hier nur dies eine zu erwähnen, den Essai zu einer wissenschaftlichen Kunstform und als solche in England heimisch gemacht. Er hat manch scharf geschliffenes Wort geprägt, fest genug, um Jahrhunderte zu überdauern. Sein Grundsatz, auch das scheinbar Geringfügige als des Wissens für würdig zu halten, ist ein Beweis für die Stimmung objektiver Erkenntnis, die ihn erfüllt. Manch feinen Beweis, manche methodologisch wichtige Bemerkung enthält seine Lehre von den „prärogativen", nämlich den für eine bestimmte Fragestellung entscheidenden „Instanzen". Er hat die Geisteswissenschaften in den Bereich seiner Erwägungen einbezogen und in der Idee eines „Globus intellectualis" das große Problem vom System der Wissenschaften aufgerollt. Aber alle diese Verdienste werden mehr als verdeckt durch den

[1]) Bacon, a. a. O.

völligen Mangel eines positiven Verhältnisses zu der Idee der Analysis. Das Wort „Erfahrung" wird damit in seinem Munde zum leeren Schall. Man mag Bacon einen „Empiristen" nennen, wenn man damit andeuten will, daß er sich durch den Mißbrauch jenes Wortes der mächtig emporblühenden Wissenschaftslehre seiner Zeit entfremdet habe. Der Unterschied zwischen Bacon und Galilei steigert sich zu ausgesprochenem, ja schroffem Gegensatz. Bacon spekuliert über die Möglichkeiten, Erfahrung zu machen. Galilei forscht und analysiert zugleich den Begriff der Forschung. Bacon spinnt den Faden einer Überlieferung weiter, deren Recht er bekämpft. Galilei gibt der Forschung in tiefeindringenden methodologischen Überlegungen neue Grundlagen und weist damit der philosophischen Fragestellung neue und bedeutsame Ziele. — Aber auch Galilei bezeichnet erst einen Anfang. Der Begriff der Erkenntnis mußte auf seine letzten Bedingungen hin geprüft, er mußte auf sein eigentümliches Recht hin untersucht werden, ehe die in dem Problem der Erfahrung gelegenen Motive zu voller und problemgeschichtlich wirksamer Entfaltung kommen konnten. Diese Voraussetzung zu erfüllen, war den großen philosophischen Systemen des 17. Jahrhunderts vorbehalten. In ihnen erst erhebt sich auch die Philosophie der Zeit zwischen der Renaissance und Kant zu voller methodischer Bestimmtheit.

B. Die großen Systeme des 17. Jahrhunderts.

1. Descartes.

1. In Descartes wirken die theoretischen Absichten der Renaissance mit unverminderter Kraft fort. Auch Descartes bekennt sich zu einer Logik der Forschung, im Gegensatz zu einer Logik des nur zwingenden, nicht zugleich auch überzeugenden Beweisens. Auch er fordert, daß an die Stelle des mittelalterlichen Typs der Dialektik ein neuer trete; eine Dialektik nicht des fruchtlosen Streitens und des kunstfertigen Widerlegens, sondern der methodisch vorwärts drängenden Erkenntnis. Und gleich den großen Logikern der Renaissance bebaut auch Descartes zugleich als Forscher mit großem, bisweilen mit entscheidendem Erfolg umfangreiche Gebiete der positiven Wissenschaften. Die Begründung der analytischen Geometrie, die Entdeckung, geometrische Aufgaben durch algebraische Funktionen zu lösen, ist — übrigens auch rein philo-

sophisch — eine Leistung von tief einschneidender Bedeutung. Descartes' Verdienste um die Lehre von der Refraktion des Lichts, um die Erklärung des Regenbogens, um das Problem von der Schwere der Luft sind bekannt. Im Rahmen einer groß angelegten hydrodynamischen Theorie sucht er die Bewegung der Himmelskörper zu begreifen. Frühzeitig beschäftigen ihn — oft genug noch in sichtlicher Verquickung mit Motiven aus der scholastischen Naturphilosophie — Erwägungen über das Verhältnis zwischen den Schwingungszahlen der einzelnen Töne, über die durch einzelne Punkte bewegter Seile beschriebenen Kurven, über die Wurfbahn geschleuderter Körper, über die Ausdehnung des Wassers beim Gefrieren, über das sogenannte hydrostatische Paradoxon. In seinen Anschauungen von der Natur des Lichts und der Entstehung der Weltkörper berührt er sich vielfach mit Gedanken von Huyghens und Euler, von Laplace und Kant. Anatomische und physiologische Untersuchungen der mannigfachsten Art — er exponiert mit großer Klarheit den Begriff der Reflexbewegung — vervollständigen das Bild. Das Eigenartige aber an Descartes, zugleich das, was ihn als Träger der Überlieferung der Renaissance kennzeichnet, ist der bewußt methodische Hintergrund, den er seinen Forschungen gibt. Denn sieht man von seinen ersten noch wenig systematischen Versuchen ab, so kennzeichnen sich seine positiven Forschungen durch ihren engen Bezug auf den Begriff der Methode, auf die Prinzipien und den Begriff der Erkenntnis überhaupt. Wie sehr er auch ins einzelne gehen mag, seine wissenschaftliche Haltung ist überall von dem Geist der alten platonischen Frage beherrscht: τί δ'ἐστι ἐπιστήμη, was ist Erkenntnis? Descartes erkennt und strebt nach Erkenntnis, um die Erkenntnis selbst zu erkennen, um ihre Kräfte zu prüfen, ihre Ansprüche zu rechtfertigen. So ist seine Philosophie als Ganzes, mit Kant zu reden, ein „Traktat der Methode" und kein Zufall, daß er selbst eines seiner wichtigsten und klarsten Werke als „Discours de la méthode" bezeichnet.

René Descartes wurde 1596 zu Lahaye in der Touraine als Sproß eines alten Adelsgeschlechtes geboren. Schon in der Jesuitenschule zu La Flêche erwacht in dem tief veranlagten Jüngling der Geist der Kritik und der Sinn für die strengen Methoden der Mathematik. Ein vornehm-zurückhaltender, aber keineswegs leicht zu durchschauender Charakter, stürzt er sich bald in den Strudel der Geselligkeit, bald wieder zieht er sich in die völlige Einsamkeit seiner Studien zurück. Der Zeit seines freundschaftlichen Verkehrs mit dem Minoritenmönch Mersenne und dem Physiker Mydorge, etwa in den Jahren 1614—16, entstammen seine ersten tief eindringenden Arbeiten über mathematische und physikalische Probleme, vielleicht auch seine erste Bekanntschaft mit den Lehren Keplers. 21 Jahre alt entschließt er sich zur Kriegerlaufbahn. Er tritt zunächst in holländische Dienste unter Moritz von Nassau, dem Schüler des großen Physikers Stevin. Eine Reihe feinsinniger, wenn auch zerstreuter Betrachtungen über die Musik, deren physikalische Grundlagen, deren psychologische Wirkungen und ästhetische Voraussetzungen — eine Frucht seiner Beziehungen zu dem Mathematiker Beeckmann — fällt in diese Zeit. Alsbald tritt er aus den holländischen Diensten hinüber in die kaiserlichen. Unter Maximilian von Bayern und Tilly kämpft er gegen den neugewählten König, Friedrich V. von der Pfalz. Inmitten des Feldzuges enthüllt sich seinem nimmer rastenden Geist gleich einer Erleuchtung die Idee einer neuen mathematischen Wissenschaft, vielleicht auch schon der Plan einer universellen mathematischen Methodik. „... Am 10. November", berichtet er selbst in einer bedeutsamen Aufzeichnung, „eröffnete sich mir die Einsicht in die Grundlagen einer wunderbaren Wissenschaft". Seine durch innere Kämpfe mannigfacher Art schwer erschütterte Gemütsruhe kehrt damit wieder und allmählich ringt er sich zu den ersten Ansätzen seiner grundlegenden wissenschaftlichen Reformpläne durch. 1620 verläßt er das Heer, um nach einem kurzen Aufenthalt zu Ulm in regem Verkehr mit dem Mathematiker Johann Faulhaber, und dann am kaiserlichen Hof zu Wien, nach Böhmen, zum Heere zurückzukehren. Ob er die Schlacht am Weißen Berge mitgemacht hat, ist nicht sicher; — wohl aber, daß er nach der Schlacht, besorgt um den Verbleib der Instrumente des großen Astronomen Tycho de Brahe, in Prag geweilt habe. Der Heereszug des Grafen von Bucquoy führt ihn als Freiwilligen gegen Bethlen Gábor nach Ungarn, das er 1621 wieder verläßt, um nunmehr als freier Beobachter reisend die Welt kennen zu lernen. Sein Weg geht über Schlesien nach Norddeutschland, Holland und die Spanischen Niederlande nach der Heimat zurück, dann 1623 nach Italien, das er — ohne übrigens Galilei gesehen zu haben — bis 1625 bereist. Nunmehr folgen Jahre ruhiger wissenschaftlicher Arbeit in anregendem Verkehr mit Mathematikern wie De Beaune und Morin, mit Schriftstellern wie Balzac, dann aber auch und ganz besonders mit seinem alten Freund, dem Physiker Mydorge. Es ist die Zeit von Descartes' großen optischen Entdeckungen. Indessen, zu dauerndem Verbleiben in Paris kann er sich nicht entschließen. Zunächst erwachen in ihm wieder Wandertrieb und militärisches Interesse. Er zieht sich aber schließlich, um seine großen Pläne ungestört zu vollenden, nach Holland, damals eine der wenigen Stätten ruhiger Sicherheit und Duldung in Europa, zurück. Hier nun verbringt er, von einigen kürzeren Reisen abgesehen, die nächsten zwei Jahrzehnte seines Lebens; von hier aus schickt er, bald in angeregtestem Verkehr mit bedeutenden Zeitgenossen, bald wieder in tiefer Zurückgezogenheit nur der Forschung lebend, seine bedeutendsten Schriften in die Welt. 1637 erscheinen — anonym — seine Essais philosophiques. Sie enthalten den Discours de la méthode, die Dioptrik, die Meteorologie und die — 1643 lateinisch und unter Descartes' Namen herausgegebene — Begründung der analytischen Geometrie. 1641 folgen die Meditationes de prima philosophia, 1644 die Principia philosophiae; jene mit den Einwänden wissenschaftlicher Gegner, vor allem Gassendis und Thomas Hobbes', den „Objectiones", diese mit den Antworten Descartes', den „Responsiones". Vielfach angefeindet und in aufregende Konflikte verstrickt, erlebt er doch auch schon die erfolgreiche Ausbreitung seiner Lehren. Sein vertrauter Freund, der Minoritenpater Marin Mersenne (1588—1648), mehr durch die Gabe feinsinniger Einfühlung als durch wissenschaftliche Ursprünglichkeit ausgezeichnet, schafft für die Erörterung cartesianischer Gedanken in Paris einen Mittelpunkt. Die hochgesinnte Prinzessin Elisabeth von der Pfalz nimmt an seinen Forschungen zunächst empfangend, dann aber auch anregend, tiefen Anteil. Ihr widmet er denn auch die letzte von seiner Hand herausgegebene Schrift, den Traité des passions de l'âme. 1649 folgt Descartes, von den Kämpfen in Holland ermüdet, einer Einladung der Königin Christine von Schweden, der abenteuerlustigen Tochter Gustav Adolfs. Doch schon im Februar 1650 rafft den von seinem Aufenthalt in Stockholm enttäuschten Denker eine rasch verlaufende Lungenentzündung dahin. Erst nach seinem Tode erschienen 1677 sein Traktat Le monde, 1701 die Regulae ad directionem ingenii und die „Inquisitio veritatis per lumen naturale"; manche kleinere Schrift noch viel später, ja erst im Verlaufe des 19. Jahrhunderts, zum erstenmal im Druck[1]). Descartes blieb unvermählt. Eine natürliche Tochter, an

[1]) Gesamtausgabe: lateinisch 1670—83, dann 1692—1701 in Amsterdam; französisch 1701 und 1724 in 13 bzw. 9 Bänden, ferner von Victor Cousin 1824—1826 und die Ausgabe der Pariser Akademie von Adam und Tannery 1897—1911.

der er mit großer Liebe gehangen haben soll, starb schon in zartem Kindesalter.

2. Der Begriff der Methode ist Kern und Gliederungsmittelpunkt des ganzen Descartesschen Systems. Zu ihm führen alle seine Erwägungen positiv-wissenschaftlicher, wie philosophischer Natur zurück. Von ihm allein empfangen sie letzten Endes ihre Kraft und ihre problemgeschichtliche Bedeutung. Allein, das Problem der Methode erscheint hier auf dem Hintergrunde einer neuen und gewaltigen Aufgabe. Es erscheint mit dem Begriff der Erkenntnis überhaupt, mit der Voraussetzung, daß die Erkenntnis bei aller möglichen Verschiedenheit ihrer Ziele und Ergebnisse eine sei, verknüpft. Die eigentümliche Natur dieser Einheit gilt es nun für Descartes aufzuhellen. In einer berühmt gewordenen Wendung vergleicht er die Einheit der Erkenntnis mit dem Licht der Sonne. Gleichwie dieses eines bleibt, wie viele Dinge es auch beleuchten mag, so ist auch die Weisheit eine, mögen auch die Gegenstände, auf die sie Anwendung findet, noch so zahlreich sein. Ernst Cassirer erinnert mit Recht an die selbständige Geschichte dieses Gleichnisses innerhalb der alten und der neueren Philosophie; an den besonderen Sinn, den es früheren Auffassungen gegenüber bei Descartes gewinnt [1]). In der Tat, das Gleichnis hat hier seine ursprüngliche metaphysische Bedeutung abgestreift. Es hat nicht mehr die Aufgabe, die Beziehung der Vielheit der Dinge auf die sie alle umspannende letzte, göttliche Realität auszudrücken. Hier beschränkt es sich wirklich darauf, die Idee einer gemeinsamen Bedingung anzudeuten, der alles, was Erkenntnis heißen soll, unterliegt. Hier verweist es auf die Idee und auf die Voraussetzungen einer systematischen Einheit aller Erkenntnisse. In dem Begriff der Erkenntnis muß der Schlüssel zu finden sein für die Bewältigung jener tiefsten philosophischen Aufgabe, den Umfang und die Grenzen jeder möglichen Einsicht zu bestimmen. In solchem Sinn bedeutet Erkennen allemal Sich-Selbst-Erkennen. Denn es bedeutet zugleich das Erfassen der Bedingungen, d. h. der „Grenzen" des Erkennens. Gewiß, es gibt, und zwar als wesentlichen Bestandteil des Systems, auch eine cartesianische Metaphysik. Aber es ist bezeichnend, daß diese Metaphysik allenthalben auf den Begriff der Methode verweist und in ihrer entscheidenden Bedeutung für das Ganze nur von diesem Begriff aus verstanden werden kann. Ganz

[1]) Cassirer, a. a. O. I, S. 376.

genau so aber wie hinter der Metaphysik, steht die Idee der Methode auch hinter dem cartesianischen Zweifel. Um die Erkenntnis in ihrer strengen Allgemeinheit und Reinheit, d. h. in ihren unerschütterlichen Fundamenten zu erfassen, müsse, so meint Descartes, von allem, was nicht schlechthin gewiß ist, abgesehen werden. Nicht schlechthin gewiß aber ist, woran grundsätzlich gezweifelt werden kann. Daher müsse zunächst allem gegenüber der Versuch gemacht werden zu zweifeln, allem gegenüber der Standpunkt eingenommen werden, es könnte „Traum" sein. Erst da, wo dieser Versuch grundsätzlich mißlingt, steht man vor wirklicher, unerschütterlicher Erkenntnis. Man begreift also: der cartesianische Zweifel ist Mittel, nicht Zweck. Daher will Descarles selbst nicht mit denen verwechselt werden, „die nur zweifeln, um zu zweifeln und vorgeben, stets unentschlossen zu sein". „Denn es ging", so fährt er fort, „meine ganze Absicht nur darauf, zur Sicherheit zu gelangen und die lose Erde und den Sand zu beseitigen, um Fels oder Ton zu finden[1]". Nun, dieser Fels ist die auf den Begriff der Erkenntnis gegründete Methode. Zu ihr vordringen, heißt für Descartes zu einer Evidenz vordringen, der gegenüber jeglicher Zweifel grundsätzlich verblaßt. Ein neuer, der objektive Begriff der Evidenz ist damit eingeführt. Nicht weil ich es einsehe, ist etwas evident und der Gefahr des Zweifels entrückt; sondern weil es selbst so geartet ist, daß ihm gegenüber jeder Zweifel, seiner eigenen wie der Natur des Zweifels nach, versagen muß. Die Grundlagen der cartesianischen Fragestellung werden damit offenkundig. Wo alles Methode ist, wo alle Einsicht sich in „lückenloser" Ableitung entfaltet, da erscheint ein Gebiet umsteckt, vor dem der Zweifel grundsätzlich Halt machen muß. Das aber ist der Fall in der Mathematik. Descartes fordert, so sahen wir, ein Prinzip der Erkenntnis. Er sucht in aller Erkenntnis das „Eine", nämlich deren Bedingung. Er sucht damit einen schlechthin sicheren, dem Zweifel grundsätzlich entrückten Weg der Erkenntnis. Nun, dieser Weg ist gefunden, wo Erkenntnis als auf Mathematik gegründet erfaßt wird. Damit aber enthüllt sich ihm zugleich als Ideal aller Erkenntnis, die mathematische; als Ziel aller Wissenschaft die mathematische Betrachtung der Dinge; die Behandlung aller Aufgaben nach mathematischen Grundsätzen. — Nun erblickt Descartes schon frühzeitig, ohne freilich die letzten mathematischen und erkenntnis-

[1]) Discours. 30.

theoretischen Folgen seiner Einsicht zu erfassen, in dem Motiv der Ordnung das wesentliche Element mathematischer Begriffsbildung. Noch blieb es ihm, wie sich alsbald zeigen wird, versagt, die Mathematik als Wissenschaft der Ordnung schlechtweg zu bestimmen. Noch war sie ihm im wesentlichen Wissenschaft von den Größen. Trotzdem ist es der Gedanke der Ordnung, der es ihm ermöglicht, Astronomie und Musik, Mechanik ebenso wie Optik der „Mathematik" zuzurechnen, um damit erst diese Disziplinen zu einwandfreier Wissenschaftlichkeit zu erheben. So ist bereits für Descartes das eigentliche Ziel aller Erkenntnis eine strenge Wissenschaft der „Proportionen und Relationen"; zugleich die Voraussetzung, um auf allen Gebieten wirkliche Erkenntnis zu zeitigen. Nur in der Ausführung seines Gedankens koordinieren sich ihm noch die Begriffe der Größe und der Ordnung. Größe und Quantität gelten ihm als adäquate Symbole der Ordnung. Ein Problemgebiet erscheint ihm zu wirklicher Erkenntnis gebracht, d. h. gemäß einem Prinzip der Ordnung begriffen, wenn es auf Maßbeziehungen zwischen Größen zurückgeführt, d. h. wenn es gelungen ist, es aus einem System quantitativer Gesetzlichkeiten zu verstehen. Um es noch einmal mit aller Schärfe auszusprechen: Noch war es Descartes — zum Unterschied von Leibniz — nicht gelungen, in der Mathematik hinter die Größe zurückzugehen; sie, die Größe selbst, aus der Ordnung zu begreifen. Aber schon hat doch seine Forderung, alle wirkliche Erkenntnis sei Wissenschaft von Größen und deren Beziehungen, die Richtung auf den Begriff der Ordnung. Für die erkenntnistheoretische Bewertung von Descartes' mathematischen Reformbestrebungen ist dieser Umstand von größter Bedeutung. In der gewöhnlichen mathematischen Beweisart vermißt Descartes die deutliche Einsicht. Die Beweise, bei denen man sich zu beruhigen pflege, seien mehr durch Zufall denn durch Kunst gefunden. Sie leuchteten mehr dem Auge und der Phantasie als dem Verstande ein. Wer dagegen nach wirklichen Beweisen strebt, für den können empirische Anschauungen, auch in ihren sublimiertesten Gestalten, niemals Rechtsgründe sein. Auf solcher Grundlage reift in Descartes der Plan heran, die geometrische Analysis der Alten mit der algebraischen Analysis der Neueren zu einer höheren methodischen Einheit zu verknüpfen und damit erst zu einer „wahren Mathese" vorzudringen. Diese stellt sich ihm dar als eine Universalwissenschaft von Ordnung und Maß, als ein System übergreifender Gesetzlichkeiten, das alle besonderen Ordnungsbestimmungen umspannt und beherrscht.

3. So aber wird für Descartes die Idee einer mathematischen Universalwissenschaft zum Anlaß, auch den herkömmlichen Begriff des Beweises zu revidieren. Vor allem aber weicht der aristotelische Typus der Deduktion einem neuen. An die Stelle des Schlusses von dem klassenmäßig Allgemeinen auf das Besondere und Einzelne tritt die Analysis, d. h. die Einsicht in das Gefüge eines komplexen Sachverhalts; die Aufgabe, dieses Gefüge von einem Punkte a:s in seinem Plane, d. h. seinen Bedingungen nach zu überschauen. Deduktion heißt jetzt die Methode, das Mannigfaltige in der Einheit seiner Bedingungen zu begreifen. Das Prinzip dieser Einheit ergründen, das Bedingungsverhältnis als solches in seinen Bedingungen erfassen, bedeutet aber nichts anderes wie ein Erkennen der Erkenntnis selbst. Es bedeutet zugleich alle Erkenntnis als mathematische Erkenntnis verstehen. Von hier aus nun läßt sich Descartes' philosophisches Lehrgebäude nach allen Seiten hin klar überblicken. Zunächst einmal: der scholastische Begriff der Dialektik ist für ihn überwunden. Denn der Beweis knüpft sich jetzt nicht mehr an beliebige Ansätze. Vielmehr erscheinen die Ansätze durch Fragen bestimmt, die ihren Sinn selbst wieder methodisch definierten Aufgaben verdanken. In der Frage, so kann man es auch ausdrücken, wird die „Möglichkeit" des Ergebnisses vorweggenommen, um dann aus den Bedingungen, denen die Frage genügt, erwiesen zu werden. Nur, was sich dem System dieses Zusammenhangs eingliedert, kann Beweis genannt werden und vermag im wissenschaftlichen Sinn des Wortes zu überzeugen. Sodann aber wird klar, daß und warum Descartes' größte mathematische Leistung, die Entdeckung der analytischen Geometrie, zugleich als bedeutsame philosophische Errungenschaft zu werten ist. In der analytischen Geometrie findet der neue Begriff des wissenschaftlichen Beweises seine konkrete Bewährung. Die Methode, vermittels deren Descartes die Gesetzlichkeit, d. h. den Begriff einer Linie unabhängig von den Zufällen empirischer Konstruktion durch Gleichungen zu bestimmen lehrt, schafft Einsicht in die Bedingungen des „Erzeugtwerdens" jener Linie. Sie verwirklicht in einem besonderen Fall, was aller wirklichen Erkenntnis erst Sinn und Gehalt verbürgt: die Idee der Analysis. Und schließlich eröffnet sich von unseren Ergebnissen aus ein gerader Weg zu dem Verständnis von Descartes' berühmtem „Cogito ergo sum". Um es mit einem Worte zu sagen: Das „Cogito ergo sum" bedeutet ein Kriterium, um das Prinzip zu ergründen, vermöge dessen ein Gedankenzusammen-

hang Erkenntnis genannt zu werden verdient. Wir sahen es oben: Nur wo Bedingungsverhältnisse aufgedeckt werden, ist Erkenntnis. Daß aber Bedingungsverhältnisse vorliegen, bedarf im besonderen Fall noch der klärenden Rechtfertigung. Erst wenn sie erfolgt ist, kann Erkenntnis selbst für erkannt gelten. Das „Cogito ergo sum" nun soll sie vermitteln. Es ist ein Kriterium dafür, daß eine Beziehung im Sinne der Erkenntnis als „Ordnung" bestimmt werden könne. Insofern erscheint es als der fixe Punkt, von dem aus der ganze, vorläufige Bau der Erkenntnis seinem Grundriß nach überschaut werden kann. „Ich betrachtete", heißt es bei Descartes [1]), „ganz allgemein, was erforderlich ist, damit ein Satz wahr und gewiß ist; denn da ich soeben einen gefunden hatte, von dem ich wußte, daß er so beschaffen war, so dachte ich, ich müsse auch wissen, worin diese Gewißheit besteht. Da ich nun bemerkt hatte, daß in diesem ganzen Satze: „ich denke, also bin ich" gar nichts anderes mich dessen versichert, daß ich die Wahrheit sage, als daß ich recht klar sehe, daß man, um zu denken, sein muß, so war ich der Ansicht, es als allgemeine Regel aufstellen zu können, daß die Dinge, die wir recht klar und deutlich erfassen, durchaus wahr sind." Mit anderen Worten: Was ebenso klar, was in demselben Sinne evident ist, wie das „Cogito ergo sum", das ist auch ebenso, d. h. schlechthin gewiß. Was in sich sicher ist; was so sicher ist, wie das in der Tatsache des „Ich" gegebene Sein des Denkens; was als seine Bedingung die Sicherheit dieses Seins in sich schließt, das allein hat den Anspruch darauf, eine Ordnung genannt zu werden, wodurch Erkenntnis definiert wird. Das allein aber ist auch dem Zweifel grundsätzlich entrückt. Je klarer sich somit der Sinn des „Cogito ergo sum" bestimmt, um so schärfer umgrenzt sich auch die Eigenart des cartesianischen Zweifels. Das „Cogito" ist nicht eine Prämisse, aus der nach Art des aristotelischen Syllogismus das „sum" als conclusio mittelbar oder unmittelbar „folgt". Auch verfällt Descartes nicht dem aussichtslosen Versuch, den inhaltlichen Reichtum wirklicher Erkenntnisse aus dem formalen Gehalt des „Cogito ergo sum" herausholen zu wollen. Die Evidenz seines Satzes erweist sich lediglich als Maßstab für den Gewißheitswert anderer Sätze. In solchem Sinne repräsentiert jener Satz den Begriff der Erkenntnis selbst. Eben deshalb aber steht er innerhalb, nicht außerhalb der Schranken dieses Begriffs. Und weil das „cogito ergo sum" sich auch

[1]) Discours. II.

an dem radikalsten Zweifel als dessen unerläßliche Voraussetzung bewährt — soll dieser Zweifel möglich sein, so muß das „cogito ergo sum" wahr sein —, so kann ein Zweifel, der außerhalb der Erkenntnis stünde, d. h. den Bedingungen der Erkenntnis nicht unterläge, überhaupt nicht gedacht werden. Damit erscheint die Skepsis Descartes' endgültig gekennzeichnet. Sein Zweifel ist „radikal", sofern er nichts, was nicht zu dem Begriff der Erkenntnis gehört, gelten läßt; nichts, was nicht durch diesen Begriff beglaubigt würde. Sein Zweifel ist aber nicht radikal, sofern er den Begriff der Erkenntnis voraussetzt, ja mehr noch: zu diesem Begriff hinführt.

4. Descartes sucht Gewißheit in der Erkenntnis und damit Gewißheit über die Erkenntnis: er sucht den Grund der Gewißheit, die besondere Bedingung, der sie gemäß sein muß. Wie aber diese Gewißheit, wie das Kriterium dieser Gewißheit erlangen? Indem alles, woran ein Zweifel überhaupt denkbar ist, vorläufig verworfen ist. Und davon erscheint allein dasjenige ausgenommen, was in der Tatsache des Zweifels notwendig mitgedacht ist, das Denken selbst und was mit ihm gesetzt sein muß, das Sein des Denkens. An ihm kann nicht gezweifelt werden. Es ist schlechthin gewiß. Und schlechthin gewiß ist auch das, woran ebensowenig gezweifelt werden kann, wie an jener Voraussetzung des Zweifels. Keine Rede also davon, daß Descartes auch die Mathematik dem Zweifel zu opfern bereit sei. Er ist es so wenig, als letzten Endes gerade die Mathematik, an Erkenntniswert dem „cogito ergo sum" gleichgestellt, dem Zweifel ein Ziel setzt. Descartes' Zweifel dient also der Begründung der Erkenntnis. Deshalb sind der Begriff der Erkenntnis und alle besondere Erkenntnis, worin jener Begriff sich greifbar ausprägt, seine wesentlichen Voraussetzungen. Deshalb auch bedeutet Descartes' Zweifel so wenig philosophische Skepsis, als er geradezu die Voraussetzungen enthält, alle grundsätzliche Skepsis, im Begriff der Erkenntnis, grundsätzlich zu überwinden. Der Gedanke des „cogito ergo sum" als solcher ist nicht Descartes' Entdeckung. Mancher große Denker der Vergangenheit — man denke an Augustinus, an Wilhelm von Occam oder an Campanella — hatte ihn bereits scharf formuliert. Descartes aber macht von ihm in neuer und origineller Absicht Gebrauch. Für ihn erschöpft sich die Bedeutung des Satzes nicht darin, daß er eine letzte Tatsache der inneren Erfahrung, daß er eine „experientia evidentissima" bezeichnet: Descartes entdeckt ihn als grundsätzlichen Maßstab, d. h. als Repräsentanten des Begriffs der Erkenntnis. Und eben-

deshalb sagt das „cogito ergo sum“ auch nichts aus über die dinglich-substantiale Beschaffenheit des Ich. Ob das „Ich“, das „ist“, weil „ich denke“, seelenhafte Realität besitzt, darüber gibt das „cogito ergo sum“ zunächst keinen Aufschluß. Schließlich aber: der Begriff „Denken“ erscheint in dem „cogito ergo sum“ so weit gefaßt wie nur irgend möglich. Er schließt alles in sich, was in irgendeinem Sinn durch seinen Bezug auf das „Ich“ bestimmt, alles, was durch den Umstand gekennzeichnet erscheint, daß es „gewußt“ wird. Es besteht in der Tat auch der Satz „Ich gehe spazieren, also bin ich“ unter Descartes' Voraussetzungen zu Recht[1]). Im Hinblick auf die Absicht der cartesianischen Fragestellung, den Begriff der Erkenntnis zu begründen, enthüllt sich somit das „cogito ergo sum“ als der Angelpunkt des ganzen Beweisganges. Das Sein des Denkens wird in ihm auf das Recht des Denkens gegründet. Das Recht des Denkens aber ist zugleich das Recht der Mathematik. Es ist nicht minder das Recht dessen, was sich auf Mathematik gründet, worauf Mathematik „Anwendung“ findet. Wie aber kann Mathematik auf die Dinge der Natur Anwendung finden? Wie kann es exaktes Wissen von den Dingen der Natur überhaupt geben? Ist überhaupt und vor allem das Dasein der Dinge selbst erweisbar? Gerade diese letzte Frage tritt für Descartes entscheidend in den Vordergrund und bestimmt den Fortgang seiner Argumentation.

5. Für erwiesen gelten kann das Dasein der Dinge der Natur nur unter einer Voraussetzung. Dann nämlich, wenn seine Annahme aus denselben Voraussetzungen folgte, wie das Recht und die Wahrheit der Mathematik. Diese Wahrheit aber ist „klar“ und „deutlich“ (clare et distincte), gleich der Wahrheit des Satzes „cogito ergo sum“. Ist nun auch „Klarheit“ und „Distinktheit“ in der Annahme des Seins der Dinge, auf die Mathematik Anwendung heischt? Und wann, unter welchen Voraussetzungen eignen jener Annahme solche „Klarheit“ und „Distinktheit“? Offenbar dann, wenn sie auf den gleichen Grundlagen ruht, wie die Mathematik; wenn sich anders gesagt auch in ihr nur das Recht des Denkens, die Wahrheit des Satzes „cogito ergo sum“, offenbart. Trifft das nun zu? Der Beantwortung dieser Frage dient ein besonderer Beweis. Und diesen wieder führt Descartes mit Hilfe einer Reihe von Beweisen vom Dasein Gottes. — Die Gottesbeweise Descartes' nehmen in dem Gesamtsystem seiner Philosophie eine eigen-

[1]) Principia I, 9.

tümliche Stellung ein. Sie gehören, wie sich alsbald zeigen wird, nur zu dem Gerüste, nicht zu dem Wesen von Descartes' Gedankenbau. Doch passen Bau und Gerüst genau zusammen: die Gottesbeweise prägen den Ergebnissen Descartes', auch wo sie deren Geschlossenheit nicht bedingen, den Stempel ihrer Eigenart auf. Gottes Dasein ist für Descartes, hält man sich an das Wesentliche, schon durch die bloße Tatsache, es ist durch die Wahrheit des „cogito ergo sum" verbürgt. Dieses „Cogito ergo sum" erscheint wie wir sahen bei Descartes als Voraussetzung des Zweifels. Es erscheint damit als Voraussetzung der Idee einer vollkommeneren Erkenntnis als es die des Zweifelnden ist. Es ist damit Voraussetzung der Idee eines schlechthin vollkommenen, ja des *vollkommensten* Wesens. Denn nie wäre eine Steigerung der Vollkommenheit ohne diese Idee denkbar. Dieses vollkommenste Wesen aber muß auch *sein*. Denn entbehrte es der Existenz, so entbehrte es auch der wirklichen Vollkommenheit. — In dieser seiner schlechthinnigen Vollkommenheit nun kann ihm keinerlei Mangel anhaften. Es überragt unser endliches Dasein und dessen Bestimmungen auf unendliche Weise. So muß ihm denn auch absolute *Wahrhaftigkeit* eigen sein. Es schlösse einen unerträglichen Widerspruch in sich, Gott als einen Dämon aufzufassen, der täuscht und täuschen will. Denn es bedeutete letzten Endes eine Verleugnung der Wahrheit des „cogito ergo sum". Gottes Wahrhaftigkeit verbürgt, daß das klar und deutlich Erkannte auch wahr sei; daß das, was sich dem „lumen naturale" als weder durch mich erzeugt, noch auch als — mittelbar oder unmittelbar — von Gott geschöpft darstellt, auch unabhängig von mir „*sei*". In mannigfachen Varianten tritt uns der Gottesbeweis bei Descartes entgegen. Bald ist es die Vorstellung eines vollkommensten Wesens, woraus — nach dem Prinzip, daß die Wirkung niemals größere Realität haben könne als die Ursache — die göttliche Existenz, als die des vollkommensten Wesens, gefolgert wird. Bald wieder soll diese aus der Notwendigkeit, eine erste Ursache für mein eigenes Sein anzunehmen, erschlossen werden. Das Grundprinzip der Beweise aber ist überall das gleiche. Es ist der Grundgedanke des sogenannten *ontologischen* Beweises, dem gemäß im Begriff Gottes dessen notwendige, ewige und vollkommene Existenz eingeschlossen sei. Dementsprechend nun ist auch ihr grundsätzlicher Mangel überall derselbe; — nämlich, daß mit Hilfe von Merkmalen, die dem Begriff einer Sache beigelegt werden, die Existenz der Sache gefolgert wird. Eine solche Folgerung ist nicht stichhaltig. Sie verkennt die besonderen Bedingungen, denen Aussagen über Existenz genügen müssen: den Umstand, daß sie, obschon für den Begriff und gemäß dessen Voraussetzungen, allemal mit „Gegebenheiten" zu rechnen haben. Sie verkennt, kantisch geredet, daß „Existentialsätze" allemal „synthetisch" sind. Allein, von der Frage nach der Haltbarkeit der Gottesbeweise zu unterscheiden, ist die nach den besonderen methodischen Leistungen, die ihnen bei Descartes zugemutet werden. Diese Leistungen sind keineswegs gering zu achten. Denn auch die cartesianischen Gottesbeweise dienen der Grundlegung des Begriffs der mathematischen Naturwissenschaft. Sie fördern ein Problem zutage, an dem sich zu versuchen selbst der Galileischen Methodenlehre noch versagt geblieben war: die Frage nach dem Recht der Anwendung von Mathematik auf Natur, die Frage nach den Gründen ihrer wechselweisen Entsprechung. Sie sollte ihre ausdrückliche Formulierung und methodische Erledigung erst bei Kant finden. Sodann aber erneuern auch die Gottesbeweise Descartes' mit ihrer Tendenz, das Dasein der Außendinge zu erweisen, die Forderung, daß auch die Gewißheit der Erkenntnis von Dingen sich letzten Endes auf das ursprüngliche Recht des Denkens gründe. Und so tritt denn auch unter neuen Gesichtspunkten das „cogito ergo sum" in den Vordergrund.

6. Jenes ursprüngliche, sich in dem „cogito ergo sum" ausprägende Recht des Denkens bestimmt aber auch Descartes' berühmte Lehre von den „eingeborenen Vorstellungen". Es wäre durchaus falsch zu verkennen, daß der Unterscheidung zwischen den „eingeborenen", den von außen kommenden und den frei gestalteten „Ideen" in Descartes' System und nach Descartes' Absicht auch ein psychologischer Sinn innewohne. Sie sind ihm eben Typen von Gegebenheiten, insonderheit die ideae innatae zweifellos auch ursprüngliche Anlagen des Bewußtseins. Und sofern sie zugleich Unterschiede in bezug auf die Dignität ihrer Gegenstände einschließen, fehlt ihnen auch die metaphysische Note keineswegs. Ihre entscheidende Bedeutung aber gewinnen sie, und das gilt insbesondere für die „eingeborenen Vorstellungen", in erkenntnistheoretischer Hinsicht. „Eingeboren" ist, was sich lediglich auf das Recht des Denkens stützt; was, mag es auch auf äußere Anregungen hin entstanden sein, das Wesen des Denkens widerspiegelt, wessen Bestimmtheit im Denken allein wurzelt. In solchem Sinne gilt Descartes die Ausdehnung als eingeborene Idee: als quantitative Bestimmtheit offenbart sich in ihr die Natur des Geistes. Man erkennt, wie hier der

kritische Begriff des „Apriori" bedeutungsvoll anklingt; der Gedanke, daß gewisse Inhalte auch unabhängig von der Art ihrer Entstehung Wahrheit beanspruchen. Wo immer sich Mannigfaltiges in den Einheitszusammenhang einer quantitativ bestimmten Ordnung eingliedert, wo immer es sich um einsichtiges Erkennen der Natur handelt, da müssen ideae innatae wirksam sein: die allgemeinen Gedanken von Ausdehnung, Gestalt und Bewegung gehen jedem sinnlichen Inhalt als Prinzipien seiner Ordnung voraus. Der Gegenstand der Erkenntnis wird damit zum Problem; sein Begriff eine Aufgabe der Analysis. Und als das Ergebnis dieser Analysis erscheint die Einsicht, daß „die Körper nicht eigentlich durch die Sinne oder durch die Fähigkeit der Einbildung, sondern einzig und allein durch den Verstand erfaßt werden, auch nicht dadurch, daß man sie betastet oder sieht, sondern, daß man sie denkt" [1]). Jene Einsicht offenbart, wenn man es so nennen will, die Struktur des Gegenstandes in der Ordnung seiner Bedingungen und damit die dem Denken eigentümliche Harmonie. In solchem Sinn aber gilt es schließlich auch, daß — eine geradezu eleatisch klingende Formel — „die Wahrheit genau dasselbe ist wie das Sein" [2]). So werden die Invarianten der Erkenntnis der Dinge, so wird vor allem Ausdehnung für Descartes „Substanz". — Indessen, der Gedankengang nimmt alsbald eine neue, durch die erkenntnistheoretischen Erwägungen keineswegs erschöpfend vorgebildete Wendung. Die Idee bestimmt für Descartes, so sahen wir eben, auch Begriff und Gehalt des Dinges. Indem nun dieser Gedanke sich ihm ins einzelne gliedert, gewinnt er eine neue, für Descartes' gesamte philosophische Einstellung eigentümliche Färbung. Das Ding ist durch die Idee, vermöge der Idee. Die Idee des Raums, der Figur, der Bewegung bestimmt den Körper, die des „Denkens" die Seele. Auf der Linie jener erkenntnistheoretischen Erwägungen bedeutete dies die Frage nach den apriorischen Bedingungen, nach den Prinzipien einer Erkenntnis von „Körpern" im weitesten Sinne dieses Wortes; also nach dem Gehalt einer Prinzipienlehre, d. h. nach dem Begriff der Gegenstände der Physik; — weiterhin: die gleichen Fragen mit Bezug auf Begriff und Gegenstand der Psychologie. Beschränkt sich nun Descartes' Interesse auf den eben

---

[1]) Med. II, Schluß.

[2]) La vérité étant une même chose avec l'être. Zusatz zur französ. Ausgabe der Medit. V (vom Jahre 1661).

umgrenzten Problemkreis? Die Frage führt zu Überlegungen, ohne die Descartes' philosophiegeschichtliche Stellung nicht zu begreifen wäre.

7. Die eleatische These des Denkers von der Identität der Wahrheit und des Seins hebt jede logische Distanz zwischen den apriorischen Bedingungen gegenständlicher Erkenntnis und dem Begriff des Gegenstandes auf. Allein, für Descartes ist diese Konsequenz noch nicht wirksam. Noch operiert er mit einem Begriff des Gegenstandes, der unabhängig ist von der Frage nach den apriorischen Bedingungen seiner Erkenntnis. D. h. noch operiert er mit einem metaphysischen Gegenstandsbegriff. Deshalb konnte Descartes die Frage nach der Prinzipienlehre von Physik und Psychologie in dem oben angedeuteten Sinne nicht stellen. Denn jene Frage wäre kritisch. Descartes unterscheidet anders ausgedrückt Physik und Psychologie nicht, um damit die Verschiedenheit ihrer Gegenstände zu kennzeichnen; sondern umgekehrt der Unterschied zwischen Physik und Psychologie erscheint ihm als Folge des, von jeder wissenschaftlichen Erkenntnis unabhängigen Unterschieds zwischen „Körper" und „Geist". Descartes' gesamte Erkenntnislehre gewinnt damit einen entscheidenden metaphysischen Einschlag. Von ihm aus betrachtet, stellt sich Descartes als Metaphysiker dar. Als metaphysische, aller Erkenntnis und jeder Zufallsbestimmtheit der Natur gegenüber selbstgenugsame Seinswerte sind nun auch Körper und Geist „Substanzen"; — obgleich der höchsten und vollkommensten, der „eigentlichen" Substanz, dem schlechthin absoluten Seinswert, nämlich Gott, untergeordnet; durch Gott geschöpft. — Allein, die kritische Charakteristik von Descartes' Metaphysik kann sich bei diesen Fragestellungen nicht beruhigen. Es bezeichnet einen besonders wichtigen, ja für das Verständnis von Descartes' Philosophie geradezu entscheidenden Punkt, daß seine Metaphysik aus eben derselben Quelle entspringt wie seine Erkenntnislehre: aus dem „cogito ergo sum". Das „cogito ergo sum" nämlich ist nicht nur Wahrheitskriterium der Erkenntnis. Es ist zugleich Klarheits- und Rechtskriterium für Unterscheidungen. Was ich „klar und deutlich" unterscheide, was ich unterscheide lediglich auf der Rechtsgrundlage des Denkens selbst, das „ist" auch demgemäß. In diesem Sinne „ist" der Unterschied zwischen Körper und Seele, auf dieser Grundlage „sind" recht eigentlich Körper und Seele selbst. Man erkennt sofort, worauf hier alles zurückgeht. Der Unterschied zwischen Körper und Geist, das „Sein" von Leib und Seele muß für Descartes genau besehen schon unabhängig von dem Erkenntnis-

kriterium des „cogito ergo sum“ feststehen. Das Klarheitskriterium mag ihren Unterschied offenbar werden lassen; sein Sinn ist „vor“ diesem Klarheitskriterium bestimmt; er kann unmöglich durch es definiert erscheinen. Das Recht einer Unterscheidung von Gegenständen, deren Begriff unabhängig von der Erkenntnis gegeben sein soll, kann sich nicht auf das Recht der Erkenntnis, wie es das „cogito ergo sum“ repräsentiert, gründen. Die Substanzen Körper und Geist stehen rein systematisch betrachtet neben der logischen Wirkungssphäre des „cogito ergo sum“; sie können ihr nicht, wie es die systematische Absicht Descartes' zu fordern scheint, untergeordnet werden. Ist aber einmal der Begriff eines Dings, „Seele“ genannt, eingeführt, dann kann es nicht mehr ausbleiben, daß der ursprünglich erkenntnistheoretische Charakter eines Satzes, der mit dem Hinweis auf die wesentliche Funktion der „Seele“ auf das „Ich denke“ steht und fällt, verdunkelt werde. Die cogitatio wird Substanz, das Kriterium zur Sache, das „cogito ergo sum“ zur „chose qui pense“ und eben damit zum Geschöpf jenes schon durch die bloße Tatsache des Zweifels verbürgten vollkommensten Wesens. Und ganz entsprechend gestaltet sich von hier aus besehen auch das Problem der Physik. Die metaphysische Unterscheidung zwischen körperlichen und geistigen Substanzen muß eben auch auf die physikalischen Bezüge des Begriffs „Körper“ entscheidend zurückwirken. Als quantitative, genauer als räumliche, Bestimmtheit ist das Objekt der Physik zugleich in seinem Gegensatz zur psychischen Substanz gekennzeichnet. Damit aber ist eine Reihe weittragender, für das Schicksal der Naturwissenschaft bedeutsamer Folgen gegeben. Vor allem ist grundsätzliche Ausschaltung der „dunklen Qualitäten“ gefordert. Es ist ausgesprochen, daß die Berufung auf psychische Ursachen niemals eingreifen darf, wo sich physische Erklärungen als unzulänglich erweisen. Der Begriff der „seelischen Beweger“, mit dem die überlieferte Physik, mit dem selbst Giordano Bruno dauernd operiert hatten, erscheint jetzt aus der Naturlehre endgültig verbannt und eine Klärung des methodischen Gehalts des Kausalprinzips, sowie die grundsätzliche Abwendung von der Magie angebahnt. So bekräftigt die metaphysische Unterscheidung zwischen körperlicher und geistiger Substanz auf einem eigentümlichen, für Descartes charakteristischen Umweg den Satz, daß der Gegenstand der Natur durch rein quantitative Merkmale bestimmt sei. So stützt sie zugleich auch die Forderung, daß die elementaren Bestandteile der Körper geometrische Charaktere aufweisen. Nicht allein, weil objektive „Erklärung" mathematische Einsichten voraussetzt, sondern weil aus der wissenschaftlichen Bestimmung des Körpers alles in irgendwelchem Sinne „Psychische" grundsätzlich fernzuhalten sei, konnten für Descartes in eine objektive Erklärung grundsätzlich nur Größen eingehen. Sinnliche Qualitäten sind aus ihnen nicht minder verbannt als der Begriff der Kraft. Es wird sich später zeigen, wie gerade an diesem Punkte Descartes durch Leibniz überwunden ward. Erst Leibniz sollte die Methode entdecken, die „Kraft" mathematisch zu bewältigen, d. h. gemäß den Grundsätzen Descartes' über Descartes hinauszugehen. Es gibt auf dem Boden der wissenschaftlichen Physik kaum einen Fortschritt von größerer Fruchtbarkeit als den Übergang von Descartes' „geometrischem" zu Leibnizens „dynamischem" Naturbegriff. Aber so hoch man ihn auch einschätzen möchte, er selbst ist nur durch die konsequente Fortbildung Descartesscher Prinzipien möglich geworden. Bezeichnend bleibt dabei, daß diese Vorarbeit Descartes' nicht zum geringsten auf jenem Umweg über die metaphysische Substanzenlehre geleistet ward.

8. Es bedeutete eine Schematisierung von Descartes' Gedankengang, wollte man in der Darstellung seiner Lehren Metaphysik, Naturphilosophie und Erkenntnistheorie scharf gegeneinander abgrenzen. Sie greifen ineinander ein, so gewiß es auch die erkenntnistheoretischen und die metaphysischen Bezüge des „cogito ergo sum" tun; so gewiß die metaphysische Unterscheidung zwischen körperlicher und seelischer „Substanz" wichtige erkenntnistheoretische Rückwirkungen zeitigte. Ein mittelbarer Beweis hierfür liegt schon in dem Bedeutungsreichtum des Wortes „Substanz" bei Descartes. Es mag noch einmal hervorgehoben sein: „Substanzen" sind neben der höchsten göttlichen Realität und neben Körperlichem und Geistigem auch die Invarianten der Erkenntnis, mögen sie sich nun als „Ausdehnung" darstellen, mögen sie als die Gesetze gefaßt werden, die den Wandel der Erscheinungen beherrschen. Wir nennen es „dasselbe" Wachs, das jetzt als hartes, geruchloses und undurchsichtiges Ding vor mir liegt, kurz darauf aber — nämlich erwärmt — eine wohlriechende und durchscheinende, zähflüssige Masse wird. Das bedeutet, daß eine Regelmäßigkeit in der zeitlichen Abfolge von Erscheinungen auf ein Gesetz bezogen ist, das einen mit sich identischen Grund jener Abfolge bezeichnet. Von der „Substanz" des Wachses sprechen, heißt von diesem Gesetz sprechen. — Nicht unerwähnt bleiben mag in diesem Zusammenhange zweierlei: Einmal, daß auch Descartes'

berühmte Lehre, die Tiere seien Automaten, ihre letzten methodischen Wurzeln in der Überzeugung des Denkers von der durchgängigen quantitativen Bestimmtheit des Naturobjekts haben muß. Es ist nun nicht schwer, den Mangel an Folgerichtigkeit zu tadeln, daß Descartes dem Menschen, auch als bloßem Naturobjekt, den Tieren gegenüber eine Ausnahmestellung anweist; — ebenso leicht freilich sind Descartes' Gründe zu erkennen. Sie liegen nicht zum geringsten darin, daß gerade die elementarsten Akte der „cogitatio", ungeachtet aller methodischen Selbstbescheidung des Denkers, einen unaufhebbaren Bezug auf den Körper erkennen lassen. Gewiß, die cogitatio hört damit auf, reines Wahrheitskriterium zu sein. Sie wird als Tatsache gewertet. Allein, auch darin offenbart sich nur dieselbe Entwicklung, die aus dem „Denken" ein „Ding" zu machen strebt, „das denkt". Indessen, selbst wenn sich die Gegenüberstellung von Mensch und Tier aus den systematischen Voraussetzungen des cartesianischen Systems nicht begreifen ließe, die Lehre, daß Tiere „Automaten" seien, behielte dennoch ihre nicht zu unterschätzende problemgeschichtliche Wichtigkeit. Es klingt in ihr der bedeutsame, erst durch Leibniz und Kant zu voller methodischer Reife gebrachte Gedanke an, daß die mechanische Erklärung sich auch an den Tatsachen des Lebens zu bewähren habe; daß es in dem Begriff der Erkenntnis selbst begründet sei, auch den Erscheinungen des Lebens gegenüber auf jegliche „Erklärung" mit Hilfe okkulter Qualitäten zu verzichten. Das ist das eine. Das andere aber, was hier besondere Beachtung verdient, bezieht sich auf die Stellung der Psychologie als Wissenschaft. Zu den Folgen der Unterscheidung zwischen Körper- und Seelensubstanz gehört auch Descartes' Verständnis für die methodische Selbständigkeit der Psychologie. Wohl ist Descartes hierbei über erste tastende Versuche noch nicht hinausgekommen; auch konnte seine Psychologie, bei der nun einmal gegebenen Beziehung auf den metaphysischen Seelenbegriff, von dunklen Qualitäten unmöglich freigehalten werden. Ein grundsätzlich Bedeutsames aber bleibt bestehen: Je schärfer die Scheidung der körperlichen von der seelischen Substanz betont ward, um so klarer mußte zum mindesten der Plan einer Psychologie als selbständiger Wissenschaft auftauchen. Neben der Fülle und Wichtigkeit dieser Konsequenzen verblaßt das Problem, das insbesondere in der älteren Literatur über Descartes mit einer gewissen Breite behandelt zu werden pflegte: die Frage nach den Beziehungen zwischen Körper und Geist, die berühmte Frage nach dem „Sitz" der Seele. Auch hier erscheint das

Prinzip wichtiger als die Ausführung. Daß sich Körper und Geist in der Zirbeldrüse berühren, mag selbst unter Descartes' Voraussetzungen als schlecht fundierte Hypothese gelten. Das Problem der physischen Lokalisation psychischer Ereignisse aber besteht zu Recht. Ja, es drängt mit um so größerer Stärke nach Lösung, je schroffer Psychisches von Physischem getrennt worden war.

9. Eine Aufgabe für sich bezeichnet im System Descartes' die Frage nach Begriff und Möglichkeit empirischer Erkenntnis. Wie steht es um diese Möglichkeit? Descartes selbst beantwortet die Frage, vielleicht weil sie recht eigentlich in den Grundmotiven seiner Erkenntnislehre vorweggenommen ist, mehr implizit als ausdrücklich. Allenthalben wird denn auch die Antwort auf jene Grundmotive zurückgreifen müssen. Es gilt eine besondere Aufgabe: die Wahrheit in der Erfahrung. Auch sie ist ihrer Natur nach Evidenz. Aber gerade deshalb ist ihr Grund nicht die Erfahrung selbst. Sie ist nicht Evidenz aus der Erfahrung, sondern Evidenz an der Erfahrung. Zunächst erscheint die Natur Descartes, wir wissen es bereits, bestimmt durch Quantitäten, nicht durch sinnliche Qualitäten — die Resistenz nicht ausgenommen [1]). Quantität aber ist zunächst Ausdehnung. Sie ist die einzige Invariante des Naturdings. Materie und Ausdehnung sind für Descartes Wechselbegriffe. Das Gesetz der Ausdehnung enthüllt sich als der eigentümliche Sinn für die — ideelle — Forderung der Erhaltung der Materie. Daher kein Leeres in der Natur: Eine Lücke ohne Substanz, die sie ausfüllt, wäre so unmöglich, wie ein Berg ohne Tal. Daher auch unbegrenzte Ausdehnung der Materie im Weltall. Und im Begriff der Bewegung wiederholt sich auf bezeichnende Weise das Problem der Raumbestimmtheit. Nur im Hinblick auf einen Ort im Raum gibt es Bewegung. Die Existenz unbewegter Punkte im Weltall ist somit Bedingung für die Möglichkeit der Bewegung. Gäbe es keine Bewegung, so gäbe es auch keine bleibenden Orte, mit Bezug auf die von Bewegung die Rede sein könnte. Jene Orte selbst sind darum — ein bedeutsamer Beitrag zum Problem der Relativität der Bewegung — durch unser Denken bestimmt [2]). Alle Bewegung ist reziprok. Es sei „festzuhalten, daß alles Reale und Positive in den Körpern, weshalb sie bewegt genannt werden, sich auch in den an sie anstoßenden Körpern findet, welche doch nur als

[1]) Vgl. hierzu und zu dem folgenden auch Natorp, Descartes' Erkenntnistheorie. Marburg 1882. S. 101 ff.

[2]) Vgl. Princ. II, 13, 14.

ruhend gelten" [1]). — Kausalität bestimmt sich, sofern sich in ihr nicht gerade das Verhältnis des göttlichen Schöpfers zur Welt ausprägt, als das Gesetz der objektiven Veränderung in der Zeit; Ursache und Wirkung bedeuten diese Veränderung selbst, gleichsam von zwei Seiten her, unter zwei aufeinander bezogenen Gesichtspunkten aus besehen. So gewinnt Kausalität ein unmittelbares Verhältnis zu dem Gesetz der Erhaltung der Bewegung, die unter Descartes' Voraussetzungen den einfachsten Ausdruck darstellt für die ideelle Forderung „der Beständigkeit und Unveränderlichkeit im Wechsel und der Veränderung selbst" [2]). Gerade als ideelle Forderung aber ergibt sie sich für Descartes aus dem höchsten Prinzip der Existenz, dem alles umfassenden Seinswert, d. h. aus Gott, genauer aus der Unveränderlichkeit des göttlichen Wesens [3]). Es war oben Descartes' geometrischem Leibnizens dynamischer Naturbegriff gegenübergestellt worden, der Begriff der Kraft mithin dem der Ausdehnung. Nichts erweist das Recht dieser Gegenüberstellung deutlicher als dies, daß für Descartes „Kraft" mit — extensiver — Wirkungsgröße im wesentlichen zusammenfällt. So scheinen denn letzten Endes die obersten Gesetze der Natur als durch die Voraussetzungen gegeben, unter denen die Natur als Gegenstand der Erkenntnis stehen muß. Sie entspringen dem unabänderlichen Wesen Gottes, sie sind uns, gleich dem Gottesbegriff selbst, „eingeboren", d. h. sie sind „apriorisch". Freilich, die Idee dieser obersten Gesetze bedeutet für Descartes vielfach nur eine Richtung, sie bedeutet den methodologischen Sinn der Forschung, nicht aber deren konkreten Gehalt. Er denkt nicht daran, besondere Naturerscheinungen aus jenen obersten Voraussetzungen etwa unmittelbar abzuleiten. Der Gedanke der empirischen Forschung steht ihm fest: die Notwendigkeit der Erfahrung als Beobachtung und Experiment, der „Respekt vor der Tatsache", die Unerläßlichkeit des empirischen Zusammenarbeitens vieler. Descartes spottet der Männer, „welche ohne Rücksicht auf die Physik Mechanik studieren und auf gut Glück neue Instrumente zur Hervorbringung von Bewegung anfertigen"; ebenso auch jener Philosophen, „die da der Meinung sind, die Wahrheit werde trotz aller Vernachlässigung der Erfahrung aus ihrem eigenen Gehirn hervorspringen, wie Minerva aus dem Haupte

[1]) Princ. II, 30.

[2]) Natorp, a. a. O. S. 107.

[3]) Princ. II, 42.

des Jupiter" [1]). Und so fühlt er denn auch, daß die Ergebnisse des Naturforschers vorläufige, daß seine Ansätze „hypothetisch" sind. Aber freilich, gerade in diesen Ansätzen bringen sich auch immer wieder jene höchsten Gesetze von Natur und Erfahrung selbst zur Ausprägung. Gewiß, es geht Descartes in vielen Fällen „das Bewußtsein des bloß hypothetischen Charakters seiner Folgerungen" verloren, und er ist oft geneigt, „für alle seine Deduktionen die strenge Gewißheit" in Anspruch zu nehmen, „die in der Tat nur den Folgerungen zukommen dürfte, die aus den ersten schlechthin fundamentalen Voraussetzungen mit mathematischer Strenge bewiesen sind" [2]). Aber dieser Irrtum ist auf ein Prinzip gegründet; d. h. er selbst ist als Irrtum nur verständlich, sofern er im Hinblick auf jene „eingeborene", in Gottes Unveränderlichkeit wurzelnde Idee der Natur betrachtet wird.

10. Es ist klar, daß von dieser Auffassung auch Descartes' Begriff der Induktion nicht unbeeinflußt bleiben konnte. Nicht in dem Zusammenstellen von Erfahrungen besteht sie; sondern darin, daß die Erfahrung das Denken in sich aufnimmt, und damit selbst Methode wird. Und so bekräftigt auf dem Boden der Philosophie Descartes' auch Erfahrung den Grundsatz, daß Erkenntnis sich in „Intuition" und „Deduktion" gliedert: die bedingungslose Evidenz und die logisch zwingende Ableitung aus Evidentem sind die Voraussetzungen, denen auch Erfahrung unterliegt. Auch Erfahrung ist eben Erkenntnis. Die Erklärung aus den Ursachen ist ihr Ziel. Ihren eigentümlichen Sinn aber empfängt diese Erklärung selbst erst aus der Annahme eines umfassenden, die Natur beherrschenden Gesetzes. Nirgendwo vielleicht tritt die tiefe logische Wesensgemeinschaft zwischen Induktion und Deduktion so klar zutage wie hier. Sie sind voneinander so wenig grundsätzlich geschieden wie Erfahrung und Erkenntnis. Wohl wird die kontrollierende Funktion der Erfahrung und deren selbständiger methodologischer Wert ausdrücklich eingeräumt. Nur wird behauptet, daß sie sie stets nur innerhalb der Bedingungen der Erkenntnis und des Begriffs betätigen könne. Die Kraft des Gedankens allein entscheidet denn auch darüber, wann die Erfahrung, als Versuch oder als Beobachtung, anzurufen sei. Der Gedanke allein vermag über alle sinnlichen Verschiedenheiten hinwegzugreifen und selbst da, wo alle Analogien versagen, das Mannigfaltige mit Hilfe des Experiments in der Einheit

[1]) Regulae V.

[2]) Natorp, a. a. O. S. 114.

einer umfassenden Ordnung zu verknüpfen. Mit dem Plane des Experiments aber entwirft Descartes zugleich den Begriff des **Modells**; d. h. er fordert Darstellung seiner Probleme in anschaulichen, dabei den Bedingungen der Probleme gemäßen Symbolen der Erfahrung. Und so verschmilzt für Descartes allmählich der Begriff des Modells mit dem der Hypothese. Zwei bedeutsame Folgen ergeben sich daraus. Die eine äußert sich in der gedanklichen Einstellung Descartes' auf die **anschauliche** Repräsentation von Naturgesetzen: sein hydrodynamisches Bild der Entstehung und der Bewegungen der Himmelskörper, die sogenannte „Wirbeltheorie", wäre ohne diese Einstellung niemals zustandegekommen. Die andere findet ihren Ausdruck in einem zwiespältigen Verhältnis zu den methodischen Grundgedanken Galileis. Die planvolle Verallgemeinerung, die diese Gedanken bei Descartes erfahren, hindert diesen nicht, Galileis Fragestellung in einer wesentlichen Hinsicht zu mißdeuten. Galilei habe, so meint Descartes, den Begriff der gleichförmig beschleunigten Bewegung und damit das Gesetz der Schwere zu erforschen versucht, ohne vorher zu wissen, „was die Schwere sei". Galileis Frage lautet, nach Ernst Machs geistvoller Interpretation so: **Wie** fallen die Körper? Descartes' entsprechende Frage würde, durch die Rücksicht auf ein ideelles Modell der Erscheinung des freien Falls zum mindesten entscheidend mitbestimmt, so gelautet haben: **Warum** fallen sie?

11. Eine besondere Bedeutung erhält in Descartes' Philosophie das Problem des **Irrtums**. Aus welchen Gründen? Die Antwort hierauf ist einfach. Alle wirkliche Wissenschaft ruht auf „eingeborenen Ideen" und ist durch die Wahrhaftigkeit Gottes verbürgt. Im wirklichen Fortgang der Wissenschaft aber fehlt erfahrungsgemäß auch der Irrtum nicht. Wie verträgt er sich nun mit der göttlichen Wahrhaftigkeit, oder was dasselbe bedeutet, mit der göttlichen Vollkommenheit? Es ist das Problem der sogenannten Theodicee, das Problem der Rechtfertigung Gottes, das hier, in der eigenartigen Beleuchtung des Rationalismus, in den Vordergrund rückt. Der Irrtum gilt Descartes als eine Art Sünde. Er ist Willensschuld; seine Möglichkeit darauf gegründet, daß „die von Gott mir gegebene Fähigkeit, das Wahre zu beurteilen, in mir nicht unendlich ist"[1]. Der freie Wille ragt über den Bereich der Einsicht hinaus. Ich irre, wo mein Wille gleichsam in das erkenntnis-

[1]) Medit. IV.

mäßig Leere hinaustastet, wo ich kraft meines Willens mir anmaße, Urteile zu fällen, deren Voraussetzungen nicht gegeben sind. Es ist wichtig, sich die sachlichen Grundlagen dieser Lehre zu vergegenwärtigen. Sie liegen kurz gesagt darin, daß für Descartes Wahrheit und Irrtum in ein Verhältnis absoluter Gegensätzlichkeit treten. Der klassische Begriff der Dialektik ist Descartes abhanden gekommen. Dem nach dem Ideal der mathematischen Einsicht gestalteten Erkenntnisbegriff Descartes' ist das „Werden", dessen Begriff die platonische Dialektik beherrscht, fremd. Erkenntnis ist eben oder sie ist nicht. Sie wird niemals. Wohl erwirbt man sie; und zwar vermöge des „Eingeborenseins" ihrer Grundlagen. Aber in ihrem „Sein" selbst sind die Spuren des Weges, der zu ihr hingeführt, getilgt. Von dem Sinn ihres Ergebnisses aus betrachtet erscheinen die Bedingungen, unter denen sie erworben worden, als zufällig. Sie liegen außerhalb des Begriffsbereichs der Erkenntnis. Zu diesen Bedingungen aber gehört vor allem der Irrtum. Indessen, nur mit Bezug auf die Wahrheit ist er möglich. Ja mehr noch! Die Wahrheit selbst fordert ihn, so gewiß sie die Forschung fordert, und Forschung Kritik an dem jeweils Erreichten, also Vermutung des Irrtums bedeutet. Irrtum ist ein Korrelatbegriff der Erkenntnis. Bei Descartes nun ist er das eben nicht. Descartes gilt der Irrtum als Tatsache, die der Leugnung der Wahrheit gleichkommt; als das schlechthinnige, rein subjektive, d. h. durch den Begriff der Wahrheit nicht geforderte Verfehlen der Wahrheit. Seine Lehre vom Irrtum wird für Descartes zu einer psychologischen Erörterung über die Ursachen des Irrens. Ein psychisches Vermögen mußte angesetzt werden, das die Wahrheit zu bejahen und zu verneinen, das sich innerhalb einer bestimmten Breite der Wahrheit anzupassen, aber — eben im Irrtum — auch über diesen Bereich hinauszugreifen vermag. So ward der Wille für den Irrtum verantwortlich gemacht, so mußte der das Irren bewirkende, des Irrens überhaupt fähige Wille als freier Wille gedacht werden. Man sieht: Descartes' Willenspsychologie ist keineswegs ursprünglich. Das Denken gelangt zu ihr auf einem Seitenpfade, der von dem Problem der Erkenntnis abzweigt. Überhaupt ist Descartes' Interesse an der Psychologie aus naheliegenden Gründen ein zwiespältiges. Erkenntnistheoretische Motive begründen vielfach psychologische Unterscheidungen: der Gegensatz zwischen der „eingeborenen Idee" und den sinnlichen Wahrnehmungen, die Unterscheidung beider von den Phantasievorstellungen wurzelt wesentlich in erkenntnistheoretischen Gesichtspunkten und führt zu solchen hin. Ebenso geht die relative Selbständigkeit der psychologischen Fragestellung bei Descartes letzten Endes zurück auf die metaphysische Trennung und die spekulativ geforderte Verbindung zwischen Leib und Seele. Sie dienen darum auch Descartes' Lehre von den Leidenschaften, von den Affekten und Gefühlen mittelbar als Unterlage. Die Psychologie verdankt Descartes eine Reihe klarer, von scharfem Blick, von feinster Menschenkenntnis und eindringender Selbstbeobachtung zeugender Unterscheidungen. Insonderheit gebührt ihm das Verdienst, die Selbständigkeit der Gefühle und Affekte auch innerhalb des Bereichs psychologischer Fragestellungen hervorgehoben zu haben. Aber noch konnte es ihm — ganz abgesehen von den Mängeln der zugehörigen physiologischen Erörterungen — nicht gelingen, seine psychologischen Lehren von der Beziehung auf sittliche Motive und Wertungen freizuhalten. Und auch die methodische Reinheit der ethischen Problemstellung Descartes' muß unter solcher Gemeinschaft leiden. In der Tat stellt sich seine Ethik, trotz des in ihr vielfach bewußt angelegten Gedankens der sittlichen Autonomie, mehr als eine Sammlung vernünftiger Maximen, denn als ein System ethischer Prinzipien dar. Es gilt ihm, zwischen den beiden Extremen der Stoa und des Epikureismus einen Durchgang zu finden. Die Idee sittlicher Gerechtigkeit, die Harmonie zwischen Glückseligkeit und Tugend erscheint in dem irdischen Leben niemals verwirklicht. In Rücksicht darauf mündet für Descartes die Tatsache des sittlichen Bewußtseins in gewissen Forderungen der Religion. Die Idee sittlicher Gerechtigkeit enthält für ihn das Postulat der Unsterblichkeit, die theoretisch betrachtet recht eigentlich schon durch die substantiale Natur der Seele verbürgt ist. Wohl könnte diese als „Substantia creata“ durch Gott auch vernichtet werden. Allein, das schließt Gottes unendliche Güte aus. Bei seiner absoluten Vollkommenheit kann Gott selbst unser zukünftiges Schicksal trotz der Freiheit unseres Willens nicht verborgen sein — ein Wunder zwar, aber zugleich einer der Gründe für das persönliche Verhältnis der liebenden Hingabe des Menschen an das höchste Wesen. — Indessen, wie bedeutsam auch diese Folgerungen für Descartes selbst gewesen sein mochten — systematisch betrachtet bewegen sie sich doch nur an der Peripherie seines Denkens. Descartes' Größe liegt in dem allseitigen Ausbau und der umfassenden Bewährung der Idee der Methode. Sie knüpft für Descartes das unermeßlich weite Gebiet positiv-wissenschaftlicher Forschung an die Bedingungen philosophischer

Einsicht. Durch sie erst wird ihm der gesamte Wissenschaftsbereich zum System. Es ist derselbe Gedanke, der Descartes den Leitfaden liefert, auch in der unregelmäßigen Verteilung der Fixsterne eine schlechthin bestimmte Ordnung zu suchen, und der ihm die Mannigfaltigkeit der Wissenschaften in der Einheit eines Prinzips zu überschauen gestattet. Die Wissenschaften tragen jetzt — so schreibt einmal der Denker, noch kaum dem Jünglingsalter entwachsen — Larven, und erst, wenn man sie entfernte, erschienen sie vor uns in ihrer vollen Schönheit. Wer die Kette der Wissenschaften überschaut, dem wird es nicht schwerer sein, sie insgesamt im Geiste zu beherrschen, als die Reihe der Zahlen zu behalten [1]). Was bei Francis Bacon als bloßes technisches Hilfsmittel der Orientierung auftritt, der Plan eines globus intellectualis, das erhebt sich bei Descartes zur Höhe grundsätzlicher Bestimmtheit. Noch freilich fehlen auch ihm die letzten methodischen Sicherungen. Aber niemals hätten sie unabhängig von den Grundlagen, die die philosophische Problemstellung gerade ihm zu verdanken hat, gesucht, geschweige denn gefunden werden können. Die Idee der Analysis ist es, die durch Descartes zu philosophischer Fruchtbarkeit erweckt, sich anschickt, die Herrschaft über die großen Systeme seines Jahrhunderts anzutreten.

2. Anhänger und Gegner Descartes'.

1. Kein Schlagwort vermag Descartes' Einfluß auf die weitere Gestaltung der Philosophie auch nur annähernd zu kennzeichnen. Daß die großen Systematiker des 17. Jahrhunderts ohne Descartes, auch da, wo sie ihn bekämpfen, nicht möglich wären, ward schon erwähnt und wird sich noch im einzelnen zeigen. Eine Fülle kleinerer, aber gediegener Geister, zunächst in den Niederlanden und in Frankreich, leisten ihm bedingungslose Gefolgschaft. Die Philosophen aus dem Orden der Oratorianer und dem Kreise der Jansenisten suchen — vielfach auf dem Umwege über den Augustinismus für Descartes gewonnen — die cartesianischen Lehren, auch polemisch, weiterzubilden. Zunächst ist die Verbreitung und Fortführung der cartesianischen Logik ihr ausgesprochenes Ziel, Antoine Arnauld (1612—1694) und Pierre Nicole (1625—1695) ihre bedeutendsten Vertreter. Unabhängig von ihnen verfolgt eine ähnliche Absicht in seiner „Logica vetus et nova"

[1]) Cartesii cogitationes privatae. Oeuvres inédites de Descartes publ. par Foucher de Careil. Paris 1859. S. 4.

Johannes Clauberg (1625—1665). Ein wichtiger, aber keineswegs gefährlicher Gegner ersteht Descartes in Pierre Gassendi. Denn weder reicht seine Kritik heran an die eigentlichen Prinzipien Descartes', noch entbehrt sein Versuch, die demokritisch-epikureischen Lehren zu erneuern, der — übrigens auch durch seine Gegnerschaft zu Aristoteles bekräftigten — Abhängigkeit von Descartes. Aber auch Blaise Pascals Auffassung von dem Gewißheitsideal der Mathematik, in dessen eigenartigem Bezug auf das des Glaubens, wurzelt in cartesianischen Grundsätzen. Der düster-tiefsinnige Arnold Geulincx (1625—1669) spinnt Descartes' Lehren nach einer metaphysischen Richtung hin weiter, die mit ihren Ausläufern selbst auf den „Empirismus" Berkeleys nicht ohne bestimmenden Einfluß geblieben war. Und von Descartes abhängig, wenn auch nicht unbeeinflußt durch die anderen großen Systemphilosophen des Jahrhunderts, bildet Nicole Malebranche (1638—1715) in tiefsinniger Originalität weiter, was Geulincx begonnen hatte. Pierre Poiret (1646—1719) verknüpft Descartes' Lehren mit der Mystik Jacob Böhmes. Pierre Bayle (1647—1705) sodann entwickelt den Cartesianismus zu einem skeptischen Philosophem, vertritt auf dessen Grundlage, ähnlich wie Pascal, eine dogmatisch-religiöse Glaubensüberzeugung, gewinnt aber, von dem Geiste einer umfassenden Gelehrsamkeit erfüllt, an manchen Punkten eine bereits an die Philosophen der Aufklärungszeit gemahnende Haltung. Aus der Unmöglichkeit, Körperliches auf Geistiges wirkend zu denken, folgert Balthasar Bekker (1634—1698) die Unmöglichkeit der Zauberei. In scharfer Opposition gegen Descartes befindet sich, außer dem theologisch orthodoxen Skeptiker Pierre Daniel Huet (1630—1721), eine Gruppe christlicher Platoniker und platonisierender Mystiker, allen voran Ralph Cudworth (1617—1688) und Henry More (1614—1687); doch findet zu deren Lebenszeit der Cartesianismus durch Antoine le Grande weitgehende Verbreitung. Auch die französische Ästhetik der Zeit mit ihrem Grundsatz, daß das Schöne mit dem klar Gedachten zusammenfalle, ist von cartesianischen Motiven nicht unbeeinflußt geblieben. Und schließlich nehmen Kirche und Staat auf ihre Weise zum Cartesianismus Stellung. Die Synode zu Dordrecht verbot ihn den Theologen; er kommt auf den Index und ein königlicher Befehl untersagt die cartesianische Lehre. Alle diese Zusammenhänge nun seien, soweit sie hier überhaupt nähere Erörterung erfordern, in drei Gruppen abgehandelt. Die erste ist schnell erledigt.

2. Die Weiterbildung der cartesianischen Logik, um die sich die Oratorianer und Jansenisten der Abtei Port Royal bemühen, bedeutet zunächst ein Abbiegen aus dem Logischen ins Psychologische. In der berühmten „Logique de Port Royal" handelt es sich oftmals mehr um die Erörterung der psychologischen Umstände, unter welchen das wissenschaftliche Denken sich vollzieht, um die individuellen Störungen, denen es ausgesetzt ist, als um die eigentümliche Gesetzlichkeit und Struktur des wissenschaftlich Gedachten. Es trifft unter solchen Gesichtspunkten in der Tat zu, daß die Logik von Port Royal den Stempel des Geistes der baconischen Idolenlehre an sich trägt. Und doch ist diese Logik der Cartesianer mehr als verhüllter Baconismus. In dem Bestreben, das wissenschaftliche Denken in der ganzen Tatsächlichkeit der Hemmungen und Schwierigkeiten, die es überwinden muß, zu belauschen, liegt zugleich ein Bekenntnis zu dem Grundsatz, daß sich die Logik dem Problem der Erwerbung des Wissens nicht verschließen dürfe. Es ist das Bekenntnis zu den Aufgaben der Methodologie. Der Cartesianismus entbehrt der Voraussetzungen, das methodologische und das psychologische Problem der Erkenntnis sachgemäß zu trennen. Nur um so leichter verbirgt sich darum hinter den psychologisierenden Wendungen der Logiker von Port Royal der bedeutsame Gedanke, daß es eines der wesentlichsten Ziele aller Logik sein müsse, die Mannigfaltigkeit des Verfahrens der Wissenschaften, den Kampf, den die Erkenntnis in ihnen um die Wahrheit zu führen hat, in allen seinen Einzelheiten und Wechselfällen kennen zu lernen.

3. Freilich die Logik von Port Royal entwickelt nur eines der Descartes'schen Motive. Gerade deshalb vermag sie auch deren eigentlichem methodischen Sinn, selbst wo sie ihn restlos wiedergeben möchte, nicht gerecht zu werden. Es ergeht ihr dabei nicht anders wie manchem Gegner Descartes'. Man denke z. B. an Pierre Gassendi (1592—1655). Die wesentliche Bedeutung des scharfsinnigen, kritisch veranlagten Geistlichen, der schon mit 16 Jahren eine Professur der Rhetorik bekleidet, liegt in seinem Gegensatz zu dem um 4 Jahre jüngeren Descartes. Eine Reihe im einzelnen treffender Einwände gegen die Grundlagen des Cartesianismus stammt von ihm. (Vgl. insbesondere seine Beiträge zu den von Descartes selbst veröffentlichten „Objectiones", sowie die Disquisitiones Anticartesianae, 1643, ferner seine Disquisitio metaphysica seu dubitationes et instantiae adversus Cartesii metaphysicam, 1644.) In ihrer Gesamtheit betrachtet freilich fehlt ihnen

das erschöpfende Verständnis für Descartes' methodische Absicht und damit für die Größe und die Originalität seiner Fragestellung. Nicht ihnen verdankt denn auch Gassendi in erster Reihe den Klang seines Namens. Berühmt gemacht hat ihn sein Versuch, die demokritisch-epikureische Lehre von den Atomen zu neuem Leben zu erwecken, den Epikureismus als die klassische Auffassung der Natur mit der christlichen Theologie in Übereinstimmung zu bringen [1]). Die Spitze seiner neu-demokritischen Lehre richtet sich ursprünglich gegen die mystische Naturphilosophie [2]), sodann gegen Aristoteles und die aristotelische Überlieferung [3]); schließlich aber und zwar nicht minder energisch gegen Descartes. Dem rationalen, auf Beweisen ruhenden und Beweisen dienenden Gottesbegriff Descartes' stellt Gassendi den kirchlichen Glauben an Gott gegenüber, der als erste Ursache, eine bestimmte Anzahl von Atomen, gleichsam die Samen aller Dinge geschaffen und mit bestimmten Eigenschaften ausgestattet habe. Nächst Gott sind die Atome die Ursachen alles Geschehens. Sie und nicht die Ausdehnung stellten die Substanz der Natur dar. Der Unterschied gegenüber Descartes liegt offen zutage. Allein, dieser Unterschied betrifft weniger den Inhalt der Lehre als die Wertung, die er bei Gassendi erfährt. Denn nicht der Begriff des Atoms überhaupt steht in schroffem Gegensatz zu Descartes' Naturphilosophie; bekräftigt doch in weitem Umfange Gassendis Atomistik geradezu die cartesianische Forderung, daß die elementaren Bestandteile der Körper von schlechthin quantitativer Bestimmtheit sein müßten. In Gegensatz zu Descartes bringt ihn vor allem dies, daß sich ihm der Gedanke des Atoms von dem Problem der Erkenntnis, von der Frage nach den Bedingungen, denen sie genügen muß, ablöst. Darum muß auch Gassendis Atomistik, unbeschadet ihrer Bedeutung für das naturwissenschaftliche Denken, schließlich materialistische Metaphysik werden. Dem entspricht denn in gewisser Weise auch das Geständnis, daß es unmöglich sei, zu „erklären", wie aus mechanischen Vorgängen bewußte Empfindung sollte entstehen können. Man sieht also: Gassendis Atomlehre greift aus dem Gedankengefüge der Descartesschen Lehre

[1]) De vita, moribus et doctrina Epicuri 1647 und Syntagma philosophiae Epicuri 1649.

[2]) Vgl. seine Epistolaria dissertatio in qua praecipua philosophiae Roberti Fluddii errata deteguntur.

[3]) Exercitationes paradoxicae adversus Aristoteleos, von denen er nur zwei Bücher erscheinen ließ, das erste 1624 zu Grenoble, das zweite 1659 im Haag.

ein Motiv heraus, isoliert es und schafft im wesentlichen erst dadurch einen Gegensatz zu Descartes. Nach dem sachlichen Zusammenhang der Probleme beurteilt, ist die Abhängigkeit Gassendis von Descartes weit größer als es Gassendis anticartesianischer Stimmung entspricht. Andererseits entfernen sich die Lehren der beiden Denker doch auch wieder viel weiter voneinander, als es Gassendis Grundsatz von der ausschließlich quantitativen Bestimmtheit der letzten Körperelemente vermuten ließe. Rein geschichtlich betrachtet bestimmten freilich neben dem Cartesianismus auch noch ganz andere Faktoren Gassendis philosophische Haltung. In weiten Kreisen, insbesondere der Mediziner, waren die demokritischen Lehren zu neuem Leben und Ansehen erweckt worden und gewinnen, vielfach unabhängig von dem Cartesianismus, auf das Denken der Zeit einen nicht zu unterschätzenden Einfluß. Auch Gassendi unterliegt diesem Einfluß. Vor allem ist hier die im Verlauf von 42 Jahren viermal aufgelegte Schrift des Arztes Johannes Chrysostomus Magnenus, eines Zeitgenossen Gassendis und Descartes[1]) zu nennen.

Gassendis näherer und entfernterer Einfluß auf die Philosophie war nicht gering. Lange nach seinem Tode gab es noch „Gassendisten". Ihr Kampf galt Descartes und, wegen deren Lehre von der Transsubstantiation, zugleich den Jesuiten. Übertönt aber wurde ihr Einfluß nicht allein durch die großen rationalistischen Systematiker des Jahrhunderts, sondern vor allem auch durch die Vertreter der gläubigen Skepsis und des sogenannten Occasionalismus. Sie bilden die zweite Gruppe der nachcartesianischen Philosophen.

3. Die gläubige Skepsis. Pascal.

1. Die wuchtigste Erscheinung in der Reihe der sogenannten gläubigen Skeptiker ist ohne Zweifel Blaise Pascal (1623—1662). Eine großangelegte, trotz mancher Widersprüche scharf umrissene Erscheinung mit unbeirrbaren systematischen Ansprüchen und einer tiefen selbstgewissen persönlichen Religiosität, dabei einer der klarsten Stilisten aller Zeiten.

Gleichwie Descartes so geht auch der zu Clermont in d. Auvergne geborene Denker zunächst von der Mathematik und der Physik aus.

[1]) „Democritus reviviscens sive de atomis" mit einem Anhang „De vita et philosophia Democriti."

Schon in seinem 16. Lebensjahr verfaßt er seine berühmte Abhandlung über die Kegelschnitte, und seit Laplace gilt er als einer der Begründer des Wahrscheinlichkeitskalkuls. Torricellis Lehre von dem Druck der Luft auf die Quecksilbersäule fußt auf Pascals Untersuchungen. Persönliche Verhältnisse begünstigen seine jansenistischen Neigungen, und alsbald gehört er zu den intimen wissenschaftlichen Freunden von Port Royal. In diese Zeit 1656—57 fallen seine berühmten Lettres à un provincial, eine ebenso formvollendete wie scharfsinnige und weit über ein Jahrhundert hinaus nachwirkende Anklage gegen die moralischen und politischen Lehren des Jesuitenordens. Das Jahr 1658 bringt Untersuchungen über Zykloide. Von da an aber, bis zu seinem schon 1662 erfolgten Tode widmet er sich ganz der Aufzeichnung seiner philosophischen Gedanken, die auf breitester methodischer Grundlage einer Verherrlichung des Christentums dienen sollten. Sie wurden posthum herausgegeben, später durch Hinzufügung von anderen Bruchstücken seines Nachlasses und durch Briefe ergänzt und sind die berühmten „Pensées de Pascal". Besondere philosophische Bedeutung beanspruchen seine Abhandlungen „Über das Leere" und den „Geist der Geometrie". Als beste französische Ausgabe seiner Werke — mit einer liebevollen Einleitung versehen — gilt die von E. Havel. Eine neue französische Gesamtausgabe seiner Werke haben 1908 ff. L. Brunschvigc und P. Boutroux veranstaltet.

2. Es mag leicht sein, Pascals philosophische Haltung mit einigen Schlagworten zu kennzeichnen, wenn man sich auf die Wiedergabe seiner Resultate beschränkt. Eine der schwierigsten philosophiegeschichtlichen Aufgaben aber enthüllt sich, wenn man daran geht, die sachlichen Motive seines Denkens, den inneren Zusammenhang seiner Lehren mit den philosophischen Bestrebungen seiner Zeit aufzuhellen. Die scholastische, wie die allmählich aufkeimende deistische Theologie hatten die Übereinstimmung der christlichen Glaubenslehren mit den Forderungen der vernünftigen und der sittlichen Natur des Menschen zu erweisen und ihn damit zum Heile zu führen gestrebt. Pascal nimmt einen anderen Weg. Ihn erfüllt die Überzeugung von der Nichtigkeit der menschlichen Vernunft. Und gerade deshalb findet er in Gott und dessen geoffenbartem Gesetz das einzige und ewige Heil. Um seiner teilhaftig zu werden, wendet er sich gegen Wissenschaft und Philosophie. Der Stoiker Epiktet und der Skeptiker Montaigne werden widerlegt. Descartes gilt ihm kaum der Mühe einer Stunde wert. Wahrhaft

philosophieren heißt für ihn der Philosophen spotten. Platon und Aristoteles hätten am wenigsten philosophiert, da sie ihre Abhandlungen schrieben. Richtig denkt, wer diese Zusammenhänge einsieht, wer sich mit seinem Denken über Wissenschaft und Philosophie bis zu einem Punkte zu erheben vermag, an dem die Bedingtheit beider offenbar wird. In einem unvollendeten Aufsatz „Von der Größe und von dem Elend des Menschen" erklärt er: „Der Mensch ist nur ein Rohr, und vielleicht das gebrechlichste der Schöpfung; aber er ist ein denkendes Rohr. Ein Hauch, ein Wassertropfen reicht hin, ihn zu töten. Möchte aber auch das Weltall ihn vernichten, so stände der Mensch doch noch erhabener da, als das, was ihn tötet, weil er weiß, daß er stirbt, während das Weltall die Überlegenheit nicht kennt, die es über ihn hat. Also besteht unsere ganze Würde in Gedanken. Unsere Erhebung müssen wir von hier aus suchen, nicht aber aus dem Raum und der Dauer der Zeiten, die wir nicht auszufüllen vermögen. Arbeiten wir also daran, richtig zu denken. Das ist das Prinzip der Moral." — Diese Sätze sind für Pascal in mehr als einer Beziehung charakteristisch. Zunächst gewinnt bereits in ihnen sein Grundproblem, die Frage nach dem Verhältnis zwischen theoretischer und sittlicher Wahrheit scharfe Umrisse. Seine Entscheidung rückt die Aufgabe, insbesondere der scholastischen Tradition gegenüber, in eine ganz neue Beleuchtung. Die Harmonie zwischen den Welten der Erkenntnis und der Sittlichkeit gründet sich ihm nicht auf eine ursprüngliche, in dem Wesen des göttlichen Schöpfers wurzelnde Übereinstimmung. Vielmehr ist es für ihn der Mensch, der sie vermöge seiner Einsicht schafft. Nicht freilich, indem er einen theoretischen Ausgleich zwischen den Begriffen der beiden Sphären, etwa in einem höheren Begriff erstrebt; sondern weil ihm die theoretische Wahrheit angesichts der überwältigenden Größe der moralischen Gewißheit die scheinbare Unbedingtheit ihrer Geltung einbüßt. Pascal bekennt sich hier der scholastischen Auffassung gegenüber restlos zum *Augustinismus*. Wo ihm die Sonne der sittlichen Gewißheit aufgeht, da wird ihm die Wissenschaft mit der Rationalität ihrer Begriffe zum Irrlicht, das uns um die Erkenntnis unseres wahren Wesens betrügt. Erst indem ich mein Verhältnis zu der sittlichen Gewißheit und damit mein eigentliches Wesen erlebe, finde ich im Strudel widersprechender Erkenntnisse Halt und Sicherheit. In der Tat: Die Unkenntnis äußerer Dinge bedeutet nichts gegenüber der Unkenntnis im Sittlichen. Niemals können mir jene in Zeiten der Bedrängnis Trost spenden, wo diese fehlt. Stets aber werde mir in der Not des Daseins sittliche Erkenntnis hinweghelfen über den Mangel begrifflicher Einsicht.

3. Indessen, die Richtigkeit der Erkenntnis bedeutet für Pascal das Gegenteil einer Geringschätzung des Gedankens. Die unendliche Überlegenheit der sittlichen Idee, ihre Absolutheit selbst ist Gedanke. Nur weil er sie zu denken vermag, empfängt der Mensch von jener Idee, wir sahen es oben schon, „Würde". Und nur indem er sie denkt, denkt er „richtig". So wurzelt denn auch der höchste Wert: die sittliche Gewißheit, im „richtigen" Denken. Damit aber erscheint die cartesianische Tradition auf charakteristische Weise weitergeführt. Wohl bleibt es bei dem Gegensatz Pascals zu Descartes. Allein, dieser Gegensatz ist genau besehen relativ: er bezieht sich nicht sowohl auf das entscheidende philosophische Prinzip, als vielmehr auf dessen Umfang und Deutung. Descartes' theoretisches Gewißheitsideal wird schroff abgelehnt. Beibehalten aber wird zunächst das Grundmotiv des Cartesianismus, daß von einem Gewißheitsideal überhaupt nur mit Bezug auf „richtiges" Denken die Rede sein könne. Ohne jede Paradoxie wird man darum sagen dürfen: Je mehr sich Pascal in der Konsequenz seiner augustinischen Auffassung des höchsten Gewißheitsideals von Descartes entfernt, je mehr er unter solchen Gesichtspunkten der Nichtigkeit bloß erkenntnismäßiger Einsicht inne wird, um so mehr kehrt er doch auch wieder zu Descartes zurück. Wirkliche Gewißheit vermag nur der Glaube zu gewähren. Aber wer seiner teilhaftig wird, der wertet zugleich die Gewißheit des Glaubens gegenüber der Erkenntnis, der denkt, gegenüber dem Verfechter der Scheingewißheit bloßer Erkenntnis, „richtig". So bedeutet es denn keinen Widerspruch in Pascals Wesen, daß am Ausgangspunkt seiner Entwicklung wieder Descartes steht. Pascal verficht die Originalität von Descartes' „cogito ergo sum"[1]); d. h. er erfaßt dessen eigentümlichen methodischen Sinn. Er teilt Descartes' Überzeugung von der sachlichen Einheit und Zusammengehörigkeit alles Wissens, oder was dasselbe bedeutet, von der Stetigkeit seiner Entwicklung. Er bekennt sich aber auch zu dem Grundsatz von der Zeitlosigkeit des Seins der Wahrheit: es sei unmöglich anzunehmen, daß dieses Sein erst mit dem Augenblick begonnen habe, in dem die Wahrheit zum erstenmal ausgesprochen worden. Wahrheit gilt ihm als ursprünglicher Begriff. Er vertritt das bedingungslose

[1]) De l'esprit géometrique, second fragment. (Havet) II, 304 f.

Recht der Analysis; das Prinzip, daß die Wissenschaft nur das besitze, was sie zu definieren vermag. An mathematischem Tiefsinn übertrifft Pascal vielleicht Descartes. Aber auch ihm bedeutet Mathematik nur die Auswirkung letzter philosophischer Grundsätze. Auch für Pascal ist sie nicht sowohl Gegenstand als vielmehr Ideal und Vorbild der Logik. Der Verstand und nicht die Einbildungskraft liefere ihr die Kriterien. Über die „chimärischen Schwierigkeiten", die sich dieser in den Weg stellen mögen, schreitet jener hinweg. Was sich dem Verstand nach den Grundsätzen ideeller Konstruktion als notwendig erweist, das hat, auch entgegen dem Zeugnis der Sinne und der Phantasie, den Wert mathematischer Wahrheit [1]). Wenn nun Pascal in späteren Phasen seiner Entwicklung den so scharf proklamierten Grundsatz von der Selbstgesetzgebung der Vernunft und damit sein sachliches Verhältnis zu Descartes trotzdem zu verleugnen scheint, so liegt das an der charakteristischen Erweiterung des Horizonts seiner Fragestellung. Pascal bewegt neben der Frage nach der wissenschaftlichen, auch das Problem der sittlichen Wahrheit. Wohl hat ja dieses auch bei Descartes seine Stelle. Allein, es erscheint hier nicht in organischer Beziehung zu Ausgangspunkt und Prinzip des Philosophierens und mehr als persönlich, denn als sachlich geforderte Ergänzung des Systems; — wie ja auch dem cartesianischen Gottesbegriff ursprünglich rein erkenntnistheoretische, nicht religiöse oder religionsphilosophische Bedeutung zukommt. Bei Pascal nun gewinnt das Problem der sittlichen Gewißheit von vornherein eine ganz andere Wertbetontheit. Die Gewißheitsart des Glaubens gilt ihm als der entscheidende Ausgangspunkt der philosophischen Fragestellung, als der sachlich geforderte Maßstab jeder anderen Gewißheit. Weil aber diese Auffassung hier, ganz wie bei Descartes, mit unverkennbarer Beziehung auf die Forderung des „richtigen" Denkens auftritt, so darf man in ihr, trotz der Gegensätzlichkeit der Ergebnisse und Stimmungen, eine sachliche Weiterbildung der Philosophie Descartes' erblicken. Für Pascal steht die systematische Gemeinschaft erkenntnismäßiger und gläubiger Gewißheit, die Möglichkeit solcher Gemeinschaft zur Erörterung. Die Form freilich, in der sie geführt wird, trägt den Stempel der Persönlichkeit des Denkers an sich. Aber sie gibt der Skepsis, zu der seine Lehren auch in systematischer Beziehung hindrängen, nur die charakteristische Färbung. Denn diese Skepsis

---

[1]) Vgl. hierzu Cassirer, a. a. O. S. 438 ff.

stellt nur einen anderen Ausdruck dar für den Gewißheitswert der sittlichen Wahrheit gegenüber der theoretischen. Sie ist nur ein anderer Ausdruck für die Überzeugung, daß die eigentliche Bestimmung des Menschen über die theoretische Erkenntnis hinausweise. Diese sei der gläubigen Gewißheit gegenüber ein Tummelplatz von Irrtümern. Weder den Sinnen, noch dem Verstand könne man trauen. Ja, Sinne und Verstand betrügen sich wechselseitig. Jene gaukeln dem Verstand Trugbilder vor; dieser zwingt die trügerische Einbildungskraft in seinen Dienst und läßt die Menschen entgegen dem Zeugnis der Sinne glauben, zweifeln oder leugnen. Und auch der Wille gehe nur auf Glückseligkeit. Selbst bei der kleinsten Bewegung richtet er sich auf deren Zwecke. Sie ist die Triebfeder aller menschlichen Handlungen, schließlich auch der des Selbstmörders. So müssen wir denn den fixen Punkt unseres geistigen Daseins, unser wahres Glück, außer uns suchen. Denn das Ich ist hassenswert, weil es ungerecht, ja tyrannisch ist. Jenes Glück liegt allein in der gläubigen Gewißheit, es ist in Gott und ein Geschenk der göttlichen Gnade. Gott aber ist zugleich außer uns und zugleich in uns. Denn er ist, wo wir nicht sind, und doch wieder ist das Reich Gottes in uns. So vollzieht sich bei Pascal — immer im Namen der „richtigen" Erkenntnis — eine bedeutsame Umkehr. Auch wo der Verstand früher als höchste Instanz gegenüber dem trügerischen Zeugnis der Sinne angerufen ward, enthüllt er sich jetzt in seiner Hilflosigkeit und Schwäche und selbst die Gewißheit der Mathematik gerät ins Wanken. Das Unendliche als Ergebnis fortgesetzter Teilung von Einheiten und als Prinzip des Fortschreitens von Einheit zu Einheit wird aus einem Geschöpf des Verstandes zu dessen Schranke. Das Denken wird angesichts der Unendlichkeit nicht sowohl seiner Kraft als vielmehr seiner Schwäche und Nichtigkeit inne. Und was für das Unendliche gilt, das gilt von der Existenz überhaupt: das Ich steht ihrem Geheimnis in völliger und widerspruchsvoller Hilflosigkeit gegenüber. Allenthalben zerklüftet es sich in haltlosen Gegensätzen. Es strebt mit unstillbarer Leidenschaft nach Wahrheit und Glück und findet, wohin es auch seine Blicke lenken mag, nur Ungewißheit und Elend. Es glaubt an das Recht und stößt überall auf Gewalt. Die Vernunft aber, auf deren Entscheidung es vertrauen möchte, ist ein gefügiges Werkzeug, bereit, allen Parteien gleichermaßen zu dienen. Nur eine ursprüngliche Dualität unserer Anlage, wie sie in dem Mysterium der Erbsünde auf eine metaphysisch-theologische Formel gebracht erscheint, vermag den Widerspruch zu lösen. Im „Unbegreiflichen" liegt die Erklärung für die Zwiespältigkeit des Ich und nur das sich immer erneuernde Wunder der göttlichen Gnade vermag es aus diesem Zustande zur Gewißheit des sittlichen Handelns emporzuheben. So entspricht die schlechthinnige Irrationalität der Religion der schlechthin absoluten Geltung der Glaubenswahrheit. Nicht Erkenntnis also, weder die empirische, noch die mathematische, sondern allein die Glaubensmetaphysik ist das Korrelat des „richtigen" Denkens. Und so sinkt denn jene angesichts dieser Metaphysik, der Einzigkeit und Erhabenheit ihres Gegenstandes, zu völliger Bedeutungslosigkeit herab; oder, was dasselbe bedeutet: nur der Zweifel kann als ihr Prinzip gelten, der „Pyrrhonismus" wird in ihr zur „Wahrheit". Der Zweifel, bei Descartes ein vorläufiger Prüfstein der Erkenntnis, ein technisches Hilfsmittel des Beweisgangs, tritt jetzt als Prinzip wissenschaftlicher Wahrheit auf: wissenschaftliche Wahrheit wird grundsätzlich und ihrem Begriff nach geleugnet. Und doch hebt sich diese Skepsis nicht ohne weiteres auf. Denn sie erhebt sich auf dem Grunde der gläubigen Gewißheit und des göttlichen Gnadengeschenkes. So fällt auf Pascals Erkenntnislehre der strahlende Glanz einer tiefen, und bei aller Hinwendung zu den „Werken", persönlichen Frömmigkeit. Sie offenbart sich als das eigentliche Prinzip seines Denkens. Pascals Wort, daß Gott das Ende einer Philosophie nur dann sein könne, wenn er deren Anfang ist, könnte füglich als Motto für die Darstellung seiner Lehren dienen. Und doch wäre es unzulänglich, seine philosophische Bedeutung an einem Schlagwort messen zu wollen, das nichts als sein Verhältnis zum Glauben festhielte. Denn seine Größe und seine philosophiegeschichtliche Stellung ist nicht durch Einzelheiten zu erschöpfen — mögen sie für Richtung und Ergebnis seines eigenen Denkens noch so entscheidend sein. Sie liegt in der umfassenden Weite seines Gesichtskreises. Weder der Jansenismus, noch auch die Skepsis Pascals gegenüber der Erkenntnis hatten es vermocht, sein Verhältnis zum Geist wissenschaftlicher Erkenntnis zu lösen. Er lebt weiter auch in seiner Glaubensmetaphysik. Er offenbart sich in der analytischen Schärfe, mit der Pascal, obwohl ein grundsätzlicher Gegner der Scholastik, das spezifische Recht seiner Glaubensmetaphysik verficht; vor allem aber darin, daß diese Glaubensmetaphysik ihren persönlich-erlebnismäßigen, wie ihren sachlichen Komponenten nach nur im Hinblick auf die ursprüngliche Stellung des Denkers zum Problem der Erkenntnis verständlich wird.

4. Der Occasionalismus und Malebranche.

1. Pascal bedeutet keineswegs eine Unterbrechung der logisch-erkenntnistheoretischen Bewegung des Jahrhunderts. Er fügt sich ihr im Gegenteil harmonisch ein. Die erkenntnistheoretischen Grundlagen seiner Glaubensmetaphysik sind zugleich die Voraussetzungen für das Verständnis der metaphysischen Lehren des Occasionalismus. Diese aber knüpfen sich zunächst an den Namen Arnold Geulincx'. Geboren 1625 zu Antwerpen, ward Geulincx nach einem Studium der Theologie und Philosophie schon 1646 Lehrer der Philosophie an der katholischen Universität zu Löwen, verlor 1658 wegen heftiger Angriffe auf die Scholastik und das Mönchwesen seine Professur, lebte dann unter großen Entbehrungen in Leiden, wo er, inzwischen zum Calvinismus übergetreten, 1665 dank der Fürsprache einflußreicher Freunde ein Lehramt an der Universität erhielt. Er starb zu Leiden 1669. Einige seiner wichtigsten philosophischen Schriften erschienen erst nach seinem Tode. Doch hatten ihm auch schon die wenigen, bei Lebzeiten erschienenen Werke („Saturnalia sive quaestiones quodlibeticae", schon 1660 in 3. Auflage, sodann „Logica fundamentis suis restituta", 1662, schließlich die unvollendet gebliebene Abhandlung „Γνῶθι σεαυτὸν sive Ethica", 1665) in weiten Gelehrtenkreisen seiner Zeit bekanntgemacht. Nach seinem Tode wurden veröffentlicht das „Compendium physicum" (1688), die „Annotata praecurrentia in Cartesium de principiis philosophiae" (1690), einen Kommentar zu Descartes darstellend, und schließlich seine „Metaphysica vera et ad mentem peripateticam" (1691). Eine Gesamtausgabe seiner Werke von J. N. P. Land, Haag 1891—1893.

Die systematische Absicht Geulincx' ist zunächst die folgerichtige Weiterentwicklung der Philosophie Descartes'. Auf cartesianischer Grundlage werden der klare und deutliche Begriff und die Realität des durch ihn darzustellenden Inhalts einander scharf gegenübergestellt; also das, was an dem Gegenstand vom Denken abhängt, und das, was dem ursprünglichen Sein des Gegenstandes zugehört. In der üblichen Art, das „Sein" der Dinge zu bestimmen, laufen diese Gesichtspunkte durcheinander: was man dem aristotelischen Vorbilde folgend als das „Sein" der Dinge zu bezeichnen pflegt, trägt den Stempel der Formen ihres Gedachtwerdens bereits an sich[1]). So löst sich ihm das Ding von

[1]) „(Quod) satis magno argumento est, solere homines illos modos

allen Bestimmungen, in denen es bis dahin gefaßt worden war, los: in schlechthinniger, aber unbekannter, ja der Erkenntnis grundsätzlich verschlossener Realität steht es den Funktionen von Substanz und Akzidens, von Subjekt und Prädikat, ja selbst einer Betrachtung nach den Gesichtspunkten vom „Ganzen" und seiner „Teile" gegenüber. Das Erkennen müsse eben in seiner restlosen Bedingtheit durchschaut werden. Gleichwie „gut" und „böse" nicht in den Dingen liegen, sondern in der Art ihrer Betrachtung, so auch die Entscheidung über „wahr" und „falsch" und, soweit sie von dieser abhängt, die Entscheidung über „Sein" und „Nichtsein". Schon die elementarste Betätigung der Erkenntnis setze eben an die Stelle des absoluten Seinswertes der Dinge die relativen Größen ihrer Erkenntnisbedingungen: wo immer man auch nur von „einem" oder „etwas" redet, da schaue man bereits die Realität durch das Medium gedanklicher Beziehungen. Man hat sie den Bedingungen der Sprache unterworfen und sich von der Erfassung ihrer Realität mehr entfernt, denn sich ihr genähert.

2. Der Kampf nun, den Geulincx im Namen Descartes' vermittels solcher Erwägungen gegen die aristotelische Überlieferung eröffnet, mußte sein Ziel notwendig verfehlen. Denn in ihnen ist zunächst weniger der Geist der cartesianischen Erkenntniskritik, als vielmehr derjenige einer dogmatischen Skepsis wirksam. Für Descartes gewinnt die Mathematik gerade als Ideal aller Erkenntnis vor jeder anderen Einsicht gegenständliche Bedeutung. Für Geulincx rückt sie mit den sekundären Bestimmungen der Farbe oder des Tons auf dasselbe — subjektive — Niveau. Er will Descartes stützen, entfernt sich aber in dem Maße von Descartes, als ihm der cartesianische Begriff der durch die Mathematik repräsentierten Funktion der Gegenständlichkeit, der Begriff also einer mathematischen Naturwissenschaft entgleitet. Was sich im Rahmen der Philosophie Descartes' als Folge einer unzulänglichen Fassung des Begriffs der Realität darstellt, das durch Gott gewirkte und vermöge der göttlichen Wahrhaftigkeit den Forderungen der mathematischen Einsicht angepaßte „Dasein" der Dinge, das gewinnt bei Geulincx selbständige und grundsätzliche Bedeutung und wird damit zum Eckstein seines Beweisgangs. Descartes' methodischer und methodisch

suarum cogitationum in res objectas transfundere et tanquam ad eas spectantes considerare, cum tamen hi modi ad ipsos et non ad res objectas pertineant." Geulincx, Opera philosophica rec. I. N. P. Land. Hagae 1891 ff. S. 204 f.

umgrenzter Zweifel wird bei Geulincx, ganz ähnlich wie bei Pascal, zu einem für seine gesamte philosophische Stellung entscheidenden Prinzip. Und ganz so wie bei Pascal fordert dieses Prinzip auch bei Geulincx seine metaphysische Ergänzung; ein Umstand, der es dem so hart bekämpften Aristotelismus wieder näher bringt. Der absoluten, dem Bereich der Erkenntnis schlechthin entrückten Realität der Dinge gegenüber vermag das Ich schlechthin nichts. In der Sphäre der Realität begreift es nichts, hier „wirkt" es auch nichts. In Gott allein ruht die „Wirklichkeit" des wahrhaften Seins, das für Geulincx das Sein der cartesianischen Substanzen, das Sein und die Beziehungen von Körper und Geist darstellen. Wir wissen nichts um diese Beziehungen, und wir tragen nichts bei zu ihrer Verwirklichung. Mag ich auch meinen Leib auf mannigfache Weise willkürlich bewegen können, so bin ich doch keineswegs die Ursache solcher Bewegung. Auch verstehe ich nicht, wie sie hat können hervorgebracht werden. Und vollends weiß ich nichts von den Ursachen der Bewegungen außer mir, nichts von den Wirkungen der Außenwelt jenseits der Schranken des Materiellen. Finden doch diese Wirkungen an meinem Körper ihre Grenze. Nur Gott hat die unbegreifliche Kraft, in die Beziehungen des äußeren und inneren Seins unmittelbar einzugreifen; Gott allein verbindet auf unaussprechliche, der Erkenntnis grundsätzlich entrückte Art die materiellen Bewegungen und die Betätigung meines Willens so, daß wenn ich will, die Bewegung erfolgt, die er will und wirkt. Gleich zweien vollkommen gleich eingestellten und gleich gehenden Uhren, vollzieht sich so auch in beziehungslos nebeneinanderstehenden Sphären alles, was von Ewigkeit her im göttlichen Weltplan gelegen hat. So sinke ich zum ohnmächtigen Zuschauer einer Welt herab, die ganz in Gott ist, die Gott allein wirkt und bewegt. Er allein ist im wahren Sinn Ursache. An die Stelle des Problems der Erkenntnis ist die Einsicht in das unauflösbare und sich unaufhörlich erneuernde Wunder des göttlichen Wirkens getreten und der Mensch, als der von Gott gewirkte Zuschauer dieser göttlichen Betätigung ist selbst das größte aller Wunder. So wird für Geulincx Kausalität restlos zum metaphysischen Begriff. Dem Menschen aber fällt, in theoretischen wie in praktischen Dingen, das Los zu, in quietistischer Passivität zu verharren. Ihm bleibt keine andere Wahl, wie die restlose Ergebung in seine Nichtigkeit: „ubi nihil vales, nihil velis". Allein, diese Ergebung in die eigene Nichtigkeit bedeutet freilich eine Ergebung in die unerforschliche Größe des göttlichen Willens und damit zugleich eine Erhebung über das eigene Nichts. Geulincx hat, obschon in negativem Sinn, das Problem der Ursache gestellt. Und darum trägt auch die radikalste Kritik des Kausalbegriffs in der Geschichte der Philosophie, die bei David Hume, unverkennbar die Spuren seiner Gedanken. Ja, wo immer in der neueren Philosophie der sogenannte „influxus physicus“, die Vermengung psychischer und physischer Gesetzlichkeit bekämpft ward; wo immer der Begriff der Verursachung von undefinierten Zutaten befreit, der Begriff des Psychischen und das Verhältnis zwischen Psychischem und Physischem grundsätzlicher Klärung zugeführt werden sollte, da wirkt der Geist von Arnold Geulincx fort. Darin vor allem liegt auch, problemgeschichtlich betrachtet, seine Bedeutung.

3. Augenfälliger aber als diese entfernten Wirkungen ist sein Einfluß auf das Denken seiner Zeitgenossen. Inwieweit freilich das für den, erst durch Georges Lyon und Ernst Cassirer der Vergessenheit entrissenen Engländer Richard Burthogge zutrifft, ist zum mindesten zweifelhaft [1]). Sicher ist nur, daß sein 1694 erschienener „Essay upon Reason and the Nature of spirits“ entscheidende Motive Geulincx' widerspiegelt. Auch hier die bedeutsame Trennung des Dings in seiner absoluten Gegenständlichkeit von den Voraussetzungen seiner Bestimmtheit in der Erkenntnis, auch hier die wichtige Unterscheidung zwischen dem „Wesen“ und dem Aufputz der Begriffe, mit denen es unser Geist umkleidet [2]). Aber freilich, wenn bei Geulincx die spekulativen Momente überwogen, so beherrscht die Fragestellung Burthogges, der sein Werk bezeichnenderweise John Locke widmet, das empiristische. Das äußert sich unter anderem auch in der eigenartigen Bewertung der Erkenntnis. Wohl ergreift sie ja niemals die Dinge selbst. Aber sie erfaßt doch die Beziehungen ihrer Erscheinungen und nur innerhalb des Bereichs gesetzlicher Relationen, also nicht mehr als „Substanzen“, unterscheiden sich Körper und Geist voneinander. Der Versuch aber, ihren Gegensatz in einer höheren Sphäre zu überbrücken, habe unlösbare Schwierigkeiten gezeitigt: er führte zu vagen Annahmen und wesenlosen Vermutungen, zu leeren Hypothesen und hohlen Spekulationen. Nicht bei der Skepsis landet somit Burthogge und nicht die Einsicht in die Nichtigkeit aller Erkenntnis gewährt ihm Beruhigung. Ihm gilt der Relationscharakter der Erkenntnis als wohlfundierter Ersatz für die Unergründlichkeit ihrer

[1]) Cassirer, a. a. O. S. 598.

[2]) Burthogge, An Essay usw. London 1694. Chap. III, sect. I, 57 ff.

eigentlichen Gegenstände. Indessen, noch schwankt der Begriff der Relationen, in denen allein sich Erkenntnisgegenstände gestalten. Noch mangelt ihnen der Bezug auf die Idee gegenständlicher Geltung überhaupt. Darum verfällt auch Burthogge der Versuchung, die Regeln der Erscheinungen in einem transzendenten Prinzip zu verfestigen. Als solches aber bietet sich auch ihm der Grundsatz der Ursächlichkeit dar. Unabhängig von den Formen des Bewußtseins bewirkten die Dinge ihrer eigenen Natur nach die Vorstellungen, die ihnen entsprechen. Auch Burthogges Erkenntnislehre mündet somit in Metaphysik. Daß diese schließlich spiritualistische Züge annimmt — ein „Gemeingeist" soll es sein, der sich hinter der Ebene der Erkenntnis je nach den Strukturverschiedenheiten der Körper zu den Einzelseelen differenziert — mag sekundäre Ursachen haben. Das Wesentliche bleibt, daß sie den wertvollen kritischen Ansätzen zur Bestimmung des Erkenntnisgegenstandes, ohne den spekulativen Tiefsinn und den persönlichen Glaubenseifer eines Pascal oder Geulincx, dogmatische Schranken setzt.

4. Darum tritt denn auch Burthogge trotz seines analytischen Scharfsinns an problemgeschichtlicher Bedeutung hinter Geulincx erheblich zurück. Was dieser angestrebt, fand seinen folgerichtigen Ausbau und seine sachgemäße Vertiefung vielmehr bei Nicole Malebranche.

Geboren 1638 zu Paris, trat Malebranche nach beendetem Studium der Theologie an der Sorbonne mit 23 Jahren in die Kongregation des Oratoriums ein. In seinem 26. Lebensjahre lernt er Descartes' „Traité de l'homme" kennen. Von diesem Augenblick an war er, den Bibelkritik und Kirchengeschichte schon lange nicht mehr zu befriedigen vermochten, Philosoph. Zehn Jahre später erscheint sein Hauptwerk: „Recherches de la vérité (ou l'on traité de la nature, de l'esprit de l'homme et de l'usage qu'il doit faire pour éviter l'erreur dans les sciences)". Heftige Angriffe von kirchlicher, aber auch von cartesianischer Seite veranlaßten Malebranche zur Veröffentlichung eines Gesprächs über das Verhältnis der Kirchenlehre zur Philosophie: „Conversations métaphysiques et chrétiennes". 1680 erscheint sein „Traité de la nature et de la grâce", 1684 die „Méditations métaphysiques et chrétiennes", sowie „Traité de morale". Eine Reihe kleinerer Schriften zwischen 1688 und 1708 dienen der näheren Ausführung seiner Gedanken. Seine Streitschriften gegen Antoine Arnauld hatte er selbst gesammelt und 1709 als „Réponses de P. Malebranche à Mr. Arnauld" in vier Bänden herausgegeben. 1715 starb der Denker, bald nach einer persönlichen

Begegnung mit dem in manchen wesentlichen Punkten von ihm abhängigen George Berkeley.

Bei Malebranche gewinnt zunächst im Rahmen einer vertieften Kritik des Kausalgedankens der Occasionalismus neue und eigentümliche Formen. Wahre, d. h. mathematische Erkenntnis gibt es nur vom Körperlichen; die Sphäre des Psychischen dagegen bleibt der analytischen, durch Definition fortschreitenden Erkenntnis verschlossen. Wohl gebe es ja keine sicherere und weniger vermittelte Gewißheit als die von der Existenz der Seele: das „cogito ergo sum" ist unantastbar. Aber die Möglichkeit einer zahlenmäßigen Bestimmung, eine auf Zergliederung beruhende Einsicht in die Natur der Seele ist uns notwendig versagt. Weder der Begriff des Maßes findet auf sie sachgemäße Anwendung, noch auch nur der Gedanke einer Isolierung von Elementen. Sie lassen sich nicht messen, sie lassen sich höchstens nur Meßbarem zuordnen. Darum ist solche Zuordnung notwendig gefordert, wo Erkenntnis des Psychischen angestrebt wird. Das eigentliche Prinzip dieser Zuordnung aber ist Gott. Er allein bewirkt, daß bei Gelegenheit körperlicher Veränderungen Psychisches auftrete. — Sofort nun erfahren diese, letzten Endes von dem methodologischen Bedürfnis nach Klärung der allgemeinen Erkenntnisbedingungen geleiteten Gedanken eine charakteristische Erweiterung: nicht allein das Verhältnis zwischen Körperlichem und Geistigem, ja nicht einmal die sogenannte kausale Verknüpfung von Körperlichem und Körperlichem sind erkenntnismäßig zu durchschauen. Gleichwie eine einsichtige Beziehung zwischen dem als unmittelbare Gewißheit erlebten Willensakt und einer materiellen Veränderung fehlt, so wenig ist das Nacheinander der Bewegungen zweier Körper, deren einer den anderen stößt, wirklich zu verstehen. Nur das Gesetz einer Aufeinanderfolge kann begriffen werden; niemals aber ein Austausch von Kraftwirkungen. Eine bewegte Kugel mag die natürliche Ursache der Bewegung einer anderen sein: deren eigentliche reelle Ursache ist sie nicht. Sie stellt nur die Gelegenheit dar, bei welcher die einzig wahre Ursache, nämlich Gott, wirkt. Wirksam also sind zunächst die Gesetze, nicht die Körper. So drängt Malebranche nach einer allseitigen, den Begriff der „Kraft" mitumspannenden Sicherung des Gesetzesbegriffs und geht damit über Descartes in der Richtung auf Leibniz hinaus. Auch die Wirklichkeit der Gesetze aber quillt für ihn aus der einzigen wirklichen Ursache, dem unendlichen Willen und der unendlichen Macht Gottes, dessen Idee ihr Recht in sich selbst trägt.

Allein die eigentliche Tiefe und Kraft von Malebranches Gedanken wurzelt in erkenntnistheoretischen Überlegungen. Sie knüpfen sich an den inhaltsschweren Begriff der Idee: Die Welt der Ideen ist ein schlechthin in sich geschlossenes Ganze. Wenn die außerhalb ihrer gelegene, die transzendente, Wirklichkeit aufhörte, ohne daß sich dabei im Bereich der Ideen etwas veränderte — das Weltbild bliebe, wie es ist. So gilt Malebranche der Beweis für das Dasein der Dinge als eine zum mindesten überflüssige Aufgabe. Den Dingen können nicht Eigenschaften zukommen, die dem Bereich der Sinne und der Einbildungskraft entstammen. Keine Brücke führt von der Selbstgewißheit des Denkens hinüber zu dem Gebiet der Metaphysik. Das cartesianische Verhältnis zwischen Begriff und Dasein hat einen grundlegenden Wandel erfahren; der ontologische Gottesbeweis jede grundsätzliche Bedeutung verloren. Ja selbst der Gedanke, daß zur Idee ein „Ideatum" gehöre, ruht für Malebranche nicht auf Beweisen. Seine Wahrheit quillt aus göttlicher Offenbarung. Auf keinen Fall aber kann unter solchen Voraussetzungen Erkenntnis in der metaphysischen Welt des Realen verfestigt sein. Dennoch bleibt bei Malebranche der eigentümliche und entscheidende Unterschied zwischen Denkvorgang und Denkobjekt bestehen. Die mathematischen Gegenstände und die Art ihres Zustandekommens in meinem Geiste, das erkennende Subjekt und das, was es erkennt, bleiben gesondert; die Wahrheit des Gedachten und die Anlässe, aus denen es gedacht worden; die Begründung von Erkenntnissen und die genetische Frage ihrer Entstehung. In seinen Gegenständen ergreift das Denken ein Gesetz, das Unendliches umspannt; in dem Bereich des psychischen Geschehens aber machen sich, bei dem endlichen Wesen des Ich, allenthalben Schranken geltend. Gott allein ist die Lösung dieses Widerstreits. Er schafft die Erkenntnis in uns; nicht wir schaffen sie. Wir schauen die Dinge immer nur „in ihm". So stellt sich in den erkenntnistheoretischen Qualitäten der auf Wahrheit gerichteten Idee recht eigentlich Gott dar. Die Seele erlebt in der Wahrheit Gott. Ja, die Wahrheit elbst gewinnt göttlich-metaphysischen Seinswert: die Seele richtet sich nur auf sie als auf eine ihr durch göttliche Gnade gegebene Wesenheit. Aber auch die Ideen selbst gewinnen damit metaphysische Realität. Sie sind in Gott als die Repräsentanten der Dinge. Gott freilich wird durch sich selbst erkannt. Er ist durch sich selbst verständlich. Ebenso, wenngleich in einem anderen Sinn des Wortes, unsere Seele. Wir erfassen sie unmittelbar, d. h. ohne Idee, aber doch nur in den Vorgängen, die wir erleben. Gott allein hat ihre Idee. Die Seelen anderer aber erkennen wir weder unmittelbar, noch auch vermittels ihrer Ideen. Wir vermuten sie bloß dank ihrer durch Gott bestimmten und gewirkten, sich im Willen bekundenden Verschiedenheit. Die materiellen Dinge schließlich schauen wir in der Idee der Ausdehnung, die, schon weil sie unendlich ist, nicht Modifikation unserer Seele sein kann. Auch sie „ist" als spirituell-intelligible Wirklichkeit: einer der entscheidenden Ausgangspunkte übrigens für Newtons und Kants Lehren vom Raume.

5. Volle Klarheit hinsichtlich des problemgeschichtlichen Ortes dieser Gedanken erlangt man aber erst, wenn man sie gewissen, übrigens zeitgenössischen Einwänden gegenüberhält. Nicht zwei Wesenheiten, erklärt z. B. der Logiker von Port Royal, Antoine Arnauld [1]) gegenüber Malebranche, bestimmten sich im Bewußtsein und in den Gegenständen, die es denkt. Vielmehr liege schon in der ursprünglichen Funktion des Bewußtseins die Beziehung auf den ihm gegenübertretenden Gegenstand. Nach den Gründen dieses Verhaltens zu forschen sei müßig. Denn müßig ist es, hinter den Gegenstandsbezug des Bewußtseins zurückgehen zu wollen. Versuchte man es, so begäbe man sich hinter die Ebene des Bewußtseins selbst. Nicht eine Beziehung von Naturobjekten liegt eben vor in dem Verhältnis zwischen Bewußtsein und Gegenstand; sondern eine der Bedingungen, um überhaupt von Naturobjekten zu sprechen [2]). Nur weil sich für Arnauld gemäß dem naiven Vorurteil der funktionelle Abstand zwischen Empfindung und Begriff wieder verwischt, versagen seine Argumente gegen Malebranche. Denn wie metaphysisch auch der Lehrgehalt bei Malebranche sein mag, es verbirgt sich hinter ihm doch ein entscheidendes erkenntnistheoretisches Motiv: die Spannung zwischen der Tatsächlichkeit und dem Geltungswert psychischer Setzungen. Die Selbständigkeit dieses Geltungswertes begründet für ihn die metaphysische Bestimmtheit der Idee. Vermöge ihres Geltungswertes werden ihm Ideen geradezu zu den „wirklichen Ursachen" der Perzeptionen [3]). Nichts vermag den tiefen Ernst dieser erkenntnistheoretischen Absicht schärfer zu kennzeichnen, als der Hin-

[1]) Oeüvres de Antoine Arnauld, Paris 1780. Vol. XXXVIII. De vraies et des fausses idées. Chap. 5.

[2]) Zu Arnaulds Einwänden gegen die Ideenlehre vgl. auch Cassirer, a. a. O. S. 498 f.

[3]) Recherches II, 165. „Ce ne sont donc point de simples modifications de l'esprit, mais les causes véritables de ces modifications."

weis auf die schließliche Annäherung der Begriffe von Gott und Vernunft; die Vergöttlichung der Vernunft, der Gedanke, daß die höchste Realpotenz die Autonomie der Vernunft bewähren müsse. Freilich, der Gedankengang lenkt immer aufs neue in die gewohnten Bahnen der überlieferten Metaphysik zurück. Gott ist Ziel und Sinn des Tuns und Strebens aller geschaffenen Geister. Er lenkt sie in immerwährender Gnadentat zu sich hin. Denn er selbst ist der Endzweck seiner Werke. So wollen wir denn auch nur in Gott und durch Gott, gleichwie wir in ihm und durch ihn erkennen. Wohl ist die Einzelseele an den Körper gebunden. Aber der Wille bleibt doch, der er ist. Die Erschütterungen der Fibern im Gehirn, die seine Äußerungen begleiten, sind nur seine gelegentlichen Ursachen. Seine wahre Ursache ist Gott und Gott allein. Wie er den Körper bewegt, so bestimmt er auch die Seele zum Wollen. In der Erkenntnis nicht minder, wie im Handeln bewegen wir uns gleichsam zum Schöpfer hin. Wir lieben ihn damit und wir erheben uns vermöge solcher Liebe zu der wahren Ursache über die Schmerzen und Freuden, die uns scheinbar „die Dinge" bereiten. So gipfelt Malebranche schließlich in der Forderung, sich ganz dem Glauben zu überlassen. Der Geist kann sich von Blindheit und Laster nicht befreien, ohne sich Gott zu nähern und er kann sich ihnen nicht ergeben, ohne sich von Gott zu entfernen. Denn Wahrheit, Tugend und Vollkommenheit kommen von Gott, Blindheit und Laster vom Körper. So ist denn das höchste Ziel des Menschen die Vereinigung mit Gott. Sie erfolgt im Tode. Deshalb habe er den Tod zu wünschen oder doch sich nach Kräften dem Bilde des Todes, jenem mystischen Schlaf zu ergeben, in dem die Stimme der äußeren Sinne schweigt und die Seele ungehemmt der inneren Wahrheit lauscht.

5. Bayle und die „skeptischen" Tendenzen.

1. Malebranches Denken ist so wenig durch das Schlagwort vom Occasionalismus gedeckt wie durch die Abhängigkeit von Descartes gekennzeichnet. Malebranche entfaltet die Erkenntnislehre und die Metaphysik Descartes' nach einer bestimmten, z. T. schon von Geulincx innegehaltenen Richtung hin. Aber auch Malebranches problemgeschichtliche Stellung bestimmt sich erschöpfend erst durch die weiteren systematischen Beziehungen des Cartesianismus innerhalb der großen philosophischen Lehrsysteme des Jahrhunderts; sodann aber durch sein

Verhältnis zu gewissen Seiten des englischen „Empirismus", vor allem zu Berkeley. Leichter übersehbar, dafür auch weit weniger belangreich sind die nächsten geschichtlichen Wirkungen des Denkers. Zu seinen engsten Anhängern zählt neben den Cartesianern Thomassin, B. Lami und Cl. Lefort de Morinière, J. J. D. de Mairan, der — zugleich ein Anhänger Spinozos — in einem bedeutsamen Briefwechsel mit Malebranche besonders die Probleme des Ontologismus zur Diskussion stellt [1]). Auf Malebranche aber weist zurück vor allem derjenige Denker, durch den sich der Gedankenkreis des Cartesianismus mit dem der Aufklärung verbindet: Pierre Bayle.

Von reformierten Eltern 1647 zu Carlat in der Grafschaft Foix geboren, gerät Bayle schon frühzeitig unter den Einfluß der Montaigneschen Skepsis. Im Verlaufe seines Studiums der scholastischen Philosophie tritt er, 22jährig, zur katholischen Kirche über, um 1670 zum reformierten Bekenntnis zurückzukehren. Dank der Vermittlung eines gelehrten Freundes erhält er 1676 eine Professur an der Akademie zu Sedan, wo er bis zu deren Aufhebung 1681 wirkt, um dann ein philosophisches Lehramt in Rotterdam zu übernehmen. In einer anonym erschienenen Schrift [2]) bekämpft er die abergläubischen Befürchtungen, die an das Erscheinen der Kometen geknüpft zu werden pflegen und erklärt Unglauben, ja selbst Gottesleugnung für besser als den Aberglauben, der notwendig zur Unduldsamkeit und Verdammungssucht führe. Deshalb hätte der Staat selbst Atheisten zu dulden. Eine Reihe kritischer Studien ist der Auseinandersetzung mit den Jesuiten gewidmet; eine Monatsschrift [3]) dient der Erörterung theologischer Streitfragen. Sein seit 1695 erscheinendes Hauptwerk ist der gewaltige „Dictionnaire historique et critique", dessen tiefe und breite Gelehrsamkeit alle großen Fragen des Geisteslebens mit kritischer Schärfe und einer fein abgetönten Darstellungskunst umspannt. Durch eines seiner Grundmotive, den Gedanken bedingungsloser Glaubensfreiheit und Toleranz, hat das Werk die Geistesbewegung der Aufklärung entscheidend bestimmt. Es wird als Quelle für die Beurteilung von Bayles philosophischer Lehrmeinung auch durch das 1737 aus seinem Nachlaß herausgegebene „Système de la philosophie" nicht in den Schatten gestellt.

[1]) Méditations métaphysiques et corréspondance de N. Malebranche avec I. I. Dortous de Mairan, publiées par Feuillet de Conches. 1841.

[2]) „Pensées diverses écrites à un Docteur de Sorbonne."

[3]) Nouvelles de la république des lettres 1684—1687.

2. Pierre Bayles problemgeschichtliche Stellung erscheint durch die eigenartigen Phasen und Peripetien gekennzeichnet, in denen sich seine Skepsis entfaltet. Diese Phasen und Peripetien aus einem Gesichtspunkt verstehen, heißt den Begriff jener Skepsis und damit Bayles Verhältnis zur geistigen Bewegung der Zeit bestimmen. Zunächst hatte der Cartesianismus — denn auf ihn muß auch hier wieder zurückgegriffen werden — eine Art von aufklärerischer Betrachtung der Geschichte gezeitigt. Als erkannt gilt ihm nur, was aus einem System selbstgewisser Sätze begriffen werden kann. Das trifft auch, ja ganz besonders, zu für die Geschichte. Der Cartesianismus fordert, entgegen dem humanistischen Ideal breiter literarisch-historischer Gelehrsamkeit, Ableitung des geschichtlich Gewordenen aus irgendwelchen primitiven Einsichten. Er verschließt sich also der spezifischen Komplexion des Geschichtlichen; oder er muß für diese Komplexion, wo sie als Quelle selbständiger kultureller Wirksamkeit gedankliche Bestimmung fordert, ein schlechthin wissenschaftsfremdes Prinzip eintreten lassen. Dieses Prinzip heißt „Offenbarung“. Indem nun Bayle die besondere Form der cartesianischen Geschichtslogik, die rationalisierende Forderung, das Geschichtliche aus elementaren Begriffen zu „verstehen“, bekämpft, fordert er zugleich — und zwar in einem tieferen Sinn des Wortes „Aufklärung“ — eine Kritik der Offenbarung und damit ein eigentümliches Prinzip geisteswissenschaftlicher Wahrheit [1]). Daraus nun erklärt sich nicht nur der Sinn und die Anlage seines „Dictionnaire“; damit gelangt ihm vor allem auch die Offenbarung in den Herrschaftsbereich der „Vernunft“. Er weiß sich damit in keinem Gegensatz zur Auffassung der Kirche. Schließt doch deren Bekenntnis zu den Grundsätzen der Scholastik die ausdrückliche Anerkennung dieser Beziehung ein. Es sei die Art der Theologen, zuerst die Offenbarung und die Tiefen der Mystik möglichst zu erheben, um dann alsbald mit allem diesem der Vernunft zu huldigen und wenn auch nicht mit Worten, so doch durch Taten anzuerkennen, daß das höchste Tribunal, das in letzter Instanz und ohne Apellation über alles urteilt, die nach Axiomen des natürlichen Lichts oder der Metaphysik rechtsprechende Vernunft sei. Durch ihr Verfahren bezeugten also die Theologen, wie sehr sie es auch manchmal bestreiten mögen, daß sie die Philosophie für die Königin, die Theologie aber für die Dienerin halten. Und selbst wer

[1]) Vergl. Cassirer, a. a. O. S. 506.

die restlose Selbständigkeit der Offenbarung verteidigt, vermag dies nur auf Grund eines Vernunftschlusses, der ausspricht, daß die Kirche mehr Erkenntnis habe, als ich selber. Somit bestimmt sich jeder vermöge des eigenen Lichtes: hält er eine Sache für geoffenbart, so tut er es nur, weil seine Vernunft die Gründe für ihr Geoffenbartsein für „gute" Gründe hält. Es ist ein Urteil der Vernunft, daß die göttliche Offenbarung wahr sein müsse, weil Gott als das allervollkommenste Wesen weder getäuscht werden noch täuschen könne; daß dagegen ein Dogma, wenn es durch die klaren und bestimmten Begriffe der Vernunft widerlegt wird, mag es aus welcher Quelle immer stammen, als falsch erwiesen sei. Mit unerbittlichem Scharfsinn wendet sich nun der Denker von hier aus gegen eine Reihe kirchlicher Lehrsätze: den Sündenfall, die Erbsünde, die Schöpfung aus dem Nichts, die göttliche Dreieinigkeit usw. Man habe, so meint er, in allen diesen Fällen die Wahl zwischen Philosophie und Evangelium. Wolle man nur glauben, was evident ist und mit den allgemeinen Begriffen in Einklang steht, so ergreife man die Philosophie und lasse das Christentum; wolle man dagegen die unbegreiflichen Mysterien der Religion glauben, so ergreife man das Christentum und lasse die Philosophie. Denn Evidenz und Unbegreiflichkeit ließen sich miteinander sowenig verbinden, wie die Vorteile eines runden und eines viereckigen Tisches.

3. In radikalem Gegensatz zu solchen Lehren erscheinen nun andere. Die Vernunft gilt Bayle auch als „verführerische Wegweiserin". Er vergleicht die Philosophie mit ätzenden Pulvern, die nicht nur das kranke, sondern auch das gesunde Fleisch angreifen und den Knochen bis aufs Mark zernagen. Die Vernunft widerspreche sich selbst. Es sei daher unmöglich, sich letzten Endes auf sie zu verlassen. Überhaupt bedeute es ein anderes, daß die religiösen Geheimnisse der Vernunft zu widerstreben scheinen, und daß es Dinge gebe, die der Vernunft entgegen zu sein scheinen, obschon sie wahr sind. Denn nicht der Vernunft „an sich", nur der kläglichen Vernunft des Menschen widerspreche das religiöse Geheimnis. Man verläßt die Vernunft also nicht, wenn man glaubt; man flüchtet sich vielmehr im Vertrauen auf die wahre Vernunft zum Glauben. Erst das Licht der Offenbarung setzt die Philosophie in den Stand, allen Zweifeln zu entrinnen. Die primitiven Kräfte der Vernunft aber, über die die Philosophie als solche verfügt, reichen dazu nicht aus. Sie reichen nicht weiter, als um uns in der Furcht des Irrtums zu erhalten und uns die Finsternis, die uns umgibt, und da-

mit die Notwendigkeit der Offenbarung fühlbar zu machen. Es ist darum kein Widerspruch, an etwas, was uns das Licht der Vernunft als falsch erkennen läßt, zu glauben, weil man jenes Licht nicht für untrüglich hält und lieber dem Gefühl und dem Gewissen, also dem Worte Gottes als der beweisenden Überlegung folgt. — Man erkennt nun leicht, daß zwischen der mangelhaften, die Offenbarung verneinenden, Vernunft des Menschen und der die Offenbarung bejahenden Vernunft „an sich" nicht ein Unterschied des Grades, sondern des Wesens besteht; daß es ein neuer Begriff der Vernunft ist, der hier den Widerstreit zwischen dem bedingungslosen Vertrauen auf die Erkenntnis und der bedingungslosen Unterwerfung unter das Gebot des Glaubens schlichten soll; — ein Begriff der Vernunft, der die Idee einer nichterkenntnismäßigen Ordnung der Dinge mit umspannt. Bedeutsamer aber als dieses, erst auf dem Boden des Kritizismus voll heranreifende Motiv erscheint augenblicklich der Weg, auf dem Bayle von dem einen zu dem anderen Gedanken hinübergeführt wird. Er läßt sich am leichtesten von einer Erwägung aus überschauen, die den Zusammenhang zwischen Bayle und dem Cartesianismus noch deutlicher zu erkennen gestattet. Das in sich geschlossene System der Erkenntnis und das Gebiet der Existenz gehören zwei verschiedenen, schlechthin getrennten Sphären an. Sucht die Erkenntnis ihre Kompetenzen auf die Sphäre des Seins auszudehnen, so sieht sie sich — ein kritischer Gedanke, ohne den selbst Kants transzendentale Dialektik nicht denkbar wäre — in unauflösbar harte Antinomien verstrickt. Raum und Bewegung, die dem Nachdenken aus naheliegenden Gründen gerade an diesem Punkte die tiefsten Aufgaben stellen, „sind" nur, d. h. sie sind der auflösenden Wirkung einer schlechthin gegensätzlichen Bestimmbarkeit entrückt, sofern sie „ideal" existieren [1]).

4. Es ist kein Zufall, daß diese Bemerkung Bayles sich gerade in dem Artikel über den Eleaten Zenon, also mit Beziehung auf eine Problemstellung findet, die — wenn auch nur noch implizit und negativ — das Denkmittel der Stetigkeit als entscheidendes Bestimmungselement für Raum und Bewegung zum erstenmal in Anschlag bringt [2]). Bayle zieht damit eine scharfe Trennungslinie zwischen der grundsätzlich erkennbaren und der grundsätzlich nicht erkennbaren Wirklichkeit. Dieser

---

[1]) Elles ne sauraient trouver de place que dans notre esprit; elles ne peuvent exister qu'idéalement. Art. Zenon, Remarque G.

[2]) Vgl. meine „Philosophie des Altertums" S. 81 ff.

gegenüber gibt es neben resignierendem Zweifel nur willig-gläubiges Hinnehmen. Von ihr aus besehen kehrt sich darum das Verhältnis zwischen Vernunft und Offenbarung, wie es die cartesianische Überlieferung und wie es selbst die Kirche in Übereinstimmung mit der scholastischen Tradition fordern mußten, alsbald um. Die Vernunft hat, weil sie ein unveräußerliches Ganzes darstellt, in der Gesamtheit ihrer Leistungen und Ansprüche gegenüber der Offenbarung zurückzutreten. Zwei Dinge, die einem dritten gleichen, sind für die Vernunft untereinander gleich. Das Mysterium der Dreieinigkeit aber bleibt davon unberührt. Von der spezifischen Gewißheit dieses Mysteriums aus besehen, d. h. sofern man nur seinen Standort bedingungslos in dem erkenntnistranszendenten Sein genommen hat, verliert selbst die Logik ihren Anspruch auf schlechthinnige Ausnahmslosigkeit. Wohl ist das sittliche Handeln in seinen Grundsätzen durch die Vernunft und nicht durch das Dogma bestimmt. Gerade deshalb aber ist der Mannigfaltigkeit von Dogmen gegenüber Toleranz geboten. Je geringer das Interesse der Ethik an den Mysterien des Glaubens, um so mehr ist den verschiedenen Formen gegenüber, in denen ihre Erhabenheit geschildert wird, Duldung am Platze. So erweist sich die Idee der religiösen Toleranz, dieses Leitmotiv der Aufklärung, bei Bayle als eine Folge zweier Umstände: der bedingungslosen Vorherrschaft des Glaubens vor der erkennenden Vernunft und der Bedingtheit des Prinzips sittlicher Handlungen durch die Vernunft. — Freilich, das letzte Wort über das Verhältnis zwischen Vernunft und Offenbarung, zwischen Glaube und Erkenntnis, erscheint damit — selbst unter Bayles eigenen Gesichtspunkten — noch nicht gesprochen. Das Problem ist nicht gelöst, wenn, wie bei Bayle, der Zwiespalt als naturnotwendige Bestimmtheit des menschlichen Denkens stabilisiert wird. Man kann es psychologisch begreifen was ihn zu dieser Scheinlösung veranlaßt haben mochte, aber man kann nicht umhin, sie trotzdem als Scheinlösung zu werten. Es mag eine Naturtatsache sein, daß auf ethischem und religiösem, wie auf theoretischem Gebiet dem Streben nach Erfüllung von Vernunftforderungen die Kraftlosigkeit der Vernunft, jene Forderungen zu verwirklichen, gegenübersteht: das Problem vom Verhältnis zwischen Vernunft und den ihr grundsätzlich entrückten Gegenstandsgebieten ist durch die Tatsache jenes Zwiespalts in der ursprünglichen Anlage des Menschen noch nicht gestellt, geschweige denn erledigt. Allein, wichtiger als diese Feststellung ist es, auf die methodischen Konsequenzen zu achten, die sie einschließt. Die Einstellung auf die cartesianischen Grundsätze der mathematischen Erkenntnis hatte Bayle, wie wir sahen, den Begriff der „idealen" Existenz vermittelt. Er konnte aber nicht verhindern, daß zwischen Begriff und „Gegenstand" eine grundsätzliche, jenem ursprünglichen Zwiespalt der menschlichen Geistesanlage entsprechende Kluft angenommen und damit die Sphäre des Begriffs auf die bloße Zergliederung gegebener Sätze beschränkt werde. Diesem Cartesianer sind nämlich, so sonderbar es auch klingen mag, die Idee der Analysis und die Aufgabe einer Logik der Inventio im letzten Grunde fremd. Er erblickt im Denken, sofern es seinen Ausdruck in der Logik findet, ein verneinendes, ja geradezu ein zerstörendes Prinzip. Darin offenbart sich der eigentliche und tiefste Sinn seines Verhältnisses zur Geschichte. Wohl bedeutet es eine in ihren methodischen Auswirkungen wertvolle Einsicht, daß die Geschichte nach der ganzen Breite des Tatsächlichen erfaßt und von jeglichem Versuch aufklärerischer Ableitung aus Begriffen frei erhalten werden müsse. Aber hinter dieser Einsicht steht die Meinung von der Verderbtheit des Menschen und mit Beziehung auf sie — in manchen Punkten an Schopenhauer gemahnend — die Überzeugung von der Nichtigkeit des menschlichen Daseins; hinter dem Plane einer selbständigen Begründung der Geisteswissenschaften die Gesinnung des Pessimismus. Bayles Skepsis ist durch kein Schlagwort zu erschöpfen. Sie ist Zweifel nicht an dem Walten der Vernunft. Sie ist vielmehr die Überzeugung, daß Erkenntnis und Glauben inkommensurable Größen bedeuten. Bayles Skepsis hebt sich nicht selbst auf, weil sie auf dem festen Grunde des Glaubens ruht; ja weil sie selbst geradezu Ausdruck der Festigkeit und Unantastbarkeit des Glaubens ist. Aber wie groß auch diese Festigkeit sein mag, daß sie überhaupt einer Zwiespältigkeit der Betrachtungsweisen unterliegt, daß sie an den Sätzen von der zwiespältigen Anlage des Menschengeistes gebunden bleibt, — das relativiert den Glauben, das nimmt ihm, anders gesagt, was recht eigentlich sein Wesen ausmacht: die Bindung an das Absolute; kurz, das fügt seinem Begriff ein auflösendes Element hinzu. Wohl läßt die Lehre Bayles das Problem des Einheitsbezugs von Erkenntnis und Glauben in der Idee einer übergreifenden Ordnung zum mindesten ahnen. Allein sie tut es auf Kosten der Reinheit des Begriffs der Religion, auf Kosten der schlechthinnigen Eindeutigkeit und Selbstgenügsamkeit der Glaubensüberzeugung. Das ist die Quelle der Unbestimmtheit, in der sich Bayles Gedankensystem dem

Unbefangenen darstellt; das aber auch der Grund, aus dem Bayles Verhältnis zum Glauben jenes klaren Zuges persönlicher Inbrunst und Tiefe entbehrt, die Pascals gläubigem Zweifel das Gepräge gibt.

5. Damit ist der Abstand Bayles von jener älteren, unmittelbar auf dem Boden der Renaissance erwachsenen Skepsis gekennzeichnet, die sich an die Namen Montaigne, Charron und Sanchez knüpft. Es ist weder sachlich, noch geschichtlich zu rechtfertigen, wenn man Michel de Montaigne (1533—1592) nur als den Begründer einer geistreich-weltmännischen, leicht frivolen Lebensphilosophie betrachtet. Wohl mag ja der feingebildete und weitgereiste Edelmann, der den größeren Teil seines Lebens in heiterer Muße der Wissenschaft gewidmet hatte — ähnlich wie im Altertum Aristippus von Kyrene — zunächst als solcher gewirkt haben. Aber schon, daß ihn La Mettrie den ersten Franzosen nennen konnte, der zu denken wagte, beweist, daß sein Wesen über ein geistvoll-überlegenes, der sachlichen Folgen nicht immer bewußtes Tändeln mit den Problemen hinausragt. Seine „Essais", die in der Apologie der „Theologia naturalis sive liber creaturarum" des Raymund von Sabunde (gestorben 1437) ihren Höhepunkt erreichen, zeigen, ungeachtet der schillernden Mannigfaltigkeit ihrer Motive und der geistvollen Beweglichkeit der Darstellung, durchaus einheitlichen Charakter. Es gilt für ihn den, z. T. in neuplatonischen Voraussetzungen wurzelnden, Naturbegriff der Renaissance zu bewähren. Angesichts der Unendlichkeit der Natur sei es müßig, von Zweckbestimmtheiten zu reden, die den Menschen in den Mittelpunkt der Ereignisse stellen; und was sich im Bereich der Erfahrung als wahr erweise, das erweist sich unter dem Gesichtspunkte des Ganzen betrachtet, als eine bedeutungslose, vielleicht schon im nächsten Augenblick widerlegbare Einzelheit. Allein, je mehr sich ihm so der theoretische Wirkungsbereich des Subjektes einengt, um so bedeutsamer erhebt sich vor ihm das Problem der Objektivität; — am bedeutsamsten gegenüber der Frage nach Sinn und Begriff der Sittlichkeit. Auch hier freilich zerflattert ihm zunächst noch alles in Unbestimmtheit und Zweifel: gewollte oder unbewußte Übereinkunft sei es im Grunde genommen, was das Walten sittlicher Gesetze vortäuscht. Alsbald aber verschärft sich ihm das Problem nach einer ganz bestimmten Richtung hin. Sittlichkeit gilt ihm als die Kraft des Geistes, aller Konvention gegenüber sich selbst zu behaupten; und die Skepsis als das nie versagende Mittel, zu dem objektiven Gut der Sittlichkeit, oder was dasselbe bedeutet,

von den Fälschungen der Vernunft zu dem unverfälschten Zeugnis der Natur vorzudringen. Man begreift die schwerwiegende Wandlung, die damit der Begriff der Skepsis erfahren mußte. Die Skepsis ist jetzt zum methodologischen Gegenstück der Natur als höchster Norm der Sittlichkeit geworden; das methodologische Korrelat dessen, was Montaigne mit einer bedeutungsvollen Wendung als „universelle Vernunft" bezeichnet. Ein fixer Punkt scheint jetzt gewonnen, von dem allein aus der Zweifel an der Kraft der Erkenntnis selbst erst seinen eigentümlichen Sinn empfängt; der Zweifel, der Montaignes Stimmung am besten entsprochen haben mochte, wenngleich er sachlich über sich selbst zu weiteren entscheidenden Bestimmungen hinausweist. Die universell gewordene Vernunft kann nicht Gegenstand des Zweifels sein; sie ist zu dessen Prinzip geworden; und die Aufgabe kann jetzt nur darin bestehen, die individuelle Vernunft, diese Quelle des Scheins und der Täuschung, auf die Höhe der universellen Vernunft, d. h. auf die Höhe einer für alle verbindlichen und identischen Norm zu bringen: Montaignes Pädagogik. Gewiß, die Vernunft ist auch Tieren, unter Umständen sogar in höherem Maße als den Menschen eigen; die Berufung auf Entscheidungen der menschlichen Vernunft daher niemals verbindlich. Auch gebe es kein Kriterium, die Übereinstimmung der sinnlichen Vorstellungen mit den Gegenständen zu bestimmen. Selbst der Verstand liefere ein solches nicht, da doch jeder Vernunftgrad — Montaigne erneuert damit ein antikes Argument — auf eine unendliche, niemals zu erschöpfende Reihe verweist. Und schließlich seien auch die Philosophen niemals einig gewesen: ihre Systeme stellen sich der vorurteilsfreien Betrachtung dar als eine wesenlose Sammlung von Widersprüchen. Über all dies nun greift jener Gedanke von der universellen Vernunft hinweg: entspricht er doch der Idee einer gegenständlichen Verfassung aller Dinge, zu der die Philosophie vermittels des Zweifels an allem anderen sich einen Weg zu bahnen habe. In Montaignes Verhältnis zum Problem des Glaubens gewinnt dieser Sachverhalt besondere Gestalt. Der Zweifel an der Zufälligkeit und subjektiven Bedingtheit aller Beweise religiöser Wahrheiten stellt sich nur als anderer Ausdruck dar für den schlechthinnigen religiösen Gewißheitswert der Offenbarung. Denn gleichwie die universelle Vernunft über jede individuelle Erkenntnisäußerung, so weist die Offenbarung über alle Verschiedenheiten religiöser Bekenntnisse und Riten hinweg. Es gilt eben die Einheit der Bedingungen zu finden, denen die Mannigfaltigkeit der Bekenntnisse genügt. Wieder ist es für den Jünger der Renaissance selbstverständlich, auf die Welt der Natur zurückzugreifen: jene Bedingungen finden, hieße die in allen Gebräuchen wirksame „Natur" der Seele ermitteln. So bedeutet auch hier „die Rückkehr zur Natur" die Erhebung zu einer objektiven, das Recht des Zweifels selbst erst begründenden Instanz; — einen Grundsatz, der ins Positiv-Wissenschaftliche gewandt, die naturalistische Geschichtsphilosophie der französischen Aufklärung vorbereiten half. Es wäre eine müßige Frage, ob diese Lehren Montaignes sich mit dem Kulturnaturalismus J. J. Rousseaus[1]) decken. Denn noch entbehrt hier der Begriff der Natur jener Weite und Dehnbarkeit, die ihn bei Rousseau auszeichnen; noch hat er hier jene charakteristische Wendung nicht erfahren, die es gestattet in der „Rückkehr zur Natur" ein eigentümliches und wohlumschriebenes Kulturideal zu erblicken. Noch verharrt dieser Begriff bei Montaigne in der charakteristischen, für das Gedeihen der positiven Wissenschaft freilich so notwendigen Enge, die ihm die Renaissance verliehen hatte; einer Enge freilich, in der sich gerade bei Montaigne eine ernste und befreiende Größe der Gesinnung kundgibt. Nie hat der Naturalismus das sittliche und kultur-philosophische Problem des Todes tiefer und erhabener zu fassen vermocht, als es Montaigne getan; nie auch das Leben in der Vielgestaltigkeit seines Wesens feiner erfaßt als er. „Dein Tod ist ein Glied des Universums, ein Glied im Leben des Alls . . Soll ich für Dich diese harmonische Verkettung der Dinge aufheben? Er ist eine Bedingung Deiner Erschaffung, ein Teil Deiner selbst, Du fliehest in ihm nur Dich selber." Er ist Bejahung des Lebens, Bejahung damit eines schlechthin unveräußerlichen Wertes; nicht Schranke, sondern Element des Lebens selbst, Äußerung seiner unbegrenzten Vielgestaltigkeit. „Wenn Du auf den Wechsel der Jahreszeiten geachtet hast, so hast Du in ihnen die Kindheit, die Jugend, das Mannes- und Greisenalter der Welt erlebt; sie hat ihr Spiel ausgespielt; alles, was sie vermag, ist, es von neuem zu beginnen[2])." Blickt man tiefer, so ist es nicht positivistische Hoffnungslosigkeit, auf die diese Sätze hinauslaufen oder gar bewußt abzielen. Denn auch sie gründen sich ja schließlich auf jenen Naturalismus, der in der Forderung einer „universellen Vernunft" gipfelt. Aber er bleibt trotz dieser Nuance eben — Naturalismus. Und das gerade ist es, was Montaigne, den Denker der Spätrenaissance,

[1]) S. diesen. [2]) I, 19.

von Bayle, dem Jünger des Cartesianismus, trennt. Bayles Zweifel ist durch das läuternde Feuer der mathematischen Denkart, auch wo er ihren tieferen methodischen Sinn den eigentümlichen Aufgaben der Wissenschaftslehre nutzbar zu machen noch nicht versteht, hindurchgegangen; Montaigne ist Mathematik als Problem nicht aktuell geworden. Bayles Skepsis endet in dem Hinweis auf die Zwiespältigkeit der menschlichen Geistesanlagen. Montaignes Zweifel erscheint gerade in dem Begriff der Natur, für ihn der Repräsentant aller Objektivität, getilgt, oder, was dasselbe bedeutet, von jenem Begriffe aus überhaupt erst möglich. Nicht ein Werturteil sei damit gefällt; nur ein Hinweis gegeben auf die Verschiedenheit geschichtlicher Bedingungen, unter denen Bayles und Montaignes Skepsis stehen. Es sind verschiedene problemhistorische Zusammenhänge, in die sie eingegliedert sind, verschiedene Voraussetzungen, unter denen sie beurteilt werden müssen. Zur Periode zwischen Renaissance und Kant aber gehört von den beiden streng genommen nur Bayle.

6. Ähnliches wie für Montaigne gilt für den ihm geistesverwandten, von ihm entscheidend beeinflußten Pierre Charron (1541—1603). Er ist, selbst Geistlicher, von vornherein theologisch gerichtet. Seine erste größere Schrift „Les trois vérités contre tous Athées, Idololatres, Juifs, Mahométans, Hérétiques et Schismatiques“ (1594) ist noch eine Apologie des katholischen Christentums. Erst 1601 gewinnt er in seinem Werke „Traité de la sagesse“ den „skeptischen“ Standpunkt Montaignes, der darin in systematischer Form dargelegt werden sollte.

Das Entscheidende ist auch hier die „Rückkehr zur Natur“, d. i. die Hinwendung zu Gesetzen, die jenseits jeder individuellen Deutung, jenseits aller relativierenden Vermenschlichung liegen. Sie bedeutet für ihn die Hinwendung zur Sittlichkeit. Nicht die Furcht vor Gott und der ewigen Verdammnis dürfe davon abhalten, das eine zu tun, das andere zu lassen. Man müsse im Gegenteil rechtschaffen sein, weil „Natur und Vernunft, d. h. Gott“ es gebieten, weil die allgemeine Ordnung und Verfassung der Welt es verlangen. Ich bin ein Teilobjekt dieser Ordnung und vermag mich gegen sie nicht aufzulehnen, ohne mich selbst zu verleugnen. So ist die Rückkehr zu ihr die Hinwendung zu mir selbst, die Rückkehr zu meiner eigenen „Natur“, zu dem in mir verborgen waltenden Gesetz der „Natur“. Die Quelle aller wahren Religion ist somit Sittlichkeit und Rechtschaffenheit, die, weil sich in ihr die allgemeine Ordnung der Welt offenbart, ohne

Paradies und Hölle bestehen kann. Das bleibt der Kern von Charrons Lehren, auch nachdem sie 1604 (bald nach dem Tode des Verfassers) wegen heftiger Angriffe, insbesondere seitens des Jesuiten Garasse, in veränderter Form erschienen waren. Immer noch handelt es sich auch hier um die Begründung einer „natürlichen" Moral. Eingebettet in eine Art von materialistischer Metaphysik, in der auch platonische Gedankenelemente nicht fehlen — nicht aus den Sinnen, sondern aus der Seele kommen unsere Erkenntnisse —, wird auch hier die ursprüngliche skeptische Lehre vorgetragen: der Verstand die Quelle aller Verwirrung und alles Übels, und ihm gegenüber die wahre Natur der Dinge und die dieser einzig angemessene Fähigkeit des Menschens, der Wille. Die Freiheit des Geistes erlangen, heißt naturgemäß, d. h. frei von den Schranken der Erkenntnis denken und wollen. Sie ist die wahre Ruhe des Geistes und das höchste Gut.

7. Oft und mit Recht hervorgehoben ward der Zusammenhang des geistvollen Staatsphilosophen Jean Bodin (1530—1597) mit Montaigne und Charron. In seiner Staatslehre ein Vorläufer Montesquieus („Six livres de la république", Paris 1577 und später das lateinische Buch „De civitate"), steht Bodin in seinen religionsphilosophischen Schriften in bezug auf die Weite des Gesichtskreises hinter den beiden ohne Frage zurück. Das offenbart sich nicht nur in seinem Schwanken zwischen freimütiger religiöser Toleranz und finsterem Dämonenglauben — in seiner „Dämonomanie" richtet er heftige Angriffe gegen die These des Arztes Johann Weyer, daß Zauberer Kranke seien —; auch sein berühmtes, erst 1857 im Druck erschienenes „Colloquium heptaplomeres" (de rerum sublimium arcanis abditis) ist mehr eine Apologie der Vernunft- und Naturreligion als eine umfassende Erörterung über das Verhältnis von Glaube und Erkenntnis. Es ist das Lob der reinen Glückseligkeit, deren man genießt, wenn man sich Gott und den Gesetzen der Natur widmet. Auch bei dem Arzt Franz Sanchez (1552—1632) rankt sich der skeptische Beweisgang um den Begriff der Natur. Seine 1576 vollendete Hauptschrift „Quod nihil scitur" ist dem Nachweis gewidmet, daß man nichts wisse, ja daß man nicht einmal wissen könne, nichts zu wissen. Alles Einzelne ist vermöge der unendlichen Allheit der Dinge bestimmt. Das Einzelne erkennen, hieße darum die unendliche Allheit erkennen. Wie dieses unmöglich ist, so ist jenes ausgeschlossen. Im besonderen könne Einzelnes niemals, wie es die aristotelische Tradition gefordert

hatte, vermittels der Dialektik erkannt werden. Gegen sie richtet sich darum in erster Reihe Sanchez. — Aber auch das eigene Selbst entbehrt einer genügenden Festigkeit der Umgrenzung; auch an ihm muß darum Erkenntnis ihre notwendige Schranke finden. Der Glaube allein befreie von der Unrast des Zweifels. Er allein gewähre dem Geist Ruhe und Sammlung. Er allein umspanne die Dinge in ihrer unendlichen, der Erkenntnis verschlossenen, natürlichen Allheit. So stehen der Skepsis des Cartesianismus, wie sie ihren letzten markanten Ausdruck in Bayle gefunden hat, die naturalistischen Skeptiker der Spätrenaissance gegenüber. Nicht Montaigne, Charron und Sanchez oder Bodinus sind die skeptischen Genossen Pierre Bayles; sondern, um auch die weniger bedeutenden Namen der cartesianischen Skepsis zu nennen, de la Mothe le Vayer (1586—1672), seine beiden Schüler Samuel Sorbière und Simon Foucher, dann Joseph Glanvill (1636—1680), Hieronymus Hirnhaym († 1679) und schließlich Pierre Daniel Huet (1633—1721). Freilich, den meisten der Träger dieser Namen sind die prinzipiellen Tiefen der cartesianischen Philosophie fremd geblieben oder fremd geworden; den meisten von ihnen auch die originale Wucht der „skeptischen" Schüler Descartes'. Le Vayer ergeht sich in vielfach kritikloser Bewunderung der antiken Skepsis, ohne die entscheidenden Prinzipienfragen der Erkenntnis auch nur zu berühren. Eine vielfach grundsatzlose Häufung anthropologischer und geschichtlicher Tatsachen soll den Beweis für die Wahrheit der spanischen Verse erbringen: „Unter allen gewissen Dingen ist das gewisseste der Zweifel." Sorbière und Foucher bekämpfen Descartes, setzen sich aber auch mit den anderen großen Systematikern des Jahrhunderts auseinander: Sorbière, ein Jünger Gassendis macht sich in seinen „Lettres et discours" (1660) vielfach Ton und Manier Montaignes und Charrons zu eigen und übersetzt Hobbes' Werk „De cive" ins Französische; Foucher erstrebt in seiner „Dissertation sur la recherche de la vérité ou sur la philosophie des Académiciens" eine Wiederbelebung der skeptischen Lehren der mittleren Akademie, um von hier aus Gründe gegen Descartes, Malebranche und Leibniz zu gewinnen[1]). Eine spätere Schrift „De la sagesse des anciens" (1682) soll die Übereinstimmung der Moralgrundsätze der Alten und des Christentums erweisen. Glanvill bekämpft in Anlehnung an Montaigne und Charron

[1]) Über Fouchers Verhältnis zu Malebranche vgl. dessen Vorrede zum 2. Band seiner „Recherche", sowie Fouchers Antwort darauf vom Jahre 1676.

den Dogmatismus der Aristoteliker, Descartes' und Hobbes', um durch eine kritische Darlegung über das Kausalproblem in gewissem Sinn der Vorläufer Humes zu werden. Der kritischen Gesinnung, von der sein Hauptwerk die „Scepsis scientifica" getragen ist, zum Trotz verficht er die Möglichkeit des Geisterspuks, wie denn posthum unter dem Titel „Sadducaeismus triumphans" eine, später auch ins Deutsche übersetzte Sammlung seiner Spukgeschichten erschienen ist. Hirnhaym, Generalvikar der österreichischen Prämonstratenser, bekennt sich in frommem Kirchenglauben zur skeptischen Lehre des „Nichtphilosophierens", um als die einzige Quelle der Wahrheit die göttliche Offenbarung zu preisen, deren wir durch ein von der erkennenden Vernunft verschiedenes „inneres Licht" teilhaftig werden. Der bedeutendste aber von allen ist unstreitig Huet. Ursprünglich Verehrer Descartes', tritt er 1689 mit seiner „Censura philosophiae Cartesianae" vor die Öffentlichkeit, um ihr 1690 die bedeutsamen „Alnetanae quaestiones de concordia rationis et fidei" folgen zu lassen. 1692 erscheinen anonym seine satyrischen „Nouveaux mémoires pour servir à l'histoire de Cartesianisme". Eine erweiterte Umarbeitung der „Quaestiones Alnetanae" ist der posthum herausgegebene „Traité philosophique de la foiblesse de l'esprit humain", später auch deutsch mit antiskeptischen Anmerkungen. 1718 erschien seine interessante Autobiographie [1]).

In Anlehnung an die Antike stellt übrigens Huet mit feinsinniger Prägnanz den dogmatischen und den sokratischen Philosophen — jenen, weil sie die Wahrheit zu erschöpfen, diesen, weil sie zu wissen vorgeben, daß sie nichts wüßten — die skeptischen gegenüber. Sie verkörpern ihm das eigentliche Streben nach Wahrheit, das in der Lehre gipfelt, daß die Wahrheit schlechthin unerreichbar sei und daß die göttliche Gnade allein aus der Unruhe des Zweifels zu befreien vermöchte.

6. Spinoza.

1. So bedeutsam indessen die Wirksamkeit dieser Denker auch gewesen sein möchte, sie liegen abseits von der großen Linie der philosophischen Entwicklung des Jahrhunderts. Diese führt ohne Unterbrechung über Spinoza und Hobbes zu Leibniz. — Es ist Zeit, sich dem erhabenen Gedankenkreis Spinozas zuzuwenden. 1632 zu Amster-

[1]) P. D. Huetii commentarius de rebus ad eum pertinentibus.

dam von jüdischen Eltern portugiesischer Abstammung geboren, ward Baruch de Spinoza frühzeitig in die rabbinische Gelehrsamkeit der Bibel und des Talmud, sowie in die Philosophie des Maimonides und die Kabbala eingeweiht. Bald aber entwächst er seiner Umgebung. Im Hause des humanistisch gebildeten Arztes van dem Ende erlernt er gemeinsam mit anderen Jünglingen das Lateinische und die Elemente des Griechischen. Die christlichen Scholastiker und das Neue Testament wurden ihm damit zugänglich. Das Studium Descartes' und der mathematischen Naturwissenschaft folgen. Die Synagoge zählt ihn von nun an nicht mehr zu den ihren. Bestechungen und Drohungen sollen ihn auf den richtigen Weg zurückführen. Und da es mißlingt, ward der Dreiundzwanzigjährige mit dem „großen Bann" belegt. Ein Attentat auf sein Leben entfremdet ihn seinen Glaubensgenossen vollends, ohne daß er sich doch einer anderen Religionsgemeinschaft anschließt. Ein tiefes sittliches Gefühl, das ihn von Jugend an beherrscht, findet seinen Ausdruck in der unvollendet gebliebenen und erst nach seinem Tode gedruckten Abhandlung: „De emendatione intellectus". Sie beschreibt den Weg zum höchsten Gut, zu dem ewigen und unendlichen Gegenstand, der der Seele nur „Freude" gewähren könne. Ihr voraus ging der tiefe, Spinozas Verhältnis zur Naturphilosophie der Renaissance widerspiegelnde, vor 1652 in holländischer Übersetzung veröffentlichte „Tractatus brevis". 1663 erschien, herausgegeben von seinem Freunde L. Meyer, seine „Renati des Cartes Principiorum philosophiae pars I et II, more geometrico demonstrata", mit einem Anhang „Cogitata metaphysica", unter dem Einfluß Descartes' entstanden, aber überall noch die Gesichtspunkte der jüngeren Scholastik widerspiegelnd. 1665 verfaßt und 1670 erschienen ist der großangelegte, das Verhältnis zwischen Staat und Glauben, zwischen Philosophie und Theologie behandelnden Tractatus theologico-politicus. Spinozas Todesjahr (1677) brachte posthum von ungenannt bleibenden Freunden besorgt, sein mehrfach umgearbeitetes Hauptwerk, die „Ethica ordine geometrico demonstrata" und neben dem schon erwähnten wohl um 1661 herum verfaßten „Traktat über die Läuterung des Verstandes", den kurz vor Spinozas Tod entstandenen „Tractatus politicus", eine scharfsinnige Analyse der Beziehungen zwischen den politischen Einrichtungen der Gesellschaft und der Verhinderung der Gewaltherrschaft. Ein Kompendium der hebräischen Grammatik und ein umfangreicher, tiefe Einblicke in Spinozas Geistesleben gewährender Briefwechsel beschließt die Reihe. — Nach seinem Bruch mit der Synagoge genießt der Denker zunächst die Gastfreundschaft van der Endes, lebt sodann nach seiner Ausweisung in Rhynsberg bei Leiden, wo er sich seinen Lebensunterhalt durch Schleifen von Brillengläsern erwirbt, und wohnt seit 1671 bei dem Maler van der Spyk im Haag. Eine ihm 1673 angebotene Professur in Heidelberg lehnt er mit feinstem Takt ab. 1677 erliegt er, kaum 45 Jahre alt, der Schwindsucht.

2. Wie sich Spinozas geistige Entwicklung in seinen Werken und deren Abfolge ausprägt, mag hier unerörtert bleiben. Wichtiger erscheint es, die systematische Einheit der Begriffe zu erwägen, wie sie sich in der Gesamtheit seiner Leistungen gestaltet. Angesichts der beispiellosen Geschlossenheit von Spinozas Gedankenwelt gewinnt zunächst die Frage nach den Einflüssen, die sie bestimmt haben mögen, besonderes Interesse. Man hat viel über diese Einflüsse nachgedacht. Sie sind in der Tat in beträchtlichem Umfang vorhanden. Die für das Denken des Zeitalters überhaupt so bedeutsame Stoa; der Neuplatonismus in seinen naturalistischen und pantheistischen nicht minder, als in seinen mystischen Nuancen; die Scholastik in ihren okzidentalen und orientalen Formen; Talmud und Kabbala; der Geist des Humanismus; die Philosophie der Renaissance mit ihrem teils mystischen, teils mathematisierenden Naturalismus; dann die Idee der mathematischen Naturwissenschaft im engeren Sinn mit ihrem entscheidenden, alles umspannenden Motiv der Methode; die Fragestellung Descartes' und die Probleme Hobbes', sie alle liefern wesentliche Bausteine für das System Spinozas. Sie alle aber sind durch die übergreifende Einheit einer ebenso gewaltigen wie originalen Einstellung zu einem schlechthin Neuen gestaltet, zu einem Ganzen von großartigen Dimensionen und unvergleichlicher, sonst nur dem Kunstwerk eigener Vollendung. Sucht man nach einem Begriff, von dem aus sich der leichteste Zugang zu Spinozas System darbieten möchte, so wendet sich der Blick von selbst dem „ordo geometricus" zu. Er bedeutet Ableitung der Ergebnisse in geschlossener Deduktion von einem selbstgewissen, intuitiv bestimmten, nicht mehr „hypothetischen", also absoluten, Ausgangspunkt her. Und sofern alle wirkliche Erkenntnis nur innerhalb jener Deduktion möglich ist, sofern ist alle Erkenntnis durch jenen absoluten Ausgangspunkt, durch Gott, in Gott, gemäß Gott. Sofort fällt hier eine bedeutsame Analogie zu Descartes in die Augen. Erkenntnis hatte dieser auf ihre letzte Norm, auf das „cogito ergo sum" bezogen; in aller Erkenntnis erschien dieses

„cogito ergo sum“ als Prinzip und Kriterium. In aller Erkenntnis erscheint bei Spinoza als deren Prinzip und Kriterium, als deren Grund und Sinn — Gott. Sofort auch erhebt sich ein bedeutungsvoller Unterschied zwischen dem Gott Spinozas und Descartes'. Jener ist Ausgangspunkt der Erkenntnis, Sinn und Prinzip der Wahrheit; dieser Zielpunkt einer Ableitung, deren Sinn und Richtung nach einem, unabhängig vom Gottesbegriff zu begründenden Kriterium der Erkenntnis bestimmt werden soll. Gott ist bei Descartes, so will es scheinen, Gegenstand, bei Spinoza Prinzip des Beweises. Es ist nicht überflüssig zu bedenken, daß dieser Unterschied, so schroff er fürs erste zu sein scheint, sich in dem Augenblick nivelliert, in dem eingesehen wird, daß der Gewißheitsgrad der göttlichen Existenz auch bei Descartes dem des „cogito ergo sum“ gleichkomme. Doch wäre es voreilig, an dieser Stelle weiterreichende Erwägungen über Spinozas Verhältnis zu Descartes anzustellen; ebenso bedenklich freilich, als prinzipiellen Unterschied gelten zu lassen, was seinen Grund, zunächst wenigstens, nur in der logischen Anlage der Systeme zu haben scheint. Die Dinge aus Prinzipien begreifen, heißt, sie in ihrer unwandelbaren Gesetzlichkeit, d. h. in Gott erfassen, Gott als das Prinzip ihres Seins und ihrer Erkenntnis begreifen. Gott selbst ist damit als das unsichtige, aus Prinzipien begriffene Sein, als der aus Prinzipien begriffene Sinn der Dinge erkannt. Nicht als ob er sich in dieser Beziehung erschöpfte, aber auch nicht, als ob sein Begriff ohne diese Beziehung bestimmbar wäre. Auch umfaßt er die Dinge nicht in quantitativer, sondern in qualitativer Hinsicht, als die sie gestaltende Ordnung. Die Dinge in dieser Ordnung begreifen, heißt eben, sie erkennen; heißt sie in Gott, Gott in ihnen erfassen. Es heißt sie im Sinne geometrischer Gesetzlichkeit, d. h. nach der höchsten Norm der Gegenständlichkeit unter Ausschluß relativer und menschlicher Maßstäbe bestimmen. Geometrie aber ist Methode. Die selbstgewiß auf sich ruhende Methode, das Wort in dem umfassendsten und schlechthin vollendet gedachten Sinn verstanden, ist Gott.

3. Zwei Gedanken fordern hier Klärung und Bestimmtheit. Der eine betrifft den eigenartigen Sinn, in dem die Abhängigkeit des Seins der Dinge von deren Erkenntnis, die eine Erkenntnis in Gott und durch Gott, und ebendeshalb selbst Abhängigkeit von Gott ist, gefordert wird. Jener Sinn ist nur von dem Boden des Problems der analytischen Methode aus zu erfassen. Erkannt ist nur — Spinoza offenbart sich hier ganz als Anhänger der neuen Logik der Analysis

und folgt, selbst im Ausdruck, Hobbes[1]) —, was aus seinen Bedingungen begriffen, was gemäß diesen Bedingungen „erschaffen" ist. Der Kreis „ist" vermöge seiner Definition. Er „ist" vermöge der Bedingungen seiner Erkenntnis. Erkannt ist somit nur, was definiert und sofern es definiert ist; was vermöge seines Definiertseins in seiner Struktur durchschaut wird. Erkannt ist, was vermöge seiner Definition „ist"; und es „ist" nur, sofern es erkannt ist. So „sind" die Dinge vermöge ihrer Bestimmtheit; und weil diese Bestimmtheit Gott ist, sind sie vermöge Gottes. So beherrscht der Begriff der analytischen Definition Spinozas Lehre von der Koinzidenz der Erkenntnis und der Seinsbestimmtheit der Dinge in Gott. — Der zweite Gedanke ist diesem nahe verwandt, in seinen weiteren Konsequenzen aber von der höchsten Bedeutung. Ist der Gottesbegriff nur unter dem Gesichtspunkt der analytischen Methode zu fassen, dann kann er ebensowenig Ergebnis der sogenannten „Abstraktion" sein, wie die analytische Methode eine Methode der „Abstraktion" ist. Nicht aus den Dingen, aus dem Vergleichen vieler Dinge, ist der Begriff Gottes „abgezogen", sowie die analytische Methode nichts mit vergleichender Verallgemeinerung zu tun haben kann. Gott ist die „ratio" der Dinge, deren Bedingung. Bedingungen aber, eben als Bedingungen, ergeben sich niemals aus Vergleichung. So ist für Spinoza das Bekenntnis zu Gott zugleich ein Bekenntnis zur analytischen Methode. Und nur von der analytischen Methode her wird das Grundmotiv seiner Metaphysik verständlich, daß Gott, gerade in seiner schlechthinnigen Universalität, gerade als Totalität des Daseins, nicht die quantitative Allheit der Dinge darstellt; sondern die in keiner Größenbestimmtheit ausdrückbare Ordnung, die die Dinge beherrscht, indem sie sie definiert. So entspricht Spinozas Metaphysik schon in ihren ersten Ansätzen der neuen, dem Gedanken der analytischen Methode, d. h. dem Begriff der Bedingung angepaßten Idee der Logik; so verleugnet auch Spinoza, selbst in seinen nächsten metaphysischen Konzeptionen und ungeachtet aller seiner Beziehungen zur scholastischen Tradition, den Geist der Renaissance nicht; so schließt sein Gottesbegriff als Träger des Gedankens der Analysis ein bedeutsames Bekenntnis zum „Platonismus" der Renaissance in sich. Gott ist die erfüllt gedachte Idee einer Ordnung, die alle denkbaren Ordnungen nicht etwa unter sich begreift, sondern als Bedingung

[1]) S. den Abschnitt über diesen; vgl. ferner E. Cassirer, a. a. O. II, S. 22 ff.

gestaltet. Man hat den „mos geometricus“ in Spinozas Ableitungen oft als eine bloße Äußerlichkeit seiner Darstellung betrachtet. Man sieht jetzt, daß er weit mehr ist: nämlich der Hinweis auf den methodischen Grundcharakter jener Ableitungen; auf die logische Struktur seines höchsten, ja einzigen metaphysischen Begriffs, des Begriffs Gottes. Versteht man die in Frage kommenden Begriffe richtig, so darf man es ungescheut aussprechen: die Einzigkeit, Universalität und Unaufhebbarkeit des spinozistischen Gottes ist die Einzigkeit und unverbrüchliche Geltung des Gedankens, daß „Sein" Bestimmtheit bedeutet; die Einzigkeit der Idee einer alles umfassenden, alles bestimmenden Methode. Geometrie aber ist ein anderer Ausdruck für Methode. Daher die Forderung der Universalität der Geometrie; daher der Gedanke, daß sich alles in unabänderlichen, objektiv gültigen, methodisch fundierten Gesetzen gestaltet. Nicht sowohl Spinozas Verhältnis zu den Schicksalen der zeitgenössischen Mathematik, als vielmehr sein Verhältnis zu der Idee mathematischer Erkenntnis überhaupt ist es, was diese Gedanken offenbaren. Die unabänderliche Bestimmtheit aller Dinge ist, um es noch einmal auszusprechen: G o t t. „Unter der Leitung Gottes verstehe ich nichts anderes wie jene feste und unabänderliche Ordnung der Natur oder jene Verkettung der Naturdinge. Denn die allgemeinen Naturgesetze, kraft deren alles geschieht und bestimmt wird, sind nichts wie die ewigen Dekrete Gottes, die immer ewige Wahrheit und Notwendigkeit einschließen. Es bedeutet somit dasselbe, zu sagen, alles vollziehe sich gemäß den Gesetzen der Natur oder nach dem Beschlusse und der Leitung Gottes [1]." — Die Begriffe des Geschehens, des Ereignisses und damit der Begriff der Natur erhalten im Zusammenhange solcher Erwägungen einen völlig neuen Gehalt; denn der Begriff der K a u s a l i t ä t erhält ihn. Kausalität bedeutet schlechthinnige, in der Idee des Gesetzes wurzelnde Bedingtheit. Jede positivistische Verwechslung von Kausalität und Aufeinanderfolge ist damit grundsätzlich abgewehrt; dafür freilich auch jeglicher Zeitbezug der Kausalität ausgeschaltet. Erkennen heißt seinen Standort in Gott, d. h. in der Idee einer der Zeitlichkeit grundsätzlich entrückten Ordnung nehmen. Es heißt zugleich und eben deshalb die „Gestaltungsweisen" der Dinge, ihr Hervorquellen aus der Definition erfassen. So fällt das Werden der Dinge nach ihren Bedingungen, mithin ihre Verursachung, zusammen mit der Bestimmt-

[1]) Vgl. Tract. theolog.-politic. Cap. III, § 7 u. 8.

heit in jener zeitlos-göttlichen Ordnung. In ihr erschöpft sich auch der göttliche Wille. Er fällt mit dem göttlichen Sein, mit der unabänderlichen Gesetzlichkeit, der objektiven Notwendigkeit, zusammen. Diese Gesetzlichkeit, an welchem Punkte immer, leugnen, bedeutete Gott leugnen[1]). Man leugnete aber diese Gesetzlichkeit, wenn man Gott einen von jener Notwendigkeit abweichenden, sie durchbrechenden „Willen" zuschriebe. Überhaupt hat in der göttlichen Ordnung — einer der entscheidenden Gegensätze zwischen Spinoza und Descartes — der freie Wille keinen Raum. Descartes' Lehre von der Freiheit des Willens ist ein Teil seiner Lehre vom Irrtum. Nur als Willensschuld ließ sich ihm seine Möglichkeit rechtfertigen. Für Spinoza bedarf es solcher Rechtfertigung nicht. Auch der Irrtum ist in der göttlichen Notwendigkeit begründet; in dem universellen Plan dieser Notwendigkeit hat auch er seine Stelle. Oder genauer gesagt: Von diesem universellen Plan aus besehen erscheint er aufgehoben und getilgt. So ist auch der Wille in tiefstem Grunde Element der Notwendigkeit: das willensmäßige Streben fällt zusammen mit dem definitionsgemäßen Konnex eines Dinges mit anderen.

4. Die göttliche Notwendigkeit aller Zusammenhänge nun ist Spinozas „Natur": „Deus sive natura". Man hat mit Bezug auf diese Formel viel von einem „Naturalismus" bei Spinoza gesprochen. Zu Recht: wenn man „natura" als „Ordnung" der Natur auffaßt; zu Unrecht: wenn man den sinnlich gegebenen Ausschnitt des Substrates, das jener Ordnung unterliegt, mit „Gott" gleichsetzt. Nur als unverbrüchliche Ordnung der Natur ist Gott in allem, wie andererseits alles a n dieser Ordnung teil hat. Gott ist darum d u r c h alles repräsentiert. Und doch steht er auch wieder jenseits von allem: er ist mehr als alles, mehr auch als alles zusammen. Allein dieses „mehr" ist, wir wissen es bereits, nicht quantitativ zu verstehen. Gott ist „mehr" als die Natur in demselben Sinn, in dem die Ordnung „mehr" ist als das Geordnete oder Zuordnende. Damit ist auch über den logischen Charakter von Gottes Unendlichkeit entschieden. Auch sie ist — Spinoza formuliert damit in der Sprache der Metaphysik ein Grundmotiv der

[1]) „Si quid igitur in natura fieret, quod ex ipsius legibus non sequeretur, id necessario ordini, quem Deus in aeternum per leges naturae universales in natura statuit, repugnaret, adeoque id contra naturam ejusque leges esset, et consequenter ejus fides nos de omnibus dubitare faceret et ad atheismum duceret." Tract. theol.-pol. Cap. VI, § 28.

Mathematik — eine qualitative, nicht eine quantitative Instanz. Die Natur als in keinem Größenbezug gegebene, vielmehr jeglicher Größenbestimmtheit sachlich vorausgehende, d. h. erst mit Beziehung auf solche Größenbestimmtheit denkbare Totalität: das ist der spinozistische Gott. Er ist allem Seienden schlechthin unvergleichbar. Ihn mit Hilfe von Maßstäben, die diesem Seienden entnommen sind, bestimmen wollen, hieße sein Wesen leugnen. Jeder Versuch ihn zu „determinieren", wäre „negatio". Gottes Bestimmtheit ist eine solche nicht durch Einschränkung; sie ist nicht Bestimmtheit durch Ausschluß anderer Bestimmtheiten, sondern Bestimmtheit als Bedingung jeder anderen. Sie ist nicht negativ, sondern positiv. Sie ist bedingungs-, also hypothesenfrei: sie ist un-bedingt, d. h. absolut. Die völlige Disparität Gottes gegenüber allem Besonderen und gegenüber jeglicher Gemeinschaft von Besonderem ist damit klar gefordert. Die Dinge erkennen, heißt sie in einem von ihrer sinnlichen Gegebenheit grundsätzlich verschiedenen Bezug, in einer jenseits aller Größe gesetzten Ordnung begreifen. Spinoza nähert sich auch hier schon einer Lieblingsidee der Mystik. Gott, so hatte diese zuweilen — und zwar gerade da, wo sie seine uneingeschränkte, jedes Maß übersteigende Realität behaupten wollte — gelehrt, ist „nichts"; d. h. er ist in seinem absoluten, seinem ihm allein zukommenden „Sein" allem *sinnlich* „Seienden" grundsätzlich entgegengesetzt. Gott ist höchste Qualität, eben *weil* er in dem dargelegten Sinn des Wortes „nichts" ist. Nicht die Leugnung, sondern das höchste Maß der Bejahung liegt in dieser Charakteristik; das höchste Maß der Bejahung zugleich jener „Natur", die Gott gleichkommt. Auch sie entbehrt mithin der quantitativen Bestimmtheit. Denn mag auch die Größe das Mittel sein, die Natur wissenschaftlich zu bestimmen: die Ordnung, gemäß welcher diese Bestimmung erfolgt, die Natur als Ordnung, ist selbst nicht Größe. So sind denn Absolutheit und qualitative Bestimmtheit dieser Natur Wechselbegriffe. So fügt Spinoza dem cusanischen Motiv von der Positivität des Unendlichen eine neue Nuance hinzu: weil Gott nicht im privativen Sinne *un*-endlich ist, ist er nicht Größe, auch nicht bloße Leugnung der Größe, sondern qualitative Bestimmtheit. So gewinnt vor allem die der Renaissance so geläufige Unterscheidung zwischen der „Natura naturans" und der „Natura naturata" hier einen vertieften methodischen Sinn. Der Neuplatonismus hatte, durch seine Vergöttlichung der Welt, Gott in einem gewissen Sinn und einem gewissen Umfang „verweltlicht". Gott ist für ihn nicht nur *in* der Welt, er ist unter einem besonderen Aspekt, die Welt selbst. Denn er erfüllt die Welt im Größten, wie im Kleinsten, mit seinem Wesen. Trotzdem, ja gerade weil er das die Welt gestaltende Prinzip bedeutet, beharrt er der Welt gegenüber in selbstgenügsamer Transzendenz. Er ist der Natur, die er schafft, wesenhaft verwandt; aber eben, weil er Natur schafft, unterscheidet er sich doch auch wieder von ihr. Er ist „naturierende", nicht „naturierte" Natur. Diese Motive, in denen der Neuplatonismus der Renaissance vielfach ausklingt, verbünden sich nun bei Spinoza mit dem logisch-„geometrischen" Motiv der Ordnung. Die göttliche, die naturierende Natur ist zugleich die im Sinne der Definition „schaffende" Ordnung der Natur. Sie steht ihrem Substrat und ihren Ergebnissen als eine qualitative, durch Größenwerte schlechthin unausdrückbare Potenz gegenüber. So ist Gott, durch seine Positivität, im logischen Sinn des Wortes vor jeder Bestimmung. Er geht allem Denken, genauer: jedem Bestimmten, also Seindeen voraus; er ist ihm „immanent", weil er als apriorische Bedingung im Seienden gegenwärtig ist. Kein Zweifel, daß hier bedeutsame Reminiszenzen an Descartes im Spiele sind. Nur erscheint der cartesianische Gedanke der Selbstgewißheit des Denkens bei Spinoza zugleich metaphysisch vertieft und methodisch geklärt: er ist an ein Prinzip geknüpft, das, weil es Sein und Denken als gemeinsame Bedingung umspannt, selbst die höchste Einheit von Sein und Denken fordert. Aber ist nicht die Einzigkeit Gottes eine negative, nur durch den Ausschluß anderer Momente gewinnbare Bestimmtheit? Sie ist es nicht. Denn diese Einzigkeit ist nur ein anderer Ausdruck für die bedingungslose Universalität der Ordnung, die eben Gott bedeutet; für die Totalität der Bedingungen, die sein Wesen ausmachen; für seine schlechthin qualitative, keinerlei Größenbestimmung, die allemal Begrenzung einschließt, gestattende Valenz. Sie ist ein anderer Ausdruck dafür, daß sie die Bedingungen ihrer Bestimmtheit in sich selbst trage: quod in se est et per se concipitur. Gott ist auch nicht ein Ganzes mit Teilen; denn dann wäre er „im Hinblick" auf seine Teile ein Ganzes: er wäre bestimmt bloß relativ „zu etwas", er hörte auf, absolut, in sich und durch sich allein zu sein und begriffen zu werden. Verbürgt aber Gott das Sein der Natur, „ist" also die Natur nur in Gott und durch Gott, d. h. vermöge einer unabänderlich-gegenständlichen Ordnung, dann kann die Bestimmtheit der Natur nicht in der bloßen Gegebenheit von Sinnesdaten — in „reiner" Erfahrung — erschöpft sein. Man erkennt jetzt, aus welchen Gründen Spinoza den sogenannten Nominalismus des **Hobbes** ablehnt [1]). Wem die Ordnung Gott bedeutet, dem kann das Mittel der Ordnung, der **Begriff**, nicht als bloßes Erzeugnis willkürlicher Übereinkunft gelten. Die Ewigkeit, besser die Zeitlosigkeit des göttlichen Wesens ist die Bedingung der zeitlichen Bestimmtheit der Dinge. Diese sind in der Zeit, gemäß jener zeitlos-göttlichen Ordnung, die — wir wissen es bereits — Gottes Willen darstellt. Die Dinge sind in dieser Ordnung — nichts anderes heißt es, daß Gott sie denkt. Und Gott ist diese Ordnung, d. h. er denkt sich selbst, er trägt die Bedingungen seiner Bestimmtheit in sich. Wir denken ihn, indem wir die Ordnung der Dinge denken und die Dinge wieder, in der göttlichen Ordnung gestaltet, bestimmen sich in uns. Sie nun in dieser ihrer Abhängigkeit von Gott erfassen, hieße sie in ihrer **Substantialität** erfassen. Denn: **Deus sive substantia.** Wie Gott, und aus denselben Gründen wie Gott, ist die „Substanz" Rechts- und Seinsgrund der Dinge. Sie ist deren „immanente", d. h. nichts als ihren notwendigen Zusammenhang darstellende „Ursache". Sie ist in ihnen, wie die Bedingung im Bedingten. Nur soweit sie Gott ist, ist Natur Substanz. Wie die göttliche Natur, so ist auch die Substanz schlechthin einzig und schlechthin positiv, jeder numerischen Bestimmung bar, nicht ein Ganzes mit Teilen, nicht aus den Dingen „abstrahiert"; sondern zeitlos-ewige, schlechthin positive Ordnung des in der Zeit Distrahierten. Auch mit Bezug auf sie gilt der Satz, daß bedingungslose Positivität und Zeitlosigkeit, Absolutheit und wirkliche, d. h. positiv verstandene Unendlichkeit Wechselbegriffe sind. Wie Gott, so fordert die Substanz die Dinge, weil die Dinge **sie** fordern. Denn sie ist das Gesetz der Dinge, der Sinn und das Prinzip ihrer Bestimmtheit und ihres Seins. Jene Bestimmtheit nämlich ist dieses Sein. Die Dinge „sind", sofern sie — wieder stellt sich das Motiv der analytischen Definition ein — methodisch „erschaffen" gedacht, d. h. in ihrer „Substantialität" begriffen werden. Nicht „Merkmale", die ihnen abgelesen werden, sondern lediglich Definitionsweisen verbürgen ihr „Sein". Es ist, wie etwa mit der analytischen Bestimmung des Kreises. Nicht in der bloßen Angabe des Merkmals, daß alle Punkte von einem gemeinsamen Mittelpunkt gleich weit entfernt sind, erschöpft sie sich; nicht vermöge dieses Merkmals „ist" der Kreis. Er „ist" nur vermöge einer Regel der Konstruktion, vermöge einer analytischen Definition,

[1]) Vgl. Cassirer, a. a. O. II, S. 26.

die vorschreibt, wie er zu „erschaffen" sei — etwa durch die Bewegung einer Geraden um einen fest gedachten Endpunkt [1]).

5. Die unbedingte Positivität der Substanz nun ist die unbedingte Positivität der Bestimmungen, in denen sie sich als Prinzip möglicher konkreter Erkenntnis determiniert. Denn alle Erkenntnis ist, unbeschadet der Absolutheit ihres Anspruchs auf Geltung, unbeschadet also ihrer „Unendlichkeit", Besonderung. Alle konkrete Erkenntnis beruht somit auf Besonderungen der Substanz; genauer, auf Grundsätzen, die, obschon gegeneinander abgehoben, in der Substanz wurzeln, also die wesentliche Funktion der Substanz, anders gesagt: den Sinn der Erkenntnis offenbaren. Aber diese Grundsätze würden sich selbst aufheben, wenn sie die Substanz auf endliche Weise, d. h. unter Ausschluß anderer, repräsentieren sollten; wenn sie das schlechthin Positive durch Beschränkung auszudrücken versuchten. Sind sie in sich unendlich, d. h. prägt jeder von ihnen den Sinn der Erkenntnis, der bedingungslose Positivität ist, aus, so muß sich in ihnen das Unendliche „auf unendliche Weise" darstellen. Wir haben damit die Schwelle der Lehre Spinozas von den Attributen überschritten. Denn die Grundsätze, von denen eben die Rede gewesen, sind die „Attribute", die nach Spinozas Lehre gleichsam das Wesen der Substanz ausmachen: tamquam ejusdem essentiam constituens. Die Attribute sind funktionelle Besonderungen der Substanz; Arten, wie Substanz die als möglich, wenn auch nirgendwo realisiert gedachten Bestimmtheiten der Erkenntnis bedingt. Sie sind gegeneinander abgehoben; aber ihrer Anzahl nach notwendig unendlich. Und diese Unendlichkeit der Anzahl ist nur ein Ausdruck für ihre eigene schlechthin vollendete Bestimmtheit: dafür, daß sie den Sinn der universellen Ordnung der Erkenntnis repräsentieren, Ausdruck also ihrer Unendlichkeit „in sich". Denn nur als „in sich" unendliche Potenzen verkörpern sie jene bedingungslose Positivität, d. h. die Unendlichkeit der Substanz. — Frühzeitig schon hat man in Spinozas Lehre von der unendlichen Anzahl der Attribute grundsätzliche systematische Schwierigkeiten entdeckt. Woher kommt jene unendliche Anzahl bei der absoluten Einheit und Einzigkeit der Substanz? Welches sollte der Anlaß für die Substanz sein, die Attribute in unendlicher Zahl gleichsam aus sich zu entlassen? Ja, was überhaupt sollte die Substanz zu solcher Determination bestimmen können, da sie doch selbst die absolute Tota-

[1]) De intellectus emendatione §§ 95, 96.

lität der Bestimmtheit und des Seins darstellt? Man wird die Antwort auf diese Fragen nicht aus der geschichtlichen Analyse spinozistischer Lehrmeinungen allein zu gewinnen vermögen. Vielmehr fordert sie Klärung gewisser, tief im Begriff der Erkenntnis selbst gelegener Zusammenhänge. Sie seien, wenigstens in ihren Umrissen, durch einige Hinweise festgehalten. — Der Begriff der Erkenntnis und die Tatsache des Erkennes stehen sich nicht wie zwei fremde Welten beziehungslos gegenüber. Entscheidet auch nimmermehr das Erkennen als Tatsache über Prinzipien, Sinn und Begriff der Erkenntnis, über die Eigenart und den Umfang der Bedingungen, die sich in diesem Begriff verwirklichen, so ist der Begriff der Erkenntnis doch nur im Hinblick auf die Möglichkeit jener Tatsache bestimmt. Man könnte es auch so ausdrücken: Zu dem Begriff der Gründe, die einander in dialektischer Abfolge gegenübertreten, gehört auch die Tatsache, daß sie müssen geltend gemacht werden können; zu dem Begriff der Erkenntnis die mögliche Mannigfaltigkeit der Bestimmungen, in denen sie sich als Tatsache kundgibt; sei es, daß man die Mannigfaltigkeit der methodischen Möglichkeiten der Erkenntnis, also die Vielheit der Wissenschaften, sei es, daß man die individuellen Erkenntnismöglichkeiten ins Auge faßt. Diese Zusammenhänge, die in dem ganzen Verlauf der Philosophiegeschichte, am eindrucksvollsten vielleicht bei Plato [1]), aufzuweisen sind, bestimmen — dies sachlich, nicht geschichtlich verstanden — auch Spinoza. In der unendlichen Vielzahl der göttlichen Attribute ist den empirischen Bezügen des Erkentnisbegriffs [2]) Rechnung getragen. Man mag darin unter den nächsten Gesichtspunkten des spinozistischen Beweisgangs einen Mangel an Folgerichtigkeit erblicken. Tiefer, d. h. von dem Begriff der Erkenntnis selbst aus besehen, der ja, wenn auch in metaphysischer Absicht Spinozas System beherrscht, ist jene Vielzahl dem Gedankenkreis Spinozas doch wieder durchaus adäquat. Und so übertragen sich denn die Bestimmungen der göttlichen Substanz ganz auch auf die Attribute. Auch sie sind, wie die Substanz „Essenz" und „Existenz", Begriff und Seinswert, Erkenntnisgrund und Realgrund zugleich. Wer von ihnen im Hinblick auf ihre Besonderung oder in Rück-

[1]) Vgl. hierzu meine „Philosophie des Altertums".

[2]) Die — noch einmal sei es ausgesprochen — nicht zu verwechseln sind mit der Abhängigkeit der Geltung und des sachlichen Gehalts des Erkenntnisbegriffs von empirischen Tatsächlichkeiten. Zu dem Ganzen vgl. übrigens meine „Grundlagen der Denkpsychologie". München 1921.

sicht auf ihre Gesamtheit redet, der nimmt seinen ideellen Standort in der göttlichen Substanz. Nun aktualisiert sich aber die unendliche Anzahl der Attribute in der Wirklichkeit der Erkenntnis nicht. Nur vermittels zweier ihrer Attribute beherrscht die Substanz die Erkenntnis als Tatsache; nur durch zwei ihrer Attribute gestaltet sie die Sphäre der uns geschichtlich und systematisch zugänglichen Erkenntnis. Es sind dies „Ausdehnung" und „Denken". Sie bestimmen die Gesichtspunkte, unter denen jede wirklich gegebene Erkenntnis die Substanz erfaßt, die als Bedingungen in jeder konkreten Erkenntnis gegenwärtig sind. Für sich und in ihrer Gemeinschaft betrachtet drücken sie die eine und einzige Struktur der göttlichen Ordnung aus: ob wir die Substanz als ein körperliches oder als ein ideelles Gefüge betrachten — immer treffen wir sie in ihrer ungeschmälerten Positivität und Ganzheit. „Circulus in natura existens et idea circuli existentis, quae etiam in Deo est, una eademque est res, quae per diversa attributa explicatur. Et ideo sive naturam sub attributo extensionis, sive sub attributo cogitationis sive sub alio quocunque concipiamus, unum eundemque ordinem sive unam eandemque causarum connexionem, hoc est, easdem res invicem sequi reperiemus [1])." Darum aber entsprechen sich auch beide Attribute in allen ihren Bestimmungen. Es liegt nun nahe, die Beschränkung der wirklich bestimmbaren Attribute Gottes auf zwei der Beschränktheit des menschlichen Verstandes zuzuschreiben und daran — vielleicht im Sinne einer gemäßigten Skepsis [2]) — Erwägungen hinsichtlich der Erkennbarkeit des Universums zu knüpfen. Sie wären leicht zu widerlegen. Denn einmal ist jedes dieser Attribute unendlich. Jedes ergreift Gott, und jedes fordert, daß die anderen, unendlich vielen mitgedacht werden. Der Unbedingtheit, der Positivität und Vollkommenheit der Erkenntnis geschieht also durch die Beschränkung auf die beiden Attribute kein Abbruch. Sodann aber: Auch die Beschränkung auf die beiden Attribute entspringt, sachlich verstanden, der unerläßlichen Rücksichtnahme auf das Tatsächliche des Erkennens, wo der Begriff der Erkenntnis in Frage steht. Oder anders ausgedrückt: Die tatsächliche Beschränkung Spinozas auf die beiden Attribute der Ausdehnung und des Denkens hat ihre letzten methodischen Voraussetzungen genau in denselben Umständen, die ihn zur Forderung einer

[1]) Eth P. II, Propos. 7 Schol.

[2]) So schon Tschirnhaus, vgl. Epist. 65 u. 67.

unendlichen Anzahl von Attributen geführt haben: darin, daß es ein vollendet gedachtes System der Erkenntnis nur im Hinblick auf die psychologischen Bedingungen geben könne, unter denen sich die Forderungen des Erkenntnisbegriffs erfüllen. Allein, sei dem wie immer, auch unter Spinozas eigenen Gesichtspunkten enthält die Beschränkung auf die Attribute der Ausdehnung und des Denkens keinerlei Zugeständnis im Sinne der Skepsis. Denn jedes der Attribute offenbart in einer bestimmten Beziehung die ganze Wesensfülle der Substanz, die schlechthinnige Bedingungslosigkeit der Wahrheit. So wenig wie die Substanz, ebensowenig ist auch eines der beiden Attribute Produkt abstrahierender Verallgemeinerung aus der Erfahrung; und wie Gott selbst, so sind auch seine Attribute die „immanenten" Gründe der Erkenntnis, die „immanenten" Ursachen des Seins der Dinge. Diese „sind", d. h. sie sind bestimmt, gemäß einem jeden der beiden Attribute; genauer gesagt, gemäß einer, beiden Attributen gemeinsamen, dabei aber in jedem der beiden sich voll ausprägenden Ordnung. Es ist bekannt, daß man im 19. Jahrhundert auf der Grundlage dieser Lehren Spinozas ein Theorem vom sogenannten „psycho-physischen Parallelismus" aufzubauen suchte, um mit dessen Hilfe zu einer „monistischen" Neubelebung Spinozas zu gelangen. Es liegt kein Grund vor, auf diese Bestrebungen hier näher einzugehen. Sie haben ihre eigene, mit den Schicksalen des philosophischen Materialismus und der Entwicklung der neueren Psychologie eng verknüpfte Geschichte. Nicht daß die Ordnung des Psychischen einer materiellen, physikalisch-chemisch-biologischen Ordnung im Gehirn korrespondiere, ist der ursprüngliche und originale Gedanke Spinozas; sondern der davon grundsätzlich verschiedene, daß die körperliche Bestimmtheit der Dinge ihrer gedanklichen Bestimmtheit, ihrem Gedachtwerden entspräche. Nicht daß die Erlebnisse gemäß einer besonderen, der „psychischen", Kausalität den, nach „physischer" Kausalität geordneten Erscheinungen „parallel" laufen, ist Spinozas Lehre; sondern, daß die Ordnung der Dinge als Körper der Ordnung der Erlebnisse der Dinge, wie sie vor allem in dem sachlich bedingten Gefüge der Erkenntnis vorliegen, entspreche. Das ist der Sinn der berühmten Worte Spinozas: Ordo et connexio idearum idem est ac ordo et connexio rerum. Erst in Spinozas Lehre von den göttlichen Attributen erfährt Descartes' Satz von der Mehrheit der Substanzen seine metaphysische Vertiefung und Überwindung. Das neue logische Motiv der bedingungslosen Positivität macht die beiden cartesianischen

„Substanzen", die „ausgedehnte" und die „denkende", zu Ausprägungen des göttlichen Wesens, zu getrennten, in dem Bezug auf das göttliche Wesen aber doch wieder miteinander identischen Trägern der göttlichen, also schlechthin einzigen und universellen Ordnung.

6. Der volle methodische Sinn des Attributenbegriffs aber offenbart sich erst in Spinozas Lehre von den Modis. Modi sind die isolierten Gegebenheiten und Besonderungen der Erfahrung; das, was seine Bestimmtheit und sein „Sein" der Betrachtung unter dem Gesichtspunkt eines Attributes verdankt; das, was nur mit Bezug auf ein Attribut etwas, nämlich Bestimmtheit ist, was nicht Bestimmtheit an sich ist; oder, wie man es nicht zu Unrecht formuliert hat: die Wellen auf dem Ozean der Substanz, zu ihm gehörig und durch ihn bestimmt, aber gerade vermöge dieser Bestimmtheit doch wieder in relativer Selbständigkeit gekennzeichnet. Nichts verhindert es, auch in der „genaturierten" Natur überhaupt einen Modus zu erblicken. Denn auch über ihr steht als bedingender und bestimmender Faktor das Attribut. Oder genauer: Auch sie muß, um überhaupt Bestimmtheit zu sein, unter den Gesichtspunkt eines Attributes gerückt, gemäß der Norm von Attributen betrachtet, in das Wesenhafte, durch keine Bedingung eingeengte Sein von Attributen eingegliedert werden. Gleichwie das Attribut über den Modus, so steht, um den Gedanken anders zu wenden, Gott über der „Natur", als sinnlicher Gegebenheit, als „genaturierter" Größe. Allein, erleidet nicht im Hinblick auf den Begriff des Modus Gottes schlechthinnige Positivität Abbruch? Wie verhält sich die Unvollkommenheit und Vergänglichkeit, die Begrenztheit des Modus zur Einzigkeit und zeitlosen Ewigkeit der göttlichen Substanz? In diesen Fragen liegt nur unter gewissen Voraussetzungen ein Einwand; sofern nämlich der Modus nicht als Funktion des Begriffs der Substanz aufgefaßt, sondern diesem als eigenwertige Größe gegenübergestellt wird. Spinozas Gedankenkreis aber ist solcher Eigenwert fremd. Und deshalb darf man antworten: Gerade in seiner bedingungslosen Positivität fordert der Begriff der göttlichen Substanz den Modus. Er fordert ihn, wie die Idee der Ordnung den Begriff des zuordnenden und geordneten Mannigfaltigen, wie die Norm das Normierte, wie das Gesetz seine Erfüllung. Nicht ein fremdes Substrat ergreift — wenn unter Spinozas Voraussetzungen solcher Gedanke überhaupt faßbar wäre — die Substanz im Modus; vielmehr offenbart sie sich selbst in ihm. Er ist die Substanz in ihrer, den Umständen des Erkennens angepaßten Form, in

der Form der Zeit und der Vergänglichkeit. Ein tiefer Doppelsinn verbirgt sich hinter der Wendung, daß die vergänglichen, sich stets wandelnden Einzeldinge „Modifikation der Substanz" seien. Die Substanz „ist" in ihnen, modifiziert. Aber nichts anderes wie die Substanz selbst ist es, was sich zu der Mannigfaltigkeit der Einzeldinge bestimmt; — ganz so, wie es der Begriff der Erkenntnis selbst ist, der sich in der Fülle der Erkenntnissetzungen und Erkenntnismöglichkeiten entfaltet. So wird denn auch der Modus selbst der Unendlichkeit fähig und zwar auf doppelte Weise: einmal, indem er sich in all seiner Zeitlichkeit und Vergänglichkeit der Norm der Substanz eingliedert; sodann aber, indem er sein eigenes Wesen zur Unendlichkeit erweitert. Denn auch der Begriff des „unendlichen Modus" hat im System Spinozas seine Stellung. Man wird als unendlichen Modus das Naturgesetz ansprechen dürfen: unendlich, weil Geltungsbestimmtheit, Modus, weil es die Geltungsbestimmtheit eines besonderen, nicht des universellen Gesetzes der Substanz darstellt. Und als einen unendlichen Modus erkennen wir schließlich, in einer ganz bestimmten Funktion und einem ganz bestimmten Bezug uns selbst. Wo immer wir denken, da denken wir auch dieses Denken, da denken wir zu denken, daß wir denken usf. Denn: wer weiß, der weiß auch, daß er weiß, und er weiß zu wissen, daß er weiß usf.[1]) . . . . Wer etwas weiß, der ergreift die „idea ideae", der verkörpert in sich ein Gesetz des Unendlichen, darin sich die nichtnumerische, also qualitativ verstandene Einheit des Denkens offenbart. Auch der Geist ist „unendlich", weil er in nie erschöpfbarer Folge ins Unbegrenzte weist. Und doch ist er Modus in seiner Zeitlichkeit und Vergänglichkeit. Ja, diese Unendlichkeit ist es, vermittels deren Spinoza über die gangbaren Formeln des sogenannten psychophysischen Parallelismus grundsätzlich hinauswächst. Denn, um die Frage nun noch einmal zu berühren: auch Spinoza hat, wenn man es so nennen will, seine psychophysiologische Theorie des Denkens. Indem er denkt, wiederholt der Geist auf seine Weise, d. h. auf die Weise des Erlebnisses, was sich im Körper als materieller Vorgang ereignet. Und doch ist das nicht „psychophysischer Parallelismus". Denn „Denken" bedeutet mehr und ein anderes, wie jenes Nebeneinander von Erlebnissen, das als Gegenstück physiologischer Ereignisse im Geiste auftreten soll. Es ist nichts ohne die übergreifende Einheit jener „unendlichen"

[1]) Ethica, P. II Propos. 21. Schol.

Bestimmtheit des „Wissens", des Wissens um sich selbst. Und nur auf dem Hintergrunde dieses Wissens ist „etwas" überhaupt erlebt. Das Psychische, das Physischem „entspricht", „ist" überhaupt nur im Hinblick auf das Wissen, das in unendlicher Folge um sich selbst weiß. Es ist vermöge einer Gesetzlichkeit, die mit irgendeiner Art von „Abbildung" des Physischen, mit irgendwelcher „Parallesierung" zu Psychischem, nichts zu tun haben kann. Denn jene Gesetzlichkeit bedeutet hier Einheit als „Unendlichkeit". Unmöglich kann sie daher auf physischer Seite ihr Gegenstück und ihre Entsprechung finden. Denn Einheit steht als Bedingung sozusagen hinter allem Erlebten. Ja, mehr noch! Sie ist der gemeinsame Nenner, auf den jegliche Bestimmtheit, um überhaupt möglich zu sein, bezogen sein muß. Das hat seine bedeutungsvollen Konsequenzen auch für Spinozas Lehre von den göttlichen Attributen und damit für die begrifflichen Grundlagen seines ganzen Systems. Wir wissen es bereits: Die unendliche Fülle der Attribute bedeutet zugleich, daß sich in jedem Einzelnen alle darstellen. Alle sind somit auf alle bezogen; alle daher auch auf das Attribut des Denkens. Aber dieses Attribut ist vor allen anderen doch noch ausgezeichnet. Der Inbegriff aller anderen Attribute sowie jedes einzelne von ihnen, sind nur im Hinblick auf jene „Unendlichkeit" des Wissens möglich. Sie wird für jene der „gemeinsame Exponent" [1]), mit dem sie als Bestimmtheiten notwendig müssen versehen werden können: sie müssen, wie sehr sich in ihnen auch die göttliche Transszendenz ausprägen möchte, „wißbar" sein. Aber dieser unerläßliche Bezug auf das Wissen ist nichts weniger als anthropomorphisierende Deutung der Attribute; er ist im Gegenteil ein besonderer Ausdruck der göttlichen Bestimmtheit dieses Wissens. Das Wissen in seiner intensiven „Unendlichkeit" selbst ist göttlich, es ist die Art der Bestimmtheit der Substanz. So führt letzten Endes die Idee der Substanz zur Erörterung des Begriffs der Subjektivität; das dem Subjekt am meisten und scheinbar grundsätzlich Entrückte zu der Frage nach dem theoretischen Gehalt, nach dem Begriff des Erlebnisses. Freilich, mit dieser Frage weist der Problemkreis Spinozas bereits über sich selbst hinaus; — philosophiegeschichtlich betrachtet nach der Richtung zu Leibnizens Monadenlehre hin, sachlich genommen zur Erörterung von Prinzipienfragen der Denkpsychologie. Gewiß, das letztgenannte Motiv verschwindet für Spinoza selbst gänzlich hinter

[1]) Cassirer, a. a. O. II, S. 44.

seinen metaphysischen Tendenzen. Doch hört es darum nicht auf, problemgeschichtlich fortzuwirken. Wo immer der Begriff des Ich und der methodische Sinn des psychologischen Urteils zur Erörterung steht, da ist auch Spinozas Gedanke von der in der Tatsache des Wissens gesetzten intensiven Unendlichkeit in Frage gestellt; — vor allem auch Gegensatz wie methodische Zuordnung dieses intensiv Unendlichen zu allen anderen Formen der Bestimmtheit [1]).

7. Indessen, der eigentliche systematische Zweck Spinozas offenbart sich erst in seiner Lehre von den Affekten. Es ist das entscheidende Grundmotiv dieser Lehre, daß von Affekten beherrscht sein auch Aktivität bedeuten könne. Die Hingabe an Gott, die Hingabe an die Erkenntnis also, ist solche Aktivität, ist Freiheit von den leidenden, den passiven, d. h. nicht durch die höchsten Gegenstandswerte bestimmten Affekten. Gott hingegeben sein, bedeutet seinem Selbst in jenem tiefsten Sinn genügen, in dem es nach seiner bedingungslosen Gegenständlichkeit, seiner schlechthinnigen Abhängigkeit von dem höchsten und einzigen Gegenstandswert, von Gott, begriffen wird. Es bedeutet „suum esse conservare". Der Mensch handelt, wo er „adäquat" erkennt; anderenfalls leidet er. Dort wird er von Freude bewegt, hier, je nachdem die Einwirkung der äußeren Ursachen seine Kraft vermehrt oder verringert, von Freude und Trauer. Es ist nicht erforderlich, Spinoza bei der Ableitung der besonderen Affektzustände aus den Grundaffekten der Begierde, der Freude und der Trauer zu folgen, wie großartig sich darin auch sein psychologischer Tiefblick und seine abgeklärt-überlegene Menschenkenntnis bewähren möchten: Liebe und Haß, Hoffnung und Hochmut, Ehrgeiz und Mitleid, Furcht, Zufriedenheit und Grausamkeit werden hier „more geometrico" verstanden, d. h. in ihrer Abhängigkeit von den Grundaffekten und schließlich in ihrer Beziehung auf die Idee gegenständlicher Erkenntnis überhaupt, erfaßt. Für die problemgeschichtliche Würdigung Spinozas kommt es weniger auf solche Einzelheiten, als auf deren Verhältnis zu dieser Idee an; zu der Idee vom göttlichen Urprinzip des Seins und der Erkenntnis. Dieses umspannt das Vollkommene wie das Unvollkommene. Denn letztlich ist ja auch das Unvollkommene Ausdruck der göttlichen Vollkommenheit. Auch die Leidenschaften sind „positive Ideen, die sich in der Einheit des unendlichen Verstandes mit ihren Komplementärideen verbinden zu unge-

[1]) Vgl. auch hier meine „Grundlagen der Denkpsychologie". München 1921.

trübter Klarheit und Wahrheit [1])." Werte setzen bedeutet, die Dinge nicht im Hinblick auf ihr Verhältnis zum göttlichen Ganzen betrachten. Und solche eingeschränkte Betrachtung wieder vollzieht sich vermöge der klassifizierenden Abstraktion im Allgemeinbegriff. Diese sondert, was nach der Norm des göttlichen Gesetzes zusammengehört, und vereinigt, was jener Norm gemäß getrennt ist. Dadurch aber erfährt der Seinsgehalt der Dinge eine der höchsten Gesetzlichkeit des Daseins zuwiderlaufende Abstufung: das wechselnde und subjektive Ausmaß der Abstraktion ist es, was im besonderen Fall einen höheren oder geringeren Realitätswert, größere und kleinere Vollkommenheit vortäuscht. Man erkennt, wie auch hier das bedeutsame Motiv einer Reform der Logik nach Entfaltung drängt: die göttliche Substanz repräsentiert eben in allen ihren Auswirkungen gegenüber den Ergebnissen der Abstraktion den logischen Wert und die methodische Gesetzlichkeit der Analysis. Nicht ein Schemen ist sie, der die Welt — was immer nur unter gewissen Gesichtspunkten und mit gewissen Einschränkungen möglich wäre — symbolisiert; sondern deren vollendete, keiner Gradabstufung fähige Realität selbst, die erschöpfende Bedingung dessen, was in der Welt „ist". In die Abhängigkeit vom Zufall der Dinge, in die Knechtschaft der Leidenschaften geraten, bedeutet daher letzten Endes dies: den wahren Begriff der Erkenntnis verfehlen; es heißt den Begriff der Freiheit, der im tiefsten Sinn der Begriff der Vernunftgemäßheit ist, verlieren. Denn frei sein ist im letzten Grunde erkennen. Wären die Menschen frei, so wäre jeder Zwiespalt zwischen ihnen getilgt: sie bedürften der staatlichen Zwangsgewalt nicht. So entspricht das Maß der bürgerlichen Freiheit dem Grade der inneren Freiheit, d. h. der Macht der Vernunft. Eine freudig in sich gefestigte Bejahung der Welt erhebt sich für Spinoza auf dieser Grundlage. Nicht die Gedanken an Tod und Vergänglichkeit, sondern an Leben und das seiner Aktivität gewisse Handeln bestimmen den freien Menschen. Nicht in dem Bejahen der Ohnmacht des Gemüts liegt die Tugend, sondern in der Freude an der Fähigkeit zu handeln, welche nichts anderes ist wie die Freude an der göttlichen Vollkommenheit. Das Gefühl einer freudigen, lebensbejahenden, kraftvollen Ruhe bewegt den Freien; das Gefühl, alles Besondere unter dem höchsten Gesichtspunkt der Erkenntnis, in Gott, also „sub specie aeterni", zu schauen. Nicht ein schwächliches, grund-

[1]) O. Baensch, Spinoza in „Große Denker". Bd. II, Leipzig 1912, S. 30.

satzloses Verstehenwollen und entschuldigendes Deuten von Schwächen — eigener und fremder —, wohl aber ein abgeklärtes Insichgehen in der Form des Strebens nach Vernunft, des Strebens nach Gerechtigkeit, leitet den freien Menschen bei der Beurteilung von Handlungen. Er besitzt Seelenstärke (fortitudo) und vereinigt in ihr Mut (animositas) und Edelsinn (generositas). Er ist von aktiven Affekten, von Affekten der Erkenntnis erfüllt, er ruht in maßvoller Einschätzung seines eigenen Wesens, sicher in sich selbst; er besitzt die acquiescentia in se ipso. Er besitzt Tugend und Glückseligkeit. Aber auch in dem Hingegebensein an passive Affekte wirkt sich schließlich als höchster Maßstab und letztes Kriterium, gleichwie in dem Seinsgehalt des Modus, die göttliche Weltgesetzlichkeit der Substanz aus. Sie bestimmt letzten Endes auch Spinozas politische Theorien.

8. Auch der „status civilis" mit seiner Ordnung der bürgerlichen Verhältnisse ist im letzten Grunde nichts anderes wie die Wiederherstellung der göttlichen Ordnung des „status naturalis", der dem passiven Affekten unterworfenen Menschen, da er ja selbst nur Modus ist, abhanden gekommen. So stellt sich letzten Endes die göttliche Natur zugleich als Prinzip des Staates dar: der Begriff Gottes steht gleichsam hinter dem Staat. Das Recht eines Wesens ist bestimmt durch das ihm innewohnende Maß göttlicher Kraft; — es ist zugleich seine „Macht". Vermöge des durch ein Bedürfnis der Sicherheit bedingten Zusammenschlusses der Menschen im Staat überträgt der Einzelne seine Rechte, d. h. das Maß seiner Macht auf den Staat. Er ordnet sich der an Gott zu messenden Machtfülle des Staates unter. Daher die absolute Souveränität des Staates, daher der Anspruch seiner Gesetzgebung auf ausnahmslose Anerkennung; die Forderung der bedingungslosen Unterordnung des Einzelnen unter sein Gebot. Schon der Ausgangspunkt von Spinozas Staatslehre, der Naturzustand, kann nur aus dem Begriff der göttlichen Natur verstanden werden. Um so tiefere Bedeutung aber gewinnt der Satz, daß der Staat eine Ordnung bedeute, die ihr Recht aus dem höchsten Ordnungsprinzip, aus der alles umspannenden Idee einer objektiven Ordnung überhaupt, herleitet: aus Gott. Je schärfer der Staat dieses seines Ursprungs aus der göttlichen Ordnung der Dinge inne geworden, je klarer der status civilis die Idee der alles umfassenden Norm des Seins und der Erkenntnis widerspiegelt, um so mehr sorgt er zugleich für die innere Freiheit seiner Bürger; für die Erstarkung und Vorherrschaft der aktiven Affekte. Die

gewaltige pädagogische Perspektive, die sich von hier aus eröffnet, sichert Spinoza für alle Zeiten einen hervorragenden Platz unter den Theoretikern der Erziehung. Denn nie ist das Problem der Erziehung, das Problem zugleich einer Wissenschaft der Erziehung, auf breiterer Grundlage gestellt worden: aus den letzten Prinzipien der Erkenntnis und des Seins soll ihr Begriff, der allemal der Begriff der Gemeinschaft ist, abgeleitet werden. — Auf der gleichen Grundlage aber erhebt sich Spinozas Lehre von der Religions- und Gewissensfreiheit. Sie wird im Namen des Begriffs der Freiheit, wie ihn Spinoza verstanden wissen will, bejaht. Der „freie" Mensch ist frei auch hinsichtlich der gemütlichen Symbole, in denen sich ihm sein Verhältnis zu Gott darstellt. Aus ebendieser seiner Freiheit aber quillt das Recht, ja die Pflicht einer vorurteilslosen wissenschaftlichen Erforschung religiöser Überlieferungen. Denn weder sei es die Aufgabe, die Bibel in Übereinstimmung zur Vernunft zu setzen, noch auch, die Vernunft der Bibel zu unterwerfen. Daher keine Verschiebung der Kompetenzen; keine Vermengung der Probleme sittlicher Normsetzung und der Erkenntnis unabänderlicher Gesetzlichkeiten der Natur. Tritt sie ein, dann nehmen Sittlichkeit und Erkenntnis, Religion und Philosophie, Kirche und Staat in gleicher Weise Schaden. Es gehört darum zu den höchsten Interessen des Staates, Übergriffe der genannten Art zu verhindern. Der Glaube, versteht er sich nur selbst, kann Andersdenkende nimmermehr verfolgen. Und die Aufgabe der Wissenschaft kann ihm gegenüber nur eine sein, nämlich diese: zu verhüten, daß die wahre Deutung einer Schriftstelle mit der Wahrheit der Sache, auf die sie sich bezieht, verwechselt werde. Eine der größten Leistungen moderner theologischer Wissenschaft, die philologisch-historische Kritik der Bibel, war damit grundsätzlich angebahnt; zugleich ein unverlierbarer Beitrag geliefert zur Theorie der geschichtlichen Wahrheit. So steht uns Spinoza, blickt man nun auf das Ganze seiner Leistung, als eine Gestalt von absoluter menschlicher und sachlicher Geschlossenheit vor Augen. Gleichwie in seinem System das metaphysische und das methodische Element sich in unauflösbarer Gemeinschaft durchdringen, so verbinden sich in seinem Charakter die Größe und Reinheit der menschlichen Gesinnung mit der unbestechlichen Folgerichtigkeit der logischen. Vollständig und schlechthin unvermittelt ist seine Hingabe an die Erkenntnis und deren Begriff, oder in der Sprache Spinozas: an Gott. Gott ist ihm der Inbegriff des höchsten Strebens und die höchste Tugend des Geistes, das einzige, der wahren Selbsterkenntnis des Geistes gemäße Ziel der Erkenntnis. In dieser seiner Selbsterkenntnis erfaßt er in unmittelbarer, in aktiver Liebe, im amor Dei intellectualis, Gott. Sie ist, der restlos-positiven Vollkommenheit Gottes entsprechend, reine actio. Ebendarum ist sie zugleich die Liebe Gottes zu sich selbst, der amor, quo Deus se ipsum amat. Allein, Gott „liebt sich" nicht, sofern er unendlich ist, sondern sofern er durch das „sub specie aeternitatis" betrachtete Wesen des menschlichen Geistes begriffen wird. So erscheint der amor Dei intellectualis als ein Teil jener unendlichen Liebe, mit der Gott sich selbst liebt; so ist er aber auch dasselbe, wie die Liebe, mit der Gott den Menschen umfängt. Sie ist unaufhebbar, gleich dem Sinn der Erkenntnis; sie ist gleich diesem ewig. Sie ist der selbstgewiß in sich ruhende Gegenstand, das in sich selbst gegründete Ziel wirklicher Glückseligkeit. „Beatitudo non est virtutis praemium, sed ipsa virtus, nec eadem gaudemus quia libidines coercemus, sed contra quia eadem gaudemus, ideo libidines coercere possumus". Der unmittelbaren Selbstgewißheit des Geistes in der Erkenntnis entspricht das selige Einswerden mit dem höchsten Prinzip des Daseins; die scientia intuitiva, welche — gleich der vom Ἔρως beflügelten Ideenschau Platos — die im höchsten persönlichen Sinn verstandene Vollendung bedeutet. Sie steht der opinio oder imaginatio, als der vermittels der experientia vaga aus Zeichen und Worten gewonnenen, aber auch der ratio als der die Dinge in ihrer begrifflichen Notwendigkeit ergreifenden Erkenntnisart, gegenüber. Wohl faßt ja auch die ratio die Dinge „sub quadam specie aeternitatis"; aber sie tut es auf begrifflich-diskursive Weise, auf die Weise und in dem Sinn des demonstrierenden Verfahrens der Ethik selbst. In der Idee der intuitiven Erkenntnis wächst Spinoza, vielleicht in sachlicher Abhängigkeit von Campanella, gleichsam über sich selbst, über den mos geometricus seines Beweisverfahrens, hinaus. Besonderes und Allgemeines erscheinen in ihr nun in einem Blick zusammengefaßt; Ordnungsprinzip, Ordnung und Geordnetes zu einem einzigen Wert verbunden. Man hat von einer Mystik gesprochen, in der Spinozas Lehrsystem gipfelt. Gewiß nicht zu Unrecht. Denn mystisch, in dem klassischen Sinn dieses Wortes, ist sein Verhältnis zu Gott; mystisch auch die Idee der Vollendung der eigenen Persönlichkeit in der Schau der ewigen, göttlichen Wahrheit. Allein nichts an dieser Mystik ist verschwommen. Denn unbeschadet ihres Gegensatzes zur ratio, ist sie die Kehrseite von Spinozas Idee der Methode. Es hätte unter den Voraussetzungen Spinozas nichts Paradoxes an sich, jede scheinbar noch so vereinzelte methodische Feststellung, weil sie notwendig auf Gott verweist, mystisch, jede mystische Gottesschau, weil sie sich in der Erkenntnis auswirkt, logisch zu nennen. Gleichwie die göttlichen Attribute einander koordiniert sind, so sind es auch die mystische Gottesschau und der mos geometricus. Jegliches Sein ist Sein in der Erkenntnis, in der Methode, in Gott. Jegliches Erfassen des Seins ist ein Sichversenken in Gott, ist ein Sicherfüllen mit dem aktiven Affekt der göttlichen Liebe.

9. Man kann darüber streiten, ob Spinozas Substanzbegriff nicht ein Maß der Abhängigkeit von der aristotelischen Überlieferung aufweise, das dem Geist seiner modernen Logik der Analysis widerstreitet [1]). Man kann im Zweifel sein auch darüber, ob seine Gleichung „Deus sive natura" nicht in einem höheren Grade von der Beziehung zu dem Naturbegriff der Renaissance beeinflußt sei, als es die systematischen Motive seines Philosophierens zu gestatten scheinen [2]). Unbestreitbar aber bleibt, daß Spinoza, trotz ja vermöge seiner Metaphysik, mitten innesteht in dem gewaltigen Ringen der Zeit um die Begründung und Sicherung des Begriffs der Erkenntnis. Einsam und scheinbar ganz auf sich selbst gestellt, erweist er sich einer problemgeschichtlichen Betrachtung — darin Heraklit vergleichbar — doch als unverlierbares Glied einer fortlaufenden Kette von Entwicklungen. Wie der Übergang von Descartes zu Spinoza, so ist auch derjenige von Spinoza zu Thomas Hobbes durch die Gestaltung der Probleme selbst vorgezeichnet. Wohl könnte man, bevor dieser Übergang ins Auge gefaßt wird, die Frage nach der unmittelbaren Schulwirkung Spinozas aufwerfen. Sie würde, je nach dem Begriff der Schulwirkung, eine verschiedenartige Beantwortung erfahren. In einem kleinen Kreis verständnisvoller Verehrer schon frühzeitig Gegenstand bedingungsloser Bewunderung, ward Spinoza in einem weit größeren alsbald nach dem Erscheinen seiner Werke das Ziel heftiger Angriffe, ja gehässiger Feindschaft. Aber weder hier noch dort hatte seine eigentliche Lehre eine systematische Weiterbildung erfahren. Das liegt nicht zuletzt an der individuellen Art ihres Aufbaus, an der unaufhebbaren, sonst nur im Kunstwerk verwirklichten Einheit von Produkt und Per-

[1]) Trendelenburg, Geschichte der Kategorienlehre. Berlin 1846. S. 53.
[2]) Cassirer, a. a. O. II, S. 40.

sönlichkeit, an ihrer bedingungslosen formalen Geschlossenheit. Spinozas entscheidender Einfluß auf Lessing, Schleiermacher, Goethe und die Identitätsphilosophie ändert daran wenig. Denn nicht sowohl um eine Weiterbildung der Philosophie Spinozas handelt es sich in allen diesen Fällen, als vielmehr um ein Zurückgreifen auf sie und ihre eigenartigen wissenschaftlichen und kulturellen Voraussetzungen.

Unter seinen Widersachern ragen besonders hervor der Mystiker Poiret (1646—1719)[1]) und Pierre Bayle. Auf sie im wesentlichen geht die Kennzeichnung von Spinozas Lehre als „Atheismus" zurück. Andere erfaßten mit größerer oder geringerer Schärfe das Gemeinsame an Cartesius und Spinoza, so Johannes Regius[2]) und B. C. Pappo[3]); wieder andere wollen Spinoza gegenüber Descartes aus seinen Beziehungen zur Antike, insonderheit der Stoa verstehen; so Ruardus Andala[4]). Viel gelesen war die schon 1680 erschienene Streitschrift des Kieler Kanzlers Christian Kortholt „De tribus impostoribus", in der Spinoza als der „größte Betrüger" neben Hobbes und Herbert von Cherbury gebrandmarkt erscheint. Ihm tritt Friedr. Wilhelm Stosch mit einer materialistischen Auffassung des Spinozismus in seiner „Concordia rationis et fidei" 1692 scharf entgegen. Spinozas Beziehungen zu Kabbala und Judentum erörterte, mit zeitweilig starker Hinneigung zu dem Philosophen, in einer Reihe zwischen 1699 und 1724 erschienener Schriften Johann Georg Wachter. Sie waren der äußere Anlaß für Leibniz, Spinoza scharf abzulehnen[5]). Anders Leibnizens Schüler Tschirnhausen, der in vielfach durchsichtiger Verhüllung spinozistische Motive weiterspinnt, während der eigentliche Systematiker der Leibnizschen Schule, Chr. Wolff, in Spinoza den Verfechter eines fatalistischen Atheismus bekämpft.

Das volle Verständnis für die Persönlichkeit und die geschichtliche Stellung des Denkers geht erst dem ausgehenden 18. Jahrhundert auf,

[1]) Cogitationes de Deo, anima et malo. Amstelodamii 1677 u. ö. „Tria in scriptis maxime vero in Ethicis Spinozae regnant: impietas, fatuitas et mathematicae veritatis s. certitudinis larva".

[2]) Cartesius verus Spinozismi architectus 1713.

[3]) Spinozismus detectus. Weimar 1721.

[4]) Cartesius verus Spinozismi eversor 1717.

[5]) Réfutation inédite de Spinoza par Leibniz. (Foucher de Careil 1854.)

nachdem einige zaghafte Versuche der Anerkennung Spinozas, des Menschen und des Denkers, im 17. Jahrhundert nahezu spurlos verhallt waren. Jetzt erstehen dem Spinozismus in Lessing, Jacobi und Herder aus tiefsten kulturphilosophischen Motiven heraus warme und feinsinnige Förderer. Goethe bekennt sich schon frühzeitig zur „Gott-Natur" und über Kant hinweg verbindet sich der Spinozismus mit grundlegenden Motiven der philosophischen Romantik. Unbeschadet seiner besonderen problemgeschichtlichen Wirksamkeit enthüllt der Spinozismus von nun an erst sein wahres Wesen und seine eigentliche historische Sendung: einer der großen Typen zu sein, zu denen das philosophische Denken im Wandel der Zeiten und Aufgaben immer wieder zurückkehrt.

7. Hobbes und die platonisierende Kritik seiner Lehren.

1. In der Reihe der großen Systematiker des 17. Jahrhunderts steht Spinoza in gewisser Hinsicht am nächsten Thomas Hobbes. Nicht immer war die Forschung dieser Gestalt, die zu den größten der Philosophiegeschichte zu zählen ist, voll gerecht geworden. Eine knorrig-selbständige Persönlichkeit, die in einem langen, 91 Jahre währenden Leben mit unbeirrter Folgerichtigkeit und bohrendem Scharfsinn sich um die Ausgestaltung des Motivs der Methode bemüht. Denn auch hier bestimmt letzten Endes der Gedanke der Methode Richtung und Ergebnis der Fragestellung, und es ist ein Beweis für die gewaltige Spannweite dieses Gedankens, daß er bei Hobbes gegenüber Descartes und Spinoza ganz neue und folgenschwere Aufgaben zeitigt.

1588 als Sohn des Vikars von Charlton und Westport in der Nähe des Städtchens Malmesbury in Südengland geboren, bezieht er fünfzehnjährig Oxford, dringt schnell in die aristotelische Logik und Physik ein, wendet sich aber — ein bedeutungsvoller Moment für seine weitere Entwicklung — ebenso schnell dem Nominalismus Wilhelm von Occams zu. Fünf Jahre später ist er Erzieher im Hause des späteren Grafen von Devonshire. Ausgedehnte Reisen mit dessen fast gleichaltrigem Sohn durch Frankreich und Italien befruchten seine geschichtlich-politischen Interessen. Sie offenbaren sich in eingehenden Studien der antiken Geschichtsschreiber und zeitigen schließlich die Übersetzung des Thukydides, mit der der fast Einundvierzigjährige vor die englische Öffentlichkeit tritt, um sein Volk vor den „Rednern" zu warnen. Eine zweite Reise nach dem Festland führt ihn, wieder als Erzieher eines vornehmen Jünglings, nach Italien. Er lernt Galilei persönlich kennen und dringt in die „Elemente" Euklids ein. Immer aufs neue aber bestimmt die Verbindung mit der Familie Devonshire den äußeren Gang seines Lebens. Denn wieder nimmt er als Erzieher eines jüngeren Sohns der Familie in Frankreich Aufenthalt, diesmal zugleich im engen Verkehr mit Descartes' Freund Mersenne, dann aber auch mit dem „Materialisten" Pierre Gassendi. Einem kurzen Aufenthalt in England folgt, durch die Wirren des langen Parlaments veranlaßt, ein abermaliges, elf Jahre währendes Exil in Paris. Er teilt es mit dem Prinzen von Wales, dem nachmaligen König Karl II., dessen Lehrer er zeitweilig ist, und es wird ihm eine Periode tiefster philosophischer Sammlung und Arbeit. Als Handschrift lernt er Descartes' „Meditationes" kennen und in der Ausgabe des Werks beantwortet Descartes bereits Hobbes' Einwände. 1640 verfaßt er seine „Elements of law naturel and politic", 10 Jahre später unter verändertem Titel und erst 1889 in ihrer ursprünglichen Gestalt [1]) herausgegeben. 1642 erscheinen seine „Elementa philosophica de cive" — zunächst nur in wenigen Exemplaren für seine Freunde, 5 Jahre darauf neu bearbeitet in Holland. 1651 folgt sodann der groß angelegte „Leviathan or the matter, form and power of a commonwealth ecclesiastical and civil" — die Theorie des von der Kirche völlig und grundsätzlich losgelösten Staates. Im Winter 1651/52 kehrt Hobbes, mit Cromwells Republik innerlich bis zu einem gewissen Grade versöhnt, nach England zurück und schafft teils in London, in engem Verkehr mit dem Physiologen Harvey, teils in ländlicher Abgeschiedenheit an den beiden ersten Teilen seines philosophischen Systems — dessen dritter durch das Buch „De cive" bereits vorweggenommen war. 1655 erscheint „De corpore", 1658 „De homine". Neben einigen kleineren Abhandlungen verfaßt er 80jährig den „Behemoth or the Long Parliament" [2]), einen in Dialogform gehaltenen, wichtigen Beitrag zur Zeitgeschichte. Achtundachtzigjährig gibt er eine Übersetzung Homers in gereimten Jamben heraus. Auch unter der Restauration, während deren er übrigens vielfach angefeindet wurde, zieht er die Unabhängigkeit der literarischen Muße dem Glanze eines hohen staatlichen Amtes, das man ihm anbietet, vor. Sein Verhältnis zu Francis Bacon, bei dem er zeitweilig eine Art

[1]) Von F. Tönnies.

[2]) 1889 ebenfalls von Tönnies herausgegeben.

von Sekretärstelle versah, ist für seine geistige Entwicklung ganz unerheblich. Nur als einen Vertreter der Naturgeschichte, nicht als Philosophen erwähnt er ihn. Naturgeschichte aber gilt ihm nicht als Wissenschaft.

2. Bei der Fülle systematischer Gesichtspunkte, die bei Hobbes nach Gestaltung ringen, erscheint kein Schlagwort umfassend genug, um seine philosophiegeschichtliche Stellung erschöpfend zu kennzeichnen. Aber wie mannigfach sich die Motive auch verzweigen mögen, der Begriff der Methode bleibt ihr natürlicher Ausgangs- und Zielpunkt. Und zu diesem Begriff wieder führt Hobbes der nominalistische Zug seiner Oxforder Lehrjahre. Denn Nominalismus bedeutet für Hobbes nicht Leugnung des Erkenntniswertes der „Universalien" schlechthin, nicht die grundsätzliche Ausschaltung des Begriffs, sondern nur die Ablehnung einer vermeintlichen und scheinbaren Erkenntnis aus dem, was dem Begriff zugeordnet ist, dem bloßen „Wort". Das Wort tritt ihm vor der Sache, die „Dialektik" im schlechten Sinn vor der nach objektiven, methodischen Gesichtspunkten gestalteten Einsicht zurück. Er ist weit davon entfernt, die entscheidende Bedeutung des Wortes für die Erkenntnis zu übersehen. Worte sind für ihn „weiser Menschen Rechenpfennige", nur den „Narren sind sie Geld, das nach der Autorität alter Doktoren geschätzt wird". Aber freilich das Wort gilt ihm auch als gefährlicher Versucher: mit aus Worten gedrehten Stricken hätten Plato und Aristoteles die Wahrheit schon in ihrer Entstehung erstickt. So wird für Hobbes der Nominalismus zum Inbegriff der Idee gegenständlicher Erkenntnis, zum Repräsentanten des Begriffs der Methode. So schließt für ihn das Bekenntnis zum Nominalismus das Bekenntnis zu den höchsten methodischen Werten ein, wie sie in der Vollendung des mathematischen Denkens vorliegen; das Bekenntnis zu dem Geist und den Verfahrungsweisen der Elemente Euklids. „Ich weiß, daß derjenige Teil der Philosophie, der sich auf Linien und Figuren bezieht, in guter Ausbildung uns von den Alten überliefert worden ist, und zugleich auch ein herrliches Muster der wahren Logik, wodurch sie ihre vorzüglichen Theoreme haben erfinden und demonstrieren können [1]." Die Abkehr vom Wort bedeutet für ihn die Hinwendung des Geistes von metaphysischen Fragen zur mathematischen Analyse der Erfahrung. Die Ablehnung des mittelalterlichen Begriffs der Dialektik schließt die Forderung einer Logik in sich, die nicht nur bezwingt, sondern über-

[1]) De corpore. Epist. ded. und I 1, 1, L I 2.

zeugt; die nicht nur Vorgegebenes verknüpfen, sondern Neues finden will: eine Logik der inventio. Das Verfahren einer solchen Logik aber kann nur die Analysis sein. Denn sie hilft Neues entdecken, indem sie die Bedingungen aufweist, unter denen Gegebenes steht. Nicht nur diese Bedingungen sind fortan das Neue, sondern vor allem auch die Seinsart des „Gegebenen": es ist fortan zugleich durch seine Bedingungen gefordert, d. h. begriffen. Ja, als ein aus seinen Bedingungen Gefolgertes „ist" es erst recht eigentlich. Es ist in seiner neuen Bestimmtheit logisch geschaffen. Ein wesentlicher Zug des Hobbesschen Denken enthüllt sich damit. Jetzt erkennt man, weshalb seine Schrift über den „Körper" recht eigentlich auf eine Erörterung logischer Probleme abzielt: sie ist ein Hinweis auf die „Teilbarkeit" alles Gegebenen. Teilbarkeit aber bedeutet hier Möglichkeit der Zurückführung auf Bedingungen, Möglichkeit der Analyse. In solchen Voraussetzungen wurzelt auch der Begriff des Staates als eines corpus politicum. Sofern die Bedingungen seines Begriffs enthüllt werden, ist auch er „Körper". Oder genauer: sofern auch nur die Frage nach seinen Bedingungen gestellt wird. Er ist Körper im Rahmen einer analytischen, vom Bedingten zu den Bedingungen fortschreitenden Betrachtungsweise. Zweierlei folgt hieraus. Einmal die allgemeine Einsicht, daß Hobbes' Lehre vom Körper mit „Materialismus" nichts zu tun haben könne. Denn Körper heißt einfach das aus Bedingungen Entstandene, vermöge solcher Entstehung aus Bedingungen Begriffene, durch die Entdeckung seiner Bedingungen, durch Ableitung aus diesen Bedingungen Geschaffene oder Zuerschaffende. Wie es eine Geometrie gibt, nur sofern wir die Figuren im Sinn ihrer Definition erschaffen, so gibt es auch eine Wissenschaft von den Dingen, nur sofern sie aus ihren Bedingungen entwickelt werden. Sodann aber ist die Erwägung, wie der Staat „entstanden" zu denken sei, nicht eine geschichtliche, sondern eine analytische Angelegenheit. Der „Vertrag" zwischen den Gliedern der Gesellschaft, der ihm zugrunde liegt, ist nicht sein zeitliches, sondern sein logisches Prius: er stellt die Voraussetzung dar, die der Staat erfüllen muß, die Bedingung, aus der er als Gegenstand strenger Wissenschaft „verstanden" werden soll. Nicht dies ist die Meinung des Philosophen, daß zu irgendeiner geschichtlichen oder vorgeschichtlichen Zeit ein Vertrag zwischen den Menschen geschlossen worden sei; sondern dies, daß der Zustand sozialer Gemeinschaft im Staat ein vertragsmäßiges Verhältnis zwischen den Gliedern der Gemeinschaft voraussetze, daß jenem Zustand dieses Verhältnis — logisch — vorausgehe; daß sich der Staat als Machtsubjekt nur an einer vertragsmäßig gegliederten Gemeinschaft offenbaren könne. Von selbst ergibt sich hieraus Hobbes' Stellung zu dem Problem der wissenschaftlichen Methode. Wie er den greisen Galilei, den er von Florenz aus wiederholt besucht, menschlich bewundert; wie er aus dem Verkehr mit ihm die Anregung zu schöpfen schien, auch die Sittenlehre mit dem Geist der mathematischen Methode zu erfüllen, so erfaßt er mit voller Bewußtheit und Schärfe die Eigenart des Galileischen Verfahrens, zu den Gesetzen der Erscheinungen vorzudringen mit Hilfe der methodischen Zergliederung eines einzigen Falles. D. h. er erfaßt die Schranken jenes anderen Verfahrens, mit der Absicht der vergleichenden Beobachtung Tatsachen auf Tatsachen zu häufen. Denn nicht Tatsachen zu sammeln, sondern Theorien zu ersinnen, gilt ihm als die Aufgabe der Wissenschaft. Er verspottet das immerwährende Experimentieren der Baconianer. Nicht die Feststellung, daß etwas ist, vermag den Forscher zu fesseln; sondern nur die Ergründung der Bedingungen, unter denen es ist. Erkenntnis bedeutet eben nicht Kenntnisnahme von Tatsachen. Erkenntnis ist allemal bedingt. (Conditional knowledge.) Sie geht, wenn man es so ausdrücken will, auf das „Mögliche", nicht auf das „Wirkliche"; sie kleidet sich in die logische Form des hypothetischen Urteils.

3. Allein, so tief diese Gedanken das Wesen aller Wissenschaft ergreifen, so wenig vermögen sie doch für sich allein den ganzen Umkreis möglicher Erkenntnis zu umspannen. Hobbes übersieht den Reichtum der Motive, der sich hinter dem bloß konstatierenden „daß" verbergen kann; die Bedeutung dieses Reichtums für die Einsicht in Gliederung und Mannigfaltigkeit der Wissenschaften. Und so verzichtet er auf ein erschöpfendes Verständnis der methodischen Grundlagen der zeitgenössischen Chemie; er mißversteht im letzten Grunde auch deren großen Förderer, Robert Boyle. Ja, der ausgezeichnete Übersetzer des Thukydides und der kritische Historiker des „langen Parlaments" verschließt sich der vollen sachlichen Würdigung der methodischen Eigenart geschichtlicher Fragestellung. Wohl ist auch Geschichte bloße Kenntnisnahme von Tatsachen. Allein, sie ist doch Kenntnisnahme unter besonderen sachlichen Bedingungen; im Hinblick auf besondere sachliche Voraussetzungen. Ihre Tatsachen sind Tatsachen von eigentümlicher Bestimmtheit, in Hobbes' Sinn formuliert: Körper von eigentümlicher Teilbarkeit. Auch Hobbes' Verhältnis zur Mathematik ist zwiespältig.

Sie erscheint ihm als Muster und Vorbild jedes wissenschaftlichen Verfahrens. Sie gilt ihm als unfehlbares Werkzeug, Wahres von Falschem zu unterscheiden; ja, als die entscheidende Voraussetzung, Wahres zu finden, wenn nur einmal die „Interessen" der Menschen ausgeschaltet sind. Nichts kann sich ihrer Kompetenz entziehen. Denn alles ist schließlich ihrer Idee gemäß; alles muß auf dieselbe Weise in seinen gestaltenden Bedingungen durchschaut werden können wie der mathematische Gegenstand. Dabei bekundet er tiefstes Verständnis für die Eigenart mathematischen Erkennens. „Da die Ursachen für alle Eigenschaften der einzelnen Figuren in den Linien enthalten sind, die wir selbst ziehen, und da die Erzeugung der Figuren von unserer Willkür abhängt, so bedarf es, um irgendeine beliebige Beschaffenheit einer Gestalt zu erkennen, nichts weiter, als daß wir alle Folgen betrachten, die sich aus unserer eigenen Konstruktion ergeben. Aus diesem Grunde allein, weil nämlich wir selbst die Figuren erschaffen, gibt es eine Geometrie und ist sie eine beweisbare Wissenschaft[1])." Mit der gleichen Bestimmtheit aber umgrenzt er das Gebiet der „Freiheit" mathematischer Konstruktion gegenüber aller grundsätzlichen Willkür. Jene ist ihm eben Ausdruck objektiver methodischer Notwendigkeit, Ausprägung einer unabänderlichen Gesetzlichkeit, daher geradezu Freiheit von jeglicher „Willkür". Und doch geht bei Hobbes der gewaltigen Erweiterung des Bereichs mathematischer Kompetenzen weder die Vertiefung in konkrete Probleme der Mathematik, noch auch das erschöpfende Verständnis für ihren Begriff parallel. Sein Streit mit dem Oxforder Professor John Wallis ist nach dieser Richtung von besonderem Gewicht. Wohl hängt dieser Streit mit einem anderen, um religions- und kulturpolitischer Fragen willen geführten, zusammen. Der „Leviathan" hatte Hobbes mit dem Klerus entzweit. So sehr sich auch die Theologen untereinander bekämpft haben mochten, in der Verdammung des Hobbes waren sie einig. Der Kampf um die Reform der Universitäten kommt hinzu. Hobbes ist an diesem Kampf mittelbar und unmittelbar beteiligt. Eine Reihe streitbarer Gegner treten wider ihn auf den Plan; allen voran der Astronom Seth Ward. Mit diesem nun verbündet sich der Mathematiker Wallis. Allein, Hobbes irrt, wenn er Wallis lediglich als Verfechter geistlicher Interessen[2]) betrachtet. Denn in Wahrheit

---

[1]) De homine. Cap. X.

[2]) Vgl. einen Brief an Sorbière v. 8. Januar 1656.

drängen in dem Streit mit ihm letzte, für Hobbes selbst noch ungelöste Prinzipienfragen der Mathematik an die Oberfläche. Und vor allem um dieser Prinzipienfragen willen gewinnt jener Streit unabweisbare problemgeschichtliche Bedeutung. Für Hobbes erscheint der Begriff der Konstruktion auf die Geometrie beschränkt. Er macht m. a. W. vor dem der Analyse, in deren eigentlichem mathematischen Sinn, Halt. Der Denker verwahrt sich gegen die Auflösung der Gesetzlichkeit von Figuren in die der Zahl; er vermutet darin einen inadäquaten Gebrauch des Zahlbegriffs, eine Gefährdung der methodischen Reinheit und Folgerichtigkeit der Geometrie. In diesem Streite mußte Hobbes nach der Lage der Dinge gegenüber dem Vertreter des Gedankens der Analysis und der Methode des Infinitesimalen unterliegen. In Wallis' Sieg über Hobbes prägt sich anders gesagt dessen problemgeschichtlicher Abstand von Leibniz aus: der Begriff der Ordnung mußte sich in seiner ganzen Universalität und Bestimmtheit entfalten, die Idee der Stetigkeit in ihrer vollen methodischen Bedeutung ergriffen und an konkreten Problemen bewährt sein, ehe Hobbes' Ideal einer Theorie der „Körper" Verwirklichung finden konnte. Es genügt nicht, daß Hobbes in seiner Forderung, auch Staat, Recht und Politik als „Körper" zu betrachten, der Idee der Analysis einen niegeahnten Umfang zu geben versucht; daß er das cartesianische Motiv der analytischen Geometrie in sich aufgenommen haben muß. Vergebens auch, daß ihn das Prinzip von der unbeschränkten Reihe der Erkenntnisbedingungen zur Forderung einer unbegrenzten Größenabstufung der Dinge führt; daß für ihn nicht Atome und der leere Raum, sondern Atome in stetig abgestuften Größenordnungen unsere Welt bilden; vergebens, daß er mit dem infinitesimalen Begriff des „conatus", d. i. dem Begriff einer Bewegung über eine Raumstrecke und eine Zeitdauer, die kleiner sind als jeder gegebene Teil des Raumes und der Zeit, unablässig ringt; — ein tiefer, durch keine prinzipielle Erwägung gemildeter Riß durchzieht seine Gedankenwelt, wo er die analytische Methode zum Siege führen will und doch den eigentümlichen Sinn der mathematischen Analysis verfehlt. In der Geometrie vor allem scheinen ihm die Bedingungen für eine Anwendung der Mathematik auf die Natur verwirklicht; Anwendung auf die Natur aber gilt ihm, trotz mancher gegenteiligen Instanz, als der Maßstab des theoretischen Wertes der Mathematik. Bedeutsame Rückwirkungen dieser Gedanken auf die Auffassung vom Begriff der Geometrie selbst konnten nicht ausbleiben. Wohl sucht ja Hobbes, wie wir sahen, das methodische Motiv der „Freiheit" mathematischer Konstruktion aller „Willkür" gegenüber durchzusetzen. Noch aber erscheint jenes Motiv, wo sein Verhältnis zu den letzten Prinzipienfragen geometrischer Erkenntnis in Betracht kommt, den relativistischen Fährnissen nicht restlos entrückt. So erfährt der Gedanke vom anschaulichen Charakter aller geometrischen Konstruktion eine bedeutsame Beschränkung: er ist nicht sowohl ein Ausdruck für die Eigenart des geometrischen Beweises, als vielmehr ein Hinweis auf die bloße Art, Dinge „vorzustellen".

4. Gewiß ist der Raum auch für Hobbes trotz der Bezeichnung als „phantasma" mehr als das Ergebnis bloß subjektiver Einbildung. Schon Hobbes' zeitgenössischer Kritiker, der cartesianisierende Mystiker Henry More (1614—1687) hat es überzeugend dargetan. Der Raum sei „reales Fundament" jeglicher Feststellung über die extensiven Qualitäten der Dinge. Er habe unter solchen Voraussetzungen sozusagen teil an deren substantialer Bestimmtheit. Er habe somit auch teil an ihrer Abhängigkeit von der einen, göttlichen, Substanz. Für Hobbes freilich wird dieser Beweisgang nicht aktuell. Die gegenständliche Funktion der „Vorstellung" des Raumes ist ihm beschlossen in dessen Bedeutung für die „primäre" Bestimmtheit der Dinge. Trotzdem bleibt er für ihn „Vorstellung". Der Raum behält für Hobbes immer etwas von dem Charakter des psychologisch Geschauten, des subjektiv „Anschaulichen". Oder anders ausgedrückt: Noch ist Hobbes bei aller Schärfe, mit der er den methodischen Begriff der „Freiheit" des mathematischen Verfahrens verficht, zu dem kritischen Problem der „reinen Anschauung" nicht vorgedrungen; noch fördert ihn jener Begriff nicht in der Bewältigung der Aufgabe, die objektive Gültigkeit der geometrischen Axiome zu rechtfertigen. Ja, man darf sagen: das Problem dieser objektiven Gültigkeit kann ihm gar nicht aktuell werden, solange die Notwendigkeit der Axiome in der Sphäre des Vorgestelltwerdens beschlossen bleibt. Indessen, jener Riß spaltet Hobbes' Gedankenwelt nicht in deren ganzer Tiefe. Ihre Einheit bleibt trotz der geschilderten Zwiespältigkeit in der Einstellung des Philosophen gewahrt; und selbst sein Verhältnis zu dem Motiv der Methode erfährt dadurch keine wesentliche Einschränkung. Der Hobbessche Begriff der Bewegung ist es, der in seinem Reichtum und seiner Elastizität solcher Einheitlichkeit zugrunde liegt. In der Bewegung schien ihm ein Gegenstand gefunden zu sein, der den Bedingungen des analytischen Verfahrens restlos genügt.

Deshalb gewinnt für ihn eine Theorie der Bewegung universelle Bedeutung: etwas erkennen heißt, es aus Gesetzen der Bewegung begreifen. Als Bewegungsgesetz stellt sich die Gesetzlichkeit aller Veränderungen dar. Selbst vor der Wahrnehmung macht diese Lehre nicht Halt. Ist sie Gegenstand der Wissenschaft, also „zerlegbar", d. h. Körper, dann unterliegt auch sie der Gesetzlichkeit der Bewegung; dann muß auch sie in ihrem wissenschaftlichen Bestand betrachtet „Bewegung" sein. So verwirklicht sich in der viel umstrittenen Lehre von der Bewegungsnatur der Wahrnehmung im letzten Grunde eine methodische Forderung: als Gegenstand wissenschaftlicher Fragestellung muß sie in einem Verhältnis eindeutiger Abhängigkeit gedacht werden zu dem Begriff und der Gesetzlichkeit der Bewegung. Allein, das allgemeine Programm einer „physiologischen Psychologie", das Hobbes damit entwickelt, rückt sofort in die Beleuchtung einer tieferen und für den Begriff der Psychologie grundsätzlichen Fragestellung. Nur eine Gesetzlichkeit der Bewegung wird das Problem der Wahrnehmung wissenschaftlich zu bewältigen vermögen. Aber der — physikalische — Begriff der Bewegung erschöpft den der Wahrnehmung nicht. Jede Wahrnehmung ist zugleich auch durch sich selbst bestimmbar. Sie ist zugleich Erlebnis; d. h. „Bewußtheit", also auf ein „Ich" bezogen, das selbst niemals Objekt werden kann. Nicht eine Inkonsequenz gegenüber seinem angeblichen Materialismus ist es darum, wenn Hobbes mit seiner These von der Bewegungsnatur der Wahrnehmung den Satz verbindet, das τὸ φαίνεσθαι selbst sei die wunderbarste, aus keiner anderen ableitbare Erscheinung; sondern vielmehr der bedeutsame — bewußt oder unbewußt unternommene — Versuch, der methodischen Selbständigkeit psychologischer Fragestellung kritisch Rechnung zu tragen. Mit anderen Worten: Es erhebt sich neben der Aufgabe einer physikalisch-physiologischen Bewältigung der Probleme von Empfindung und Wahrnehmung die Forderung nach einer methodisch selbständigen Wissenschaft von jenem „τὸ φαίνεσθαι". Der Analysis war damit, freilich mehr implizit als explizit, ein neuer Problemkreis erobert; der Begriff der Bewegung selbst aber mußte eine bedeutsame, über seinen ursprünglichen, physikalischen Sinn weit hinwegreichende Erweiterung erfahren. Das Zwischenglied nun, das die Idee psychischer Tatsächlichkeit mit dem Begriff der Bewegung verbindet, ist das Gedächtnis. Es gibt keine Empfindung, heißt es einmal bei Hobbes (vielleicht mit Bezug auf Petrus Ramus), der nicht „notwendigerweise irgendwelches Gedächtnis anhinge, wodurch das Frühere vom Späteren, und eines vom anderen unterschieden werden kann"[1]). Das Gedächtnis ist der Ausdruck für die besondere Art der Beharrung von Psychischem; zugleich die Bedingung für dessen scheinbare Wiederkehr in der Vorstellung, die Bedingung also für dessen spezifisches „Sein". Das Organ des Gedächtnisses aber ist die Sprache. Vermittels des Wortes gestaltet sich überhaupt erst psychisches Sein; vermittels der Beziehung auf das Wort gewinnt das im Denken Setzbare methodischen, d. h. gegenständlichen Wert. Ein bemerkenswerter Doppelbezug kennzeichnet hier Hobbes' Gedankengang. Einerseits biegt das Problem des Gedächtnisses immer wieder ins Physiologische zurück: die Erinnerung wird im Sinn einer Beharrung von Bewegungen in gewissen Organen gedeutet[2]). Auf der anderen Seite wird mit einem größeren oder geringeren Grad der Bewußtheit der eigentümliche methodische Sinn einer Beharrung im Psychischen festgehalten. Wir haben es im Augenblick nur mit dem zweiten Bezug, mit den Folgen dieses Bezugs für die Probleme der Analysis und der Bewegung zu tun. Um es mit einem Wort zu sagen: Das Gedächtnis erscheint als letztes Definitionselement des Psychischen; als das, worin man Psychisches „zerlegen" muß, um es zu erkennen; kurz als etwas, was sich dem Psychischen gegenüber so verhält, wie dem physischen Geschehen gegenüber die Bewegung; ja mehr noch: als das, was die „Bewegung" selbst, wie sie sich im Bereich des Psychischen darstellt, erst zu verstehen gestattet. Das Gedächtnis verleiht dem Psychischen Stabilität nicht nur im zeitlichen Sinn; es ist als sein Definitionselement zugleich das logisch Beharrende in ihm. In dieser seiner Funktion aber erscheint es an das Wort geknüpft. Vermittels des Wortes fixiert das „Gedächtnis" die Erlebnisse; und in der Kombination der an das Gedächtnis geknüpften Worte gestaltet sich das methodisch erkennende Erleben. Man sieht: die Absicht, den Begriff des Psychischen durch eine, wir würden heute sagen: denkpsychologische Analyse des Erlebens festzuhalten, verknüpft sich auf bemerkenswerte Weise mit dem Streben, das Psychische in seiner Bedeutung für die Erkenntnis und deren Begriff zu erfassen. Was Hobbes in einer oft ungelenken und tastenden, mit dem Sinn der Problemstellung selbst noch schwer ringenden Form zum Ausdruck bringt, ist die unaufhebbare

---

[1]) De corp. Cap. 25, 4.

[2]) Vgl. Lev. I, 2.

Affinität zwischen der Tatsache des Denkens und den Normen des Gedachten, wenn man will: der stetige Übergang aus dem Problembereich der Psychologie in denjenigen der Erkenntniswissenschaft. Auf der anderen Seite faßt der Begriff des Gedächtnisses die auseinanderstrebenden Elemente des Motivs der Bewegung auf umfassende Weise zusammen. Die methodisch geleitete Bewegung von Erlebnis zu Erlebnis tritt in eine vielsagende Parallele zu der Gesetzlichkeit der — extensiven — Bewegung von Ort zu Ort. Hinter beiden aber steht als generelle Bedingung die Norm der Beharrung, wie sie im „Gedächtnis" ihren ebenso scharfen wie umfassenden Ausdruck findet. Erscheint doch auch die Gesetzlichkeit der räumlichen Bewegung an die Voraussetzung geknüpft, daß sie denkend „erzeugt" sein müsse.

5. Es kommt für die problemgeschichtliche Analyse nicht darauf an, wie weit Hobbes selbst diese Gedanken formuliert und ausgesprochen habe. Die Frage kann nur sein, ob sie in seiner Lehre Halt und Begründung finden möchten. Diese Frage aber kann kaum verneint werden. Es ist denn auch kein Zufall, daß sich für Hobbes unter den dargelegten Voraussetzungen mit dem Problem der Sprache, oder was dasselbe bedeutet, mit dem des Gedächtnisses, das der Wahrheit unauflöslich verbindet. Veritas in dicto, non in re consistit — heißt es bei Hobbes[1]). Und doch sind Wort und Bedeutung, wenn man will: Zeichen und Sache voneinander nicht grundsätzlich getrennt. Sie können es so wenig sein, wie Denken und Erkennen. Denn in der Kombination von Zeichen gestaltet sich das Denken zum Erkennen. In der Kombination von Zeichen ergreift das Denken die Sache, wenn sonst Sachen als Gegenstände der Erkenntnis „zerlegbar" sind, wenn Erkennen um es noch einmal hervorzuheben, denkendes „Erzeugen" einer Sache aus ihren Bedingungen bedeutet. In einer universellen Kombinatorik von Zeichen, in einem umfassenden System rechnerischer Operationen, die ihren Charakter als „actus animi" niemals verleugnen können, gestaltet sich alle Erkenntnis. Von hier aus fällt Licht auch auf das, was man Hobbes' Nominalismus zu nennen pflegt. Es bedeutet weniger, daß die Erkenntnis in Worten beschlossen sei, denen die Sachen grundsätzlich entrückt bleiben; noch auch daß sie auf den Bereich der Dinge, im Gegensatz zu dem Gebiet der Zeichen, beschränkt bleibe. Es bedeutet vielmehr jenen unaufhebbaren Wechselbezug zwischen Zeichen

[1]) Vgl. De corp. I, 3, 7, u. 8.

und Sache, wie er in dem Verhältnis zwischen Erlebnis und Erkenntnisbegriff, wie er in der Forderung der Zerlegung eines Komplexen in seine gestaltenden Teile, kurz wie er in dem Plan des analytischen Verfahrens zu greifbarer Ausprägung gelangt. Damit aber offenbart sich auch der tiefere Sinn, den der Ausdruck „Rechnen" bei Hobbes in Anspruch nimmt. Er tritt in eine unverkennbare Beziehung zu der Idee einer „allgemeinen Ordnungslehre"; auch er offenbart daher Bedingungen, wie sie dem Begriff der Analysis zugrunde liegen. Gewiß ist Hobbes selbst die letzte theoretische Bedeutung dieser Zusammenhänge noch verborgen geblieben. Aber in allgemeinsten Umrissen erfaßt er bereits einen Gedanken, der seine vollendete Darstellung erst bei Leibniz erfahren sollte, die Idee einer Characteristica universalis; den Grundsatz, daß sich in einer idealen, den Bedingungen mathematischer Ordnung genügenden, reinen „Bedeutungssprache" die Voraussetzungen jeder möglichen Erkenntnis erfüllen müssen. — Aber auch Hobbes' berühmtes Wort: „Origo omnium nominatur sensus" rückt nun in eine neue und schärfere Beleuchtung. Es drückt mehreres aus. Einmal die Überzeugung des Denkers, daß der zeitliche Ursprung aller Erkenntnis die „Erfahrung der Sinne" sei; sodann den Gedanken, daß jegliche Erkenntnis aus Erfahrung die Beziehung auf die „Sinne" notwendig einschließe; weiterhin, daß jede Sinneswahrnehmung als selbständiger Gegenstand möglicher Erkenntnis an Substrate gebunden zu denken sei, die eine Analysis nach mathematischen, d. h. demonstrierbaren Gesetzen gestatten; schließlich, daß die Sinneswahrnehmung und mit ihr alles Erkennbare und Erkenntnismäßige auch unabhängig von der Beziehung auf jene Substrate, d. h. lediglich im Hinblick auf die Besonderheit ihres psychologischen Seins, aus dem Motiv des „Gedächtnisses" analytisch aufgebaut und verstanden werden müßten. Es ist Zeit, daß die Rede von Hobbes' Sensualismus verstumme. Denn Hobbes ist nicht, wie Fr. A. Lange einmal meint, über den „Materialismus" ebenso hinausgegangen, wie Protagoras über Demokrit. Hobbes' „Sensualismus" ist alles, nur nicht sophistischer Relativismus. Man übersieht eben das rationalistische Korrektiv bei Hobbes, ohne das seine Probleme in nichts zerfielen. Man verkennt die denkpsychologische Vertiefung seiner Fragestellung, worin sich erst deren letzter und einheitlicher Bezug auf die Idee des analytischen Verfahrens herstellt und vollendet. Und nicht wesentlich anders steht es um Hobbes' sogenannten „Phänomenalismus". Seine berühmte Lehre vom Raum als einem „phantasma rei existentis" bedeutet systematisch betrachtet keine grundsätzliche Abweichung von der durch den Begriff des „Gedächtnisses" vorgezeichneten Linie seines Philosophierens. Sie besagt nichts Neues gegenüber dem Satz, daß das Gedächtnis methodische Voraussetzung des Psychischen, Bedingung seiner Bestimmtheit und damit zugleich Bedingung der Möglichkeit gegenständlicher Erkenntnis sei. Sie stellt eine durch die Natur der in Betracht kommenden Aufgabe nahegelegte Besonderung dieses Satzes dar. Der Raum und die Zeit sind nicht selbst Dinge, sondern denkgemäße Ordnungsbestimmtheiten, wenn man will: Formen der Dinge. Die „primären" Bestimmungen der Dinge sind durch diese Formen vorgeschrieben. Die Dinge „sind", wie es die Gesetzlichkeit dieser Formen fordert. Zwar ist es Hobbes' Meinung, daß die „realen Akzidentien" die Dinge, wie sie unabhängig von der Möglichkeit ihrer Erkenntnis, d. h. an „sich" sein mögen, bestimmen. Allein, man sieht auf den ersten Blick, daß auch diese Meinung aus Gründen, die nicht wiederholt zu werden brauchen, in der Denkgemäßheit ein notwendiges Bestimmungselement der Dinge erblicken muß. Mag auch die Bestimmtheit der Dinge unabhängig von ihrem Erkennbarsein in Frage gezogen werden, stets bleibt sie den Bedingungen ihrer „Erzeugung" gemäß. Ja, sie bleibt es in ganz besonderem Maße. Denn die Dinge an sich selbst betrachten, heißt ihnen das höchste denkbare Maß gegenständlicher Bestimmtheit zuschreiben. — Aber welche Bewandtnis es damit schließlich auch haben mag, zum mindesten streiten bei Hobbes zwei Gesichtspunkte gegeneinander: die Idee einer erkenntnismäßigen Bestimmung von Dingen an sich selbst, also die Tendenzen eines metaphysischen Rationalismus, mit denen eines agnostischen Phänomenalismus, d. h. mit dem Gedanken, daß die Dinge an sich hinter ihren Erscheinungen schlechthin zurücktreten. Und Hobbes' vielberufener Materialismus? Er wird schon durch die Lehre von der phänomenalen Natur des Raumes aufgehoben. Gibt es Erkenntnis, und ist Materie das als ein Extensives Erkennbare an den Dingen, dann muß auch sie dem „Erzeugtwerden" im Sinne der extensiven Ordnung des Raumes unterliegen. Aber auch noch in einer anderen Beziehung verschwimmt das, was man als Hobbes' Materialismus zu bezeichnen pflegt. Wenn die Ärzte, so äußert er gelegentlich, die Mechanismen der Lebensvorgänge hinlänglich durchschaut hätten und nicht gewahr würden, daß sie von einem Verstande geschaffen und je zu bestimmten Funktionen geordnet seien, so müßte man von solchen Forschern glauben, sie selber seien ohne Verstand.

Deistisch-teleologische Motive dieser Art sprengen den Rahmen jedes noch so festgefügten Materialismus. Denn sie stellen den Begriff biologischer Erkenntnis zur Erörterung; sie führen Gesichtspunkte der Betrachtung ein, die dem Materialismus als solchem fremd sind. Wohl bleibt das Verhältnis jener teleologischen Motive zu den Grundsätzen mathematischer Analyse bei Hobbes noch offen. Auch fehlen seiner Lehre noch die Voraussetzungen, um den methodischen Abstand zwischen mathematischer und biologischer Gesetzlichkeit kritisch zu bewältigen. Auch hier verweist eben Hobbes auf Leibniz.

6. Und noch in einer anderen Hinsicht entzieht sich Hobbes jeder schematisierenden Kennzeichnung. Es ist wahr, daß sich schon ihm, wie später Hume, das „Ich" als ein „Zusammen" inhaltlich bestimmter psychischer Elemente darstellte; ja, daß seine Lehre auch die Struktur des „Dings" unter ähnlichen Gesichtspunkten zu betrachten gestattet. Bezeichnet er doch Dinge gelegentlich als die ihrer Vorstellung entsprechenden Bewegungen. Allein, Hobbes denkt dabei an „Bewegungen" von ganz bestimmter Art und Herkunft. Er meint solche, die durch einen von unseren Sinneswahrnehmungen unabhängigen, nur dem Verstand zugänglichen, nach Größe und Gestalt bestimmten Gegenstand veranlaßt sind. Nicht die Verwechslung von Dingen mit Empfindungskomplexen, nicht „Konszientalismus" also ist Hobbes' Lehre, sondern der berühmte Satz von den „primären Qualitäten". Die methodische Sicherheit mathematischer Erkenntnis gilt ihm als selbstverständlicher Rechtsgrund für die Gewißheit des Seins mathematisch bestimmter Dinge. Und was das „Ich" anlangt, so kann ein „Zusammen" von Elementen, die es ausmachen soll, solange nicht als erschöpfende Bestimmung seines Wesens gelten, als der Satz von dem τὸ φαίνεσθαι und die Lehre vom Gedächtnis als der Möglichkeitsbedingung alles Psychischen aufrecht bleiben. Fielen sie aber, so fiele der Sinn des Hobbesschen Philosophierens überhaupt; es fiele die entscheidende Einstellung auf die Bedeutung der analytischen Methode. Gerade sie aber verleiht Hobbes' Lehre an allen Punkten Halt und Bestand. Gerade der von dem Sinn jener Methode unablösbare Begriff der Bedingtheit erweist sich immer aufs neue als der Mittelpunkt aller systematischen Betrachtungen; — auch derjenigen über Begriff und Stellung der Religion. Vielfach ward Hobbes im 17. Jahrhundert — im Verein mit Spinoza und zuweilen auch dem feinsinnigen Vertreter der aufklärerischen Idee einer „natürlichen" Religion, Herbert

von Cherbury — kurzweg als „Atheist“ gebrandmarkt. Er ist es so wenig wie seine beiden Genossen. Vielmehr dient ihm der Begriff der Religion als bedeutsamer Anlaß, um den eigentümlichen Sinn wissenschaftlicher Erkenntnis aufs neue festzulegen. Wissenschaft treiben heißt allemal, Gegebenes in seiner Bedingtheit erfassen, im Hinblick auf mögliche Bedingungen beurteilen, und wiederum Bedingungen in ihrer Beziehung auf Bedingtes werten. Dieser Wechselbezug definiert ihm geradezu die Wissenschaft und deren Gegenstand. Er trennt ihm aber zugleich auch grundsätzlich Wissenschaft von Religion. Der Sinn des religiösen Verhaltens ist in der Beziehung auf ein Unbedingtes, in dem Verhältnis zu einem Bedingungslosen beschlossen. Erfaßt und deutet doch Religion jedes mögliche System von Bedingtheiten auf der Grundlage eines ethischen Verhältnisses zu dem schlechthin Bedingungslosen. Deshalb allein, und nicht aus „atheistischen“ Motiven scheidet für Hobbes Gott aus der Reihe der möglichen Gegenstände der Erkenntnis aus. „Ubi generatio nulla, aut nulla proprietas, ibi nulla Philosophia intelligitur [1].“ „Unerzeugte“ Substanzen, die kein „Mehr“ oder „Weniger“ verstatten, die mithin das „Rechnen“ ausschließen, sind dem erkennenden Denken ihrem Begriff nach entrückt. Nicht die Religion, sondern die Wissenschaftlichkeit der Religion lehnt er ab; die Begreiflichkeit ihrer Gegenstände, die erkenntnismäßige Begründbarkeit ihrer Lehren. Alles seinem Begriff nach Ablosute, ist ihm Gegenstand nicht der forschenden Wissenschaft, sondern der „Theologie“; Theologie aber gilt ihm als Metaphysik.

7. Die Möglichkeit des analytischen Verfahrens, das bleibt der Kern seines Gedankenganges, entscheidet über Umfang und Grenzen des Gebiets der Wissenschaft. Sie entscheidet zugleich über die Grundbegriffe der Wissenschaft, vor allem über den der Kausalität. Die Entwicklung dieses Begriffs bei Hobbes ist ein philosophiegeschichtliches Thema für sich. Noch hat dieser in den Anfängen seines Denkens das scholastische Motiv, die Ursachen der Einzeldinge setzten sich aus den Ursachen der allgemeinen oder einfachen „Naturen“ zusammen, nicht überwunden. Aber alsbald tritt neben diese ontologische Bestimmung des Begriffs Ursache die funktionale: Ursache wird ihm ein System von Bedingungszusammenhängen, mit deren Setzung ein System gültiger Beziehungen gesetzt erscheint. Die Ursache wird zum Prinzip

[1]) De corp. p. I Cap. I § 8. Vgl. hierzu W. Dilthey, Die Autonomie des Denkens usw. Arch. f. Gesch. d. Philos. Bd. VII.

der „Möglichkeit“ nicht allein für die Veränderung, sondern auch für deren Begreiflichkeit. Sie ist nicht mehr „forma substantialis“ der Veränderungen; sie bestimmt vielmehr die Abfolge der Erscheinungen auf rational-mathematische, auf „begreifliche“ Weise. Damit aber ist ein neuer Begriff der Wissenschaft, in der Sprechweise der Zeit: ein neuer Begriff der Philosophie gewonnen: „Philosophie ist die durch richtiges Denken erworbene Erkenntnis der Wirkungen aus den vorher bekannten Ursachen oder Erzeugungsweisen und der wahrscheinlichen Ursachen oder Erzeugungsweisen aus den bekannten Wirkungen.“ Die Begriffe: Ursache, Wirkung und Erzeugungsweise treten also in charakteristischer Verschlingung nebeneinander. Ihr Zusammenhang erscheint in dem Begriff der Bedingung vorweggenommen. Die Ursache „erzeugt“ eben die Wirkung nach dem gleichen Prinzip, gemäß welchem das Denken die Gegenstände der Wissenschaft „erzeugt“, d. h. definiert. Freilich, noch ist die Geschlossenheit dieses Gedankenganges vielfach unterbrochen. Zwar gelten Hobbes Ursachen und Wirkungen als Größen, das Kausalverhältnis als eine restlose Bestimmung der Wirkung durch die Ursache. Aber noch ist ihm der Gedanke nicht ganz fremd, Kausalität aus bloßen Begriffen, d. h. „analytisch“ zu beweisen. Der entscheidende Gegensatz zwischen subjektiver und objektiver, zwischen gefühlter und begriffener Notwendigkeit ist ihm geläufig. Allein, dieser Gegensatz wird ihm, zum Unterschied von Hume, bei dem er sich wiederholt, nicht zu einem Angelpunkt für eine Kritik des Kausalproblems überhaupt. Mit der Einsicht in die Analogie zwischen logischer Abfolge und kausaler Aufeinanderfolge geht er selbst über Hume merklich hinaus. Aber er trennt die beiden Begriffe nicht immer scharf genug. Das Motiv der Erfahrung umgrenzt für ihn noch keinen selbständigen Problembereich; sie gilt ihm noch nicht als selbständiger Gegenstand wissenschaftlicher Rechtfertigung. Und ganz entsprechend übrigens auch der Begriff der Substanz. Die formalen Funktionen dieses Begriffs sind dem Denker durchaus nicht fremd. Aber immer noch hat er für ihn den Bezug auf die Absicht, das „Wesen“ der Dinge zu erfassen, nicht restlos abgestreift. Vor allem aber tritt bei Hobbes die Universalität der Geltung des Kausalgedankens in den Vordergrund. Kein möglicher Gegenstand der Erkenntnis ist der Kausalität entrückt. Auch nicht der menschliche Wille. Frei sein bedeutet tun oder nicht tun, je nachdem man will. Frei also ist allenfalls der Mensch, nicht aber sein Wille. Die „Freiheit“ des Willens ist nur eine besondere Form seiner Bedingtheit. Und selbst, wo ihn der „Zufall" zu lenken scheint, erweist er sich als verursacht. Denn auch das Zufälligste ist notwendig; es ist bedingt. Und bedingt, wie der Wille im einzelnen, ist auch die systematische Auswirkung der Gesamtheit von Willensäußerungen im Staat. Die Souveränität des Staates ist Ausdruck solcher Bedingtheit. Sie folgt aus seiner raison d'être, dem Gesellschaftsvertrag, der auf Grund des ursprünglichen, „natürlichen" Rechts auf persönliche Sicherheit einen einheitlichen, eben den souveränen Willen ins Leben ruft, gleichviel in welcher politischen Form sich dieser auch auswirken möchte. Der souveräne Staatswille „repräsentiert" die Willenskundgebungen des Einzelnen; er ist in dieser seiner Funktion „Person". Er hat als Person unbeschränkte, aus der Übertragung der Einzelwillen resultierende Autorität. Macht und Recht fallen in ihm zusammen. Die Macht des Staates ist also nicht die summativ vereinigte Macht aller; sondern die Macht derjenigen Faktoren, in denen sich jeweils sein Begriff verkörpert. In der Betätigung eben dieser Macht offenbart sich die staatliche Souveränität. Der Träger, das Subjekt der Souveränität, ist der Souverän. Er braucht nicht eine Person zu sein. Wohl aber ist die Einheit seiner Funktion Bedingung. Das Wort bezeichnet eben die Macht- und Rechtsqualitäten derjenigen, denen die vertragsgemäße Vertretung der Macht aller zufällt. Es kommt hier nicht darauf an, Hobbes' Staatsbegriff in seine Besonderungen hinein zu verfolgen, oder auf die ihm eigentümlichen inneren Schwierigkeiten hin zu prüfen. Wichtiger ist es festzuhalten, daß in der Gegenüberstellung der Funktion des Souveräns und des Willens „aller" das logische Motiv der Analysis zu erneuter Ausprägung gelangt. Gleichwie der souveräne Wille nicht die Summe der Willen aller ist, so kann er auch nicht aus dieser „abstrahiert" werden. Er stellt ihr gegenüber eine neue funktionelle Einheit dar. Er verhält sich zu dem Willen aller ähnlich, wie sich das „geometrische" ebene Dreieck verhält zu den „vielen" Dreiecken, deren Gesetz sich in jenem verkörpert. Auch der souveräne Wille ist das Gesetz der besonderen Willensäußerungen, sofern sie sich auf eine rechtlich normierte Interessengemeinschaft richten. Er ist das, was jene Willensäußerungen allererst „ermöglicht", was sie als Willensäußerungen überhaupt verständlich macht.

8. So führt Hobbes' Staatslehre zu dem Punkte zurück, von dem aus sein gesamtes Philosophieren einheitlich zu überschauen möglich wird, zur analytischen Methode. Diese erweist sich als gemeinsamer Nenne r

für die mannigfaltigen Ansätze und scheinbar widerstreitenden Motive in Hobbes' Gedankenwelt. Zwar fehlt dem Denker der erhabene Tiefsinn und die systematische Geschlossenheit Spinozas, die wuchtige Initiative Descartes', die unerschöpfliche Originalität und die fruchtbare Universalität Leibnizens. Aber keiner dieser Männer steht in bezug auf unbeirrbare Klarheit der Gedankenführung und auf durchdringende Schärfe der Begriffsbestimmung hinter Hobbes zurück; ja manchen von ihnen überragt er hinsichtlich der strengen Konsequenz, mit der er dem neugewonnenen Begriff des wissenschaftlichen Denkens Geltung verschafft. Die Sachlichkeit seiner Gedankenführung steigert sich oft bis zur Schroffheit. Aber zugleich verbindet sie sich mit einer wunderbaren Plastizität des sprachlichen Ausdrucks. Kein geringerer als Macaulay nennt ihn denn auch den lichtvollsten aller Schriftsteller, die je in englischer Sprache geschrieben haben. Manches zeitgenössische Werturteil entspringt religiösen und politischen Parteiansichten. Aber auch die sachlichen Meinungen schwanken zwischen den Extremen höchster Verehrung und leidenschaftlich-gehässiger Ablehnung. Allmählich überwog freilich die Ablehnung: Hobbes galt fast ausnahmslos als Leugner einer geheiligten wissenschaftlichen Überlieferung, als glaubensfeindlich und gottlos. Fast niemals jedoch ward von Kennern seiner Werke der tiefe, hier und da durch ätzenden Humor gewürzte Ernst seines Strebens verkannt. Hobbes' Gedanken stellen sich uns nicht in der Gestalt eines geschlossenen Systems dar. Aber die Idee eines Systems erscheint in der Rolle, die Hobbes bei der Begründung seiner Lehrmeinungen der analytischen Methode zuweist, vorgebildet. Diese verknüpft die scheinbar auseinanderstrebenden Elemente seines Philosophierens zu einer übersichtlich gegliederten Einheit; sie gestaltet das Mannigfaltige in ihm zu einem festgefügten Ganzen.

9. Eine eigentlich schulbildende Wirkung hat die Lehre Hobbes' nicht entfaltet. Das liegt an ihrer systematischen Eigenart; an der Schwierigkeit, sie durch Schlagworte zu kennzeichnen; an der schlechthin individuellen Form ihrer Problemstellung. Allein sie hat ihre Zeit in positiver, wie in negativer Hinsicht mächtig beeinflußt. Zunächst wohl in bezug auf die religionsphilosophische Fragestellung. Dabei war Hobbes' Idee einer grundsätzlichen Sonderung von Wissenschaft und „Theologie" oft zu einer Art von humanistischem Naturalismus verblaßt. Man hielt dafür, daß die Unantastbarkeit des religiösen Glaubens, die Unangreifbarkeit der Bibelwahrheit, am besten verbürgt sei, wenn

es gelänge sie mit „Vernunft" zu erfüllen. Und das wieder schien erreicht, wenn die Mannigfaltigkeit der Kulte und Religionen auf einen einzigen, eben durch die Einheit der Vernunft und die Universalität der natürlichen Anlagen bedingten Typus gebracht war. Schon in den Lehren Herbert von Cherburys[1] (1582—1648), mit denen ja in gewissem Sinne die „Aufklärung" einsetzt, gewinnen diese Tendenzen ihre volle Prägnanz. Jetzt handelt es sich um die Erkenntnis allgemeiner, d. h. allen Religionen gemeinsamer Wahrheiten. Sie herausstellen, heißt die Religion dem Streit der Meinungen entrücken; sich von ihnen entfernen, bedeutet dem religiösen Irrtum verfallen. Nicht der konkrete Gehalt der Einzeloffenbarungen, sondern ihr vernünftiger und deshalb sie alle gleichermaßen umspannender Sinn erscheint hier als Ziel der Erkenntnis nicht minder, als des Glaubens. Solche Gemeinsamkeit aber erhebt sich auf dem Grunde einer, allen Gäubigen gemeinsamen Naturanlage. Ein alle Vernunftbegabten beherrschender Instinkt treibe zur Religion und fordere deren Begriff. Instinktbezogene Grundwahrheiten (notitiae communes) gehen allem Glauben, aller vernünftigen Begründung des Glaubens und somit jeglicher Erkenntnis, der Sache nach, voraus. Sie liegen vor aller Erfahrung im Geiste bereit. Ebendarum aber sei der Geist nichts weniger als die unversehrte Wachstafel der Stoiker; ihn erfülle vielmehr, mag er auch des Anstoßes der Außenwelt bedürfen, um sich zu betätigen, ein reicher und ursprünglicher Inhalt. So kennzeichnet sich das Denken Herbert von Cherburys durch eine bemerkenswerte Verkettung der Motive. Aufklärerischer Glaubensrationalismus und Naturalisierung der Erkenntnisgrundlagen gehen Hand in Hand mit dem Gedanken an ein ursprüngliches Verhältnis des Geistes zur Wahrheit. Damit aber markiert sich der methodische Abstand des Denkers nicht nur gegenüber der vollendeten Art Leibnizens, den ursprünglichen Wahrheitsbesitz des Geistes aufzuhellen, sondern vor allem auch gegenüber Hobbes' scharf umrissener Auffassung von dem Begriff und den Verfahrungsweisen der Erkenntnis. Hier wie dort beherrscht das Motiv des „Apriori" die Sachlage. Allein während es bei Hobbes und, wie sich alsbald zeigen wird, noch deutlicher bei Leibniz durch die Idee der Analysis, d. h. durch die Rücksicht auf die objektiven Bedingungen

[1]) „De veritate, prout distinguitur a revelatione, a verisimili a possibili et a falso" (1624) und „De religione gentilium errorumque apud eos causis" (1645 vollständig 1663). Vgl. hierzu Wilh. Dilthey, Die Autonomie des Denkens usw. Arch. f. Gesch. d. Philos. Bd. VII.

aller Erkenntnis bestimmt erscheint, bleibt es bei Herbert letzten Endes im Subjektiven beschlossen. Gerade deshalb aber repräsentiert auch dieser einen problemgeschichtlich so bedeutsamen Denkertypus. Freilich, er ist keineswegs vereinzelt. Vor allem hatte schon Herbert von Cherburys älterer Zeitgenosse, Kenelm Digby, mit vorwiegend eklektischer Tendenz aus dem ursprünglichen Wahrheitsbesitz des Geistes den Begriff des „Dinges" herzuleiten versucht. Aber ihm fehlt doch wohl die umfassende und gerade darum problemgeschichtlich an Hobbes gemahnende Einstellung Herberts auf den gesamten Kosmos philosophischer Aufgaben. Ihm mangelt darum auch Herberts weit in die Aufklärung hereinreichende und deren Wesen entscheidend mitbestimmende Wirkung.

10. Kein Zufall ist es, daß das Bedürfnis nach einer methodischen Auseinandersetzung mit Hobbes gerade im Kreise der Platoniker unter seinen Landsleuten und Zeitgenossen besonders deutlich hervortrat. Entkleidet man Hobbes' Lehre des Bezugs auf das analytische Verfahren, so rührt man, wir sahen es bereits oben, an ihren Kern. Und man tut es, sobald man seinen Begriff der Bewegung mechanistisch mißdeutet. Jetzt fordern den bloß mechanischen gegenüber auch die Zweckursachen ihr Recht; jetzt werden wider ihn die metaphysisch verstandenen Ideen Platos, die aristotelische Entelechie, vegetative Bildungskräfte und die stoischen Λόγοι σπερματικοὶ in die Schranken gerufen. Der Platonismus wird eben, wo er sich dem Geist des mathematischen Denkens entfremdet, zunächst nur die eine, der Mystik zugewandte Seite seines Wesens entfalten können. Unter solchen Gesichtspunkten ist die platonisierende Polemik des Cambridger Professors Ralph Cudworth[1]) (1617—1688) gegen Hobbes zu beurteilen. Es ist eine der bedeutendsten Leistungen Cudworths, die sachliche Selbständigkeit, die logische Autonomie des sittlichen Urteils scharf erkannt zu haben. Im übrigen bestimmt auch ihn wie Cherbury das Motiv des „intellectus ipse". Aber sofort wendet er dessen Begriff ins Platonisch-Mystische. Sofern der Geist in den ewigen Ideen sich selbst erfaßt, ergreift er auf unvermittelte Weise eine intelligible, sich über ihn erhebende Welt des göttlichen Geistes, der das Vorbild der sicht-

[1]) „The true intellectual system of the universe, the first part, wherein al the reason and the philosophy of atheism is confuted and its impossibility demonstrated", London 1678. Lange nach seinem Tode 1731: „Treatise concerning eternal and immutable morality." Beides von Mosheim ins Lateinische übersetzt 1733.

baren Welt in sich trägt. Alles, was als Geist erkennt, hat an diesem göttlichen Urgeist teil; alles trägt das Zeichen seines Siegels. Zu allen Zeiten und an allen Orten haben daher die Geister dieselben Ideen. Ein Licht leuchtet in allen. Eine Offenbarung gestaltet sich in aller Erkenntnis. So tritt Cudworth Hobbes mit dem Hinweis auf den göttlichen Kern der Natur, mit dem Gedanken des durchgängigen Wirkens von Zweckursachen, einem Beweis von der Unsterblichkeit der Seele, und mit der Idee der sich auch am Negativen bewährenden göttlichen Harmonie des Ganzen der Welt gegenüber. Vermittels solcher Motive beherrscht die „Schule von Cambridge" lange Zeit mit ihrer mystisch-metaphysischen Einstellung gegen den in manchem entscheidenden Motiv mißdeuteten Hobbes die Diskussion. Und doch wäre es falsch, in ihren metaphysischen Tendenzen die schlechthin bezeichnenden Züge dieser Platoniker zu erblicken. Die Metaphysik gilt ihnen, vor allem Cudworth, als Anlaß zu tief eindringenden, bis hart an das Motiv der analytischen Methode heranreichenden Erwägungen über die Struktur der Erkenntnis. Die ursprüngliche Einheit des Geistes muß in dieser Struktur Gestalt gewinnen. Die Erkenntnis selbst kann nicht, wenn der Geist einer ist und den Zusammenhang der Dinge in der Welt bestimmt, durch die Dinge bestimmt werden. Deshalb führe der Weg zur Wahrheit nicht von einer aufzählenden Zusammenstellung der Einzeldinge zu relativ sinnleeren Allgemeinvorstellungen, den Gattungsbegriffen; Einsicht in Wahrheiten bestehe vielmehr in der Erfassung von Bedingungen, denen die Einzeldinge genügen. Die Definitionen des Geistes seien zu umgrenzen und einzuengen, bis ihnen das Einzelding genügt. „Unser Wissen folgt nicht den einzelnen Körpern und ist ihnen gegenüber nichts Sekundäres und Abgeleitetes, sondern es geht ihnen gemäß der Ordnung der Natur voraus und verhält sich zu ihnen proleptisch"[1]). Die Idee des analytischen Verfahrens scheint damit auf metaphysischer Grundlage exponiert. Es gilt aufs neue, Tatsachen zur logischen Höhe begrifflicher Bestimmtheit zu bringen, indem sie in ihrer Bedingtheit, d. h. in ihrer Notwendigkeit erfaßt und ebendamit Kategorien des Geistes unterworfen werden. Es gilt, zum Geist als zu dem Urgrund aller Erkenntnis hinabzusteigen und auf echt platonische Weise der zeitlosen Bestimmtheit der Erkenntnisforderungen den Zufall des empirisch Tatsächlichen gegenüberzustellen. In John Norris und Robert Greville, in Lord Brooke und

[1]) Cudworth, The true Intellectual System of the Universe. London 1678. Book I, chap. 4, fol. 732.

Joseph Glanville erfährt der englische Platonismus mannigfache und problemgeschichtlich bedeutsame, sich zwischen gläubiger Mystik und dogmatischem Begriffsrealismus, zwischen spiritualistischer Metaphysik und kritischer Prüfung der Grundlagen von Erfahrungserkenntnis und Mathematik bewegende Abwandlungen. So ist er nach allen Seiten hin die Quelle tiefster Anregungen. Er wendet sich gegen Hobbes, um im letzten Grunde, wenn auch auf metaphysischen Seitenwegen, das Grundmotiv Hobbes', die Idee des analytischen Verfahrens, mit allen seinen weit über das Gebiet der Logik hinausgreifenden Voraussetzungen zu bestätigen. Und er gewinnt, vermöge gewisser skeptischer Konsequenzen seiner metaphysischen Einstellung, Fühlung mit dem Problemkreis des sogenannten englischen Empirismus. Er ist eine der Brücken, die von den großen Systemen des 17. in das eigentliche Jahrhundert der Aufklärung herüberführen. Ihre wirkliche Höhe aber erreichen jene Systeme erst in Gottfried Wilhelm Leibniz.

8. Leibniz und die Auswirkungen seiner Philosophie. G. B. Vico, Chr. Wolff. Ploucquet und Euler.

1. Noch ist es nicht allzulange her, daß man Leibniz nur als vielgeschäftigen, ideenreichen Polyhistor verstand; als einen Mann, der sich auf dem Umweg über geniale und fruchtbare mathematische Einfälle wohl gewisser entscheidender Grundprobleme der Logik bemächtigt, der aber doch nirgendwo festen Fuß zu fassen, der vor allem seine methodischen Forderungen in der Wirklichkeit der Erkenntnis nirgendwo zu bewähren verstand; der sich in unbezähmbarer Tatenlust auch an den entlegensten politischen und religionspolitischen Utopien versucht, um schließlich in einer kraftlosen Metaphysik, der Monadenlehre, zu enden. Wer Leibniz so auffaßt, der verfehlt das Wesentliche seiner Lehren; der begreift das Prinzip nicht, das das Denken dieses rastlosen Geistes überallhin begleitet; die strenge systematische Einheit, die seine Motive auch da beherrscht, wo sie sich an die entferntesten, zunächst nur äußerlich aufeinanderbeziehbaren Probleme zu verlieren scheinen. Gerade deshalb aber gestaltet sich auch sein, ganz der Sache gewidmetes Leben weitaus einheitlicher, als es bei flüchtiger Betrachtung erscheinen mag.

1646 als Sohn eines Leipziger Professors der „Moral" geboren, entfaltet er schon als Schüler eine erstaunliche Vielseitigkeit. „Sie wußten nicht", erklärt er von seinen Erziehern, „daß mein Geist sich nicht durch eine einzige Art von Dingen ausfüllen ließ." 15jährig bezieht er die Universität, 17jährig erwirbt er mit der Abhandlung „De principio individui", eine Verteidigung nominalistischer Lehren des Petrus Aureolus und des Durandus de S. Porciano, das Baccalaureat. 18jährig wird er mit seinen „Quaestiones philosophicae ex jure collectae" Magister, 20jährig auf Grund seiner Abhandlung „De casibus perplexis in jure" Doktor. Eine Professur in Altdorf schlägt er aus, tritt dank der Vermittlung des feinsinnigen Christian von Boineburg in kurmainzische Dienste und gerät dadurch in mannigfache Beziehungen zur europäischen Politik. Er beteiligt sich, stets besorgt sein Verhalten auch theoretisch zu begründen, an den Bestrebungen zur Reunion der Kirchen und sucht Ludwigs XIV. Politik durch den Plan eines ägyptischen Feldzugs zu beeinflussen. Sein Aufenthalt in Paris vermittelt ihm die Bekanntschaft der Werke seiner großen Zeitgenossen Descartes, Hobbes und Spinoza, mit dem er in Holland eine persönliche Begegnung hat. Mathematische und physikalische Forschungen führen ihn zur Entdeckung des Infinitesimal-Kalkuls (Nova methodus de maximis et minimis) und veranlassen einen lange währenden Briefwechsel und Prioritätsstreit zwischen ihm und Newton. 1676 wird er Bibliothekar in Hannover. Eine Geschichte des braunschweigischen Fürstenhauses ist der unmittelbare literarische Ertrag dieser Stellung. Dabei gliedern sich pädagogische Probleme, die Idee einer nationalen Akademie, kirchenpolitische Gedanken, völkerrechtliche und ethnographische Fragen, naturwissenschaftliche und technische Aufgaben — bei aller Unfertigkeit im einzelnen — harmonisch seinen, von großzügiger methodischer Einheitlichkeit bestimmten physikalisch-mathematischen Forschungen ein. Niemals aber verläßt ihn der schon in frühester Jugend gefaßte Plan einer allgemeinen „Charakteristik", die als „Ars combinatoria" bestimmt sein soll, die Idee einer neuen, dem Vorbild der Mathematik folgenden, aber selbständig auf eine radikale Reform der Logik abzielenden, die letzten Prinzipienfragen der Erkenntnis aufrollenden Technik des Wissenschaftsbetriebes zu verwirklichen. Sie bezeichnet einen der Punkte, von denen aus sich Leibnizens gesamtes philosophisches Schaffen in gewaltiger, methodischer Geschlossenheit darstellt. 1700 wird er Präsident der nach seinen Plänen gegründeten Berliner Akademie der Wissenschaften. Aber schon 1711, wenige Jahre nach dem Tod seiner Schülerin, der Prinzessin Sophie Charlotte, der späteren Gattin Friedrich I. von Brandenburg, verläßt er Berlin. Während eines zweijährigen, von mannigfachen politischen Plänen belebten

Aufenthalts in Wien verfaßt er für den Prinzen Eugen von Savoyen eine Darstellung seiner Monadologie. Seine letzten Jahre verbringt er, der auch zu Peter dem Großen in nähere Beziehung getreten war, nach allen Seiten hin rastlos schaffend, wieder in Hannover, wo er am 14. November 1716 von seinen Gönnern verlassen, in tiefer Einsamkeit starb [1]).

2. Auch zu Leibnizens Philosophie führt der Weg über den Sinn des analytischen Verfahrens. Denn dieses Verfahren allein gibt dem Begriff, der alle Phasen des Leibnizschen Denkens begleitet und sich problemgeschichtlich erst in der Fragestellung Kants voll auswirkt, seinen unverlierbaren Gehalt: dem Begriff der Möglichkeit. „Möglich" sein, heißt von nun an soviel, wie bestimmt sein; die Möglichkeit eines Faktors erweisen, heißt so viel wie seine Bestimmtheit, die Bedingungen seiner Bestimmtheit aufzeigen. Und umgekehrt: Ist etwas aus seinen Bedingungen verstanden, so ist seine Möglichkeit begriffen. Es „ist" in dieser seiner Bestimmtheit, seiner Möglichkeit. Genauer ist daher Möglichkeit restlose Bestimmtheit, restlose Erfassung von Bedingungen. Der Gegenstand „ist", wenn er seinem logischen Ursprung, wenn er den logischen Elementen seiner Bestimmtheit, wenn er seiner „Erzeugungsweise" nach erfaßt ist. Leibniz befindet sich an diesem Punkte in voller grundsätzlicher Übereinstimmung mit Descartes, Spinoza und Hobbes. Dessenungeachtet aber trennt ihn von deren Lehren ein Umstand von entscheidender Bedeutung. Er betrifft die Wertung des Begriffs „Ordnung". Nicht als ob das Motiv der Ordnung nicht auch allenthalben in die Erwägungen jener Denker einginge. Aber der schlechthin primäre logische Sinn des Begriffs der Ordnung, d. h. seine Beziehung zu den Begriffen der Möglichkeiten und der Erkenntnis, tritt mit voller und

[1]) Die ersten von Leibnizens Arbeiten finden sich in den Acta eruditorum Lipsiensium, dann im Journal des savants. Leibniz selbst hat außer der Theodizee nur einige Jugendschriften herausgegeben. Von entscheidender wissenschaftlicher Bedeutung ist sein umfangreicher, in erschöpfender Vollständigkeit auch heute noch nicht erschienener Briefwechsel. Relativ vollständig zu nennen ist die Ausgabe der Philosophischen Schriften und Briefe von Gerhardt in 7 Bänden, Berlin 1875—1890, dazu 7 Bände mathematischer Schriften. Eine vollständige, auf etwa 50 Quartbände berechnete Gesamtausgabe (von den vereinigten Berliner und Pariser Akademien) ist im Erscheinen. Von Sonderausgaben sind erwähnenswert: E. Cassirer, Hauptschriften zur Grundlegung der Philosophie (2 Bände 1904 und 1906), ferner Sonderausgaben der Nouveaux essais und der Theodizee. Für das Verständnis der Characteristica universalis wesentlich sind die Opuscules et fragments inédits de Leibniz, 1903 von L. Couturat aus dem handschriftlichen Nachlaß herausgegeben.

bewußter Schärfe erst bei **Leibniz** hervor. Die Möglichkeit einer Sache, eine Sache als eine mögliche, d. h. als eine erkennbare ergreifen, heißt sie als Ergebnis einer Ordnung, heißt sie selbst als **Ordnung** erfassen. Die Möglichkeit einer Sache bedeutet somit nicht ihre — analytische — Ableitung aus oder auch nur gemäß dem Satze vom Widerspruch. Gilt dieser Satz dennoch als mittelbare oder unmittelbare Quelle der Erkenntnis, so kann er das von nun an nur, sofern er als Ausprägung eines Prinzips der Ordnung in Betracht gezogen wird. So ist die Möglichkeit Gottes von einem ontologischen Beweis des göttlichen Daseins grundsätzlich verschieden. Sie ist vielmehr die Herausstellung des eigentümlichen methodischen Sinnes, der dem Begriff eines höchsten Wesens, soll von ihm ein widerspruchsfreier Gebrauch gemacht werden können, zukommt. Wohl gilt Leibniz Gott immer noch durchaus als Gegenstand des **Erkennens**. Trotzdem verliert der ontologische Beweis, der damit in dieser oder jener seiner Abarten nahegelegt erscheint, hier alle Wucht und Beweiskraft. Denn das Prinzip des Erkennens liefert hier nicht der Satz vom Widerspruch. Es ist vielmehr — und sei es auch **vermittels** des Satzes vom Widerspruch — in der Idee einer für den Seinswert, d. h. für die Gegenständlichkeit Gottes charakteristischen **Ordnung** beschlossen. So stellt sich in dem Begriff des „Möglichen", und zwar durch dessen unaufhebbare Beziehung auf das Motiv der Ordnung, ein neuer Begriff der Gegenständlichkeit zur Erörterung. Vermittels des Motivs der Ordnung aber gewinnt der methodische Sinn mathematischer Analysis auf jenen Begriff bestimmenden Einfluß. Man versteht jetzt, warum für Leibniz das „Sein" einer Sache mit deren „Möglichkeit" zusammenfällt; auch, worin ihm seine großen Vorgänger und Genossen unzulänglich erscheinen. Weder Descartes' „cogito ergo sum", noch Spinozas Begriff von Gott enthalten die dem Wesen und der Mannigfaltigkeit der Erkenntnis gemäße Entscheidung. Und auch Hobbes' Begriff der Erzeugung fehlt im Grunde genommen noch der offenkundige Bezug auf die Ideen der „Möglichkeit" und der „Ordnung". Hat man sich aber dieser Ideen im Sinne Leibnizens versichert, dann ergibt sich eine Reihe wichtiger Folgerungen von selbst. Eine Sache als möglich erkennen (rem esse possibilem), heißt sie adäquat, d. h. in dem vollen Umfang ihres Wesens erfassen. Andererseits aber bedeutet es, sie anderen Dingen gegenüber ihren **spezifischen** Möglichkeitsbedingungen nach werten, also von anderen Dingen mit anderen Möglichkeitsbedingungen und anderer Ordnungsstruktur unterscheiden. Die Gedanken der Möglichkeit und der Ordnung schließen somit zweierlei in sich: den scharf zu definierenden Begriff adäquater Erkenntnis und die Idee einer geordneten Mannigfaltigkeit, d. h. eines Systems der Wissenschaften. Jene ist erzielt, wo hinter die Erkenntnis zurückzugehen keinen angebbaren Sinn mehr hat, in den „notiones irresolubiles"; dieses bedeutet eine Aufgabe, die auch da gestellt bleibt, wo die mathematische Norm der Fragestellung die Antwort von vornherein zu bestimmen, d. h. alle Unterschiede zu nivellieren scheint. Und was von besonderer Wichtigkeit ist: die beiden Momente erweisen sich als wechselbezogen. Mit dem Begriff der Ordnung ist auch eine mögliche Mannigfaltigkeit von Erkenntnisordnungen gefordert. Alle Erkenntnis geht, das ist der eigentliche Sinn dieser Erwägungen, auf logisch letzte Begriffe, d. h. auf solche, die sich selbst begründen, weil sie einer Begründung durch andere weder fähig sind, noch auch bedürfen. Als Vorbild dieser Art von adäquater Erkenntnis gilt freilich auch Leibniz die Mathematik, und er selbst betätigt sich als einer der Größten und Fruchtbarsten unter ihren Förderern. Aber sein logisches Raisonnement erscheint durch mathematische Rücksichten nicht eingeengt. Die Frage bleibt zum mindesten offen, ob denn die letzten Bedingungen der Erkenntnis überall und notwendig mathematisch sein müßten. Oder anders gesagt: Mögen sich auch die Bedingungen, denen gemäß die Wissenschaften ein System bilden, in der Mathematik am deutlichsten auswirken, sie stehen, eben als Bedingungen, der Idee nach wenigstens, hinter der Mathematik. Die universelle Wissenschaft der Ordnung, deren Plan ihn durchs Leben begleitet, ist als greifbarer Ausdruck dieser Zusammenhänge nicht Mathematik. Sie repräsentiert die Einheit der Erkenntnis in der Idee einer alle Erkenntnis, auch die der Mathematik, umspannenden Ordnung. So bejaht und verneint zugleich diese Wissenschaft die Besonderungen der Erkenntnis. In der Tat, wie Leibniz Zeit seines Lebens mit dem Gedanken der Universalwissenschaft ringt, so hört er doch nie auf, die Mannigfaltigkeit der Wissenschaften, auch wo sie sich auf „Tatsachen" beziehen, anzuerkennen und zu pflegen. Freilich, man erkennt es sofort: Einer solchen allgemeinen Ordnungswissenschaft sind notwendig Schranken gesetzt; Schranken, die sich aus ihrem eigenen Begriff ergeben. Denn im letzten Grunde beruht ihr Plan auf dem aussichtslosen Versuch, einer erkenntnistheoretischen Idee einen methodologisch-konkreten Inhalt abzugewinnen. Oder mit anderen Worten: Die Idee einer Ordnung der Wissenschaften, einer über alle Wissenschaften hinwegreichenden Ordnung, besteht zu Recht. Aber eine Wissenschaft von dieser Ordnung kann immer nur Erkenntniswissenschaft sein, also Wissenschaft von den Bedingungen der Erkenntnis und ihrer Gegenstände; nicht aber selbst wieder ein System von Erkenntnissen, das jede mögliche Erkenntnis ihren Ergebnissen nach in sich schließt. Allein wie dem schließlich auch sein mag, die Idee einer allgemeinen Ordnungswissenschaft umgrenzt Leibnizens Problemkreis scharf gegenüber demjenigen Descartes', dem doch der Gedanke von der Einheit aller Erkenntnis nicht minder geläufig war, wie jenem. Für Descartes ist die Mathematik gleichsam der gemeinsame Nenner für alle mögliche Erkenntnis. Bei Leibniz stellt sie der Sache nach betrachtet einen, durch seine vollendete methodische Struktur freilich grundsätzlich ausgezeichneten, Sonderfall einer schlechthin allgemeinen Ordnungsdisziplin dar. Es mag also fraglich erscheinen, ob der Begriff der „Möglichkeit" von Erkenntnisgegenständen eine allgemeine „Möglichkeits*wissenschaft*" zu rechtfertigen vermöchte. Sicher ist, daß er — als die schärfste methodische Ausprägung der Aufgaben wissenschaftlicher Erkenntnis selbst — zu neuen und grundlegenden Einsichten führen muß. Solcher Zwiespältigkeit seiner Anlage entspricht es, daß die Idee einer allgemeinen Charakteristik in gewissen Phasen der Leibnizschen Gedankenentwicklung als phantastischer Plan der „rationalen" Grammatik einer universellen Kunstsprache auftritt; daß sie dagegen zu anderen Zeiten in strengen mathematischen Bezügen den Entwurf einer neuen, auf methodische Erweiterung der Erkenntnis gerichteten *Logik*, einer Logik der inventio, darstellt. Leibniz erfüllt der Gedanke, daß alle Erkenntnis Zurückführung von Komplexem auf Einfaches bedeute. Denn das „Mögliche" ist eben das „Einfache". Gerade deshalb aber erfahren hier die Begriffe des Komplexen und des Einfachen einen bedeutungsvollen Wandel. Das Einfache ist jetzt nicht mehr der *Teil* eines Komplexen, und das Komplexe baut sich nicht aus Einfachem auf, wie das Haus aus Steinen, sondern das Einfache sind die Bedingungen, denen gemäß sich etwas gestaltet, wie andererseits von Komplexem nur in Rücksicht auf solche Gestaltung die Rede sein kann [1]). Erkennen heißt ein methodisches Prinzip entwickeln, dem gemäß ein Gegenstand „ist",

[1]) „Viele, die in der Mathematik über den Punkt und die Einheit philosophiert haben, sind in Irrtümer geraten, weil sie zwischen der Auflösung in Begriffe und der Zerfällung in Teile nicht unterschieden haben. Die Teile sind nicht immer einfacher als das Ganze, obwohl sie stets kleiner als das Ganze sind". (Gerhardt III, 583. Brief an Bourguet).

d. h. „möglich" ist; und nur, wo ein solches Prinzip entwickelt werden kann, nur wo ein Gegenstand „synthetisch" erzeugt wird, kann von dessen Erkenntnis gesprochen werden. Das Erfassen dieses Prinzips nennt Leibniz gelegentlich „Intuition". Aber man begreift die grundsätzliche Vertiefung, die der Gedanke jetzt erfahren mußte. Er bezeichnet das Erfassen eines Einfachen, das Komplexes definiert, insonderheit eines Einfachen, sofern es möglichst vieles Komplexe definiert. Er bezeichnet das Erfassen einer alles definierenden „Ordnung".

3. Und nun erst fällt neues Licht auf den Gedanken der Characteristica universalis. Er will, gleichviel, ob es Leibniz gelungen ist, ob es überhaupt und grundsätzlich gelingen kann ihn zu verwirklichen, zu „Möglichem", zu obersten „Charakteren", zu letzten Ordnungszusammenhängen hinführen. Als der „bequemste" Charakter aber stellt sich die Zahl dar. „Nach einem alten Wort habe Gott alles nach Gewicht, Maß und Zahl geschaffen. Allein, manches kann nicht gewogen werden: nämlich das, dem keine Kraft oder Potenz zukommt, anderes wieder entzieht sich, weil es keine Teile hat, der Messung. Dagegen gibt es nichts, das nicht der Zahl unterworfen wäre. Die Zahl ist daher eine Art metaphysischer Grundgestalt, und die Arithmetik eine Art Statik des Universums, in der sich die Kräfte der Dinge enthüllen" [1]). Gleichwie der Zahl, so muß auch jeglichem Begriff gegenüber die Frage nach der elementaren Ordnung gestellt werden, die ihn beherrscht. Und diese Ordnung selbst wird, eben weil sich der Gesetzlichkeit der Zahl nichts entzieht, eine Ordnung der Zahl sein müssen. Sie wird sich allemal in einer charakteristischen Zahl verkörpern. Auf alle Fälle aber bedeuten Übereinstimmungen wie Unterschiede zwischen Begriffen Beziehungen von Ordnungen und nur eine Kunst der Kombinatorik wird imstande sein, sie zu enthüllen. Nicht auf die Mathematik gilt es alle mögliche Erkenntnis zu beschränken oder zurückzuführen, vielmehr soll Mathematik selbst vermöge der universellen Gesetzlichkeit der Zahl als die Verkörperung allgemeinster Ordnungsbeziehungen betrachtet werden. Damit erst vollendet sich die Einsicht, daß die Zahl nicht dinghafte Seinsbestimmtheit, sondern Funktion bedeute. Zugleich knüpft sich ein neues und unlösbares Band zwischen Philosophie und positiver Wissenschaft. Vollends aber klärt sich das Verhältnis zwischen Leibniz und Descartes, wohl auch zwischen Leibniz und Hobbes. Die letzte Invariante aller

---

1) Gerhardt VII, 184.

Erkenntnis ist für diese beiden Denker die Quantität; Leibniz dagegen greift vermittels des Begriffs der Ordnung und der Funktionsgesetzlichkeit der Zahl hinter die Quantität zurück. Descartes, so könnte man sagen, hatte an die Stelle undefinierter Qualitäten die Quantität gesetzt; Leibniz an die Stelle der Quantität einen definierten Begriff der Qualität. Denn Ordnung ist definierte Qualität. Sie ist nicht Extension, nicht Größe. Sie ist vielmehr die Art, Größen selbst zu bestimmen. Bestimmen, Definieren aber bedeutet logisches Erzeugen. Man hat Maßwerte begriffen, wenn man das gestaltende Gesetz der Messung, das qualitative Gesetz der wechselseitigen Zuordnung von Maßwerten erfaßt hat. Dieses Gesetz nun gewinnt im Begriff des Infinitesimalen greifbare Gestalt. In diesem Begriff prägt sich die Unabhängigkeit des Verhältnisses zweier Reihen von den in sie eingehenden absoluten Größenwerten aus. Die Besonderheit einer Ordnung bleibt bestehen, auch wenn das Geordnete hinsichtlich seiner Größe einen Grenzwert erreicht. So greift die Idee einer alle denkbaren Größenwerte einheitlich umspannenden, d. h. definierenden Ordnung auch über alle Anschauung hinweg. Mögen auch zwei Faktoren für die „Imaginatio" noch so auseinandertreten, wie Ruhe und Bewegung, Punkt und Linie; wenn es gelingt, sie vermöge einer begrifflichen Ordnung begrifflich aneinander zu ketten, sie in logisch stetigem Fortgang auseinander — begrifflich — hervorgehen zu lassen, so gewinnen sie zueinander, auch entgegen dem Zeugnis der Sinne, eine schlechthin eindeutige Beziehung. Die Anschauung empfängt somit vom Begriff ihre letzte und entscheidende Bestimmung. Sie „ist" recht eigentlich erst vermöge der Ordnung, die sie mit anderem Anschaulichen verbindet. Andererseits erscheint auf solcher Grundlage Kontinuität als universelles Gesetz gefordert; als ein Gesetz, durch das sich alle nur denkbaren Unterschiede in gemeinsamer idealer Bestimmtheit aufheben. Damit aber gewinnt der Begriff des „Zeichens" einen wesentlich vertieften Sinn. Das „Zeichen" wird jetzt Repräsentant der Ordnung. Mögliche Mannigfaltigkeiten und Gegensätze der „imaginatio" auf eine alles umspannende Ordnung zurückführen, heißt von nun an, sie in einer umfassenden und schlechthin eindeutigen Symbolik festhalten. Eine neue mathematische Disziplin hat in solchen Überlegungen ihre Wurzeln: die Analysis der Lage. Ihr Problem liegt klar zutage. Es ist die Aufgabe gestellt, die geometrische Raumbestimmtheit in ihrer begrifflichen Reinheit, d. h. von allen imaginativen Zutaten befreit, als spezifische Ordnung zu erfassen. Von der sinnlichen Erfassung und Widergabe der Figuren gilt es überzugehen zu der Erfassung von definierten Ordnungen, die die Figuren — freilich als Figuren — „ermöglichen". Nicht die Anschauung, nur das Zufällige an den Ergebnissen empirischer Anschauung soll ausgeschaltet werden. Nicht die einzelne Figur mit ihren zufälligen Bestimmungen, sondern die Abhängigkeit geometrischer Gestalten voneinander und damit das sie alle, eben als geometrische Gestalten, umfassende Gesetz wird hier zum Problem. Zweierlei erscheint damit ausgesprochen. Zunächst wieder ein entscheidender Gegensatz zu Descartes. Denn in der Analysis der Lage soll nicht die Gesetzlichkeit von Raumgebilden, wie in der analytischen Geometrie, durch rechnerische Operationen bewältigt, geometrische Probleme nicht vermittels algebraischer Funktionen dargestellt und gelöst werden; sondern an die Stelle einer Geometrie der Größe und des Maßes soll eine Geometrie der Ordnung, der definierten Qualität treten. Die Eigengesetzlichkeit des Raums bleibt dabei grundsätzlich gewahrt; nur soll sie durch eine methodische Verbindung mit dem Gedanken der Ordnung eine entscheidende Vertiefung ihres Begriffs erfahren. Die Geometrie soll, ohne Schmälerung ihres methodischen Charakters, derselben Entwicklung unterworfen werden, vermöge deren Größe überhaupt als Ordnung — und aus Ordnung — verstanden wird. Der strenge Gedanke des Infinitesimalen hat damit in die Geometrie Eingang gefunden und mit ihm die Idee einer allgemeinen Charakteristik. Das ist neben dem rein geometrischen der systematisch wichtigste Ertrag der neuen Wissenschaft. Die Analysis der Lage ist g e o m e t r i s c h e Charakteristik. Geometrie wird durch sie einbezogen in den Wirkungsbereich der Grundsätze, vermöge deren eine allgemeine Zeichensprache, eine universelle Symbolik, gefordert werden muß. Geometrie ist von nun an mit dem Kosmos der Wissenschaften, ungeachtet ihrer Besonderheit als Sphäre der „Anschauung", nach Grundsätzen, d. h. gemäß dem Prinzip der Ordnung, verbunden. Alle Gegensätzlichkeiten in ihr sind durch diese Gedanken anerkannt und doch wieder aufgehoben; sie sind gesetzt und zugleich überwunden, indem sie nach einer umfassenden Regel auseinander begriffen werden. So gestaltet sich das Problem der Analysis der Lage zu dem Sonderfall eines allgemeineren logischen Verhaltens. Es ist der Repräsentant des Gedankens, daß Gesetze Gegensätzlichkeiten nicht verwischen, sondern geradezu verstehen lehren; daß die „Allgemeinheit" von Gesetzen in dieser Funktion beschlossen, also nicht die Allgemeinheit eines Ergebnisses sogenannter „Abstraktion" sei. Das gilt von allen Gegensätzlichkeiten, mögen sie nun innerhalb oder außerhalb der Wissenschaft gelegen sein. Das gilt vor allem für den Gegensatz ideeller Setzungen und realer Gegenstandswerte. Der eigentliche Sinn des Gedankens der Kontinuität ist eben auch hier der, daß die Regeln ihre Geltung behalten, ob nun von Endlichem oder Unendlichem die Rede ist. Ja im universellen Gesetz, das gefordert ist, müssen sich auch Ideales und Reales in umfassender, methodischer Gemeinschaft verbinden, eine Aufgabe, die auf eine schlechthin allgemeine, jedes Mögliche umspannende Bedingung verweist: die Vernunft. Die Vernunft als vollendet gedachte Lösung jener Aufgabe ist die Koinzidenz von Idealem und Realem. Sie ist als Subjekt solcher Koinzidenz: Gott.

4. Ihre nächste Ausprägung aber erfahren diese methodischen Grundsätze auf dem Boden einer Theorie des Urteils. Auch in bloßen Tatsachenurteilen ist der Bezug auf die letzten ideellen Bedingungen ihrer Möglichkeit enthalten; auch bloße Tatsachenurteile nehmen, und sei es auch nur in der Idee einer unendlichen Reihe von Denkschritten, die Gesetzlichkeit des Urteils überhaupt vorweg. Gleichwie die irrationale Zahl von der empirisch unerfüllbaren Aufgabe nicht zu trennen ist, daß ihr durch methodische Einengung ihrer Grenzen ein Stellenwert im System der rationalen Zahlen zugeteilt werde, so erscheint auch das Tatsachenurteil, selbst in seiner ganzen empirischen Beschränktheit, nur im Hinblick auf das Gesetz einer ideellen Ordnung, zu der es in unendlicher Annäherung gedacht werden kann, bestimmbar. Nach ewigen ideellen Ordnungen gestaltet sich auch die empirische Wirklichkeit: sie schließt, gleichsam der Anlage nach, den Geltungswert jener Ordnungen, denen gemäß sie allein definiert werden kann, denen gemäß sie mithin „ist", ein. Auch wo lediglich Tatsachen sind, ist also Ordnung. Auch wo das Denken in empirisch Gegebenem befangen zu bleiben scheint, gestaltet es sich, wenn sonst es überhaupt nur nach Erkenntnis strebt, in Beziehungen. Relatio est fundamentum veritatis. Ein uraltes logisches Ideal und mancher fruchtbare Ansatz der Renaissance erlangen erst in diesen Gedanken Leibnizens ihre volle Reife. Der Plan einer Universalmathematik gewinnt feste Formen; der herakliteische Λόγος, der alle Gegensätzlichkeiten des Seins beherrscht und damit versöhnt; manches platonisch-aristotelische Denkmotiv; dann die bizarre Entdeckungstechnik des Raymundus Lullus, schließlich Nicolaus von Cues' „coincidentia oppositorum" kehren hier, um von minder bedeutenden Ansätzen zu schweigen, in neuer, methodisch geläuterter Gestalt wieder. Vor allem aber vertieft

sich an ihnen das Verständnis für den Sinn der Characteristica universalis. Sie enthüllt sich allmählich als der gewaltige Plan einer, im Hinblick auf besondere Erfordernisse methodischer Eindeutigkeit zu schaffenden reinen Bedeutungssprache; einer Sprache, in der Zeichen und Bedeutung funktionell verschmelzen, die ein Ordnungssystem darstellt, dessen jedes Element zugleich Zeichen und Bedeutung ist. Nichts an dieser Sprache und deren Regeln wäre konventionell. Denn wo alles Gesetz ist, bleibt für Übereinkunft kein Raum. Sie wäre im tiefsten Sinn „natürlich". Diese Sprache auch nur sprechen, hieße bereits forschen, ja mehr noch: es hieße e r k e n n e n. Allein, je gewaltiger der Plan, umso deutlicher auch die Schranken seiner Verwirklichung. Leibnizens Gedankenalphabet — denn ein solches ist die Characteristica — rollt die letzten Fragen der Bedeutungstheorie auf. Sein Recht ist das Recht einer Forderung; das Recht der Annahme, daß „Sinn" und „Wort" primär und ursprünglich aufeinander verweisen. Seine Schranke aber offenbart sich da, wo für das, was nur als Forderung Wirklichkeit beanspruchen kann, eine Erfüllung in der Erfahrung gesucht wird [1]). Es ist schwer zu entscheiden, in welchem Umfang Leibniz selbst sich der letzten Gründe für das Mißlingen seines gewaltigen Planes bewußt geworden. Mag es auch zuweilen scheinen, als erblickte er in dem Gedanken des Infinitesimalen — sofern nämlich dieses ein Mittel ist, die Analysis zu Ende zu führen — nur ein Beispiel, die Kraft der Characteristica zu erweisen; so läßt doch die Versicherung, daß sie niemals abgeschlossen sein würde, auch noch andere Vermutungen zu. Anscheinend begegnen und hemmen einander hier zwei bedeutsame Tendenzen: einerseits soll der Infinitesimal-Kalkül an der Characteristica verwirklicht werden, andererseits drängt alles danach, den Forderungscharakter der allgemeinen Zeichensprache im Interesse der theoretischen Reinheit ihres Begriffs aufrechtzuerhalten. Immerhin, aus einer apriorischen Wissenschaft der Beziehungen von Größen wurde bei Leibniz Mathematik, nicht zuletzt im Hinblick auf die Idee einer allgemeinen Charakteristik, eine Wissenschaft von Beziehungen überhaupt, d. h. eine Wissenschaft der Ordnung. Aufs neue bewährt sich damit die Bedeutung dieses Begriffs. Vor allem aber fällt von dem methodischen Gedanken der Ordnung her Licht auf Leibnizens folgenschweres Theorem der „T a t s a c h e n w a h r h e i t e n" und der „V e r n u n f t w a h r h e i t e n". Das Motiv der „Möglichkeit"

[1]) Vgl. zu diesem Problemkreis meine „Grundlagen der Denkpsychologie". München 1921, insbesondere S. 24 ff.

verknüpft auch diese Begriffe grundsätzlich miteinander; — das Motiv der Möglichkeit, oder was jetzt dasselbe bedeutet, die Idee der Stetigkeit. Sie bindet, so kann man es auch ausdrücken, Tatsachen an den Gedanken der Ordnung; sie fordert einen definierbaren, d. h. kontinuierlichen Übergang von der Tatsachenwahrheit zur Ordnungsbestimmtheit. Wohl ist damit der Unterschied zwischen der vérité de fait und der Vernunftwahrheit, zwischen dem Zufälligen und dem Notwendigen, zwischen Tatsachen- und Vernunftwissenschaften, nicht aufgehoben. Aber der Unterschied selbst ist sozusagen tatsächlich geworden; er ist nicht mehr grundsätzlicher Art. Nicht eine Verschiedenheit des Wesens trennt sie voneinander. Denn das Einzelne schauen heißt jetzt, es in seiner Bestimmtheit, seiner „Möglichkeit" schauen; heißt, es seinem Ewigkeitsgehalt nach werten. So erscheint das Einzelne „zufällig" oder „notwendig" im Hinblick auf den, die Beschränktheit der menschlichen Intelligenz ausprägenden Zufall seiner Betrachtung; ob es „verworren" oder „adäquat" erfaßt wird. Die göttliche Intelligenz unterläge diesem Zufall der Betrachtung nicht; sie begriffe alles in seiner schlechthinnigen Notwendigkeit. Man erkennt, welch gewaltige Vertiefung die Grundmotive von Spinozas Gottesbegriff bei Leibniz erfahren. Die „unendliche" Weise, auf welche dort die Bestimmtheit des Einzelnen und Zufälligen aus dem göttlichen Sinn folgt, ist hier, dank dem Begriff der Ordnung, definiert. Gottes unendlicher Intellekt ist im Grunde genommen die nach allen Seiten hin restlos durchgeführte Analysis. Sie allein gestattete alles uno intuitu zu überschauen; alles in einer universellen, das Einzelne stetig verbindenden Gesetzlichkeit zusammenzufassen. Descartes' Idee der Einheit aller Erkenntnis gewinnt hier fest umrissene Formen und konkreten Gehalt; die „Präformation" des Rationalen im Empirischen einen wohldefinierten Sinn. Jenes ist in diesem nach dem Gesetz der Stetigkeit enthalten; Empirisches strebt im Sinne dieses Gesetzes zum Rationalen. Kein Empirisches, das anders, denn durch einen Minimumwert des Rationalen, durch die Annäherung an das in unendlicher Entfernung vor ihm stehende rationale Ziel bestimmt wäre; keines, das den Nullwert des Rationalen bedeutete. Man begreift, wie sich Leibniz auch mit diesem Gedanken durchaus auf der erkenntnistheoretischen Bahn bewegt, die Plato mit Kant verbindet. Der Gedanke der Ordnung schließt die Möglichkeit des Begriffs einer „reinen", d. h. von rationalen Elementen schlechthin freien Erfahrung aus. Ja das geradezu Umgekehrte gilt: die „reinste" Erfahrung ist gerade die von der Einsicht in das Gesetz ihrer rationalen Bedingtheit beherrschte. Aber auch ein zweiter, nicht minder bedeutsamer erkenntnistheoretischer Gedanke folgt daraus. Im Tatsächlichen die ratio ergreifen, heißt nicht zu einem hinter dem Tatsächlichen verborgenen Bestand, wieder nur tatsächlicher Art, vordringen wollen. Es heißt vielmehr den Zufallswert des Tatsächlichen durch die Bestimmtheit einer Ordnung in ihm aufheben. So erfährt das platonische „τὰ φαινόμενα διασώζειν" erst auf dem Boden von Leibnizens Ordnungsmotiv seine volle Bewährung. Aber noch an einem anderen, philosophiegeschichtlich interessanten Punkt offenbart sich die methodische Vertiefung, die Leibniz dem Begriff der Erfahrung gegeben hatte. Descartes' berühmtes Traumargument gilt Leibniz kaum für mehr als für ein Spiel mit bloßen Worten. Denn herrscht einmal in einem System ein alles bestimmender Ordnungszusammenhang, so ist es durchaus gleich, ob man es als „Traum" oder als „Wirklichkeit" bezeichnet. — Das Rationale im empirisch Gegebenen, die Ordnung im Zufälligen, schafft Ausgleich, wo Gegensätze zu herrschen, begründet Stetigkeit, wo Sprünge vorzuliegen scheinen. Und gleichwie die Ordnung „vor" dem Geordneten, so ist die „Harmonie", die sie im anscheinend Gegensätzlichen stiftet, „prästabiliert". Der berühmte Gedanke der „prästabilierten Harmonie" bezeichnet — mag er sich auch in anderen Zusammenhängen anders darstellen — ursprünglich ein logisches Problem; genau so, wie es die Gedanken der Ordnung und der allgemeinen Charakteristik, wie es das Gesetz der Stetigkeit und die Idee einer restlos vollendeten Analysis tun.

5. Indessen, es ist Zeit, die Philosophie Leibnizens nunmehr von einer Seite her ins Auge zu fassen, die eine gänzlich neue Einstellung zu fordern und zu durchaus neuen Ergebnissen zu führen scheint. Zwischen Leibnizens berühmter Lehre von den Monaden und seinen tiefen erkenntnistheoretischen Gedanken scheint ein unheilbarer Riß zu klaffen. Seine gewaltigen logischen Motive scheinen mit der Monadenlehre in ein völlig fremdes, vielleicht interessantes, aber im letzten Grunde doch unfaßbares Gebiet zu entschwinden. Kaum zu bestimmende Gegenstände, die Monaden, verbinden sich miteinander in bizarren Beziehungen zu unverständlicher Wirksamkeit. Man fühlt, daß ihre Sphäre, nach Leibnizens Plan, der Analogie zu der Gesetzlichkeit der Analysis nicht grundsätzlich entbehren sollte. Man wiederholt, daß das Gesetz der Stetigkeit auch für sie gelte. Aber es will nicht recht gelingen, dieser Forderung einen definierten Inhalt zu geben. In dem Problem der Monade, so

sagt man, handle es sich um den Begriff der Realität. Das ist richtig; doch nur für den, der sich über die Eigenart des Urteils der Realität klar geworden. Eben deshalb aber ist Leibnizens Lehre von den Monaden ein entscheidender Beitrag zur Theorie dieses Urteils. — Was Realität hat, ist „hier" und „jetzt". Es ist einzig im Sinne seiner Erlebbarkeit. Die Kritik des Begriffs der Erlebbarkeit bedeutet darum Analyse des Begriffs der Realität. Unweigerlich aber führt jene Kritik auf den Faktor „Ich". Nur das Ich-Bezogene, das Ich-Beziehbare ist erlebbar; Realität muß danach Ich-Beziehung einschließen. Das Urteil der Realität steht darum unter eigenartigen Voraussetzungen. Es muß zu einer schlechthin einzigartigen Ganzheit, dem Ich, in ein Verhältnis der Zugehörigkeit treten; zu einer Ganzheit, die, unbeschadet ihrer Einzigkeit, von der Tatsache einer unbegrenzten Vielzahl anderer, unter denselben Voraussetzungen einzigartiger Ganzheiten, der fremden Iche, nicht losgelöst werden kann. Das Ich ist in diese Beziehung auf fremde Iche unaufhebbar hineingestellt; es ist mit ihnen, ohne auf sie kausal zu „wirken", durch die Tatsache der Verständigung verbunden; ja, es erscheint selbst erst vermöge seiner Gebundenheit an jene Tatsache als ein einziges. Alles nun, was über die Einzigkeit und Vielheit, über Zusammensein und Isoliertheit, über kausalen Wechselbezug und Verbindung in der Tatsache wechselweiser „Verständigung" vom Ich ausgesagt worden, gilt restlos auch für die Monade. Sie „wirkt" nicht auf andere im physikalischen Sinn, sie hat „keine Fenster"; allein, sie ist ein „vorstellendes Wesen", und kraft des Aktes und des Gegenstandsbezugs der „Vorstellung" mit allen anderen Monaden verbunden. Die Ordnungsbestimmtheit des Vorgestellten oder Vorzustellenden liefert das Gesetz ihrer Beziehungen zu ihresgleichen. Es ist das Gesetz der Erkenntnis selbst und stiftet Harmonie zwischen ihnen: d. h. die Monaden führen ein gemeinsames Erkenntnisleben. Eine absolut unbewußte Monade bedeutete einen Widerspruch, denn es bedeutete den Nullwert des Erkenntnisbezugs. Nur nach den unendlich abgestuften Graden der Bewußtheit können sie sich unterscheiden, von der niedersten, „die sich mit dem Namen Monade begnügt" zur „sinnbegabten Seele" und dem „vernunftbegabten Geist", vom tiefen Schlafe bis zum vollbewußten Wachen, von den „petites perceptions" bis zu den die höchsten Leistungen des Denkens umfassenden „apperceptions". Das oberste, alle Monaden umspannende Gesetz der Monaden ist die, Erkenntnis genauer den Begriff der Erkenntnis in ihrem aktuellen Denken verwirklichende Monade, die höchste, die „Zentralmonade": Gott.

6. Hält man hier fürs erste inne und fragt man nun noch einmal nach dem eigentümlichen Problem von Leibnizens Monadologie, so kann die Antwort nur eine sein: Dieses Problem ist das Problem der Psychologie; es ist genauer die Frage nach dem Anteil der Psychologie an dem Aufbau einer Theorie der Erkenntnis. Bei Descartes war die Psychologie aus dem System herausgefallen; bei Leibniz ist sie vermittels der Monadenlehre in den durch den Erkenntnisbegriff bestimmten Rahmen eingegliedert. Descartes' „cogito ergo sum", so könnte man auch sagen, erscheint hier analytisch in seine feinsten Konsequenzen hinein entfaltet und damit allen psychologistischen Fährnissen grundsätzlich entrückt. Aber auch der Gedanke der Harmonie, diese Konsequenz der Ideen von Stetigkeit und Ordnung, erfährt in dem Motiv der Monade eine bedeutsame Vertiefung. Zunächst genügt jenem Gedanken die Monade selbst. Als Ausdruck der Bedingungen für die Tatsächlichkeit des Erkennens verkörpert sie zugleich die eigentümliche Dimensionsbestimmtheit, d. i. die Realität des Erlebens. In diesem Sinne real sein, heißt einzig sein, in der Dimension des „Ich" liegen. Aber diese Einzigkeit ist schon deshalb von besonderer Art, weil sie die Forderung enthält, daß jeder der unbegrenzt vielen Erlebnismittelpunkte, jedes der vielen Iche, einzig sei. Gerade damit aber sind diese Erlebnismittelpunkte, in dem gemeinsamen Bezug auf die Erkenntnis, harmonisch verbunden; andererseits greift der Harmoniegedanke über die Gegenstandssphäre der Erkenntnis in die völlig anders geartete Dimensionsschicht des Erlebnisses hinüber. Ungeachtet ihrer Einzigkeit, ja als deren Konsequenz, hängen die Monaden in der Tatsache der Gemeinschaft ihres Erkenntnisbezugs, welche die der Verständigung einschließt, miteinander harmonisch zusammen. Sie haben „keine Fenster"; sie tauschen keine naturhaften Wirkungen aus; denn sie liegen garnicht in der Dimension der Natur. Aber eine aus deren Dimension in die ihre herüberreichende Ordnung knüpft sie harmonisch aneinander. Nicht extensiv physikalische Potenzen, nicht Druck und Stoß, bestimmen ihr Verhältnis, sondern eine intensive, freilich aller gegenständlichen Bestimmtheit vorausgehende Ordnung des Sinns. Das, was sie denken, bindet sie aneinander und an die Gesetzlichkeit des Gedachten. Jede Monade muß auf ihre Weise grundsätzlich alles denken können, denn nur dann ist sie „vorstellendes Wesen", d. h. „Ich". Jede Monade stellt darum auf ihre Weise das Weltall vor. Sie ist das Urbild des Individuums: sie verkörpert das Prinzip der Identität des Nichtunterscheidbaren (Principium identitatis indiscernibilium).

Kein Schlagwort vermag die Stellung der Monade innerhalb des Begriffs der Erkenntnis zu erschöpfen. Sie stellt ein bestimmtes Element in der Definition der Erkenntnis dar; zugleich verwirklicht sie gewisse unaufhebbare Forderungen des Begriffs der Erkenntnis, vor allem die, daß Erkenntnis auf unbegrenzt mannigfaltige Weisen muß vollzogen werden können. Die Monade unterliegt der Gesetzlichkeit der Erkenntnis und gibt doch wieder dieser Gesetzlichkeit in einer völlig neuen Dimension eine ganz neue Bestimmtheit. Sie genügt den Bedingungen des Gesetzes der Stetigkeit. Aber sie verändert zugleich dieses Gesetz im Sinne einer völlig neuen Aufgabe. Und nun versteht man auch, welche Bewandtnis es mit Leibnizens vielerörterter Lehre der Idealität von Raum und Zeit, in deren Bezug auf die Welt der Monaden, haben muß. Beide sind „Ordnungen": die Zeit die des Nicht-Zugleich-Existierenden, der Raum des Koexistierenden. Als Ordnungen nun sind sie denkbar und nur vermöge dieser ihrer Denkbarkeit, d. h. ihrer „Idealität", bestimmt. Ja, mehr noch! Sie sind „anschauliche" Ordnungswerte; d. h. sie „sind" nur im Erlebnis; sie verweisen darum auf den methodischen Repräsentanten des Erlebnisses: die Monade. Sie müssen auf die Monade abgebildet werden können: es liegen ihnen Verhältnisse der Monaden zugrunde.

7. Allein, wie steht es um den metaphysischen Sinn der Monade, den doch Leibniz mit unverkennbarer Entschiedenheit fordert? Die Kontinuität des Seins der Monade trägt wie dieses Sein selbst, eigentümlichen Charakter. Sie kann nur von der Art der Kontinuität des Ich sein. Sie ist nicht Kontinuität eines Größenwertes, sondern Kontinuität der „Präsenz", also Kontinuität des Wissens um sich selbst; eines Wissens, vermöge dessen sich Vergangenheit und Zukunft in einem streckenhaften Gegenwartswert zur spezifischen Einheit des Erlebnisses bestimmen. Leibniz besitzt den denkbar schärfsten Begriff dieser Funktion. Aber noch fehlen ihm die gedanklichen Mittel, sie in ihren entscheidenden Bedingungen festzuhalten. Immer wieder gleitet ihm die Idee intensiver, d. h. präsentieller Stetigkeit ab in den Gedanken extensiver, also substantialer Kontinuität. Immer wieder erhält, was nur als „Wissen" Seinswert beanspruchen kann, die Besonderheit wissensfreier Seinsbestimmtheit. Immer freilich erhebt sich auch wieder das Bedürfnis, die besondere Dimensionalität der Monaden der Natur gegenüber abzugrenzen. Für diese Abgrenzung aber kommt für Leibniz nach Maßgabe der geschichtlichen und persönlichen Motive, die ihn bestimmen, nur

eine Kategorie in Frage: die Substantialität der Monaden gilt ihm in Rücksicht auf die Besonderheit ihrer Seinsdimension nicht als physisch, sondern als metaphysisch. Vermöge dieser Unterscheidung tritt Leibniz nun auch äußerlich und terminologisch in unmittelbare Beziehung zu der philosophischen Einstellung seiner Zeit. Jetzt ist ein Punkt gefunden, der eine, sozusagen schematische Abgrenzung gegenüber Descartes und Spinoza gestattet. Der unendlichen Anzahl der Leibnizschen stehen die zwei bzw. drei Substanzen Descartes' und die eine Spinozas gegenüber. Allein, was sich bei Descartes und Spinoza in verschiedenen Varianten und mit verschiedenen Graden der Bestimmtheit als die ontologische Ausprägung des Gedankens der analytischen Methode darstellt, das entspringt bei Leibniz einer ganz anderen Dimension des Problems der Erkenntnis. Es betrifft die Frage der Realität in der bestimmten Fassung, die sie durch den Begriff des Erlebens erhält; d. h. es betrifft das Problem der Psychologie. Kein Zweifel: auch in Leibnizens Monadenbegriff findet sich eine starke ontologische Komponente, und es wäre ein schwerer geschichtlicher Irrtum, zu übersehen, daß ihm die Monade vor allem als die οὐσία der Sinnenwelt erscheint. Aber ein ebenso bedenklicher sachlicher Mangel wäre es zu verkennen, daß diese ontologische Funktion einer anderen genau parallel läuft: der notwendigen Beziehung jeglichen Gegenstandes der Erfahrung auf den in der Möglichkeit seines Erlebtwerdens gesetzten Tatbestand des Ich. In der Tat: Nur im Hinblick auf diese Aufgabe läßt sich, wie oben schon angedeutet, der höchste Begriff der Monadenlehre, der der göttlichen Zentralmonade würdigen. Sie ist die restlos, d. h. auch hinsichtlich ihrer Aktualität vollendet gedachte Erkenntnis. Erlebnismäßig erfaßt sie deren ganze Tiefe; sie ist darum die vollendet gedachte Harmonie aller möglichen Gegenstände der Erkenntnis. Sie ist höchste Realität, denn sie ist Erkenntnis in restloser Präsenz. Gott weiß um die Harmonie aller Dinge, indem er selbst diese Harmonie ist. Und er ist sie andererseits nur, indem er um sich selbst weiß. Denn nur insoweit ist er ja Monade, also „vorstellendes" Wesen. Der Gott Leibnizens verhält sich zu dem Gott Spinozas, wie die aktualisiert, d. h. in erlebnismäßiger Präsenz gedachte Erkenntnis sich verhält zu einer Theorie der Methode. Nicht als ob dieser Begriff Leibniz fehlte. Aber daß er ihn vermittels des Begriffs der Monade zu allseitiger, die Psychologie mitumspannender Bestimmtheit erhebt, verleiht ihm einen neuen und vertieften Gehalt. Es schafft die Voraussetzungen für einen neuen, allen psychologistischen

Fährlichkeiten grundsätzlich entrückten, aber denkpsychologisch vertieften Begriff der Logik[1]). Auf alle Fälle aber erscheint nunmehr der Begriff der Monade vor naheliegenden Mißdeutungen gesichert. Monaden sind nicht Atome; denn sie sind, zum Unterschied von Atomen, „Wesen", d. h. unräumlich und vorstellend. Auch sind sie nicht biologische Elemente, etwa Zellen; ebensowenig wie Zellen Monaden sind. Die Seinsgesetzlichkeit der Monaden ist so wenig biologisch, wie die Lebensgesetzlichkeit der Zellen metaphysisch ist. Ja, gerade hinsichtlich des letzten Punktes läßt Leibniz zunächst keinen Zweifel darüber, daß die Erklärung des Lebens nicht in einer Leugnung der Grundsätze der „Mechanik" bestehen könne. Die „mechanische" Gesetzlichkeit für die Tatsache des Lebens leugnen, bedeutete das Unmögliche, den Satz vom zureichenden Grunde aufheben zu wollen. „Jeder Organismus", äußert einmal Leibniz interpretierend Cassirer[2]), „ist in Wahrheit ein Mechanismus von ausgezeichneter Gestaltung". Auf das Prinzip dieser „ausgezeichneten Gestaltung" des Mechanischen im Organismus allein wird es ankommen; und dieses Prinzip allein ist es, woran sich die methodische Fruchtbarkeit der Monadologie für die philosophische Bewältigung des Problems vom Leben ausprägt. Nicht als ob die Monade, um es noch einmal auszusprechen, kurzweg die Gesetzlichkeit des Lebens ausdrückte. Das Verhältnis ihres Begriffs zu dem Problem des Lebens ist von ganz anderer, logisch viel tiefer greifender Art. Gleichwie die Monade das notwendige Complementum des Erkenntnisbegriffs darstellt, einen neuen Bezug, in dem sich der Begriff der Erkenntnis methodisch vollendet; so stellt auch das Leben nicht eine dinghaft-reale Potenz dar, die zu den anorganischen hinzutritt, sondern einen neuen Bezug, deren Normen gemäß das Anorganische als Substrat des Lebendigen betrachtet wird. Auf dieser Grundlage sind die Wechselbezogenheit der Teile im Organismus und dessen Bestimmtheit als „Ganzes" zu bewerten. Dieser Gesichtspunkt der Betrachtung ist es freilich auch, der den organisierten Körper über jeden Vergleich mit dem nichtorganisierten hinaushebt. „Jeder organisierte Körper eines Lebewesens ist eine Art göttlicher Maschine oder ein natürlicher Automat, der die künstlichen Automaten unendlich überbietet. Eine Maschine, wie sie die Kunst des Menschen herzustellen vermag, ist es nicht in jedem ihrer Teile: der Zahn eines Rades hat

[1]) Vgl. auch hierzu meine „Grundlagen der Denkpsychologie". München 1921.

[2]) Leibniz' System in seinen wissenschaftlichen Grundlagen. Marburg 1902, S. 402.

Bruchstücke, die für uns keine Kunstwerke mehr sind, da sie nichts enthalten, was eine Beziehung auf den Zweck bezeichnet, zu dem das Rad bestimmt ist. Die natürlichen Maschinen aber, d. h. die lebendigen Körper, sind es in ihren kleinsten Teilen bis ins Unendliche". Zwei wichtige Gedanken treten hier in einen bedeutsamen Wechselbezug. Der eine betrifft die Ursprünglichkeit des Lebens. Wie weit man auch Lebendiges in seine primären Gestaltungen zurückverfolgen mag, nie kann man, sofern es eben als *Lebendiges* betrachtet worden, auf den Nullwert des Lebens stoßen. Der andere Gedanke gipfelt in der Einsicht, daß durch das Phänomen des Lebens dem „Mechanismus" eine unendliche Aufgabe gestellt sei. Es gibt Versuche, das Leben rein mechanistisch zu „erklären". Andererseits kann die Spannung zwischen mechanischem Geschehen und den Normen der Gesichtspunkte, denen es im Organismus unterworfen gedacht werden muß, nie für überwunden gelten. In unbegrenzt oft zu wiederholenden und unbegrenzt vertiefbaren Ansätzen ist die „mathematische" Betrachtungsweise an dem Problem des Lebens immer aufs neue zu bewähren. Ein nimmer ruhender Antrieb bestimmt sie, ihre Kräfte an der theoretischen Bewältigung seiner Phänomene zu erproben. Nicht eine Art von Lebenssubstanz ist für die Erscheinungen des Lebens verantwortlich zu machen; vielmehr müssen diese Erscheinungen für erklärt gelten, wenn sie einer der mechanistischen gegenüber wohlcharakterisierten, sich aber der mechanistischen dennoch stets bedienenden Fragestellung unterworfen werden. Das Prinzip der Eigengesetzlichkeit des Lebens aber, das mit Hilfe der Idee der Kontinuität ausgesprochen wird, fordert die *Autonomie* der biologischen Begriffsbildung. Begriffe wie „Anlage" und „Präformation", Selbstentfaltung organischer Keime aus mechanischen Anlässen und Disposition zu organischen Reaktionen sind nur Ausprägungen dieser methodischen Autonomie. Zwar sind sie auch in der aristotelisierenden Biologie heimisch. Allein, hier umgrenzen sie metaphysische Wesensbestimmtheiten, nicht aber eigentümliche methodische Aufgaben. Indessen, auch noch andere Beziehungen verknüpfen den Gedanken der Stetigkeit mit den Interessen der positiven Wissenschaft. Es ist die Zeit Leeuwenhoeks, Malpighis und Swammerdams. Die Entdeckung von Zellen und Spermatozoen eröffnet den Einblick in eine Welt kleiner und kleinster Lebewesen. Gewiß, *dieses* Kleine und Kleinste hat mit dem Infinitesimalen unmittelbar nicht das geringste zu tun. Aber eine Forderung des Gedankens der Kontinuität ist erfüllt, wo eine Sichtbares und Unsichtbares einheitlich verknüpfende Gesetzlichkeit entdeckt wird. Es sind eben Tatsachen gefunden, wie sie „die Ordnung und die Vernunft verlangen". „Ordnung und Vernunft" aber bestimmen uns, auch wenn wir die Natur nach dem großen Grundsatz der Entwicklung beurteilen; wenn wir ein diesem Grundsatz gemäßes Verhalten der Natur überall voraussetzen und suchen; nicht minder, wenn wir den Tod in der Kontinuität des Lebens von dessen Gesetzlichkeit her betrachten, wenn wir ihn als Lebenserscheinung werten. Wir bekennen uns damit zu einem biologischen Begriff der Unsterblichkeit, vermittels dessen der Tod in die Gesetzlichkeit der Natur und des Lebens organisch eingegliedert und damit erst Aufgabe wissenschaftlicher Forschung wird [1]). Durch den Tod erscheint das Leben gleichsam nur makroskopisch durchbrochen. Mikroskopisch setzt es sich in jenen hinein fort. Mikroskopisch ist, um in diesem Bilde zu bleiben, der Tod schon vorhanden, wo makroskopisch noch Leben zu sein scheint. Man denke an den modernen biologischen Begriff des „Abbaus". Aber noch andere Konsequenzen werden wirksam. Wenn der Begriff der Unsterblichkeit mit der einen Komponente seiner Bedeutung an die Gesetzlichkeit der Natur geknüpft erscheint, so wird sich die andere, dem Gebiet des Glaubens zugewandte, nur umso vollkommener den autonomen Normen der religiösen Wahrheit anzupassen vermögen. So stellt denn auch der Gedanke der Entwicklung, um auf ihn noch einmal zurückzukommen, bei Leibniz nicht ein naturwissenschaftliches Theorem dar. Vielmehr bedeutet er einen, sich aus dem logischen Motiv der Kontinuität für die Natur ergebenden, an der Natur zu bewährenden heuristischen Grundsatz. Daher kommt es, daß in jenem Gedanken die Motive der zeitlichen Gliederung und der logischen Explikation zusammentreffen; daß ferner die Natur von vornherein unter dem Gesichtspunkt einer charakteristischen Forderung betrachtet wird: so nämlich, als wäre alle

---

[1]) „Was wir Zeugung oder Tod nennen, ist nur eine größere oder schnellere Veränderung; es gibt im absoluten Sinn keine Sprünge und Unstetigkeiten; sie sind, wie in der Bewegung, so in jeder Ordnung der Dinge und Wahrheiten ausgeschlossen. Wie es in einer Kurve gewisse ausgezeichnete Stellen gibt, die man Spitzen, Wendepunkte oder Rückkehrpunkte nennt, und wie es Linien gibt, die eine Unendlichkeit solcher Punkte enthalten, so muß man im Leben des Tieres und des Menschen die Zeiten einer außergewöhnlichen Umwandlung auffassen. Sie hören nicht auf, in der allgemeinen Regel eingeschlossen zu sein, wie die ausgezeichneten Punkte sich durch die allgemeine Eigenart, durch die Gleichung der Kurve bestimmen lassen". (Gerh. III, 635).

Einteilung ihrer Geschöpfe immer nur provisorisch; als wären Abwandlung und Differenzierung ihrer Arten niemals abgeschlossen.

8. So umfaßt der Gedanke der Stetigkeit in beispielloser Spannweite alles Gegenständliche, von der Geometrie bis zum Universum; ja er erstreckt sich, wie noch zu zeigen sein wird, auch auf den Kosmos der Moral, der Religion und des Rechts. Immer aber ist es das gleiche Motiv: je exakter ein Zustand dargestellt erscheint, umso deutlicher muß es werden, daß er alle anderen Zustände, die demselben Subjekt zukommen können, „virtuell" auszudrücken habe. Es ist der Gedanke, daß kein Charakter auf den Nullwert herabsinken, d. h. aufhören könne, wenn sonst der Forderung der Erkenntnis, das Mannigfaltige geordnet zu überschauen, Genüge geschehen soll. So wird alle wirkliche Wissenschaft Wissenschaft von den Grenzen. Alle wirkliche Wissenschaft fordert Grenzbegriffe, d. h. die Begriffe universeller, alle Gesetze umspannender Gesetzlichkeiten. Sie stiften im Mannigfaltigen Eindeutigkeit, d. h. sie erheben sie zur Bestimmtheit. Sie haben in der Geometrie dem Begriff der Anschauung einen neuen, ordnungstheoretisch geläuterten Sinn gegeben. Sie führen in der Physik zu einem von allen okkulten Qualitäten befreiten Begriff der „Kraft". Wenn die Gegensätzlichkeiten „Ruhe und Bewegung" in der übergreifenden Norm eines Gesetzes überwunden werden sollen; wenn es möglich sein muß, im Nacheinander eine vollkommene Ordnung der Stetigkeit gemäß der Idee des zureichenden Grundes aufzuweisen, dann erscheint ein Begriff gefordert, vermöge dessen „die Gegenwart mit der Zukunft schwanger ist". Es ist der definierte Begriff der Kraft. Nicht in einer metaphysischen Laune wurzelt also das, was man gern als Leibnizens „Dynamismus" der Descartesschen Physik der Größe gegenüberzustellen pflegt. Am allerwenigsten bedeutet es eine Konzession an die naive Deutung der Natur. Es ist vielmehr die restlose Auflösung des Naturgeschehens in seine „Möglichkeit"; die methodische Synthese der Begriffe Kausalität und Stetigkeit. Wie Leibniz von einer Geometrie der Größe zu einer solchen der Ordnung fortgeschritten ist; von der Quantität zur — definierten — Qualität; ganz genau so tritt für ihn an die Stelle der Wirkungsgröße die Kraft. Erst in dem Begriff der Kraft ist die Physik mathematisch geworden; erst hier erscheint die Harmonie zwischen Physik und Mathematik vollendet. Ein und dasselbe methodische Prinzip umspannt jede überhaupt mögliche Erkenntnis, alle überhaupt möglichen Gegenstände der Erkenntnis. — Gleichwie nun der stetige Übergang der organischen

Formen ineinander, das Auftreten verbindender Mittelwesen zwischen ihnen unbeweisbare methodische Forderung wird, so auch der stetige Fortgang von Wissenschaft zu Wissenschaft. „Die verschiedenen Arten der Wissenschaften sind dergestalt miteinander verbunden, daß sie nicht wohl gänzlich getrennt werden können“[1]). Das System der Wissenschaften ist die ideale Einheit, die einer jeden von ihnen erst methodische, d. h. auf jede andere bezogene Bestimmtheit verleiht. Es ist daher ein Irrtum, den Gedanken der prästabilierten Harmonie, wie es seit Wolff so oft geschehen, auf das Verhältnis zwischen Körper und Seele zu beschränken. Ihr Gleichklang ist nur der ausgezeichnete Fall eines schlechthin allgemeinen methodischen Verhaltens. Körper und Geist können nicht die Repräsentanten zweier grundsätzlich verschiedener Gesetzlichkeiten sein, wenn sie überhaupt in Beziehung aufeinander bestimmt sein sollen. Wohl tritt gerade an diesem Punkt der metaphysische Einschlag in Leibnizens Gedankenwelt besonders klar in die Erscheinung. Die durch ein umfassendes Gesetz zu verknüpfenden Gegenstände behalten scheinbar auch unabhängig von ihrer Beziehung auf jenes Gesetz ihr Sonderdasein und ihre Sonderbestimmtheit. Leibniz gliedert sich damit in die geschichtliche Lage, wie sie im wesentlichen durch Descartes und Spinoza, wie sie ganz besonders durch den Okkasionalismus bedingt war, ein. Allein, der Ordnungsgedanke übertönt auch hier die ontologischen Motive; die wesenhafte Selbständigkeit von Körper und Geist ist nur als Funktion einer übergreifenden **Ordnung** beider zu fassen.

9. Unaufhaltsam ergreift das Motiv alle, auch die „praktischen“ Gebiete gegenständlicher Bestimmtheit. Auch das **Sittliche** muß in seiner Möglichkeit, d. h. in seinem stetigen Bezug auf das Prinzip jeglicher Erkenntnis erfaßt werden. Auch hier gilt es, nicht Erfahrungen zu häufen, sondern Definitionen zu schaffen; die „Proportionen“, d. h. die Ordnung aufzufinden, der gemäß sich der Sinn des sittlichen Verhaltens bestimmt — mag es nun von diesem oder von jenem, mag es von gar keinem Subjekt betätigt werden. Der Geist der analytischen Methode, oder was dasselbe bedeutet, der hypothetischen Begriffserörterung Platos, beherrscht die Sachlage. Es gilt die Bedingungen zu ermitteln, die die Auswirkung des Sittengesetzes in der Erfahrung bestimmen; nicht aber die Fälle zu registrieren, an denen es sich offenbaren mag. Ist es als reiner Bedingungssatz einmal gefunden, dann ist es schlechthin allgemein

[1]) Leibniz in der Stiftungsurkunde der Berliner Akademie.

und absolut. Dann stellt es sich als ein Gesetz dar, das auch Gott bindet; — nicht freilich, um die Einsicht in die Erhabenheit des göttlichen Wesens zu schmälern, sondern im Gegenteil, um sie an einem, von allen fremden Zutaten gereinigten Begriff der Sittlichkeit zu vertiefen. Das sich selbst bestimmende, autonome Gesetz der Sittlichkeit erweist sich als ein Band, das die Menschen fester mit Gott verknüpft, als alle heteronomen Gebote. Es erweist sich als Grundlage und Bedingung des religiösen Glaubens. Nur sofern die Idee des Guten in ihrer bedingungslosen Unabhängigkeit von jeglichem Seinswert begriffen ist, offenbart sie sich als Bestimmungsgrund für den Seinswert selbst des göttlichen Willens. Gleichwie dieser die Möglichkeitsbedingungen der Erkenntnis nicht aufzuheben, die notwendigen Wahrheiten der Mathematik nicht in ihr Gegenteil zu verkehren vermag, ebensowenig kann er auch, ohne sich selbst zu verleugnen, die autonomen Grundsätze der Sittlichkeit verneinen. Auch sein Begriff unterliegt eben der Bedingtheit der Ordnung. Auch an ihn muß die Frage nach seiner Möglichkeit gestellt werden können. Es ist einer der entscheidenden Punkte, an denen Descartes hinter Leibniz zurückbleibt. Jener habe, so erklärt Leibniz, die Analysis nicht zu Ende geführt. Wenn die Güte Gottes von seiner Willkür abhinge, dann wäre sie nicht nur mit der göttlichen Gerechtigkeit unverträglich; sie wäre auch jeglichem Versuch einer Bestimmung ihres Begriffs entrückt. Nicht die Tatsache der Offenbarung wird denn auch in Zweifel gezogen. Nur ihre funktionelle Wertung hat sich verschoben. Sie ist der zeitliche Anfang, nicht der sachliche Grund des Sittengesetzes. — Von selbst versteht es sich, daß aus Leibnizens Ethik jeder flache Eudämonismus verbannt ist. Das Streben nach Glückseligkeit bedeutet ihm das Streben nach ideeller sittlicher Vollendung, nach der Verwirklichung einer schlechthin verbindlichen sittlichen Ordnung. Und diese wieder ist, zugleich als die Norm der Verknüpfung von Persönlichkeiten, höchste soziale Norm. So umspannt der Gedanke der Ordnung überhaupt — ohne Schmälerung ihrer besonderen Rechtsansprüche — Wissenschaft, Sittlichkeit und Gemeinschaft. Auch hier offenbart sich wieder die das Universum beherrschende „Harmonie", die in ihrer aktuellen Vollendung Gott heißt. Harmonia universalis id est Deus. Das Streben nach dieser Harmonie hin ist der amor Dei. Er hat eine ebenso ethische wie soziale und kosmische Note. Er bedeutet: amare bonum publicum et harmoniam universalem. Mit unverkennbarer Schärfe grenzt sich hier Leibniz gegen Spinoza ab. Im amor Dei erscheint Gott als die unendliche Aufgabe, die nie erfüllt werden, aber auch niemals aufhören kann zu wirken, wo das Denken Gegenstände, wo das Streben eine Richtung, wo der Wille Ziele hat. Wie die fortschreitende Erkenntnis durch die beständige Abwechslung zwischen der Bewunderung des Neuen und der nachfolgenden Einsicht zu einem sich fortwährend erhöhenden Genuß gelangt, so erfaßt der Geist in der Idee der Erkenntnis, welche die Idee der Ordnung selbst ist, in liebender Bewunderung Gott. Allein, diese liebende Bewunderung ist nicht wunschlos-mystische Hingabe. Denn Gott bedeutet die Ewigkeit der Aufgabe, die Unentwegtheit des Strebens nach ihrer Erfüllung; und der amor Dei die nie vollendete Erhöhung des Ich an der in keiner Tatsache vollendeten Idee universeller Gesetzlichkeit. In ihr sind alle Gegensätze, alle Mängel und alles Übel der Welt getilgt. Diese negativen Bestimmungen behalten ihr Recht nicht länger, als eine bloß relative Betrachtung der Dinge. Sie „sind" nur, solange die Dinge nicht aus der Perspektive der alles umspannenden göttlichen Harmonie betrachtet werden. So bleibt Gott gegenüber der Tatsache des Übels in der Welt gerechtfertigt; so schließt der Begriff der Harmonie, das Motiv der Ordnung, die „Theodizee" in sich. Der „amor Dei" als stetig wirkender Antrieb nach den Ideen der Ordnung und Harmonie hin aber erweist sich zugleich als Quelle des immerwährenden Prozesses, in dem sich die Person zur Persönlichkeit entfaltet. Ja, erst in dieser Entfaltung gewinnt sie ihr eigentümliches Wesen. In ihm erst „erhält" sie sich. Spinozas Wort vom „suum esse conservare" empfängt jetzt durch Leibniz einen neuen dynamischen, pädagogisch fruchtbaren Sinn. Sich in dem dauernden Prozeß der Entfaltung zur Persönlichkeit befinden, heißt schlechthin gültigen Werten und damit jener „societas" der Vernunftwesen zustreben, die so einzig ist, wie das göttliche Ziel sittlicher Vervollkommnung. Um dieses Zieles willen aber hat auch das, was ihm zustrebt, teil an einem überempirischen Sein. Als ethische Potenz, als ein der Vervollkommnung Fähiges, ist die Seele unsterblich zu nennen.

10. Die Entwicklung zur göttlichen Harmonie hin bestimmt aber auch den Sinn der Geschichte. Auch ihr Ziel ist jene vollkommenste, d. h. vernünftig-göttliche Ordnung der Geister, an die sich die Vervollkommnung und damit die Unsterblichkeit des Einzelwesens knüpft. So ist Geschichte letztlich mehr als Geschehen. Es ist sittlich richtungs- und zielbestimmtes, durch die Idee der Vollkommenheit geleitetes Geschehen. Aber auch dieser Gedanke bedeutet nicht die Konstatierung einer Tatsache, sondern das Bekenntnis zu einer heuristischen Maxime. Es ist

wie bei der Frage nach dem Verhältnis zwischen Tatsachen- und Vernunftwahrheiten. Im einzelnen ist die göttliche Ordnung der Geschichte nicht zu erkennen. Wohl aber erscheint ein ideeller Standort gefordert, von dem aus das Einzelne im Sinne jener Ordnung gewertet werden kann. „Wir müssen uns mit den Augen des Verstandes dahin stellen, wo wir mit den Augen des Leibes nicht stehen, noch stehen können" [1]); — gleichwie die Ordnung der Gestirnbewegung sich nur dem erschließt, der den rechten Standort gewonnen hat. Diese Ideen auch im Empirischen zu bewähren, dienen nun Leibnizens mannigfache politische Unternehmungen. Was epigonenhafter Überlegenheit gelegentlich als Vielgeschäftigkeit erscheint, das ist bei Leibniz selbst — man denke etwa an seine Bestrebungen um die Reunion der Kirchen — nur eine weitere Auswirkung des alles umspannenden Grundsatzes der Ordnung. Leibnizens politische Unternehmungen, sie mögen nun im einzelnen geglückt sein oder nicht, wurzeln in seinem Begriff der Geschichte. In dieser aber stellt sich auf eigentümliche Weise die göttliche Harmonie, das höchste systematische Prinzip seines Philosophierens selbst dar. Von ihm aus besehen, erscheint das Sein im Sollen und das Sollen im Sein bestimmt; die Kluft zwischen Normen und Tatsachen, zwischen mechanischer Naturkausalität und durchgängiger Zweckbestimmtheit überbrückt; — nicht freilich durch eine äußerliche und künstliche Vereinigung zweier einander widerstrebender Grundsätze, sondern dadurch, daß sie, ihren Begriffen nach, aufeinander verweisen. Die Affinität des Mannigfaltigen zu allen Formen und Dimensionsbestimmtheiten der Ordnung ist die ursprünglichste, auf nichts anderes zurückführbare Gegebenheit, das einzige, dafür auch das größte aller „Wunder". Nicht an einem Gegensatz zur Gesetzlichkeit der Natur, sondern eben an dieser Gesetzlichkeit selbst offenbart es sein tiefstes Wesen [2]). — Und wie das Motiv der Sittlichkeit, so fügt sich auch die Tatsache des Rechts dem Gesetz der göttlichen Harmonie. Die Existenz der Gemeinschaft, in deren Rahmen allein vom Recht die Rede sein und das Recht sich differenzieren [3]) kann, hat zu ihrem Prinzip „die unwandelbaren Regeln der Vernunft, zu

[1]) Gerhardt VII, 543.

[2]) Vgl. auch hierzu Cassirer, a. a. O. S. 447.

[3]) Das ius strictum, nur der Erhaltung des Friedens dienend; die aequitas mit dem Grundsatz „suum cuique"; die Rechtschaffenheit, die die Wohlfahrt aller durch die eigene Vervollkommnung anstrebt.

deren Aufrechterhaltung Gott sich verbunden hat" [1]). Er bestimmt die Idee des Rechts. Denn er ist die höchste Voraussetzung seines Begriffs, d. h. seiner „Möglichkeit" und seiner Verwirklichung. Darum verbürgt er dem Recht dessen autonome Gültigkeit; eben darum aber ist der Begriff des Rechts so wenig wie der irgend eines anderen „Möglichen", irgend welcher anderen „Ordnung", aus Tatsachen geschöpft, sondern höchstens nur auf Tatsachen bezogen. Nie dürfen daher Recht als Idee und positives Gesetz verwechselt werden; denn jene Idee ist das Richtmaß des Gesetzes. Es bliebe bestehen, selbst wenn alle Gesetze aufhörten. Ihren Begriffen nach sondern sich darum Recht und Macht. Wie damit Leibniz jede Relativierung des Rechtsbegriffs von vornherein ausschaltet; wie er jedem Positivismus in der Begründung des Rechtsbegriffs den Boden entzieht, so zieht er zwischen sich und den Vertretern der Machttheorie des Rechts, vor allem Thomas Hobbes, eine scharfe Trennungslinie.

Man hat oft von Leibnizens Ästhetik gesprochen; zu Unrecht, wenn man darunter eine bis ins einzelne ausgeführte Theorie des Schönen versteht; zu Recht, wenn man bedenkt, daß nicht nur der Begriff der Ästhetik als Prinzipienwissenschaft vom Schönen aus seiner Schule stammt, sondern daß er selbst in dem Motiv der Ordnung die Quelle aller ästhetischen Wirkung entdeckt hat. Die Dimension freilich, in der diese Ordnung sich entfaltet, ist eine eigentümliche. Es ist die Sphäre des Gefühls, die Sphäre des vor allem in der Gesetzlichkeit der Monade repräsentierten Subjekts. Freilich, es bleibt auch diese Dimension mit derjenigen objektiver Erkenntnis unauflösbar verbunden. Sie enthält sie gleichsam symbolisch in sich; die objektive Ordnung ist die ästhetische, wo sie als „unsichtbarer Reiz" unsere „Lebensgeister" erweckt. Indessen, der Begriff dieser objektiv-subjektiven Ordnung bedarf der methodischen Klärung und Ausgestaltung, wenn er fähig sein soll, die eigentümliche Harmonie, die in dem Erlebnis des Schönen den Gegenstand mit dem Gefühl verbindet, zu bewältigen; die Harmonie, die dem Gegenstand Gefühlswert verleiht und das Gefühl doch wieder zur Höhe gegenständlicher Bestimmtheit führt, die, obwohl sie aus der individuellen Seele quillt, sich doch in der Unvergänglichkeit von Gestalten auswirkt und vollendet. Die Aufgabe, die sich Kants Kritik der Urteilskraft stellen sollte, ist bei Leibniz erst in ihren Umrissen zu erkennen. Aber Leibnizens Problem steht in organischer Verbindung mit jener Aufgabe. Ja, mehr

---

[1]) Nouv. ess., Erdmann, 286.

noch! Es ist die notwendige Voraussetzung, das Schöne als das zu verstehen, „was ohne Begriffe als Objekt eines allgemeinen Wohlgefallens vorgestellt wird“ [1]).

11. Wir wissen genug, um Leibnizens schlechthin einzigartige Bedeutung für die Philosophie zu würdigen. Sein Streben geht auf den Kosmos der Wahrheit: der erkenntnismäßigen, wie der außererkenntnismäßigen; auf den Kosmos der Wahrheit, d. h. auf deren System. Und dieses System wieder kennzeichnet sich durch zwei entscheidende Merkmale. Es erweist sich, methodisch genommen, nicht als Schöpfung freier Spekulation, sondern als notwendige und konsequente Ausgestaltung des Begriffs der Analysis; es umspannt sodann, inhaltlich betrachtet, als Monadenlehre das Problem der Realität und des Psychischen. Die Idee des „Möglichen“ erhält in ihm einen scharf umrissenen Gehalt. Sie beherrscht als der Begriff der Grenze das gesamte System denkbarer Aussagen: alles ist dank ihrer universellen Gesetzlichkeit mit allem einheitlich verbunden und nichts verliert doch durch diese Verbindung seinen methodischen und sachlichen Eigenwert. Das höchste Maß analytischer Verallgemeinerung verknüpft sich so organisch in Leibnizens System mit der Forderung feinster, nie abgeschlossener Differenzierung. Kein Definitionselement eines Faktors kann in diesem System zum Nullwert herabsinken; kein Faktor von dem anderen somit grundsätzlich isoliert sein. Eine gewaltige, in gewissen Punkten zu dem genialen logischen Plan einer universalen Zeichensprache ausgebaute Theorie der Beziehungen soll alles Gegebene und als Gegebenes Denkbare und Bestimmbare umspannen, und dennoch in seiner Besonderheit bejahen und festhalten. Kein Gebiet wissenschaftlicher und außerwissenschaftlicher Geltung kann von diesen Motiven unbeeinflußt bleiben, Kunst, Religion und Recht so wenig, wie Mathematik, Natur und Geschichte — auch und nicht zuletzt die Geschichte der Philosophie. Hier führt Leibnizens Lehre, mag er nun selbst diese Konsequenzen gezogen haben oder nicht, zur Idee einer philosophischen Disziplin, die im Geschichtlichen überall das Sachliche, in dem Sachlichen stets das geschichtlich Bedingte zu entdecken strebt; die die philosophischen Probleme in der Mannigfaltigkeit ihrer zeitlichen Erscheinungsformen nur im Hinblick auf die Identität ihres sachlichen Bestandes und diesen sachlichen Bestand wieder nur in Rücksicht auf die Vielgestaltigkeit seiner zeitlichen Erscheinungsformen zu erkennen

[1]) Kant, Kritik der Urteilskraft (Vorländer), S. 51.

vermag. Es ist die methodische Grundlage des kritischen Begriffs einer Problemgeschichte der Philosophie, daß in jeder ihrer Fragestellungen jede andere virtuell enthalten sein, daß die Philosophie in der ganzen Fülle ihrer Probleme an jeder ihrer geschichtlichen Besonderungen muß entfaltet werden können. Das Große an Leibnizens Werk liegt in der imposanten und nur mit der äußeren Form der Darstellung kontrastierenden Einheitlichkeit seiner methodischen Anlage; in der Ausweitung, die in ihm die Gedanken der Analysis und der Ordnung durch ihre Verknüpfung mit dem Motiv der „Möglichkeit" gewonnen haben. Leibniz bedeutet einen monumentalen Abschluß, wenn man den Blick auf die großen philosophischen Systeme des 17. Jahrhunderts richtet; aber zugleich einen Anfang von beispielloser Wucht, wenn man seine näheren und entfernten Wirkungen ins Auge faßt. Nicht nur Kant wurzelt in Leibniz; Leibnizens Werk liefert, weil sein Begriff der „Möglichkeit" die Bedingungen jedes methodischen Verhaltens aufdeckt, eine der Invarianten aller nur denkbaren philosophischen Fragestellungen. Wie die Begriffe der Ordnung und der Relation aus dieser Fragestellung niemals verschwinden werden, so kann auch Leibnizens Philosophie nie aufhören, aktuelle Wirkungen auszuüben.

12. Angesichts der überall ins Weite gehenden problemgeschichtlichen Bedeutung Leibnizens erscheinen seine näheren Wirkungen verhältnismäßig gering. Sie äußern sich auf doppelte Weise: in einer Reihe unmittelbarer Nachfolger und durch die Beeinflussung der deutschen Philosophie der Aufklärungszeit. Als Schüler Leibnizens in einem weiteren Sinne des Wortes darf zunächst der feinsinnige Ehrenfried Walther Graf von Tschirnhausen (1651—1708) gelten. Wie er Leibnizens theoretisches Denken im Sinne des Begriffs der genetischen Definition beeinflußt hatte, so strebt er andererseits darnach, die Idee einer universellen Charakteristik zu einem fruchtbaren Prinzip physikalischer Forschung zu gestalten. Sein 1687 erschienenes Hauptwerk „Medicina mentis"[1]) will in solchem Sinne eine Theorie des Erfahrungswissens sein. Allein mit der Beschränkung der Characteristica auf die physikalische Forschung hatte er sich von Leibniz bereits grundsätzlich entfernt. Es war die entscheidende Leistung von Leibnizens Wissenschaftslehre, dem Gedanken der Ordnung jedes mögliche Gebiet gegenständlicher Bestimmtheit erschlossen zu haben. Gerade die Zusammen-

[1]) sive artis inveniendi praecepta generalia.

fassung aller möglichen Gegenstandssphären unter dem methodischen Begriff der Ordnung war die Voraussetzung für die „Möglichkeit", d. i. den Begriff und die Bestimmtheit des Gegenstandes. Eben diese Bestimmtheit aber erscheint gefährdet, ja in Frage gestellt, wo versucht wird, eine jener Sphären aus der Gemeinschaft der übrigen grundsätzlich auszuschalten. Und das geschieht hier mit dem Begriff der Realität. Bei Leibniz empfing dieser Begriff seinen Inhalt von den Bedingungen der Erkenntnis, d. h. von den Begriffen „Ordnung" und „Möglichkeit" selbst. Bei Tschirnhausen gewinnt er dank der Forderung, die physikalische Forschung grundsätzlich von jeder anderen zu trennen, wieder „okkulte" Qualitäten. Die „Entia realia" führen so neben allem anderen Erkennbaren ein methodisches Sonderdasein. Ihre Begriffe, d. h. ihre „Erzeugungsweisen", sind unserer Willkür entrückt. Sie hängen nur „von der Natur der Gegenstände selbst ab". Kommt in der Mathematik, wegen der Mannigfaltigkeit möglicher Grundsätze der Konstruktion, eine Vielheit von Erzeugungsweisen in Frage, so verdankt das „Reale", wie es etwa in der „undurchdringlichen Ausdehnung des Körpers" vorliegt, sein Dasein einer einzigen Ursache. Zweierlei tritt hier klar hervor. Willkürlich ist, was nicht von der Natur der Dinge selbst abhängt. Willkürlich ist, zum Unterschied von dem Physischen, das Mathematische. Das bedeutet, daß der Begriff der Willkür seinen methodischen Bezug auf die Gegenständlichkeit mathematischer Einsicht, mit dieser Gegenständlichkeit selbst, eingebüßt habe. Er bezeichnet nicht mehr eine gegenständlich begründete Verfahrungsweise, sondern lediglich ein subjektiv-psychologisches Verhalten [1]). Aber auch die Begriffe des mathematischen Gegenstandes und der Ordnung selbst haben jetzt, wie soeben angedeutet, ihre Bestimmtheit verloren. Ungeachtet der Einsicht, daß sie in Definitionen erzeugt sein müssen, besitzen sie Bestimmtheit nur als Gegenstücke des physisch Realen. Das ist das eine. Das andere aber ist, daß sich zwischen der Welt des willkürlich „Konzipierten" und des sinnlich Realen eine unüberbrückbare Kluft auftut. Leibnizens Idee von der ursprünglichen sachlichen Gemeinschaft zwischen Tatsachenwahrheiten und Vernunftwahrheiten ist aufgegeben. An ihre Stelle treten mannigfache Versuche, sekundär aneinanderzubinden, was primär getrennt ist. Hierher gehört zunächst der Gedanke einer alles beherrschenden Gesetzlichkeit des Psychischen. Ihr zufolge sind wir uns erst einer Mannigfaltigkeit von

[1]) Vgl. hierzu meine Schrift „Zum Streit über die Grundlagen der Mathematik". Heidelberg 1912.

Dingen bewußt; ihr gemäß unterscheiden wir Gutes von Bösem, Wahres von Falschem; das Viele und Verschiedenartige unserer Gemütsbewegungen und unseres Innenlebens überhaupt. Aus solchen Ideen mögen sich für die empirische Erforschung des Seelenlebens wertvolle Anregungen ergeben. Was sie aber für Tschirnhausen leisten sollten, leisten sie nicht. Sie bieten nicht nur keine Gewähr für die grundsätzliche Einheit der Erkenntnis; sie gefährden geradezu die gegenständliche Bestimmtheit ihres Begriffs. Denn sie verzichten von vornherein auf jedes gegenständliche Kriterium der Erkenntnis; oder besser gesagt, sie verwechseln dieses Kriterium mit der Konstatierung psychischer Tatsächlichkeiten. Wohl führt Tschirnhausen den Begriff einer über alle Verschiedenheiten hinwegreichenden, allen Menschen gemeinsamen Vernunft ein. Allein, auch sie ist schließlich nur psychologische oder metaphysische Tatsächlichkeit, nicht Kriterium der Erkenntnis. Und nicht besser steht es um einen anderen Ausweg. Mit Spinoza unterscheidet Tschirnhausen scharf zwischen Einsicht, als der Quelle wirklicher Erkenntnis, und bloßer sinnlicher Imagination. Wie, so fragt er, erkennt man, daß jene und nicht diese vorliegt? Seine Antwort gewinnt gerade unter dem Gesichtspunkt modernster denkpsychologischer Erwägungen ein gewisses Interesse[1]: die „allgemeine Mitteilbarkeit" soll das entscheidende Kennzeichen für die Herkunft eines Ergebnisses aus Einsicht sein. Denn nur, was aus Einsicht stammt, kann jedem vermittelt werden. Indessen, was Tschirnhausen anstrebt, wird durch diese Auskunft nicht erreicht. Denn weder erscheint der Beweis erbracht, daß das Imaginierte des Bezugs auf begrifflich-gedankliche Bestimmtheit gänzlich entbehre, noch auch enthält die Tatsache der Mitteilbarkeit an sich schon die Gewähr der Wahrheit. Und dazu kommt noch ein Weiteres: die Frage nach den Kriterien für die „Allgemeinheit" einer Mitteilung. Es genügt anzudeuten, daß sie weder aus Erfahrung gewonnen, noch auch aus Prinzipien geschöpft sein kann. Jenes, wegen der grundsätzlichen Unabgeschlossenheit aller Erfahrung; dieses, weil dem Denker der Weg zu den Prinzipien durch seinen Verzicht auf die Bestimmung des Begriffs der Ordnung grundsätzlich versperrt ist. Immer wieder aber strebt der Beweisgang zu seinem Ursprung zurück: zu der Idee einer auf die Bearbeitung nach mathematischen Methoden wohl angewiesenen, trotzdem aber der Mathematik gegenüber selbständigen Physik. Sie gilt Tschirnhausen

[1]) Vgl. hierzu meine „Grundlagen der Denkpsychologie", 1921.

als der eigentliche Inbegriff jeglicher Erkenntnis; ja mehr noch: als der letzte Maßstab aller Wahrheit. So wird ihm Physik zur Grundlage auch der Sittlichkeit: sie allein befreit von der Gewalt der Leidenschaften, denn nur sie vermittelt die Einsicht, daß die Reize nicht auf dem Wesen der Außendinge, sondern auf der Beschaffenheit unserer Sinne beruhen. Der ungewollten Relativierung des Begriffs der Erkenntnis entspricht die Dogmatisierung der Sittlichkeit im Sinne des Naturalismus. So erhebt sich Tschirnhausen, der Freund Leibnizens und Verfechter einer auf den Grundsätzen der analytischen Methode fußenden Naturphilosophie, doch nicht wesentlich über Leibnizens deutschen Vorgänger, den mathematisch gründlich geschulten und die Physik ebenfalls als philosophische Grundwissenschaft wertenden Cartesianer Joachim Jungius (1587—1657). Ja, in mancher Hinsicht steht Jungius den großen Prinzipien Leibnizscher Wissenschaftslehre erheblich näher als Tschirnhausen. Er hat anscheinend nicht nur den Kraftbegriff auf dem Boden seiner Atomenlehre erfolgreich vorbereitet; er hat durch die Begründung einer freilich nur kurzlebigen Gesellschaft der Wissenschaften zur Erforschung der Wahrheit aus Vernunft und Erfahrung und zur Widerlegung der scholastisch jesuitischen Philosophie in Rostock (1622) Leibnizens wissenschaftspolitische Pläne bedeutsam angeregt.

13. Mit den Auswirkungen der Philosophie Leibnizens kreuzen sich auf mannigfache Weise Tendenzen, die von Macchiavelli (1469 bis 1527) und den Utopisten der Renaissance, von Jean Bodin (1530—1597), Albericus Gentilis (1551—1611) und Hugo Grotius (1583—1645) her kommend, auf eine neue Begründung der Lehren von Recht und Staat abzielen. Alle diese Denker erfüllt, wie sehr sich ihre Auffassungen auch im einzelnen trennen mögen, das Streben, die Eigengesetzlichkeit der Begriffe „Recht" und „Staat" zu begründen. Macchiavelli wird dabei das Mittel zum Zweck; oder besser gesagt: die Einstellung auf bestimmte Zwecke zur alleinigen Richtschnur der begrifflichen Analyse. Die Staatsutopien der Renaissance verlieren sich, bei aller Fruchtbarkeit und allem Scharfsinn im einzelnen, doch allzu leicht ins Ungezügelte und Phantastische. Bodin verstrickt sich in weitläufige Auseinandersetzungen mit den Staatslehren der Religionen; er erblickt, wie Albericus in Vernunft, Naturgesetz und Toleranz Richtmaß und Norm aller rechtlich-staatlichen Gemeinschaft. Und was hier noch tastend oder doch nur in großen Umrissen gezeichnet erscheint, das gewinnt bei Grotius die straffen Formen systematischer Begründung. Der Begriff

der Natur wird ihm Prinzip und Quelle der Rechtseinsicht. Ihre Gesetzlichkeit erhebt sich vermöge dieser ihrer Funktion selbst über Gott: Gott könne sie als Grundlage des Rechts so wenig verändern, wie den Satz, daß $2 \times 2 = 4$ ist. Das jus humanum gewinnt für ihn gegenüber den Rechtsvorschriften des alten und des neuen Testaments methodischen Eigenwert; auf den Begriff der „natürlichen" Rechte gründet sich ihm alle menschliche Gemeinschaft. Er ist die Quelle aller vernunftgemäßen Entscheidungen, sichert damit dem Herkommen, weil dessen Ergebnisse bei gesitteten Völkern jenen Entscheidungen zu entsprechen pflegen, die Bedeutung eines empirischen Maßstabes für das Recht und schafft im Motiv des Vertrags das Mittel, die Probleme des geselligen Gemeinschaftslebens im Staate logisch zu bewältigen. Unter solchen Voraussetzungen, in denen bereits manches klassische Motiv der großen Systeme des 17. Jahrhunderts vorgebildet erscheint, hatten auch die Staatsrechtslehrer, die Leibnizens Schule und damit den Gang der deutschen Aufklärungsphilosophie entscheidend beeinflussen sollten, ihre Probleme in Angriff genommen. Samuel von Pufendorf (1632—1694), unter dem Namen Severinus a Monzambano der Verfasser eines kritischen staatsrechtlichen Werkes über die Zustände im deutschen Reich (De statu imperii Germanici, 1661), führt Grotius' Naturrechtslehre in seinen Schriften „De jure naturae et gentium" (1672) und „De officio hominis et civis iusta legem naturalem" (1673) weiter, indem er sie mit spinozistischen und Hobbesschen Motiven kombiniert. Bei Christian Thomasius (1655—1728) erfährt das Motiv des Naturrechts eine weitere charakteristische Ausgestaltung. Das in der Gesetzlichkeit der Natur wurzelnde Recht stellt sich jetzt dem aus der Offenbarung abgeleiteten schroff gegenüber. In seinen „Institutiones jurisprudentiae" (1688) vollzieht sich so seine restlose Trennung von der Theologie, zugleich die für die Problemstellung der Rechtsphilosophie entscheidende Sonderung zwischen den Begriffen Recht und Moral. Hand in Hand damit geht sein Kampf gegen die logische Überlieferung der Scholastik und des Aristotelismus (Introductio ad philosophiam aulicam, 1688), sowie die Forderung des Gebrauchs der Muttersprache in Forschung und Darstellung. Eine wissenschaftliche Zeitschrift in deutscher Sprache, die erste ihrer Art, sollte diesen Zwecken dienen. Mit Humor und Spott überschüttet er darin seine Gegner, denen es freilich alsbald gelingt, Thomasius' Entfernung aus seiner Heimatstadt Leipzig durchzusetzen. In Halle, wo er der erste Professor der dortigen Universität wird, setzt er seinen Kampf gegen Orthodoxie und Unduldsamkeit fort. Die Stellung des Denkers in der Geschichte der Philosophie ist durch ein Schlagwort nur schwer zu kennzeichnen. Indem er die Autonomie des Rechts auch, und ganz besonders dem Offenbarungsgedanken gegenüber, verteidigt, zugleich aber im Namen der Toleranz den Kampf gegen Pedanterie und Aberglauben aufnimmt, wird seine in deutschen Schriften niedergelegte „Weltmannsphilosophie" gewissermaßen der Ausgangspunkt der deutschen Aufklärung. Seinen Bemühungen um eine Neugestaltung der Logik fehlt es nicht an einem gewissen Sinn für die methodischen Bedürfnisse der Forschung. Allein, was er an die Stelle der Schullogik zu setzen hatte, war nicht eine etwa an dem Begriff des Rechts geläuterte Theorie der Wissenschaft. Es war vielmehr eine verflachte und verflachend wirkende „Vernunftlehre", welche „durch eine leichte und allen vernünftigen Menschen, welcherlei Standes und Geschlecht sie seien, verständliche Manier" dazu verhelfen soll, „ohne Syllogistika das Wahre, Wahrscheinliche und Falsche voneinander zu unterscheiden und neue Wahrheiten zu finden". Seine „vernünftige" Liebe hat ihr Ziel lediglich in der „Gemütsruhe". Nicht um der Originalität seiner Gedanken, sondern um seiner Stellung innerhalb der deutschen Aufklärung und seines unverlierbaren Einflusses willen auf Christian Wolff wird Thomasius' Namen in der Geschichte der Philosophie stets genannt werden. Die Lehre vom Naturrecht selbst erfuhr auf dem Boden der Rechtswissenschaft ihre weitere Ausgestaltung durch Heinrich und Samuel von Cocceji (Vater und Sohn 1644—1719, bzw. 1679—1755)[1]).

14. Eine eigentümliche Stellung in der zeitgenössischen Rechtsphilosophie nimmt, zugleich im Hinblick auf gewisse charakteristische Anklänge an Leibniz, der Neapolitaner Giovanni Battista Vico (1668—1744) ein. Sein durchaus originaler Begriff der Geschichtsphilosophie und der Völkerpsychologie[2]) sichert dem einsamen Denker eine alle Zeiten überdauernde Bedeutung. Plato und Aristoteles, der Neuplatonismus der Renaissance, dann aber Tacitus und Francis Bacon sind die Quellen, die ihn entscheidend beeinflussen. Plato habe

[1]) Vgl. insbesondere: Trendelenburg, Friedrich der Große und sein Großkanzler Samuel Cocceji. Abhandl. d. Berl. Akad. d. Wiss. 1864, S. 1—14.

[2]) De antiquissima Italorum sapientia, 1710. De uno universi juris principio et fine uno 1720. Sein Hauptwerk: Principj di una scienza nuova d'intorno alla commune natura delle nazioni, 1725. Deutsch von W. E. Weber, 1822.

den Menschen betrachtet, wie er sein soll, Tacitus wie er ist, Bacon aber hätte beides vereinigt, indem er zugleich sehen und denken, beobachten und betrachten lehrte. Neuplatonische Einflüsse rücken die Frage nach dem Verhältnis zwischen Gott und Welt in den Mittelpunkt seines Interesses. Das göttliche Wesen verbreitet seine Wirkungen über den Raum durch Vermittlung metaphysischer Kraftpunkte, die es durch Ausstrahlung aus sich entläßt. In seiner schlechthin unendlichen Bestimmtheit stellt Gott den Richtpunkt für alles menschliche, d. h. endliche Verhalten dar. Und wenn der Sündenfall diese Beziehung in ihr Gegenteil verkehrt habe, so ist es Aufgabe der bewußten sittlichen Betätigung des Menschen, das ursprüngliche Verhältnis in seiner ungeschmälerten Reinheit wieder herzustellen. Erkennen heißt, wie bei Malebranche, in Gott erkennen. Allein, erkennen bedeutet auch das Erfassen der Bedingungen, unter denen der Mensch sich dem Menschen gesellt. Es heißt vor allem den Sinn der Geschichte, wie er sich in der Mannigfaltigkeit der Schicksale von Massenindividuen darstellt, erfassen. Es müßten „eben die Anfänge der Humanität der Völker" geklärt werden. Es sei ein Verfahren zu suchen, diese Anfänge „auf wissenschaftliche Prinzipien zu bringen, durch welche den Tatsachen der gewissen Geschichte ihre ersten Ursprünge sich zurückgeben lassen, auf welchen sie feststehen, und durch welche sie untereinander zusammenstimmen können; da sie bis zu dieser Stunde einer gemeinsamen Grundlage, einer konsequenten Aufeinanderfolge und eines Zusammenhangs untereinander selbst zu gebrechen scheinen"[1]. Es seien die allgemeinen Regeln zu ermitteln, die das Handeln der Menschen als Glieder geschichtlich bedingter Gemeinschaften bestimmen; Regeln, die, weil sie sich erst in dieser geschichtlichen Bedingtheit gestalten, nicht angeboren sein können. Sie sind anerkannt, wo Menschen eine soziale Gemeinschaft bilden; und ihre Wirksamkeit ist an die Voraussetzung einer durchgängigen und wechselseitigen Verständigung der Menschen vermittels der Sprache gebunden. So wendet sich die Aufmerksamkeit des Denkers, nicht ohne bezeichnende Anklänge an Leibniz, dem Problem der Sprache zu. Kasuistisch und tastend, an phantastischen Beispielen und unverbürgten Anekdoten werden die Grundsätze entwickelt, denen gemäß sich die Sprache als Träger der nationalen Eigenart und der Geschichte von Volksgemeinschaften aufbaut. Unaufhörlich ringt dabei auch Vico mit dem Plan, der in den

[1]) Ebenda S. 107.

verschiedensten Abwandlungen seine ganze Zeit beherrscht: die elementare Sprache zu entdecken, die als Bedingung jede andere, geschichtlich gewordene beherrscht. Und wie bei so manchen seiner Zeitgenossen ist es auch hier: nur selten gelingt es ihm, den Begriff der elementaren von dem einer „Ursprache" zu sondern. Immer wieder drängt sich ihm das Problem einer solchen elementaren Sprache an die Oberfläche. Allein, sein Interesse an ihr entspringt, anders wie bei Leibniz, nicht aus dem logischen Motiv der Ordnung. Die Sprache gilt ihm eben allemal und restlos nur als Funktion der sozialen Gemeinschaft. Deshalb entzieht sich doch wieder im entscheidenden Augenblick das Problem der elementaren Sprache, die zugleich Universalsprache sein müßte, seinem Gesichtskreis. Deshalb tritt bei ihm die erkenntnistheoretische Seite und damit die begriffliche Analyse der Aufgabe so gut wie ganz in den Hintergrund. Vico überragt in gewissem Sinne Leibniz: dem Geschichtsphilosophen wird die Mannigfaltigkeit der nationalen Sprachen, in deren kulturellem Medium die Geschichte der Menschheit abrollt, zum Problem. In einem anderen und bedeutsameren Sinn aber bleibt er hinter Leibniz zurück. Vico gebricht es an einem Prinzip, wie es bei Leibniz die Begriffe der „Ordnung" und der „Möglichkeit" darstellen. Er ist nicht in der Lage, die Universalität der Sprachgesetzlichkeit mit der geschichtlich-kulturellen Funktion der Sprache in Einklang zu bringen. Einer verwandten Beurteilung unterliegen seine mannigfachen Erwägungen über die Buchstabenschrift. Auch in ihnen verwischen sich nur allzu leicht die Unterschiede zweier Aufgaben. Die theoretische Leistung des Buchstabens als „Zeichen" vermengt sich ihm mit der Fülle kulturgeschichtlicher Beziehungen, die mit der Tatsache des Zeichens, insonderheit des Buchstabenzeichens, gegeben sind. — Eine originale Abwandlung und Erweiterung erfährt sodann bei Vico der Begriff der Logik. Obwohl ein begeisterter Bewunderer des Aristoteles, steht doch auch er im Bann jener Reformbestrebungen der Wissenschaftslehre, die seiner ganzen Zeit das Gepräge geben. Auch sie aber gestalten sich ihm unter eigentümlichen kulturgeschichtlichen und kulturpsychologischen Gesichtspunkten. Es gehört zum festen Ideenbestand der Zeit Vicos, daß an die Stelle des Formelapparats der scholastisch-aristotelischen Überlieferung eine Logik zu treten habe, die entschlossen ist, ihr Schicksal an das der Ergründung neuer Wahrheiten zu knüpfen. Eine Logik, die ihr Dasein abseits von dem Gange wissenschaftlicher Forschung fristete, erscheint ihr unmöglich; eine Logik also, die immer nur Technik des Argumentierens bliebe, unfähig, einen vorhandenen geistigen Besitz nach Grundsätzen umzuformen und zu mehren. Vico nun greift, vielleicht ohne es zu wissen, selbst über diesen Sachverhalt erheblich hinaus. Nicht allein die Bedingungen für die Erforschung der Wirklichkeit müßten sich im Begriff der Logik spiegeln, sondern auch die — „poetischen Transformationen", denen die Wirklichkeit nach massenpsychologischen und kulturgeschichtlichen Gesichtspunkten unterzogen wird. Im Rahmen krauser Betrachtungen, ungelenker Berichte über merkwürdige Begebenheiten und überraschender Wertungen bemüht sich Vico um den eigenartigen Begriff einer „poetischen Logik" [1]). — Dieser Gedanke schließt Probleme von großer Tragweite in sich: die Frage nach der Struktur von Begriffen, die dem Bereich nichtwissenschaftlicher Geltungsgebiete angehören; die methodisch zu lösende Aufgabe, den besonderen Sinn festzustellen, in welchem auch rücksichtlich dieser Geltungsgebiete von „Wahrheit" und von „Wahrheiten" die Rede sein könne, die Grundsätze zu ermitteln, denen gemäß sich auf außerwissenschaftlichen Geltungsgebieten Denkschritt an Denkschritt reiht. Es ist die Aufgabe, Wissenschaft und außerwissenschaftliche Geltungswerte in der ganzen Fülle ihrer sachlichen Wechselbezüge zu durchschauen und damit die Frage nach einem System der Geltung überhaupt zur Entscheidung zu bringen. Die Begriffe einer „poetischen Metaphysik" und einer „poetischen Moral" führen auf der gleichen Fährte noch weiter. Sie drücken aus, daß der systematische Wechselbezug der möglichen „Wahrheiten", von den verschiedenen Geltungsgebieten aus besehen, sich verschieden darstellt; daß das System der Geltung nicht nur seiner formalen Gliederung, sondern seinem begrifflichen Gehalt nach als eine Funktion der einzelnen Geltungsgebiete betrachtet werden müsse. Gewiß, Vico selbst hat diese Konsequenzen nicht gezogen. Aber es hieße den problemgeschichtlichen Sinn seiner Fragestellung verkennen, wollte man sich scheuen, sie auszusprechen. Jedenfalls gewinnt Vicos Stellung zu dem Begriff der Geschichte erst von ihnen aus besehen ihre bedeutsame Färbung. Geschichte tritt für ihn als gleichberechtigte, zugleich aber auf den Gesamtgehalt auch der außerwissenschaftlichen Kultur bezogene Einsicht neben die Wissenschaft von der Natur. Die besondere Art der Notwendigkeit geschichtlicher Zusammenhänge wird ihm neben der Notwendigkeit der Natur zum Problem: Er will Gott nicht nur in Beziehung zur Natur,

[1]) Vico, a. a. O. S. 260.

sondern auch in seinem Verhältnis zu dem in der Geschichte sich offenbarenden Leben der Völker betrachten. Gleichwie Bayle bekämpft daher auch Vico die cartesianischen Versuche, das Gebiet der Geschichte aus dem Bereich der Wissenschaft auszuschließen. Gleich dieser, erscheint jene auch ihm als eine Auswirkung göttlicher Weisheit. Aber so wenig wie dort, offenbart sie sich auch hier auf eine mysteriöse Art: Geschichte gestaltet sich gemäß der göttlichen Vorsehung in den spontanen Handlungen des Menschen, in der Entwicklung seiner Sprache, seiner Gebräuche und seines religiösen Glaubens. Man hat es zuweilen als den Mangel von Vicos Geschichtsphilosophie bezeichnet, daß er gegenüber den Entwicklungsperioden im Leben der einzelnen Völker die Frage nach dem Fortschritt der gesamten Menschheit zurücktreten läßt. Der Einwand mag zutreffen, soweit es sich um Vicos persönliche Stellung zu den Problemen handelt. Er ist aber nur bedingt richtig, wenn man den Ausklang seiner geschichtsphilosophischen Erwägungen in dem Gedanken eines „ewigen Naturstaates" ins Auge faßt. Dieser „ewige Naturstaat" ist das universelle, durch die göttliche Vorsehung geschaffene Ordnungsgefüge der Gesellschaft. Er ist ein Maßstab, dem gemäß alle Einzelphasen in der Entwicklung der Völker verlaufen und beurteilt werden müssen; die Idee eines in „jeder Art vollendeten Gebildes" „nach der Fügung der göttlichen Vorsehung". So kommt zum Schluß auch bei Vico auf gewisse Weise das Motiv der „Ordnung" zum Durchbruch. So gewinnt aber der Begriff „Natur", als das Prinzip dieser Ordnung, schon bei ihm einen eigentümlichen, im wesentlichen durch kulturelle Voraussetzungen bestimmten Sinn. Wie später bei J. J. Rousseau ist diesem Begriff auch hier eine eigentümliche, dem der Naturgesetzlichkeit gegenüber durchaus selbständig zu bewertende Funktion zugedacht. — Es wäre müßig, nach einem Schlagwort zu suchen, das Vicos philosophiegeschichtliche Stellung erschöpfend zu kennzeichen vermöchte; müßig auch, auf philosophiegeschichtliche Parallelen zwischen ihm und seinen Zeitgenossen zu sinnen. Mit Leibniz teilt er, ohne freilich an dessen bewußte Tiefe und Umsicht auch nur irgendwo heranzureichen, die umfassende Weite und Vorurteilslosigkeit der methodischen Einstellung [1]). Mit den ursprünglichsten Schöpfungen der Aufklärung aber ist ihm — man denke abermals an Pierre Bayle — das Streben nach einem Prinzip für das Verständnis auch der geschichtlichen Notwendigkeit als solcher

[1]) Vgl. hierzu auch Galasso, Del metodo storico di G. B. Vico, 1868.

gemeinsam. Und so darf der Name des vom Schicksal hart geprüften Mannes unter strenger Betonung seiner Originalität nicht fehlen, wo der Übergang von den großen Systemen des 17. Jahrhunderts zu den philosophischen Motiven der Aufklärungszeit erwogen wird.

15. Viel greifbarer freilich als Vico vertritt den Geist dieses Überganges der Breslauer Gerberssohn Christian Wolff. Geboren 1679, wird Wolff, frühzeitig durch Leibniz, Tschirnhausen und Spinoza beeinflußt, schon 1706 Professor der Mathematik in Halle. Er entfaltet hier eine Lehrtätigkeit von ungewöhnlichem Umfange und ist alsbald einer der berühmtesten philosophischen Schriftsteller. 1723 muß er, heftigen Angriffen zufolge, die die Orthodoxie gegen ihn erhebt, Halle auf königlichen Befehl verlassen. Nach 17jähriger Tätigkeit in Marburg erfolgt 1740 seine ehrenvolle Rückberufung nach Halle, wo er bis zu seinem Tode 1754 als akademischer Lehrer wirkt.

Man hat die Bedeutung Wolffs lange Zeit unter dem Gesichtspunkt des von seinem Schüler Georg Bernhard Bilfinger (1693 bis 1750) aufgebrachten Schlagwortes der „Leibniz-Wolffschen Philosophie" betrachtet. So sehr es auch zutreffen mag, daß die Darstellung der Leibnizschen Lehren in geschlossener systematischer Begründung als die entscheidende und wesentliche Leistung Wolffs anzusprechen ist, so gewiß geht doch Wolffs eigene Absicht auf eine selbständige Ausgestaltung der zeitgenössischen Philosophie. Es ist eine Frage für sich, wie weit sie ihm trotz seiner außergewöhnlichen schriftstellerischen Fruchtbarkeit gelungen ist. Denn alle seine Werke tragen bereits die typischen Züge der wissenschaftlichen Aufklärungsliteratur: breit in ihrer Anlage und Ausführung, operieren sie überall mit dem Gedanken restloser, durch besondere Voraussetzungen nicht beeinträchtigter Verständlichkeit. „Vernünftige Gedanken" sind es immer wieder, die er in seiner Philosophie über alle Dinge der Welt äußern und begründen will. Sein Ansehen verdankt er nicht zuletzt der methodischen Strenge und der unbeirrbaren Sachlichkeit seines Beweisgangs. Daß er als einer der ersten deutsch schreibt und deutsch vorträgt, erhöht nur seine Wirkung. Es gelingt ihm denn auch, der deutschen Sprache eine Fülle bis dahin unbekannter Ausdrucksmöglichkeiten abzugewinnen, und er darf ruhig als der Schöpfer eines zu neuen gedanklichen Leistungen befähigenden philosophischen Deutsch betrachtet werden. Die systematische Umformung, die Wolff mit der Philosophie Leibnizens vornimmt, bedeutet für diese eine Einengung ihrer ursprünglichen Motive. Der Begriff der Monade wird ohne jeden

Vorbehalt ontologisch gefaßt; die Monadenlehre als Allbeseeltheit gedeutet und dann in scheinbarer Exaktheit abgelehnt oder doch auf „Seelen" eingeschränkt; die „prästabilierte Harmonie" nur als Hypothese über das Verhältnis zwischen Körper und Geist zugelassen. Der historischen Erkenntnis des Seienden stellt Wolff die philosophische Erkenntnis der Gründe des Seienden gegenüber. Darum gilt ihm Philosophie als Wissenschaft vom „Möglichen", wobei das Mögliche seine Beziehung auf die Analysis und damit die methodische Bestimmung seines Begriffs eingebüßt hat. Historische Erkenntnis kann Grundlage der philosophischen werden, wenn Erfahrung die Einsicht in Gründe vermittelt. Trotzdem bleibt Philosophie demonstrierende, d. h. aus Grundsätzen beweisende und sich selbst nach Grundsätzen rechtfertigende Wissenschaft. Der Lehrgang der Philosophie muß sich in strenger Folgerichtigkeit, d. h. so entfalten, daß jeder Denkschritt dem nächstfolgenden die Prinzipien liefere. Als propädeutische Grundwissenschaft der Philosophie gilt ihm die Logik, der er in Anlehnung an Leibniz und Tschirnhausen wirkliche Evidenz sichern, und die er zugleich nach Grundsätzen der Renaissance von dem Formalismus der mittelalterlichen Tradition befreien will; — nicht ahnend, in welchem Umfang dies bereits vor ihm geschehen war und allenthalben den notwendigen Bezug der Logik auf die Erkenntnis ihrem „Nutzen" gleichsetzend. Ihr letztes Prinzip sei der Satz vom Widerspruch. Aus ihm erst könne auch der Satz vom zureichenden Grunde verstanden werden. Wahr ist, was gemäß dem Satz vom Widerspruch, somit aus der Analyse des Subjektsbegriffs von Urteilen folgt. Die empirischen Wissenschaften hätten auf ihre tatsächliche, der vernünftigen Ableitung gegenüber „verworrene" Weise auszusprechen, was Philosophie rational demonstriert. Man überschaut mit einem Blick, wie weit Wolff mit diesen Thesen hinter Leibniz zurückbleibt: das ursprüngliche Verhältnis der Affinität zwischen Tatsachenwahrheiten und Vernunftwahrheiten ist hier gelöst, der notwendige, in der Struktur des Gegenstandes der Erkenntnis selbst begründete Bezug aposteriorischer auf apriorische Einsichten durch die grundsätzliche, erst sekundär wieder aufgehobene Trennung von Vernunft und Tatsächlichkeit verloren; der eigentümliche methodische Sinn aller empirischen Forschung, der auf jenem Bezug beruht, in seinem Wesen verkannt. Mit der Ontologie erst beginnt für Wolff das eigentliche zentrale Gebiet der Philosophie. Ontologie ist Metaphysik des Seins (Nichtseins) und in diesem Sinne Lehre von den Gegenständen. Als Wissenschaft von deren allgemeinen

Bestimmungen schreitet sie von der Erörterung der Kategorien „Nichts“ und „Etwas“ zu der Betrachtung des Möglichen und Unmöglichen, des Bestimmten und Unbestimmten fort. Nur das allseits Bestimmte gilt ihm mit der Scholastik als das Wirkliche und „Individuelle“. Quantität und Qualität, Maß und Ordnung sind weitere Bestimmungen von gegenständlicher Bedeutung; Ordnung insonderheit eine zusammenfassende Bezeichnung der Funktionen der Einheit, der Wahrheit und der Vollkommenheit. Wahrheit selbst aber gilt ihm in Leibnizischem Geist und unter Vorwegnahme Kantischer Motive als Relation: sie ist Einheit des Mannigfaltigen. Noch aber klafft zwischen Wahrheit und Gegenstandsbestimmtheit die dogmatische Lücke: Gegenstandsbestimmtheit wird unabhängig von dem Begriff der Wahrheit, die Beschaffenheit des Einzelobjekts in seiner „absoluten“ oder nur „relativen Notwendigkeit“ unabhängig von den Voraussetzungen seiner Erkenntnis entwickelt. Von hier aus gewinnt sodann die „Wirklichkeit“ der nicht einmal in Gedanken teilbaren Monaden bei Wolff, zum Unterschied von Leibniz, ihre methodische Besonderheit: die Monaden verlieren jetzt jede Beziehung auf die Voraussetzungen der Begriffs der Erkenntnis; sie verkörpern ihm einfach, als schlechthin unvergängliche metaphysische Kraftpunkte, die ontologisch wesentlichen Qualitäten des Seins. Die K o s m o l o g i e sodann betrifft den Zusammenhang der Dinge in der Welt. Sie ist die metaphysische Voraussetzung der Physik. Alle Veränderungen endlicher Dinge erscheinen durch Bewegungen erzeugt. Das Gesetz der Bewegung ist deshalb Weltgesetz; die Welt selbst eine Maschine, in der alles zwangsläufig vor sich geht. Trotzdem ist Wissenschaft von der Natur nicht ohne deren „historische“ Kenntnis möglich. Denn die rational-mechanische Erklärung der Natur ist immer noch vorläufig und hypothetisch: noch müßte darum neben dem Physikalisch-Tatsächlichen das nur teleologisch zu Bestimmende in die Erwägungen des Naturforschers eingehen. Andererseits aber kommen teleologische Gesichtspunkte nicht etwa nur als bloßer Notbehelf in Frage: sie repräsentieren den Gedanken, daß sich in der Welt primär und notwendig eine A b s i c h t auswirke. Unter diesen Voraussetzungen tritt Wolff an die Erwägung der allgemeinen Eigenschaften und der Zusammensetzung der physischen Körper heran, soweit sich in ihnen metaphysische Faktoren darstellen. Diese Faktoren sind als Elemente der physischen Welt weder räumlich noch bewegungsmäßig bestimmt; ihre Unterschiede sind nicht extensiv-quantitativer, sondern intensiv-qualitativer Art. Mit tätiger Kraft begabt, verändern sie sich dauernd und erzeugen durch ihre Veränderungen die sichtbaren Kraftwirkungen der Körper. Man erkennt, wie sich hier Leibnizens kritischer Begriff der Monade gewandelt und verflacht hat: jene Elemente sind mit intensiven Qualitäten begabt und dennoch können sie, weil ihre Funktion nicht erkenntnistheoretisch, sondern ontologisch verstanden werden soll, nicht „vorstellende" Wesen sein; sie sind Monaden und zugleich Atome, d. h. eben doch auch wieder nicht Atome. Ihr Dasein und ihre Eigenschaften, ihre Wirkungsweisen und ihre Erscheinungsformen — alles verliert sich bei Wolff, trotz seines Versuchs, die Frage seiner „atomi naturae" mit dem Problem des Kontinuums zu verquicken, in den Nebel „okkulter" Qualitäten. Die Welt als Ganzes betrachtet, könnte auch anders sein; in diesem Sinn ist sie, abgesehen von der ihr innewohnenden Notwendigkeit, zufällig. Eben darum aber kann sie ihren zureichenden Grund nur in Gott haben, der sie als zweckmäßig, dabei zwangsläufig wirkende Maschine — der Deismus des 18. Jahrhunderts — erschaffen hat. Der Kosmologie schließt sich die Psychologie an. Sie zerfällt in eine „empirische" und eine „rationale". Jene, gleichsam die Naturwissenschaft der Seele, liefert dieser den Stoff. Diese aber ist aprioristische, d. h. „vernünftige" Wissenschaft von der Seele; Wissenschaft von deren Dasein, deren Einfachheit, deren „Kraft", die Welt vorzustellen, dann von den Modifikationen dieser Kraft in den verschiedenen Seelenvermögen. Diesen allgemeinen Zielen gegenüber treten die Bestimmungen im einzelnen, wie sie sich Wolff in dem Neben- und Ineinander von Erkennen und Begehren, von Vorstellen und Fühlen darbieten, wie sie sich in der Sonderung des „unteren" von den „oberen" Erkenntnisvermögen ausprägen, zurück. Das Problem der „prästabilierten Harmonie" aber stellt sich, seiner allgemeinen erkenntnistheoretischen Funktion, d. h. des bedingungslosen Bezugs auf die Ordnung entkleidet und auf das Verhältnis zwischen Körper und Geist eingeschränkt, im wesentlichen als Ausdruck der Tatsache dar, daß eine Veränderung in der Seele mit gewissen Veränderungen im Leibe zeitlich zusammenfällt, daß andererseits gewisse körperliche Vorgänge eintreten, wenn die Seele von bestimmten Strebungen erfüllt ist. Der letzte Grund dieses Verhaltens aber ist ein metaphysischer: es stammt aus den Veränderungen des Weltganzen selbst, sofern sie sich an Seele und Leib vollziehen. Die Metaphysik schließt ab mit der natürlichen oder rationalen Theologie. Ihre Probleme sind zunächst Theodizee und kosmologischer Gottesbeweis, d. h. der Schluß von der „Zufälligkeit" der Welt auf die Notwendigkeit ihres Schöpfers. Philosophie widerspreche der Religion nicht, habe aber Meinungsverschiedenheiten innerhalb der Religion vorurteilsfrei zu prüfen; andererseits hätte sie die Religion vor allen ihr seitens des Atheismus, der Freidenkerei und dem Zweifel drohenden Gefahren zu schützen. Steht, was von Gott erweisbar ist, auch in der Schrift, so ist auch alles über das Erweisbare hinaus in der Schrift Enthaltene der Vernunft nicht zuwider. So wird Philosophie ein Wegweiser zur Schrift und ein Zeugnis ihrer Hoheit. In der praktischen Philosophie schließlich handelt es sich um die durch die Vernunft allein zu bestimmenden Regeln des Handelns. Sie fordert fortgesetztes Streben nach Vervollkommnung, deren Prinzip Wolff in dem stoischen Ideal des naturgemäßen Lebens findet. Es ist die Quelle von Tugend und Glückseligkeit, Vernunft deren eigentlicher Grund. Das den Einzelnen bindende Sittengesetz stellt sich als Norm auch des menschlichen Gemeinschaftslebens dar. Die Vollkommenheit des eigenen Zustandes anstreben, heißt darum auch den Zwecken der Gemeinschaft dienen und damit das sittliche Interesse anderer fördern. Es bedeutet, sich der Pflichten gegen Gott und die Mitmenschen inne werden. Erst auf der Grundlage der Pflicht erstehe das Recht.

16. Die Philosophie Wolffs erfreute sich alsbald der größten Verbreitung. Ihre Wirksamkeit erklärt sich aus mannigfachen Gesichtspunkten. Wohl hat sie ja die Lehre Leibnizens bedenklich verflacht. Aber sie hat sie dafür durch eine allseitige systematische Darstellung weiten Kreisen überhaupt erst zugänglich gemacht. Sie hat weiterhin den Sinn für die methodische Schärfe philosophischer Forschung und Darstellung erweckt. Sie hat sodann, um eine ihrer konkreten wissenschaftstheoretischen Leistungen festzuhalten, das Problem der Wahrheit, trotz ihrer „ontologischen" Einstellung, auf dem Boden einer Theorie der Relationen zur Erörterung gestellt. Wahrheit gilt ihr nicht als eine metaphysische Existenz außerhalb aller Erkenntnis; vielmehr ist ihr die Gegenständlichkeit der Wahrheit ein Ordnungsbezug, dessen Bedingungen in der Erkenntnis allein erfüllt werden können, und der eben deshalb den Voraussetzungen der Erkenntnis genügen muß. Und schließlich passen Wolffs Lehren vermöge ihrer aufklärerischen Tendenzen zur intellektuellen Stimmung der Zeit. Ja, sie hatten es vermocht, ihr geradezu das Gepräge zu geben. Durch J. Chr. Gottscheds „Erste Gründe der Weltweisheit" [1]) fanden Wolffs Gedanken die weiteste Ver-

[1]) 1733, in 7. Aufl. 1777.

breitung. Für die vornehme Welt hatte man ihn sogar ins Französische übersetzt. Johann Heinrich Samuel Formey (1711—1797), ein eifriger Psychologe und Ethiker, Gegner Rousseaus, Anhänger Lockes und Humes, popularisiert Wolff nach einer Richtung hin, die schon in dem Titel einer seiner meistgelesenen Schriften („La belle Wolffienne") sowie in der Tatsache, daß er in Berlin französische Vorträge über Wolff hält, zu klarem Ausdruck kommt. Alles dreht sich in gewissen Zeiten geradezu um Wolff, und ein aufklärerischer Witzling, J. Chr. Edelmann, spricht von einer „Lykanthropie", die selbst unter den „schwachen Werkzeugen" (den Frauen) eingerissen sei. Unter Wolffs Schülern ragt zunächst Ludwig Philipp Thümmig (1697—1728) hervor. Sein Hauptwerk, die „Institutiones philosophiae Wolffianae", stellen eine ernste und gedrängte Zusammenfassung der Wolffschen Lehren dar, um diese auch an den Universitäten mit lateinischer Unterrichtssprache heimisch zu machen. Doch wird er an Ursprünglichkeit und Bedeutung weit übertroffen von Georg Bernhard Bilfinger (1693 bis 1750), Professor in Tübingen, in Petersburg — hier zugleich Mitglied der Akademie und Ingenieur für Festungsbau, dann abermals Professor in Tübingen. Erstreckt sich dessen umfangreiche literarische Tätigkeit auch auf alle Gebiete des Wissens, so liegt seine eigentliche Bedeutung doch in den „Dilucidationes" (1725) [1]), einem viel kommentierten, in Fragen und Antworten gehaltenen und besonders in Frankreich verbreiteten Werk. Ein klarer und analytischer Kopf, kämpft er für die prästabilierte Harmonie zwischen Körper und Seele und für die Theodizee im Sinne Leibnizens, mit weniger Glück gegen die untheologischen Elemente im Begriff des Determinismus. Alles Zusammengesetzte besteht auch für ihn aus einfachen Wesen, Monaden. Aber nicht alle Monaden sind vorstellende Wesen. Denn allgemeiner als die Kraft vorzustellen, sei die der Bewegung. Freilich, die inneren Veränderungen in den vorstellenden und nicht vorstellenden Wesen entsprechen einander; wobei die vorstellenden Monaden sich nur auf ein gewisses Gebiet erstrecken, also nicht die Welt in sich spiegeln. Auch hier hat der Monadenbegriff den sicheren Boden des Erkenntnisbezugs verloren. Die Variante Bilfingers entspringt nicht Prinzipien, sie erscheint letzten Endes nicht durch das Problem der Erkenntnis bestimmt. Auch deren notwendiger Bezug auf den Begriff der Psychologie verblaßt aus diesem Grunde.

[1]) Dilucidationes de Deo, anima humana, mundo et generalioribus rerum affectibus.

Seine Forderung, Psychologie den naturwissenschaftlichen Verfahrungsweisen zu unterwerfen, mag wissenschaftsgeschichtlich betrachtet seine tiefe Berechtigung besitzen und in näherer und entfernterer Wirksamkeit fruchtbare Folgen gezeigt haben; der Begriff der Psychologie, wie er sich in Leibnizens Monade darstellt, heischt andere, weitaus komplexere Entscheidungen [1]). Mit Vico fordert Bilfinger eine für den Begriff der poetischen Kunst wichtige „Logik der Einbildungskraft" und wird damit ein Vorläufer des ebenfalls von Leibniz kommenden und selbst für die Entwicklung Kants nicht bedeutungslosen Ästhetikers A. G. Baumgarten. Neben den vielen minder originellen Schülern Wolffs [2]) ragt der Metaphysiker und Mathematiker Martin Knutzen (1713 bis 1751), der Lieblingslehrer Kants — der Mann, dem es beschieden gewesen, Kant in die Lehre Newtons einzuführen —, mit seiner feinsinnigen Synthese praktisch-ethischer und logisch-mathematischer Interessen [3]), ganz besonders aber der eben genannte A. G. Baumgarten (1714—1762) hervor. Ursprünglich Theologe des Kreises von A. H. Francke in Halle, wendet er sich unter Wolffs Einfluß der Philosophie zu, deren Pflege er sein Leben als akademischer Lehrer zunächst in Halle, dann in Frankfurt a. d. Oder widmet. Baumgarten verhält sich in gewisser Beziehung zu Wolff, wie Wolff zu Leibniz: er hat Wolffs Lehre in eine gedrängte und noch strengere systematische Form gebracht, als sie ihr von Haus aus eigen war. Deneben bemüht er sich, gleich Wolff und vielleicht mit noch größerem Erfolg als dieser, um die Schöpfung einer deutschen philosophischen Fachsprache. Die Terminologie Kants ist im wesentlichen die Baumgartens. Und schließlich bewährt er diese neue Fachsprache an einer, in ihrer methodischen Abgrenzung neuen philosophischen Disziplin, der Lehre von den Prinzipien des Schönen: der Ästhetik. Seine Schriften [4]) sind im wesentlichen aus Diktaten entstanden und dienten Kant jahrzehntelang als Grundlage für seine Vorlesungen. Auch Baumgartens Lehre ist Philosophie der Vernunft

[1]) Vgl. hierzu den Abschnitt über Leibniz, ebenso meine „Grundlagen der Denkpsychologie". München 1921.

[2]) Z. B. die Juristen J. A. v. Ickstadt, J. U. v. Cramer und der Theologe J. G. Reinbeck.

[3]) Vgl. Bruno Bauch, Immanuel Kant, 1917, S. 11.

[4]) Ethica philosophica 1740, Aesthetica 1750 und 1758 in zwei Bänden, Initia philosophiae practicae primae 1760 und Acroasis logica in **Christianum Wolf** 1761. Nach seinem Tode Sciagraphia encyclopaediae philosophicae, ferner Philosophia generalis.

im Sinne Wolffscher Metaphysik. Sie will die Eigenschaften der Dinge, soweit diese der bloßen „Vernunft" gegeben sind, d. h. mit Hilfe des Prinzips vom Widerspruch und dem aus ihm folgenden Satz vom zureichenden Grunde erfassen. Alles in dieser Philosophie steht in strengstem Gedankenzusammenhang nach Grund und Folge. Sie ist „Gnoseologie", sofern sie die erkenntnistheoretischen Vorfragen der Metaphysik behandelt, und zerfällt in die Lehre von der sinnlichen Erkenntnis und der Logik; in der „praktischen" Philosophie werden Ethik und Rechtsphilosophie, Lehre vom Anstand (Prepologia) und vom Ausdruck (Emphaseologia) zusammengefaßt. Monadenlehre und prästabilierte Harmonie finden sich in wesentlich Leibnizscher Fassung vertreten. Aber auch Offenbarung und Wunder sollen in seinem System Platz bekommen. Das Streben nach Vollkommenheit macht neben den Pflichten gegen Gott, sich selbst und jedes andere, unter- und übermenschliche Wesen den Inhalt der Ethik. Sie umspannt anch den Begriff der Philanthropie, der wiederum an den einer Verbreitung von Erkenntnissen durch „Erleuchtung" geknüpft erscheint. Seine wirklich ursprüngliche Leistung aber ist wie gesagt die „Ästhetik". Als ihren Gegenstand betrachtet er, auch hier Leibnizens Anregungen folgend, die sinnliche Erkenntnis, sofern sie die nicht zu vollkommener Deutlichkeit gebrachten Vorstellungen der Phantasie betrifft. Sie sollen vervollkommnet, d. h. einer eigentümlichen Gesetzlichkeit, nämlich derjenigen des Schönen gemäß, gestaltet werden. So ist ihm Ästhetik mehr als eine Wissenschaft der „niederen Erkenntnisweisen". Sie ist ihm als philosophia poetica Lehre vom Schönen. Einen weiteren grundsätzlich bedeutsamen Ausbau dieser Gedanken läßt Baumgarten freilich vermissen. Die Prinzipien seiner neuen philosophischen Wissenschaft zu entwickeln, war ihm trotz vieler treffender Einzelbetrachtungen und trotz eines feinen Gefühls für die empirischen Regeln des künstlerischen Schaffens und Genießens, nicht gegeben. An den verschiedenen Punkten überwiegt auch hier die naturalistische Einstellung: Anlage und Übung gelten ihm schließlich als die einzigen Quellen künstlerischer Leistung. Auch sein Schüler Georg Friedrich Meier (1718—1777) erhob sich nicht nennenswert über ihn. Ein gewandter Redner und fruchtbarer Schriftsteller, war Meier nicht ganz ohne Einfluß auf seine Zeit. Aber dieser Einfluß reicht nicht allzu tief. Denn im Grunde genommen sind es immer wieder nur Baumgartens Gedanken, die er in gefälliger literarischer Form und dem Geist der Aufklärung angepaßt vorträgt. Eine gewisse Ursprünglichkeit verraten nur seine, durch das Studium Lockes bestimmten Ideen zur Psychologie der Tiere. Seine ästhetischen Streitschriften insbesondere gegen Gottsched waren viel gelesen, und auch in Kants Entwicklung spielt der Philosoph, der auf Friedrichs des Großen besonderen Wunsch Vorlesungen über Locke halten mußte, eine gewisse Rolle.

17. Größere Bedeutung als viele seiner Zeitgenossen hat Gottfried Ploucquet (1716—1790). Seit 1750 Professor in Tübingen, ragt Ploucquet als Interpret der Monadenlehre, als Gegner von La Mettries und anderer französischer Aufklärungsphilosophen Materialismus, als Kritiker Lockes, ganz besonders aber durch seine Untersuchungen zu einem Logik-Kalkul hervor. Die alte, mit der Idee der Analysis verwachsene Lehre von der Identität zwischen Denken und Rechnen erfährt hier unter Leibnizens Einfluß eine bis in neueste Entwicklungsphasen herein wirksame Ausgestaltung. Ploucquets „Methodus calculandi in Logicis ab ipso inventa" wird in der Geschichte des logischen Algorithmus allezeit seine Stelle bewahren. Freilich die Rückkehr zu Leibniz, die er vollzieht, wird durch ein System metaphysischer, an Malebranche und Berkeley gemahnender Gedanken wesentlich beeinträchtigt. Denn erweist sich die Monade allein als das wirklich Existierende, so ist zugleich die Seinsform aller wirklichen Existenz subjektiv [1]). „Sein" bedeutet Perzeptionsgehalt der Monade sein, heißt Wahrnehmung ohne zwingenden gegenständlichen Bezug sein. Nur die intuitive Hingabe an den göttlichen Geist vermag diesen Bezug zu stiften; an den göttlichen Geist, für den und in dem allein die Dinge gegenständlichen Sinn erlangen. Auch diesen Gedanken liegt die charakteristische Wandlung des Begriffs der Monade zugrunde, der wir in anderem Zusammenhange bereits begegnet waren: hört die Monade auf, ein Bestimmungselement für den Begriff der Gegenständlichkeit der Erkenntnis zu sein, dann biegt der Satz, in der Monade spiegele sich das Weltall, notwendig ins Subjektiv-Psychologische ab; dann aber muß ebenso notwendig wegen der Unvermeidlichkeit ihres Gegenstandsbezugs ein metaphysisches Korrektiv dieser subjektiv-psychologischen Einstellung

[1]) Quaelibet monas habet mundum perceptum in se. Ergo nulla monas percipit alteram, sed percipit aliquid, quod similitudinem habet cum aliis perceptionibus reliquarum monadum. Sic igitur phaenomena non erunt resolubilia in monades, sed in perceptiones seu ideas partiales. Id enim quod monas repraesentat, non est aliquid extra monadem, sed in monade. Ploucquet, Principia de Substantiis et Phaenomenis etc. 764, Cap. XI, § 259.

gesucht werden. Auch die Träger überindividueller Geltung, Raum und Zeit, sind nur als Funktionen eines überindividuellen, des göttlichen Bewußtseins zu begreifen. Ihre Teilbarkeit ins Unendliche gelten ihm als entscheidende Beweise dafür: wären Raum und Zeit Erfahrungsdinge, so müßte es möglich sein, in ihnen zu letzten Teilen zu gelangen. Sie sind eben Akte des göttlichen Bewußtseins, das, indem es sie betätigt, die Materie mit ihrer unbegrenzten Teilbarkeit erst ins Dasein ruft. So greift Ploucquet mit sicherer Hand in die Entwicklung der Motive ein, vermittels deren das 18. Jahrhundert die Probleme des Unendlichkleinen mit der Frage nach dem Realitätswert von Raum und Zeit verknüpft. Er ist ein Markstein auf dem Wege, der über die großen Mathematiker des 18. Jahrhunderts von Leibniz zu Kant führt. An einer bedeutsamen Stelle dieses Weges aber steht, wie hier nur kurz erwähnt sein mag, der große nordische Mathematiker und Naturforscher Leonhard Euler (1707—1783) [1]. Sein Kampf gilt unter ganz bestimmten Gesichtspunkten der Monadenlehre Leibnizens. Der Begriff der Monade hatte im Laufe der Zeit eine schwerwiegende Wandlung erfahren. Aus einem Definitionselement der vollen, auch psychologisch charakterisierten Wirklichkeit war sie zu einem letzten Baustein des Körpers geworden. Offenbart sich nun in dem Begriff der Monade das Prinzip der unendlichen Teilbarkeit, so muß dieses auf die Körperwelt, auf die verworrene Sphäre sinnlicher Erkenntnis eingeschränkt gedacht werden. So gestaltet sich das Problem vielfach bei Wolff und dessen Schule. Das „Einfache" stand, als diametrales Gegenteil des Ergebnisses unendlicher Teilung, jenseits der Sinnenwelt. Das aber hieß, die Mathematik letzten Endes der Sinnlichkeit überantworten. Hiergegen nun wendet sich in Euler der logische Instinkt des Mathematikers. Schütze doch gerade die Mathematik vor dem Trug der Sinne. Wem sich diese Einsicht einmal erschlossen hat, der wird den „leichtfertigen metaphysischen Distinktionen", wie sie sich aus der falschen Einordnung des Begriffs vom Unendlichen in die Sphäre der Sinnlichkeit ergeben müssen, zu begegnen wissen. Unter solchen Gesichtspunkten entfaltet sich Eulers Auffassung von der Natur des reinen Raumes. Er wird ihm eine durch Sinnlichkeit niemals erfüllbare Forderung der Methode. Nicht seine physische oder psychische Wirklichkeit, auch nicht seine etwaige

[1] Von seinen Werken insbesondere: Réflexions sur l'espace et le temps 1748 und Lettres à une princesse d'Allemagne sur différentes questions de physique et de philosophie 1768—1772.

ontologische Valenz, sondern, wenn man so sagen darf, seine logische Realität allein entscheidet über die Frage seines „Daseins". So kommt es, daß Euler, wenigstens in seinen späteren Äußerungen, die Mechanik als Richtmaß seiner Lehre vom Raum betrachtet wissen wollte. Der Beitrag, den die Begriffe Raum und Zeit zur Befriedigung mechanischer Forderungen zu liefern vermögen, entscheidet letztlich und allein über ihren gegenständlichen Gebrauch und Sinn. Nicht in einer Abstraktion von der Erfahrung wurzeln ihr Begriff und ihr „Dasein", sondern in ihrer Funktion, Bedingung und Bestimmungselement aller wissenschaftlichen Erfahrung zu werden. Solchen grundlegenden Einsichten gegenüber verschlägt es wenig, daß Euler jenen Funktionen doch auch wieder einen metaphysischen Seinswert zuordnet. Tritt er dadurch auch weit hinter Leibniz zurück, so sind doch die Motive seines Verhaltens offenkundig: dem Wirklichkeitssinn des Naturforschers widerstrebt es offenbar, jene „Phänomenalität" der Körperwelt anzusetzen, die aus der rein funktionellen Bestimmung von Raum und Zeit folgen müßte. Auch sonst schwankt Euler bei der erkenntnistheoretischen Charakteristik des Raumes und der Zeit. Das hat seine tiefen sachlichen Gründe. Das Problem des Begriffs war noch nicht bewältigt; die Frage, wie er sich als greifbarer Träger wissenschaftlicher Wahrheit zur Wirklichkeit von Erfahrung und Metaphysik verhalten möchte, noch nicht entschieden. Er erscheint durch die Wissenschaft als Bürge für den Seinswert ihrer Ergebnisse gefordert; aber noch fehlt es an Mitteln, um von diesem Seinswert jedes metaphysische Merkmal prinzipiell fernzuhalten. Es bedurfte der Problemstellung Kants, um Eulers Schwanken nach Grundsätzen zu beseitigen. — Und nun noch einmal zurück zu Ploucquet! Seinen Bemühungen um die Prinzipienfragen der Erkenntnis ebenbürtig sind die Forschungen zur Geschichte der Philosophie: seine „Commentationes selectiores philosophicae" (1781) behandeln mit feinem philosophiegeschichtlichem Verständnis eine Reihe großer griechischer Denker (Thales, Anaxagoras, Demokrit, Pyrrhon, Sextus Empiricus)). Ploucquet bestimmt in gewissem Sinne auch den von Kant zeitweilig so hoch geschätzten, aber nicht nur von Leibniz, Tschirnhausen und Wolff,

[1]) Von seinen Schriften: Primaria monadologiae capita (1748). Principia de substantiis et phaenomenis metaphysica. Accedit methodus calculandi in Logicis ab ipso inventa, cui praemittitur commentatio de arte characteristica universali (1753), Fudamenta philosophiae speculativae (1759), Institutiones philosophiae theoreticae (1772).

sondern auch durch Locke und Newton beeinflußten Mathematiker und Philosophen **Johann Heinrich Lambert**. Es soll von ihm, der doch nur in einem entfernteren Sinn des Wortes der Leibniz-Wolffschen Schule angehört, in einem späteren Zusammenhang noch die Rede sein. Zunächst gilt es, einige der bedeutendsten **Gegner** Wolffs ins Auge zu fassen.

18. Über **Johann Joachim Lange** (1670—1744), den Freund des Philanthropen und Pädagogen A. H. Francke, ist kaum mehr zu sagen, als daß er durch eine Reihe lateinischer Streitschriften theologischen Inhalts den Anlaß zu Wolffs Vertreibung aus Halle gegeben habe. Auch der Theologe **Franz Budde** (1667—1729) ist nicht erheblich höher zu werten. Auch er beteiligt sich, obwohl Schüler des Thomasius, den er freilich oft bekämpft, an den Streitigkeiten gegen Wolff. Eine Reihe seiner wenig bedeutenden philosophiegeschichtlichen Arbeiten fanden zu seiner Zeit viel Verbreitung. So soll **Johann Jakob Brucker** (1696—1770), der eigentliche Begründer gelehrter philosophiegeschichtlicher Forschung, zu seiner freilich nicht immer kritischen fünfbändigen „Historia critica philosophiae a mundi incunabulis ad nostram usque aetatem deducta" (1742—1744) die Anregung von Budde empfangen haben. Ernstere Beachtung verdienen als Wolffs Gegner gerade im Hinblick auf die gesamte Problemlage der zeitgenössischen Philosophie **Rüdiger** und **Crusius**. Andreas Rüdiger (1673—1731), Arzt und zugleich Privatdozent der Philosophie in Halle, sucht in seiner Schrift „De sensu veri et falsi" in einer gewissen Anlehnung an Aristoteles nach neuen Fundamenten der Logik. Diese sei gegenüber der Metaphysik gerade so scharf abzugrenzen wie gegenüber der Mathematik. Vor allem aber könne Philosophie nicht auf mathematisch-demonstrierende Weise behandelt werden. Denn wo Mathematik auf Mögliches gehe, da geht Philosophie auf Wirkliches. Dieses Wirkliche nun gilt es des näheren zu kennzeichnen. Es geschieht, indem Leibnizens Monadenlehre so gut wie ganz verlassen oder doch nur insoweit festgehalten wird, als es zur Relativierung der Erkenntnis im Sinne bloßer Wahrnehmungsexistenz erforderlich zu sein scheint. Die Seele allein gilt Rüdiger als einfaches, zugleich freilich als ausgedehntes Wesen. Und selbst die prästabilierte Harmonie zwischen Körper und Geist erscheint hier zugunsten einer Lehre vom „Influxus physicus" zurückgedrängt. Wir wissen bereits, wie eine erkenntnistheoretisch lockere Auffassung der Monade gelegentlich zu subjektivierender Einschränkung des Begriffs der Er-

kenntnis führen mußte. Noch aber waren bis dahin die ursprünglichen Motive Leibnizens wirksam genug, um die in Frage kommenden Denker nach einem — wenigstens metaphysischen — Korrektiv ihres Relativismus suchen zu lassen. Bei Rüdiger fehlt auch dieser Antrieb. Soll es Wahrheit geben, so kann sie nur Übereinstimmung der Begriffe mit der sinnlichen Wahrnehmung bedeuten. Sie allein enthalten Prinzipien der Gewißheit, sie allein verbürgen die Beziehung auf Wirklichkeit. Das gelte auch und auf ganz besondere Weise für die Mathematik, soweit sich diese allenthalben auf dem sinnlich fundierten Akt des Zählens oder — als Geometrie — auf der Gruppierung der sinnlich wahrnehmbaren Figuren je nach ihrer tatsächlichen Beschaffenheit aufbaue. Mathematik mag der Philosophie in bezug auf die äußere Form der Darstellung als Vorbild dienen, sachlich habe sie ihr nichts zu geben. Wenn ihm trotz all dem Physik nicht als wirkliche Erfahrungswissenschaft, sondern als Gegenstand mystischer Spekulation gilt, die ihn in die unmittelbare Nähe eines Henry More oder Thomas Fludd bringt, so beweist auch dies nur, wie eng unter allen geschichtlichen Bedingungen Empirismus und Metaphysik nebeneinanderliegen. Einen Schritt von wahrhaft grundsätzlicher Bedeutung über Rüdiger hinaus tut Christian August Crusius (1712—1775). Auch ihm gilt es zunächst zu beweisen, daß Wahrheit der Erkenntnis durch die formale Logik nicht verbürgt werden könne. Schon seine Habilitationsschrift aus dem Jahre 1743 „De usu et limitibus principii determinantis, vulgo sufficientis“ [1]) stellt Wolffs formalem Prinzip vom zureichenden Grunde ein Prinzip der „Denkbarkeit“ als Kriterium der Wahrheit gegenüber. Durch dieses Kriterium soll, welche besondere Gliederung es auch erfahren mag, in aller wirklichen Erkenntnis der „synthetische“ Gebrauch der Vernunft gesichert werden. Crusius verkennt die eigentliche Tiefe und Fruchtbarkeit des Gedankens der Relation bei Leibniz. Er übersieht, daß sich in ihm der Begriff der Ordnung und in diesem wieder Bedingungen einer mannigfach gegliederten, d. h. auch „inhaltlich“ wohlcharakterisierten Gegenständlichkeit verwirklichen. Crusius fordert, daß Existenz schlechthinnige, aller Relation entrückte Setzung bedeute; d. h. er verkennt, daß ein die Funktion objektiver Ordnung überbietendes Maß der Gegenständlichkeit gar nicht denkbar sei. Crusius verkennt mit anderen Worten Leibnizens

[1]) 1766 neubearbeitet erschienen unter dem Titel: „Ausführliche Abhandlung vom rechten Gebrauch der Einschränkung des Satzes vom zureichenden oder besser determinierenden Grunde.“

Begriff der „Möglichkeit". Ihm ist Möglichkeit nicht wie Leibniz logisch vor der Wirklichkeit, d. h. deren Bedingung; ihm gilt sie ganz wie dem „common sense" als ein geringeres Maß der Wirklichkeit. Ihm ist „der Begriff des Wirklichen, sowohl der Natur nach, als unserer Erkenntnis nach, eher als der Begriff des Möglichen". „Unsere ersten Begriffe sind existierende Dinge, nämlich Empfindungen, wodurch wir erst hernach zu dem Begriff des Möglichen gelangen müssen" [1]). Allein aus diesem Mißverständnis entspringt etwas problemgeschichtlich sehr Wichtiges. Crusius verwirft den Leibnizschen Begriff der Möglichkeit, weil er ihm den Begriff wirklicher gegenständlicher — synthetischer — Erkenntnis nicht zu gewährleisten scheint. Gerade auf die Begründung solcher Erkenntnis aber richtet sich sein eigenes Streben: er fordert den Begriff der Synthese, und eben darum verwirft er den den Bedingungen der Synthese entrückten Begriff der formalen Logik, und weiterhin den seiner — irrtümlichen — Ansicht nach an diesen geknüpften Begriff des „Möglichen". Er fordert eine logische Begründung jener Synthese und stößt dabei auf die Forderung ursprünglicher Begriffe, die sie ermöglichen, d. h. zu obersten materialen Voraussetzungen der Erkenntnis führen sollen. Man braucht sich diese Sachlage mit ihren nächsten Konsequenzen nur klar zu vergegenwärtigen, um Kants Sympathien für Crusius zu begreifen. In Crusius' Leibniz-Kritik tauchen in ihren Umrissen das kritische Problem der Erfahrungserkenntnis, die Frage nach den Grundsätzen der Erfahrung auf. Wohl fehlt den Forderungen: jegliche Substanz müsse irgendwo und irgendwann sein; jede Kraft sei in einem Subjekt; alles, was entsteht, habe eine zureichende Ursache — nicht nur das Maß, sondern auch die Art logischer Bestimmtheit, die Kants Kategorien auszeichnet. Aber die allgemeine Richtung des Beweisgangs bewegt sich bei Crusius bereits vielfach in den Bahnen, die Kant zu seiner Entdeckung des Begriffs vom Transzendentalen führen sollten. Crusius selbst bleibt freilich, das bedarf immer wieder der ausdrücklichen Hervorhebung, im Empirischen stecken. Er setzt dem Streben der Ontologie, die „einfachen" Begriffe zu definieren, die Forderung entgegen, sie als tatsächlich gegebene letzte Bestände in aller Erkenntnis aufzuzeigen. Mag es sich dabei weder um Empfindungen noch auch um Begriffe nach Art derjenigen der positiven Wissenschaften handeln; — schließlich

[1]) Christian August Crusius, Entwurf der notwendigen Vernunftswahrheiten, wiefern sie den zufälligen entgegengesetzet werden. Leipzig 1745, §§ 57, 59, 423; ebenso die „Vorrede zur anderen Auflage".

wurzelt auch die „logikalische Deutlichkeit", die den letzten Elementen der Erkenntnis anhaftet, in einem als tatsächlich aufzeigbaren Verhältnis jener Elemente zu den Datis und den Funktionen der Sinne. Gewiß, es kann etwas an den Ergebnissen sinnlicher Erkenntnis aufweisbar sein, ohne doch aus ihnen begriffen zu werden. Aber gerade diese bedeutsame Unterscheidung ist es, die bei Crusius noch keine Stelle findet. Der Bezug des Verstandes auf die Sinnlichkeit bleibt für alle Erkenntnis aus Erfahrung gefordert; die Rolle aber, die dabei Sinnlichkeit und Verstand zufallen, entzieht sich hier noch jeder schärferen Bestimmung. Aus diesem Grunde bleibt auch Crusius' Verhältnis zur Metaphysik grundsätzlich ungeklärt. Er bekämpfte die Ontologie und doch strebt er nach einer Lehre von den notwendigen, den „Vernunftwahrheiten", die alles Sein a priori bestimmen sollten. Leibniz-Wolffscher Rationalismus kreuzt sich in seinem Denken mit mystischen und pietistischen Motiven und an entscheidenden Punkten bricht sich die Philosophie des common sense Bahn. So stellt sich das Gesamtbild des Denkers in schwankenden Umrissen dar. Dem Plane, Vernunft und Offenbarung, Philosophie und Theologie in Übereinstimmung zu bringen, fehlen auf dem Hintergrund der Erkenntnislehre Crusius' die prinzipiellen Voraussetzungen — ganz so, wie der von keinem Geringeren als von Kant mit Achtung erwähnten Lehre, daß das oberste Moralprinzip auf den göttlichen Willen verweise. Crusius' Ethik mündet denn auch in eine empirische Lehre von den sittlichen Trieben: dem Trieb nach der eigenen Vervollkommnung stellt sich derjenige der Liebe, zugleich als Trieb der Anerkennung unserer Pflichten gegen Gott, an die Seite. Der Begriff der prästabilierten Harmonie hat auch hier den Bezug auf das Motiv der Ordnung verloren; der Begriff der Freiheit den der Gegenständlichkeit noch nicht gewonnen. Daher gelten ihm denn auch Freiheit des Willens und prästabilierte Harmonie als unüberbrückbare Gegensätze.

19. Wir verlassen mit diesen Betrachtungen Crusius. Er reicht auch nicht von fern her an die Dimensionen eines Leibniz oder Kant heran. Aber er gehört zu jenen bescheideneren, dabei ernsten und gewissenhaften Forschern, die die Entfaltung der Leibnizschen Probleme nach der Richtung der Fragestellung Kants hin oftmals mehr gefördert haben, als der vielbewunderte Scharfsinn Wolffs oder die terminologische Gewandtheit Baumgartens. Crusius' Schüler, Joachim Georg Darjes (1714—1791), als Professor der Philosophie und Jurisprudenz einer der meist gefeierten akademischen Lehrer seiner Zeit, zuerst in

Jena, dann in Frankfurt a. d. Oder, huldigt den Grundsätzen jener eklektisch-vielgeschäftigen, auf die Zustimmung des „gesunden Menschenverstandes" berechneten Schriftstellerei, in der die deutsche wissenschaftliche Aufklärung sich so vielfach ergeht. Seine Werke[1]) waren viel gelesen. — Auch im französischen Kulturbereich stieß die Leibniz-Wolffsche Philosophie auf scharfen Widerspruch. Der Schweizer Eklektiker, Aufklärungsschriftsteller und Gegner der Bayleschen „Skepsis", Jean Pierre Crousaz (1663—1748) ist hier mit seiner Schrift „De l'esprit humain, substance différente du corps, active, libre, immortelle" (1741) und insbesondere mit seinen „Observations critiques sur l'abrégé de la logique de Mr. Wolff" (1744) vor allen anderen erwähnenswert. Eine gewisse Bedeutung darf als Gegner Wolffs auch der aus der Basellandschaft stammende Hans Bernhard Merian (1723—1807), nach Formeys Tod ständiger Sekretär der Berliner Akademie, für sich in Anspruch nehmen. Unter dem Einfluß Eulers und Humes vertritt er in seinen zahlreichen, fast ausnahmslos in den „Mémoires" der Berliner Akademie veröffentlichten Abhandlungen einen von empirisch-psychologischen Gesichtspunkten beherrschten, gegen die Skepsis gerichteten Eklektizismus[2]). Er hat viel dazu beigetragen, die Akademie, deren philosophische Aufgabe er geradezu in der bewußten Betätigung des Eklektizismus erblickt, für lange Zeit zu einer Heimstätte der Gegner Leibnizens und Wolffs zu machen. So ist er an den langwierigen Kämpfen, die sich an das Verhalten der Akademie knüpften[3]), keineswegs unschuldig. Andererseits hat er das Verdienst, das Ausland auf die deutsche Philosophie seiner Zeit hingewiesen zu haben, ohne doch dabei Großes von Kleinem unterscheiden zu können: er nennt Kant zusammen mit den typischen Aufklärern und prophezeit ihm 1797, daß er ebensobald der Vergessenheit anheimfallen würde wie Wolff.

---

[1]) Introductio in artem inveniendi sive Logicam, 1742; Elementa metaphysices, zweibändig 1743 und 1744; Anmerkungen über einige Sätze der Wolffschen Metaphysik, 1748; Philosophische Nebenstunden 1749—1752. Erste Gründe der philosophischen Sittenlehre, 1755, schließlich eine Logik mit enzyklopädischer Darstellung der philosophischen Wissenschaften: die „Via ad veritatem", 1755.

[2]) Examen du Pyrrhonisme ancien et moderne (1733).

[3]) Vgl. A. Harnack, Geschichte der Kgl. Preuß. Akad. d. Wiss. 1901, I, S. 401 ff.

C. Newton und die Theoretiker der Erkenntnis aus Erfahrung.

Die beginnende Aufklärung.

1. Newton.

1. Die Linie der Entwicklung, die von Leibniz zu Wolff und über eine gewisse Schicht der deutschen Aufklärung hinweg zu Kant führt, ist nicht die einzige. Noch ein zweiter Weg verbindet Leibniz mit Kant: er ist durch Leibnizens zwiespältiges Verhältnis zu Newton markiert und entfaltet sich an den philosophischen Problemen der Mathematik, des Raumes und der Zeit; nicht ohne vor seinem Zielpunkt nach der französischen, wohl auch nach der deutschen Aufklärungsphilosophie, dann aber auch nach der Richtung des englischen Empirismus hin abzubiegen. Der Konflikt zwischen Leibniz und Newton um die Priorität der Entdeckung des Infinitesimalen darf hier übergangen werden. Denn wie er auch letztlich beurteilt werden möchte, zwei Umstände sichern Leibniz auch hier eine von jeder wissenschaftsgeschichtlichen Wertung unabhängige Bedeutung: die Ursprünglichkeit seines Verfahrens und dessen organischer Zusammenhang mit den methodischen Grundsätzen seines Philosophierens. So gewiß Leibnizens Begriff vom Unendlichkleinen nur in sachlicher Kontinuität mit dem Motiv des „Möglichen" erfaßt werden kann; so gewiß der Begriff der Stetigkeit bei ihm einen über den Bereich mathematischer Technik bis zu den Wurzeln des wissenschaftlichen Verfahrens überhaupt zurückgreifenden, die analytische Methode mitumspannenden Sinn empfängt; — so gewiß ist der sachlich-philosophische Bezug des Infinitesimalgedankens von allen geschichtlichen Feststellungen — und mögen sie an ihrer Stelle noch so wichtig sein — unabhängig zu werten. Gerade deshalb aber ist Leibnizens Einfluß auf die Geschichte der Mathematik eine Sache für sich, mag auch die Stellung des Denkers innerhalb des Problembereichs der Mathematik nicht ohne Beziehung auf seine Auffassung der „metaphysischen" Voraussetzungen dieser Wissenschaft, vor allem des Raumes, zu beurteilen sein. Weithin berühmt war in der gelehrten Literatur der Zeit Leibnizens Streit mit dem Newtonianer Samuel Clarke (1675 bis 1729). Er dreht sich im wesentlichen um den Erkenntniswert des Raumes; und das Problem des Raumes wieder fällt ihm mit der Frage

nach dem Realitätswert des im Raum Geschauten zusammen. Clarke vertritt Leibniz gegenüber die These, daß der Raum Gottes „Sensorium" sei; daß Gott vermittels des Raumes in einer ursprünglichen Gemeinschaft mit den Dingen stehe, daß er sie vermöge dieser Gemeinschaft schaue, wie sie wirklich sind. Wo die menschliche Intelligenz auf die im Gehirn entstandenen Bilder der Dinge, die sie für die Dinge selbst hält, angewiesen bleibt, da erfasse der göttliche Geist das ihm wesensverwandte Sein. Clarkes problemgeschichtliche Stellung ist im wesentlichen durch diese auf die Philosophie Newtons zurückweisenden Anschauungen bedingt. Seine eigene Zeit urteilte darüber freilich etwas anders. Sie sah in ihm zugleich den Theologen und Ethiker, den Lehrer der Willensfreiheit [1]) und Gegner Hobbes'; den Verkünder der Unabhängigkeit des Sittengesetzes vom göttlichen Willen sowohl als auch von menschlichen Verträgen; den Begründer einer empirischen Moralphilosophie, für die gewisse naturhafte Beziehungen der Willensbetätigung sachlich vorausgehen, die Tugend als Rücksicht auf die Harmonie der natürlichen Verhältnisse bestimmt und der Glückseligkeit gleichsetzt, die die Unsterblichkeit der Seele aus der ungleichen Verteilung von Lohn und Strafe in diesem Leben folgert. Aber auch jener nur durch Leibnizens Tod unterbrochene Streit [2]) ward schon zu seiner Zeit vollauf gewürdigt, nicht zuletzt als Quelle für die richtige Erkenntnis der Lehren Isaac Newtons (1642—1727). Der große Entdecker des Gravitationsgesetzes ist auch philosophisch nicht vermittels einer kurzen Formel zu kennzeichnen. Zunächst beherrscht auch ihn, obschon mit einem geringeren Grad logischer Verantwortlichkeit als Galilei, das Motiv der analytischen Methode. Er hat nicht nur Galileis Lehre vom freien Fall der Körper verallgemeinert, nicht nur die Gesetzlichkeit der Gravitation als eine Besonderung des Gesetzes vom freien Fall der Körper erkannt; — er hat das Verfahren Galileis ohne weiteres von irdischen auf die Behandlung planetarischer und kosmischer Verhältnisse übertragen. So tritt der Frage Galileis, „wie" die Körper fallen, die Frage Newtons, „wie" sich

[1]) Philosophical inquiry concerning human liberty, 1715 (und mit Zusätzen 1717).

[2]) A collection of papers, which passed between the late learned Mr. Leibniz and Dr. Clarke in the years 1715 and 1716 relating to the principles of natural philosophy and religion by Samuel Clarke, London 1717; deutsch 1720 mit einer Vorrede von Chr. Wolf.

die Himmelskörper bewegen, methodisch gleichwertig an die Seite. Die Antwort ist dort so wenig wie hier das Ergebnis einer „Abstraktion" aus der Vergleichung vieler Fälle. Wie dort, so ist auch hier das methodische Ziel ein Bedingungssatz: nicht das allen Himmelsbewegungen gemeinsame Verhalten als solches soll formuliert, sondern der Grund solcher Gemeinsamkeit erkannt werden. Eben darum konnte Newton mit den Bewegungsgesetzen Keplers auch deren „Störungen" ableiten, d. h. neben der Regel die Ausnahme aus einer beide umspannenden Einsicht begreifen. Bis ins Einzelne hinein läßt sich die methodische Übereinstimmung Newtons mit Galilei verfolgen. „Induktion" wie „Deduktion" erscheinen hier wie dort zu einer höheren methodischen Einheit verschmolzen. In beiden Fällen soll ein bestimmter Kreis von Tatsachen aus seinen Bedingungen begriffen, d. h. auf seine „Möglichkeit" hin untersucht, andererseits diese Bedingungen auf die Funktion, die Möglichkeit von Tatsachen zu erklären, eingeschränkt werden. In beiden handelt es sich um die Aufhellung einer die Tatsachen bestimmenden Ordnung, unter gleichzeitiger Besinnung auf den Begriff, d. h. auf die gegenständliche Bedeutung dieser Ordnung. Gewiß, für Newton kommt das Motiv der experimentellen Bestätigung des Ansatzes aus naheliegenden Gründen nicht in Frage. Allein, an seine Stelle tritt die Übereinstimmung der Theorie mit der nach mannigfachen Gesichtspunkten abgewandelten Beobachtung; oder, was dasselbe bedeutet, der Gedanke, daß die „induktiv" gewonnenen Ergebnisse, mögen sie nun „Regeln" oder „Störungen" heißen, aus dem Gesetz der in Frage stehenden Erscheinung zu begreifen seien. So erscheint dieses „Gesetz" im platonischen wie im galileischen Sinn des Wortes als „Hypothesis"; es stellt eine Beziehung dar, die als „Grund" des Verständnisses, d. h. als Grund der Gegenständlichkeit der Erscheinung eingeführt wird. — Wie aber steht es demgegenüber um Newtons berühmtes „Hypotheses non fingo?" Man erkennt unschwer, daß sich der Begriff der Hypothese auch bei Newton nach mehrfachen Richtungen hin bestimmt. Hypothese heißt einmal die im Ansatz vorweggenommene Beziehung, der gemäß eine Erscheinung, soll sie objektiv bestimmbar sein, verläuft. In diesem Sinn hat Newton nicht nur von dem Begriff der Hypothese Gebrauch gemacht; in diesem Sinn steht und fällt seine Wissenschaft geradezu mit jenem Begriff. Hypothetisch ist sodann die wissenschaftlich zu begründende Annahme von Ursachen, aus denen eine Erscheinung eintritt. Auch in diesem Sinn hat Newton, wenn auch mehr peripherisch und nebenbei,

„Hypothesen" eingeführt. In den Schlußbemerkungen zu seinem klassischen Werk „Naturalis philosophiae principia mathematica" (1687 u. ö.) erwägt er die Möglichkeit eines sehr feinen „Fluidums, welches die groben Körper durchdringt und in ihnen verborgen ist". Mit seiner Hilfe könnte das gegenseitige Haften der Körperteilchen, könnten elektrische Anziehung und Abstoßung, Reflexion, Brechung, Beugung des Lichtes und Erwärmung der Körper, schließlich die Funktion der Sinnesorgane und Nervenfasern erklärt werden. „Aber diese Dinge lassen sich mit wenig Worten nicht auseinandersetzen; auch liegt keine hinreichende Menge von Versuchen vor, durch welche die Gesetze der Wirksamkeit jenes Fluidums genau bestimmt und bewiesen werden sollten." Schließlich aber bedeutet ihm das Wort Hypothese ein System nicht verifizierbarer Annahmen hinsichtlich gewisser undefinierter Wesensbestimmungen von Erscheinungen, Annahmen über Gegenstände, die den Erscheinungen, in prinzipieller Unabhängigkeit von ihrer gesetzlichen und ursächlichen Bestimmtheit, als von allen Relationen befreite, d. h. absolute Realitäten, zugrunde liegen sollen. Sie betreffen „irgend ein Unbedingtes . . ., als dessen Consecutiva . . . das ganze Netz von Relationen, in denen unsere empirische und hypothetische Erkenntnis der Außen- und Innenwelt hängen bleibt, logisch deduziert und begriffen würde" [1]). Auf sie bezieht sich Newtons berühmte Mahnung: „Physik, hüte dich vor Metaphysik!" Sie hat er im Auge, wenn er die Ausschaltung der „substantialen" Formen und der „okkulten" Qualitäten aus den Erwägungen der Wissenschaft fordert. Und doch endet seine berühmte „Treatise of optic" (London 1704) mit einem Ausblick auf metaphysische Möglichkeiten. Allein, diese sind in gewissem Sinne mit der Wissenschaft, mit der Tatsache der Wissenschaft, gegeben; sie sind im letzten Grunde wissenschaftlich unkontrollierbare Antworten auf notwendige Fragen der Wissenschaft: zunächst auf die nach der ersten Ursache. Diese erste Ursache selbst wird nicht „mechanisch" wirken können, denn sie ist ja erste Ursache nur, sofern sie dem Inbegriff mechanischer Ursachen als selbsttätige Kraft gegenübertritt. Mechanik beschränkt sich auf Phänomene; über die Phänomene hinaus aber erstreckt sich ein Gebiet, in dem sich das Denken frei von den Fesseln mechanischer Gesichtspunkte entfaltet. So gewiß nun Wissenschaft auf dieses Gebiet verweist, so gewiß kann es selbst nicht ohne Rücksicht auf die Wissenschaft umsteckt werden. Die Ergebnisse

[1]) Otto Liebmann, Die Klimax der Theorien. 1884, S. 43.

wissenschaftlicher Forschung erfahren, von ihm aus besehen, eine neue Beleuchtung. Es erhebt sich die Frage, ob es nicht auch jenseits des Gebiets der Materie Agentien geben möchte, die selbst die Tatsache der Gravitation zu „erklären" gestatteten. Jetzt tauchen Probleme auf, die sich nicht sowohl auf das Geschehen in der Natur, als vielmehr auf die Gesamtheit dieses Geschehens, etwa in der Tatsache einer Harmonie der Welt, beziehen. Es ergibt sich die Aufgabe, von der Natur auf das Dasein eines unkörperlichen, allgegenwärtigen und denkenden Wesens zu schließen; eines Wesens, das die Dinge durch den Raum als sein „Sensorium" schaut, wie sie wirklich sind; das sich in der Vollendung des Weltganzen und vor allem des Baus der Organismen als deren Werkmeister offenbart. Jetzt erst klärt sich auch die Mannigfaltigkeit der Motive, die Newtons Lehre von Raum und Zeit beherrschen. Man kennt Newtons Unterscheidung zwischen relativem und absolutem Raum, zwischen relativer und absoluter Zeit — mit ihrem Korrelat, der Unterscheidung zwischen relativer und absoluter Bewegung. Relativ ist zunächst die Zeit, sofern sie „irgend ein den Sinnen zugängliches äußerliches (genaues oder ungleichmäßiges) Maß der Dauer" darstellt; — gleichwie der relative Raum eine positive Maßbestimmung, „irgend etwas bewegliches Ausgedehntes", bedeutet. „Die absolute, wahre und mathematische Zeit verfließt an sich und ihrer Natur nach gleichförmig ohne Beziehung auf irgendein äußeres Ding." Und ganz entsprechend der absolute Raum: auch ihm fehlt die Beziehung auf „irgend etwas äußeres", er „bleibt immer gleich und unbeweglich". Nie waren die Begriffe des absoluten Raumes und der absoluten Zeit mehr umstritten, als sie es in der Gegenwart sind. Die sogenannte Relativitätstheorie scheint sie ihrer Voraussetzungen beraubt, scheint ihr logisches Recht widerlegt zu haben. Umso wichtiger ist es, nach den Motiven zu fragen, die in jenen Begriffen Newtons zusammentreffen. Ohne Zweifel enthält Newtons Begriff vom absoluten Raum ein in der Relativitätstheorie überwundenes Element. Soweit der absolute Raum — und Entsprechendes gilt für die Zeit — bei Newton ein absolutes Bezugssystem bedeuten soll, soweit kann er nicht Bestimmungselement von Naturgesetzlichkeiten sein. Allein, Newtons Begriff vom absoluten Raum enthält mehr als den Gedanken eines absoluten Bezugssystems. Newtons absoluter Raum ist zugleich ein Gesichtspunkt der Betrachtung jeglicher besonderen Raumbestimmtheit. „Der absolute und der relative Raum" — heißt es einmal bei ihm — „sind nach ihrer Art und Größe identisch";

aber sie bleiben es nicht immer, der „Zählung nach"[1]). Der absolute Raum ist hier ein System von Bedingungen, denen jeder relative genügen muß; wenn man will: er selbst ist nicht meßbarer Raum, sondern Bedingung für die Meßbarkeit von Räumen. Er ist das, was der Bestimmtheit jeglichen meßbaren Raumes logisch vorausgehen muß; was mit Beziehung auf ihn „apriorisch", in dieser seiner Apriorität aber zugleich anschaulich ist. Damit ist ein entscheidender Unterschied zwischen Newton und Leibniz berührt. Für Leibniz ist der Raum „ein rein gedachtes Verhältnis". Für Newton nicht. Er ist nicht aus einem Wechselverhältnis der Monaden, aus deren „Zusammensetzung", gewonnen, sondern geht „als das Prinzip aller Zusammensetzung und alles räumlichen Erscheinens und Wirkens jenem Verhältnis der Sache nach voraus. Andererseits stellt er sich als eine Voraussetzung für die Möglichkeit dar, von einer Beharrung der Bewegung überhaupt zu sprechen; allgemeiner, als Voraussetzung für die „Möglichkeit" der Grundbegriffe der Mechanik[2]). Und schließlich gelten Newton absoluter Raum und absolute Zeit in ihrer allgemeinen erkenntnistheoretischen Funktion als Kriterien für die reale Existenz der Dinge; insonderheit als reale, die Funktion des göttlichen Bewußtseins selbst darstellende Formen; als Bindeglieder somit zwischen der Welt der Phänomene, die die Welt der mechanischen Gesetzlichkeit ist, und der jenseitigen Welt wahrer göttlicher Existenz.

2. Die Probleme des absoluten Raumes und der absoluten Zeit sollten von nun an nicht mehr zur Ruhe kommen. Mathematische, erkenntnistheoretische und metaphysische Motive kombinieren sich in ihnen bis herab auf Kant, und es gehört zu den problemgeschichtlich größten Leistungen dieses Denkers, durch eine neue Bestimmung des methodischen Gehalts der Begriffe von Raum und Zeit jene Motive kritisch, d. h. nach Grundsätzen, gegeneinander abgegrenzt zu haben. Die Träger der klangvollen, ja großen Namen, die den Gedankenkreis Newtons mit demjenigen Kants verbinden, sind mit Bezug auf das Problem des Raumes, ohne Ausnahme und in einem klar umschriebenen

---

[1]) „Denn wenn sich z. B. die Erde bewegt, so wird ein Teil unseres Luftraumes, der in bezug auf die Erde immer derselbe bleibt, bald mit einem, bald mit einem anderen Teil des absoluten Raums zusammenfallen, in den der Luftraum übergeht und sich so absolut genommen, beständig ändern." Phil. nat. pr. math. Schol. II.

[2]) Vgl. A. Riehl, Der philosophische Kritizismus. 1. Bd., 2. Aufl., 1908. S. 327, 332 und 335.

Sinn des Wortes, zugleich Metaphysiker. Weder die berühmten Vertreter des englischen „Empirismus", noch auch die mathematischen Jünger Newtons machen hiervon eine Ausnahme. Ihnen allen gilt das Problem von Raum und Zeit als Beweisgrund für die göttliche Existenz, oder doch zum mindesten als möglicher Anlaß, Dasein und Beschaffenheit der ersten Ursache zu erörtern. Die unbegrenzte und stetige Erstreckung von Raum und Zeit verweist auf ein schlechthin vollkommenes göttliches Urbild, wenn nicht das Unmögliche angenommen werden soll, daß Ausgedehntes aus Unausgedehntem entstehen könne. Denn die Ausgedehntheit der empirischen Körper in ihrer Begrenztheit und Teilbarkeit ist uneigentlich und beschränkt. In dem Verhältnis ihrer räumlichen und zeitlichen Charaktere zur Unbegrenztheit und Stetigkeit des Raumes und der Zeit spiegelt sich die Abhängigkeit ihres beschränkten Wesens von der göttlichen Vollkommenheit. In welcher besonderen Form dabei Raum und Zeit an der göttlichen Wesenheit teilhaben, ob als „Attribute" Gottes oder als unmittelbare Ausprägungen seiner Natur, ist von sekundärer Bedeutung. Der dogmatische Streit, der sich um diese und verwandte Probleme entspann, gehört im wesentlichen der Geschichte der Theologie an. Den kritischen Historiker der Philosophie berührt er nur wegen der methodischen Verschlingung der Geltungsmotive, die in jeder besonderen Offenbarung der Wahrheit zutage tritt. Bei Newton und seinem Kreise vollzieht sich diese Verschlingung, wie oben angedeutet, in dogmatischen Formen: Das Prinzip, dem gemäß die Motive sich verbinden, ist noch nicht gewonnen, die Grundsätze, nach denen sie sich scheiden müssen, noch unentdeckt. Umso geringer sind denn auch die Hemmungen, die sich ihrer problemgeschichtlichen Wirksamkeit entgegenstellen, umso mannigfacher die historischen Bezüge, denen sie sich eingliedern. In der Tat, auf Newton berufen sich nicht nur der mechanistische Materialismus und die deistische Teleologie der Aufklärung, nicht nur Vertreter empiristischer Lehrmeinungen, sondern auch zahlreiche Bekenner einer gläubigen Mystik und manche Skeptiker, deren Zweifel in tiefster persönlicher Frömmigkeit wurzelt. Nicht ohne Beziehung auf Newton entfaltet sich die gesamte exakte Forschung der Zeit. In Newtons Namen ward das Verhältnis zwischen wissenschaftlicher Erkenntnis und Hypothese und damit der Begriff der Hypothese selbst zur Erörterung gelangt, im Zeichen von Newtons Begriff der Wissenschaft hatte Kant den Plan zu seiner großen Frage gefaßt: „Auf welchem Grunde beruht die Beziehung desjenigen, was man in uns

Vorstellung nennt, auf den Gegenstand?" [1]) An Newton gewann das Problem vom Verhältnis zwischen Erkenntnis und Glauben fruchtbarste Aktualität. Denn hier waren höchste Gesetze der Natur unter den Gesichtspunkt der Frage nach dem Realgrund aller Naturgesetzlichkeit gerückt worden. Newton entfernte, wie sein Freund und Schüler Roger Cotes einmal sagt [2]) „die Riegel und öffnete uns den Zugang zu den schönsten Geheimnissen der Natur". Erst als Gesetzlichkeit entfaltet sie sich in ihrer vollen Majestät, erst als Gesetzlichkeit aber offenbart sie auch die unendliche Größe ihres Schöpfers. „Blind muß sein, wer nicht sofort aus der besten und weisesten Einrichtung der Dinge die unendliche Weisheit und Güte des allmächtigen Schöpfers ersähe, ein Narr, wer sie nicht eingestehen wollte" [3]). Über solchen Sätzen liegt bereits die Stimmung Voltaires; der Geist des mechanische Naturgesetzlichkeit mit organischer Zweckbezogenheit typisch verknüpfenden Deismus der Aufklärungszeit.

3. Indessen, die nächsten Wirkungen Newtons entfalten sich unter Bedingungen, die auf Henry More (1614—1687) zurückweisen. Eine bescheidene, vielleicht etwas verschrobene Natur, hängt der Zeit seines Lebens als „Fellow" an dem College zu Cambridge wirkende Denker zunächst pantheistischen, dann neuplatonisch-mystischen Lehren nach. Sein entscheidendes Verhältnis zur Philosophie gewinnt er erst in der Auseinandersetzung mit dem Cartesianismus. Die mechanistischen Tendenzen dieses letzteren sollten durch eine bewußte Hinwendung zu Plato und Kabbala ausgeglichen werden. Eine Reihe englischer und lateinischer Arbeiten dienen diesem Zweck. Die religiösen, zugleich für die Problemgeschichte der Philosophie besonders bedeutsamen Leistungen Mores aber sind in seinen Briefen an Descartes (aus dem Jahr 1648) und seinem Encheiridion metaphysicum niedergelegt. Die letzte greifbare Absicht dieser Arbeiten scheint sich nun freilich in dem Nachweis der Existenz immaterieller und übersinnlicher Dinge zu erschöpfen; in dem Satze, daß auch die physikalischen Körper von „Geistern" durchdrungen seien, die sich in kontinuierlicher Rangordnung bis zu den Seelen der Menschen gliedern; daß andererseits ein allgegenwärtiger Weltgeist, von Gott gelenkt, die Natur durchwalte. Wichtiger aber als diese Sätze sind die Voraussetzungen, auf denen sie sich aufbauen: der Kampf Mores gegen Descartes wurzelt in einer Auseinandersetzung

[1]) Brief an Marcus Herz vom 21. Februar 1772.

[2]) Vorrede zur 2. Ausgabe der mathematischen Prinzipien.

[3]) Cotes ebenda.

über die Natur des Raumes. Descartes sah in der Ausdehnung die wesentliche Bestimmung des Stoffes. Für More gilt es, die beiden Begriffe zu trennen. Damit aber wird ihm der Raum zur schlechthin unkörperlichen, unter seinen Voraussetzungen: zur geistigen Größe; zum Repräsentanten einer höheren, stoffreien und doch wieder — schon in Rücksicht auf seinen Ewigkeitswert — restlos realen Existenz. Nur ein ewiges und vollkommenes Sein, das göttliche, vermag dem kontinuierlichen und ewigen Raum substantialen Halt zu gewähren; nur als göttlicher ist der unendliche Raum einer. So ist er Wesen vom göttlichen Wesen selbst; so gilt er insbesondere den Schülern Mores als Beweisgrund für die göttliche Existenz. Vor und nach Newton hatten sich — unter theologischen und nichttheologischen Gesichtspunkten — gegen diese Bestimmung des Raumbegriffs mannigfache und schwerwiegende Bedenken erhoben. Aber nur noch deutlicher und in immer wieder veränderten Formen offenbaren sie das Rätselhafte seines Wesens. Auch der „Empirismus", vor allem bei Locke und Berkeley, bemächtigt sich seines Problems, und in eigenartiger Verknüpfung mit Leibnizschen Motiven wird die Unendlichkeit des Raumes als Unbegrenztheit eines möglichen Fortschreitens im Medium einer ideellen Ordnung gedeutet. Damit aber verlegt sich, gerade wegen der „göttlichen" Qualitäten des Raumes, der Schwerpunkt seines Problems allmählich in den Begriff des Geistes. Noch freilich besteht die Neigung, diesen Begriff psychologisch oder metaphysisch, d. h. im Hinblick auf die Funktion des psychischen Geschehens, oder in Rücksicht auf den Gedanken, daß im Geist das Wesen der Dinge ergriffen werde, zu werten. Aber je reicher sich das Motiv der Ordnung seinen ursprünglichen Bedingungen gemäß entfaltet, umso deutlicher treten die methodischen Ansprüche des kritischen Begriffs der „Idealität" hervor; d. h. um so mehr wird sich der Raum, unbeschadet seiner Einzigkeit, d. h. seiner Anschaulichkeit, als eine Ausprägung der Funktion der Gegenständlichkeit des Urteils überhaupt darstellen. — Indessen, der damit angedeutete Weg ist erst zu übersehen, wenn der Anteil des sogenannten Empirismus mit allen seinen Abwandlungen an der Ausgestaltung der schwebenden Grundfragen geklärt ist. Ihm müssen wir uns darum ohne Umschweife zuwenden. Ist einmal die problemgeschichtliche Stellung des „Empirismus" jener Zeit begriffen, dann erst kann auch die Bedeutung der Aufklärungsphilosophie, wie sie zwischen flachen Nützlichkeitslehren oder gedankenarmem Materialismus und tiefsinniger mathematischer Einstellung, zwischen sensualistischer Selbstbeschränkung und feinsinnig fruchtbarer Polyhistorie, zwischen banausischem Unverständnis für ästhetische Werte und kultivierter, fast überkultivierter Schätzung des Schönen, zwischen grundsätzlicher Verkennung der Eigenart religiöser Wahrheit und kritisch vertiefter Betrachtung des Glaubensmotivs, zwischen hemmungsloser Vergöttlichung der Natur und einer, deren Begriff kritisch erweiternden Leugnung des Naturalismus hin und herschwankt, volle Würdigung erfahren.

2. Locke.

1. Der Ausdruck „Empirismus" ist ein Schlagwort. Schickt man sich an, vermittels seiner einer Erscheinung wie John Locke gerecht zu werden, so versagen seine Kräfte. Er erweist sich als zu schwach, um die Fülle der Motive, die sich in Locke schneiden, zu bewältigen; zu weit, und doch auch wieder zu eng, um Lockes geschichtliche Stellung, und sei es auch nur sein Verhältnis zu Leibniz, befriedigend zu kennzeichnen. Geboren 1632 in einem Flecken bei Bristol, gerät Locke schon frühzeitig auf dem Kollegium „Kirche Christi" zu Oxford — ohne sich ihr freilich innerlich verwandt zu fühlen — unter den Einfluß der scholastischen Philosophie. Erst die Beschäftigung mit Descartes erweckt in ihm selbständige philosophische Neigungen. Doch entfalten sie sich nicht wie bei Descartes oder Leibniz an der Mathematik, sondern an der Beschäftigung mit Naturwissenschaften und Medizin, obwohl er nicht nur Sydenham und Robert Boyle, sondern auch Newton freundschaftlich nahe steht. Nach kurzer diplomatischer Tätigkeit[1]) lernt er Lord Ashley, späteren Grafen von Shaftesbury, kennen, mit dessen Familie er durch Generationen hindurch als Freund, Arzt und Erzieher innig verbunden bleibt Das wechselnde Schicksal seiner Gönner läßt ihn verschiedene Ämter gewinnen und wieder verlieren. Nach mannigfachen politischen Wechselfällen, die ihm einen jahrelangen Aufenthalt in Frankreich[2]) und Holland[3]) auferlegen, kehrt er 1689 nach der Thronbesteigung seines Freundes Wilhelm von Oranien nach England zurück, um neuerdings in verschiedenen Staatsämtern Verwendung zu finden. In dem gleichen Jahr erscheint sein schon früher verfaßter und umgearbeiteter Brief über die

[1]) Bei der englischen Gesandtschaft am brandenburgischen Hof zu Cleve.

[2]) 1675—1679.

[3]) 1683—1688.

Toleranz, dem er 1690 einen zweiten und 1692 einen dritten folgen läßt. Die Briefe stellen Abhandlungen über religiöse Duldung und politische Freiheit dar. Niemand sei wegen seiner Religion von den Rechten des Staatsbürgers ausgeschlossen. Ja die Duldung, von der nur die Atheisten ausgenommen sein sollten, erscheint ihm als wesentliche Forderung der Kirche. Sie würde sich selbst verneinen, wollte sie gegen das Prinzip der Toleranz verstoßen. Denn ihr Zweck könne nur der sein, das Leben der Menschen nach Tugend und Frömmigkeit zu regeln. Aber auch aus dem Begriff des Staates ergebe sich die Forderung der Duldung. Denn über die Seelen habe die Obrigkeit keine Gewalt: könnten doch Überzeugungen niemals erzwungen werden. Nur ihre praktische Auswirkung unterliege staatlicher Obsorge. So begegnen sich Kirche und Staat, voneinander grundsätzlich, d. h. ihren Begriffen nach getrennt, in dem Gedanken der Toleranz. Mit solchen Lehren, die übrigens schon seinem Verfassungsentwurf für die nordamerikanische Kolonie Südkarolina aus dem Jahre 1669 zugrunde liegen, ward Locke der Vater des europäischen Liberalismus und einer der auch an politischem Einfluß reichsten Denker seiner Zeit. 1689 und 1690 erscheint unter dem Titel „An essay concerning human understanding" sein schon seit Jahren entworfenes, großes Hauptwerk [1]). 1693 folgen ihm die „Thoughts on education" und 1695 das mehrfach angefeindete Werk „The reasonableness of christianity, as delivered in the scriptures". Eine unvollendet nachgelassene, die Grundgedanken des Hauptwerks zusammenfassende, wohl auch aus ihm entstandene Schrift führt den Titel „On the conduct of understanding". Lockes Einfluß auf das zeitgenössische Denken ist ebenso umfassend wie nachhaltig. Er ist eine der großen kritischen Gestalten der englischen Philosophie und hat durch die Vermittlung der französischen Aufklärung, insbesondere Voltaires, auch das Schicksal der kontinentalen entscheidend mitbestimmt. Seine Aufsätze über das Münzwesen leiten die englische Nationalökonomie ein. Er starb 1704 in der Grafschaft Essex bei einem Freunde, dessen Sohn nach Lockes „Gedanken über Erziehung" erzogen worden war [1]).

[1]) Bis zu Lockes Tod in 6 Auflagen, seit 1700 mehrfach. Übersetzungen ins Französische, Lateinische und Deutsche.

[1]) Englische Gesamtausgaben seiner Werke sind seit 1714 wiederholt erschienen. Die bekannteste Ausgabe des Hauptwerks aus neuerer Zeit, die von A. C. Fraser in 2 Bänden (Oxford 1894).

Lockes Grundeinstellung ist die erkenntnistheoretische. Gleich Descartes bemüht er sich um den Begriff der Erkenntnis. Denn in erster Reihe gilt es ihm zu erforschen, „mit was für Gegenständen sich unser Verstand überhaupt beschäftigen könne und mit welchen nicht". Unter dieser Voraussetzung sollen „Ursprung, Sicherheit und Umfang des menschlichen Wissens" untersucht werden. Man bemerkt, daß diese Problemstellung die methodische Reinheit von Lockes erkenntnistheoretischer Absicht nicht unerheblich beeinträchtigt. Den Ursprung des menschlichen Wissens erforschen, heißt Psychologie treiben; den Ursprung des Wissens als Kriterium seiner Sicherheit betrachten, dem Psychologismus verfallen. Indessen, es wäre müßig, Lockes philosophische Leistung mit dieser Feststellung für charakterisiert zu halten. Es gilt vielmehr, sich über den besonderen Gebrauch, den er von seiner Problemstellung im einzelnen macht, Rechenschaft abzulegen; sich vor allem darauf zu besinnen, daß für ihn die Wege, „auf denen der Geist zu seinen Begriffen der Dinge gelangt", und die „Kriterien über die Gewißheit unserer Erkenntnis" sachlich zusammengehören. Nach solchen Gesichtspunkten ist Lockes Frage nach dem Ursprung der „Gegenstände des Verstandes", nach dem Ursprung der „Ideen" zu bewerten. Wie aber gelangt man zu diesen „Ideen", die immer da sind, wo etwas gedacht wird? Die Antwort auf diese Frage schließt für Locke eine Kritik des Begriffs vom Angeborensein in sich. Denn sie lautet: Die Erfahrung allein ist es, woraus sich unser Wissen ableitet. Es ist nicht unwichtig, schon hier einige grundsätzliche Feststellungen vorzunehmen. Die erste betrifft jene berühmte Kritik des Begriffs der „angeborenen Ideen". Sie kann sich nach der Lage der Dinge zunächst nur gegen Descartes richten. Daß sie dabei ihr Ziel so gut wie ganz verfehlt, ist ihr besonderes, in der Einstellung auf den „Ursprung" begründetes Verhängnis. Descartes hatte die angeborenen Ideen in der von Locke bekämpften Form niemals behauptet. Und doch birgt Lockes Kampf gegen die angeborene Idee unverlierbare Werte. Er erweist die Hohlheit eines Begriffs, der Erkenntniswissenschaft und Psychologie auf gleiche Weise hemmte; — diese, indem er sie in die Fesseln rationalistischer Vorurteile zwang; jene, indem er eine vorurteilsfreie Betrachtung der methodischen Voraussetzungen der Erkenntnis hinderte. Lockes Fragestellung entrückt die Wissenschaft vom Psychischen der Herrschaft okkulter Qualitäten; er sinnt auf Mittel, um klare, distinkte und vollständige „Begriffe" zu gewinnen. Das Problem der Möglichkeit allgemeingültiger Einsichten wird so von der Frage des Angeborenseins durchwegs getrennt: auch die Grundsätze von notwendiger und allgemeiner Geltung müssen erworben werden, eine Einsicht, von der aus sich ein weites Feld erkenntnistheoretischer und pädagogischer Probleme erschließt. Die nächste Konsequenz für Locke freilich bezieht sich auf eine Metaphysik der Seele: sie bestimmt sich nach stoischem Vorbild als „ein weißes Blatt Papier, ohne alle Schriftzüge". Das Problem des Angeborenseins selbst aber erledigt Locke in scharfer, selbst die antike Skepsis überbietender Kritik. Der consensus omnium entscheide weder über das Angeborensein noch auch über den Erkenntniswert des angeblich Angeborenen. Allgemeine Zustimmung könne auch Nichtangeborenem gezollt werden; ebenso Denkgebilden von lediglich phantastischer Bedeutung. Andererseits kann sie Wahrem versagt bleiben. Dazu komme noch, daß allgemeine Zustimmung in Sachen der für angeboren erklärten Ideen als Tatsache gar nicht vorliegt. Also sei auch der Begriff der angeborenen Idee unmöglich. Mit der Abweisung der angeborenen Idee aber ist eine Forderung erhoben, die Lockes Philosophie a potiori die Kennzeichnung als „Empirismus" eingetragen hat: der Erfahrung allein können die der Seele aufgeprägten Schriftzüge entstammen. Damit nun ist Erfahrung selbst zum Problem geworden, und mit der Erfahrung die Kriterien der Gewißheit unserer Erkenntnis überhaupt. Alles, was die Seele denkt, ihre „Ideen", muß, gleichviel, welche Bedeutung es im ganzen des Systems der Erkenntnis gewinnen mag, aus der Erfahrung kommen: aus der „Sensation", sofern es sich um sinnliche Wahrnehmungen, aus „Reflexion", sofern es sich um Verknüpfungen und Beziehungen zwischen Sensationen handelt. Solche Verknüpfungen anzunehmen aber sei unerläßlich. Denn Erkenntnis liege erst vor, wo von „etwas" eine „Eigenschaft", von einem „Gegenstand" ausgesagt wird, er sei so und so. Die Worte „äußere und innere Wahrnehmung" geben den vollen Sinn der Unterscheidung zwischen den beiden Quellen der Erkenntnis nicht vollständig wieder. Denn diese bezeichnen zugleich, und zwar im Hinblick auf den Sachverhalt der Erkenntnis, Unterschiede der Funktionen. Wohl verhält sich ja der Verstand den Produkten sowohl der einen wie der anderen Erfahrungsquelle gegenüber leidend. Weder könne „er sich gegen sie verschließen, noch auch sie, wenn sie ihm eingedrückt sind, verändern, oder sie vertilgen und sich selbst neue schaffen, so wenig ein Spiegel die Bilder abweisen, verändern oder auslöschen kann, die die äußeren Gegenstände in ihm erzeugen" [1]). Und doch ist in dem Gedanken, daß der Verstand das ihm durch die Erkenntnisquellen Dargebotene bemerkt, eine entscheidende, wenngleich noch undefinierte Annahme zugunsten der Aktivität des Verstandes gemacht. Der Verstand „richtet" sich auf das ihm Dargebotene, indem er in willkürlicher, ja phantastischer Einstellung Sensationen vergleicht, verbindet und löst. Dabei erscheinen „Sensation" und „Reflexion" notwendig aufeinander angewiesen. Die Reflexion bedarf eines Substrates ihrer Betätigung, die Sensation einer Verarbeitung im Sinne der Erkenntnis. Ohne Sensation wäre die Reflexion funktionslos, ohne Reflexion verharrte die Sensation in schlechthinniger Beziehungslosigkeit; freilich auch der Verstand, weil er sich selbst nur in reflektierender Selbstbesinnung zu erfassen vermag, in grundsätzlicher Unbestimmtheit. Ja, auch die methodische Freiheit, mit der der Geist die Möglichkeit einer unbegrenzten Aneinanderreihung von Größen fordert, verweist auf die Reflexion. Zwar erfaßt er in der Tatsache dieser beliebig fortzuführenden Operation nicht reale Existenz, die ja immer nur endlichen Stücken zukommen kann. Allein, gleichwie diese schrankenlose Fortsetzung methodischer Operationen die Natur der Zahl selbst wiedergibt, so ist sie zugleich auch eine unverkennbare Offenbarung der aktiven Kräfte des reflektierenden Geistes; zugleich freilich ein bedeutsamer Ausdruck für die Eigenart gewisser Gegebenheiten, die nun einmal an die Tatsache jener Operation geknüpft zu sein scheinen. „Wohin sich die Seele also auch immer in Gedanken stellen und ob sie innerhalb der Körper oder entfernt von ihnen ihren Standort wählen mag, so kann sie doch in der gleichförmigen Vorstellung des Raumes nirgends eine Schranke entdecken und muß somit notwendig schließen, daß er vermöge der Natur und der Vorstellung jedes Teiles wirklich unendlich ist" [2]). Locke streift hier, ohne äußerlich den Boden des Empirismus zu verlassen, hart an die grundsätzliche Einsicht, daß der Begriff des Unendlichen die prinzipielle und positiv zu begründende Unmöglichkeit des Abschlusses einer Operation bedeute. So kommt es in Lockes Lehre von Raum und Zeit zu einem bemerkenswerten Widerstreit. Sie wurzelt fest in der empiristischen Doktrin einer Abhängigkeit räumlich-zeitlicher Bestimmungen vom Wahrgenommenen, und sie führt doch zu dem Gedanken einer *ideellen* Existenz des „reinen" Raumes. Wohl ruht das Schwer-

---

[1]) Essay II, 1, § 25.

[2]) Essay II, 1, § 24.

gewicht des Lockeschen Beweisganges durchaus auf der Ablehnung jedes Versuchs, diesen „reinen" Raum als „Ding" zu hypostasieren; auch schrumpft für Locke die Frage jener ideellen Existenz des leeren Raumes zusammen auf die psychologische Möglichkeit, ihn zu denken; und schließlich steckt in dem Schluß von der Unterscheidbarkeit zweier Faktoren auf deren irgendwie charakterisiertes psychisches Dasein ein gutes Stück metaphysischer Ontologie. Trotzdem liegt in der bloßen Tatsache, daß er sich diese Aufgaben stellt, noch mehr freilich in der besonderen Art ihrer Erörterung, die Anerkennung der methodischen Selbständigkeit des Raumproblems, zugleich eine bemerkenswerte methodische Erweiterung des Begriffs der Reflexion. — Die Schwierigkeiten und Verschlingungen des Problems wiederholen sich an dem Begriff der Zeit. Auch hier die Unterscheidung zwischen der Dauer selbst und den Maßen, „nach denen wir ihre Länge beurteilen"; die Unterscheidung mithin zwischen der „reinen" Zeit und den empirischen Maßstäben, denen gemäß sie in der Erfahrung gewertet wird. Auch hier die Abbildung dieser Unterscheidung auf die Norm des Psychischen: die reine Zeit Ausdruck der Tatsache, daß Dauer und Maß der Dauer in Gedanken unterschieden werden, daß sie insbesondere, was übrigens keineswegs der Fall ist, psychologisch unmittelbar gegeben sei.

2. An zwei, auch geschichtlich besonders wichtigen Punkten der Lockeschen Erwägungen kommen diese Gesichtspunkte zu entscheidendem Durchbruch. Der eine kennzeichnet sich durch die berühmte, freilich lange vor Locke, zuletzt in der Spätrenaissance ausgebildete Lehre von den „primären und sekundären Qualitäten". Es gebe, so sagt diese Lehre, an den Dingen Eigenschaften, über deren Sein die Sinne niemals entscheiden können; sei es, daß ein Ding zu klein ist, um für sich allein noch durch unsere Sinne wahrgenommen zu werden, sei es, weil die sinnliche Wahrnehmung jene Eigenschaften bereits voraussetzt. Sie heißen bei Locke „primäre Qualitäten" und sind Solidität, Ausdehnung, Gestalt, Bewegung und Ruhe, Zahl. Ihnen stehen als Farben, Töne, Geschmäcke usw. die „sekundären", von der Funktion der Sinnesorgane ganz oder doch teilweise abhängigen Eigenschaften gegenüber. Auch die „primären" Qualitäten aber sind nicht angeboren; auch in ihnen offenbaren sich nicht absolute, jenseits aller Erfahrung gelegene Realitäten. Vielmehr bedeuten sie ursprüngliche Beziehungen, vermöge deren sich die Dinge in ihrer notwendigen, d. h. gegenständlichen Bestimmtheit darstellen. Diesen Beziehungscharakter der primären Qualitäten hatte

Locke klar erkannt; die logische Natur dieses Beziehungscharakters zu sehen aber verwehrte ihm seine Einstellung auf die Frage nach dem „Ursprung" der Ideen aus der Erfahrung. Der Rechtsgrund für den Gebrauch der primären Qualitäten ist ihm von der Tatsache dieses ihres Gebrauchs noch nicht unterschieden. So gibt es für ihn immerhin Grade der Gewißheit ohne einsichtige Kriterien solcher Gradbemessung; so operiert er mit bedeutsamen Unterscheidungen, ohne doch deren letzte Rechtsgründe erweisen zu können. Am bedeutsamsten gibt sich das kund an seinem Verhältnis zum Begriff der Zahl. Es gebe nichts, was sich dem Geiste so unabwendbar aufdrängte, wie die Zahl. Was wir auch denken mögen, ist ihr gemäß bestimmt; was immer sich uns entgegenstellt, unterliegt ihrer Gesetzlichkeit. Denn es gibt nichts, das nicht schon, indem es nur ist, eines wäre. Aber auch innerhalb ihres eigenen Bereichs, d. h. unabhängig von jeder Rücksicht auf ihr Verhältnis zu den Dingen, erscheint die Zahl einer besonderen, scharf bestimmten Gesetzlichkeit gemäß gegliedert. Hier gibt es nicht, wie im Bereich der „Sensation", Übergänge. Hier ist jeder Modus von jedem anderen klar geschieden. Darin liegt ihre methodische Kraft und ihr Erkenntniswert, ihre Allgemeinheit, d. h. ihre Funktion, Prinzip der Ordnung jedes möglichen Gegenstandes zu sein. So unterscheidet sich die Zahl grundsätzlich und radikal von jeglicher „Sensation". Wohl wird auch die Zahl im Geiste „angetroffen". Aber dieses Angetroffensein ist zugleich Definiertwerden. Das Sein der Zahl ist das Sein einer gedanklichen Setzung. Unter solchen Gesichtspunkten nun müssen sich — nicht freilich ohne systematisch und problemgeschichtlich bedeutsame Rückschläge — Lockes Begriffe der Wahrheit und der Erkenntnis weiten. Es sind jetzt Einsichten gefordert, die das Schema von Sensation und Reflexion nicht mehr zu umspannen vermag; Einsichten, die unabhängig von aller Erfahrung, d. h. „vor" ihr gelten, die denn auch unabhängig von der Erfahrung, also durch „Intuition" gewonnen sein müssen. Es sind die mathematischen und die moralischen. „Dieser Teil des Wissens ist unwiderstehlich und drängt sich, gleich dem hellen Sonnenschein, unmittelbar auf, sobald einmal der Geist sich ihm zuwendet [1])." In ihm liegt notwendige Erkenntnis vor, er verkörpert echtes Wissen. Und nun erst gewinnt Locke den festen Standpunkt, um der „Intuition" gegenüber den Erkenntniswert der Erfahrung zu bestimmen und ihr damit den Ort

[1]) a. a. O. IV. II. § 1.

in der Stufenfolge der Erkenntnis anzuweisen. Locke verzweifelt förmlich, Erfahrung jemals zu echter Wissenschaftlichkeit zu erhöhen. Die Erkenntnis in Mathematik und Moral bezeichne ein Ideal, das sich nicht nur von dem der begrifflichen, der „demonstrierenden“ Erkenntnis unterscheidet, sondern dem auch die Erfahrung vergeblich zustreben mag. Und wenn auch das Experiment nur den Zweck haben könne, als schwacher Ersatz jener sichereren Form der Erkenntnis in der Erfahrung zu dienen, die prinzipielle Kluft zwischen intuitiver und Erfahrungserkenntnis zu überbrücken, kann ihm doch niemals gelingen. Sofort aber fällt von hier aus neues Licht auf den Begriff des Dings. Von alters her hängt er an dem der Substanz. Was ist nun der Inhalt und die Funktion, was vor allem ist das Recht dieses Begriffs? In ihm, so lautet die letzte Entscheidung Lockes, ist nicht ein unerkennbares Ding gedacht, an dem die „Eigenschaften“ haften; nicht ein hinter den Eigenschaften stehendes, auf sie bezogenes, im übrigen aber unergründliches Sein; sondern die Art, das Haften der Eigenschaften an einem Ding, die Art, das „Zusammen“ der Eigenschaften im Ding zu denken; die Form also des Wechselbezugs der Eigenschaften im Ding, der Gesichtspunkt, unter dem sich Dinge durch Eigenschaften bestimmen. Diese Form aber kann unmöglich der Erfahrung entstammen, weil sie allen Bestimmungen durch Erfahrung der Sache nach vorausgeht. Sie stellt einen Zusammenhang dar, vermöge dessen von Erfahrung überhaupt erst die Rede sein kann. Noch freilich ist die Brücke von dem Begriff der Substanz zu dem der intuitiven Erkenntnis nicht geschlagen. Denn noch fehlt hier der Begriff einer sich auf die Begründung des Erfahrungsobjekts erstreckenden, der „transzendentalen“ Logik. Aber schon ist in dem Motiv der Substanz die Sphäre von Sensation und Reflexion in derselben Weise verlassen, wie in der Idee mathematischer und moralischer Erkenntnis: eine der größten erkenntnistheoretischen Leistungen aller Zeiten erscheint in ihm, wenn nicht vollbracht, so doch angebahnt. Es ist der Punkt erreicht, an dem die Wurzeln von Humes Kritik der Notwendigkeit des Kausalverhältnisses und von Kants Theorie der Erfahrung sichtbar werden. Auf solchem Hintergrunde aber gewinnt Lockes Satz von den komplexen Ideen, seine Lehre von den Modal- und Relationsbegriffen, erhöhte Bedeutung. Mag sie auch von abschließenden erkenntnistheoretischen Einsichten noch so weit entfernt sein, überall drängt doch in ihr das ursprüngliche Recht des Relationsgedankens an die Oberfläche.

3. Ein dem Problem der Sprache gewidmeter Abschnitt seines Hauptwerks eröffnet weite, aber in ihren methodischen Konsequenzen noch lange nicht umgrenzte Ausblicke in das Gebiet einer Lehre von Zeichen und Bedeutung. Sein Urteil über Moral gelangt schon im Rahmen seiner Erkenntnislehre zu unverhüllter Ausprägung. Als Träger intuitiver Einsicht ist sie ein ausgezeichnetes Feld apriorischer, von Erfahrung unabhängig fortschreitender Betätigung des Geistes. Aber auch die wissenschaftstheoretische Zentralfrage nach dem System der Wissenschaften bewegt sein Denken: in Philosophie der Natur, in Ethik und Logik vollzieht sich deren Gliederung und Zusammenschluß. Der Staatsphilosophie Lockes war schon oben Erwähnung geschehen. Sie gipfelt in der Idee, daß der Naturzustand im Staate überwunden, daß der Staat von der Kirche grundsätzlich gesondert zu betrachten sei, und daß er, seinen Funktionen nach im Sinne einer „Teilung der Gewalten" (der legislativen, der exekutiven und der richterlichen) gegliedert, überall eigene Normen der Entwicklung erkennen lasse. Das Dasein Gottes, dessen Idee freilich nicht angeboren sein kann, erhellt aus einer Fülle von Tatsachen, die aufzufinden und zu würdigen uns Gott mit allen Voraussetzungen versehen habe. Gott offenbart sich auch dem, den sein geschriebenes Wort nicht erreicht, bei jedem Ansatz zur Erforschung der Wahrheit. Nie könnten Glaube und Vernunft in Widerstreit geraten. Denn auch der Glaube ruhe auf guten Gründen, mag auch die durch ihn geforderte Zustimmung nicht sowohl auf rationaler Ableitung als vielmehr auf der Glaubwürdigkeit derjenigen beruhen, die ihn unter Berufung auf Gott verkünden. Allein, auch die Offenbarung — denn um sie handelt es sich ja letztlich — kann niemandem anderen neue einfache Ideen mitteilen, die er nicht schon durch Sensation und Reflexion besäße. Und das wieder entscheidet über den Gewißheitsgrad der Offenbarung selbst. Er kann nie so groß sein, daß sie klarem und bestimmtem Wissen widersprechen könnte. Andererseits entscheidet Vernunft allein, ob etwa ein Buch offenbart sei, also göttliche Autorität beanspruchen dürfe. Den eigentlichen Gegenstand des Glaubens stellt sonach das bloß Wahrscheinliche dar, dasjenige, dessen Gewißheitswert durch die Offenbarung noch erhöht zu werden vermag. Aber auch hierbei unterliegt der Glaube dem Urteil der Vernunft, und nur wenn die Menschen den Sinnlosigkeiten des Aberglaubens verfallen, verkehren sie dieses Verhältnis in ihr Gegenteil; dann freilich zieht sie Religion, die sie als vernünftige Wesen gerade über das Tier erheben sollte, unter das Tier herab.

4. Lockes Ruhm in Heimat und Ausland knüpft sich zunächst an seine politischen Theorien. Sie haben auf Zeitgenossen und auf Nachfolger gleich stark gewirkt, und wie sie mit ihren Wurzeln auf die Staatstheorien des 17. Jahrhunderts zurückreichen, so bestimmt ihr Geist weit über die Grenzen des eigenen Jahrhunderts hinaus die grundsätzliche Wertung der Begriffe von Recht und Staat. Im besonderen baut Locke des Dichters John Milton (1609—1674) dreifache Forderung der häuslichen, der kirchlichen und der politischen Freiheit nach der staatsphilosophischen Seite hin aus, indem er zugleich — Hobbes teils bejahend, teils verneinend — der Staatslehre Algernon Sidneys (1604—1683) in der These von der Trennung der Gewalten einen reichen, im englischen Konstitutionalismus und dessen Nachahmungen positiv verwerteten Sinn gibt. Seine pädagogischen Lehren, mehr geistvolle praktische Anregungen, als Ergebnisse wissenschaftlich-theoretischer Analyse, haben die Stimmung der Zeit nicht minder tief beeinflußt als die staatsphilosophischen. Rousseau wäre ohne sie nicht denkbar; die ganze durch Rousseau ausgelöste Bewegung in der Pädagogik ohne Locke richtungslos; vor allem aber der neue Rousseausche Kulturbegriff der Natur, die berühmte Forderung der „Rückkehr" zur Natur, ohne Locke ein Gedanke, dem es an eigentlichem erkenntnistheoretischem Gehalt gebräche. Aber auch Lockes Staatslehre und Pädagogik sind nicht „Empirismus". Es wäre schwer, die „reine" Erfahrung ausfindig zu machen, aus der sich Lockes staats- und erziehungswissenschaftliche Grundsätze herleiten lassen. Der sogenannte „Empirismus" des Denkers stellt ein Kunstprodukt philosophiegeschichtlicher Schematisierung dar. Der Philosoph steht nicht an dem Beginn eines Weges, der neben dem „rationalistischen" zu Kant hinführt; vielmehr hat er seinen logischen Standort an einer ganz bestimmten Biegung dieser „rationalistischen" Wegstrecke. — Lockes problemgeschichtliche Stellung ist im wesentlichen mit seiner Kritik der Lehre von den angeborenen Vorstellungen gegeben. Aber wie diese Lehre eine Auseinandersetzung mit dem empiristischen Begriff vom „consensus omnium" in sich schließt, so drängt sie als Theorie der mathematisch-moralischen Erkenntnis in schärfster Erfassung des Problems der Wissenschaft allenthalben über den Begriff der „bloßen" Erfahrung hinaus. Die Begriffe der Intuition, der Reflexion und der Substanz sind hierfür klassische Zeugen. Wohl gestalten sich die letzten Motive des Lockeschen Philosophierens nicht immer in restloser Klarheit. Der Begriff des Ursprungs hemmt, um es auch hier noch einmal auszusprechen, seine

Fragestellung, sich allenthalben in eindeutiger methodischer Prägnanz auszuwirken. Aber es hieße den eigentlichen Sinn dieser Fragestellung verkennen, ja in sein Gegenteil verkehren, wollte man ihn in irgendwelchen „empiristischen" Schlagworten festhalten. Lockes Philosophie ist nicht Empirismus; sie offenbart vielmehr die tiefsten Ansätze, den Empirismus in seinen letzten Konsequenzen und damit in seinem Begriff methodisch zu überwinden.

3. Toland und das Freidenkertum.

1. Greifbar und offenkundig wirkt Locke weiter in den Motiven der englischen Freidenker. Herbert von Cherburys, mit seiner Einstellung auf den Begriff der natürlichen Religion, war oben schon Erwähnung geschehen. Deutlicher als er verrät Lockesche Einflüsse der vielgelesene englische Aufklärer John Toland (1670—1722) in seinem berühmten, 1696 zunächst anonym erschienenen Werk: Christianity not mysterious. Es ist für lange Zeit hin der Kanon des englischen Deismus gewesen. Das Problem dieses Werks ist das Verhältnis zwischen Evangelium und Vernunft. Die Wahrheit des Geoffenbarten wurzelt in dessen Vernünftigkeit. So könne das Christentum Vernunftwidrigkeiten nicht enthalten; freilich auch nichts Übervernünftiges. Denn schon der Begriff des Übervernünftigen versage. Wachsen wir denn nicht täglich an Einsicht und Erkenntnis, die uns bis dahin Geheimnisvolles klar zu durchschauen gestatten? Und auch der Begriff des Geheimnisses erweise sich als widerspruchsvoll und dürftig. Oft genug würden Offenbarungen Mysterien genannt, nicht weil sie an sich unbegreiflich, sondern weil sie unbekannt und der Masse durch Zeichen und Bilder verdeckt sind. Wohl gibt es in den Gebräuchen des Christentums Geheimnisse. Aber sie sind es erst dank dem Verhalten der Kirchenväter. Erst sie hätten natürliche Dingen wie Brot essen, Wein trinken oder mit Wasser waschen, als tiefe Geheimnisse verehrt, während sie in Wahrheit doch nur angemessene Sinnbilder darstellen. — Das Werk begegnete heftigem Widerspruch. Auf den Kanzeln leidenschaftlich bekämpft, verfiel es alsbald der Verbrennung durch Henkershand; und nur durch Flucht entzog sich sein Verfasser dem Gefängnis. Seine 1699 verfaßte Rechtfertigungsschrift „Amyntor oder Verteidigung des Lebens Miltons" ändert nichts an der feindseligen Stimmung der kirchlichen Kreise; fast ebensowenig sein teilweiser Widerruf. Eine Reise nach Deutschland bringt den Denker in Beziehungen zu Leibnizens gelehrter Freundin, der Königin Sophie Charlotte von

Preußen. An sie nun sind einige der in den berühmten Lettres to Serena zusammengefaßten Briefe gerichtet (1704). Der Ursprung und die Macht der Vorurteile, die Geschichte der Lehre von der Unsterblichkeit der Seele unter den Heiden und die Frage nach dem Ursprung des Götzendienstes sollten darin abgehandelt werden. Spinozistische Motive fassen in ihm allmählich Wurzel und verknüpfen sich, wie auch später so häufig, mit spezifisch-aufklärerischen. Der Glaube an die persönliche Unsterblichkeit und an einen persönlichen Gott treten zugunsten der Lehre eines der Welt immanenten göttlichen Prinzips zurück. Gott wird ihm das dem All innewohnende Leben; — ja, wie er meint, zum Unterschied von Spinoza, die in allem wirksame, mit allem geradezu identische, rastlos tätige Kraft. Materialistische Züge gesellen sich hinzu: das Denken ist die der universellen Kraftäußerung gemäße tätige Bewegung des Gehirns. Seine 1709 während einer neuerlichen Reise auf den Kontinent in Holland erschienene Schrift: „Der Mensch ohne Aberglaube" will dartun, daß der Gottesleugner dem Staate weniger schade als der Abergläubische. 1718 erscheint seine Schrift: „Der Nazarener oder das jüdische, heidnische und türkische Christentum", endlich 1720 in nur wenigen Exemplaren und ohne Nennung seines Namens sein Glaubensbekenntnis, das „Pantheisticon"[1]). Es stellt als Kultvorschrift eines pantheistischen Geheimbundes den Entwurf einer aufklärerisch-religiösen Anbetung der Wahrheit, der Freiheit und der Gesundheit dar. Eine förmliche Lithurgie umfaßt die entscheidenden Lehren dieses Aufklärungsglaubens, an denen sich die in der Welt zerstreut gedachten Brüder der Kultgemeinschaft im Rahmen besonderer, streng geregelter zeremonieller Verhaltungsweisen erbauen. Der pantheistische Aufklärungsphilosoph allein gilt Toland als das Muster des wahren Weisen; er allein verfüge über die Voraussetzungen, seinen Geist mit Kunst und Wissenschaft und mit Liebe zur Tugend zu erfüllen. In bewußtem Gegensatz zu jedem positiven Glaubensbekenntnis glaubt Toland eine baldige Vernichtung des Papsttums voraussagen zu können. Er starb 1722 zu London, nicht ohne starken und dauernden Einfluß auf die Entwicklung der französischen Aufklärung gewonnen zu haben. Als „Freidenker" schließt sich an Toland und dessen Kreis John Antony Collins (1676—1729) an. Der Briefwechsel des Jünglings mit dem greisen John Locke entscheidet die Richtung seines Denkens. Sie kommt

[1]) Mit dem erdichteten Druckort „Kosmopolis".

in besonders markanter Weise zum Ausdruck in seiner vielgelesenen „Abhandlung vom Freidenken“ [1]). Diese will die theoretische und praktische Notwendigkeit des freien Denkens ableiten und den geschichtlichen Beweis erbringen, daß die hervorragenden Denker aller Zeiten in seinem Sinne „Freidenker“ waren. In französischer Übersetzung wird das Werk alsbald auch in Deutschland bekannt, und allenthalben knüpfen sich daran weitläufige, zum großen Teil freilich wenig bedeutsame und unfruchtbare Kontroversen. Ein gleiches gilt von seiner 1724 erschienenen Schrift „Abhandlungen von den Gründen und Beweisen der christlichen Religion“. Immer lauter hallt es in den Erörterungen wieder von dem Schlagwort des „Vernunftglaubens“. Man unternimmt Beweise zugunsten der „Untrüglichkeit der menschlichen Vernunft“ (Lyons); man überbietet sich in geschichtsfremden Versuchen, das Christentum zu rationalisieren; man verkennt schließlich ganz den Eigenwert der religiösen Glaubenswahrheit und verfällt allmählich dem ebenso flachen wie geschichts- und wirklichkeitsfremden, zynischen Vorurteil, in aller positiven Glaubenslehre nur ein Mittel zur Bändigung böser Masseninstinkte zu erblicken.

4. Shaftesbury. Anhänger und Gegner.

1. Allein abseits von diesen und verwandten Thesen, vermittels deren der englische Deismus bis in gewisse materialistische Niederungen der französischen Aufklärung hereinreicht, entfaltet sich eine feinsinnige, trotz ihrer innigen Beziehungen zum Geist der Aufklärung ursprüngliche, das Problem der Sittlichkeit mit dem der Kunst nach anthropologischen und sozialpsychologischen Gesichtspunkten verknüpfende Lehre vom Schönen. Wir sprechen von Antony Ashley Cooper, Grafen von Shaftesbury. Nach Lockes pädagogischen Grundsätzen erzogen, war der 1671 zu London als Enkel des bekannten Staatsmanns geborene Denker im wesentlichen auf klassischer Grundlage und auf Reisen gebildet worden. Eine kurze Untersuchung des Zwanzigjährigen über die Tugend gibt mit Zusätzen ohne Wissen des Verfassers Toland heraus. Als Mitglied des Unterhauses betätigt er sich wenig. Eine tiefe, in einem längeren Briefwechsel bekräftigte wissenschaftliche Freundschaft verbindet ihn mit Pierre Bayle. Seines Vaters Tod macht ihn zum Mitglied des Oberhauses, wo er als Verteidiger der Grundsätze der bürgerlichen

[1]) A discourse of freethinking, occasioned by the riese and growth of a seet call'd freethinkers. 1713.

Freiheit hervorragt. Nach verschiedenen politischen Zwischenfällen und Reisen wendet er sich in einem „Brief über die Schwärmerei" an den Minister Somers mit ätzender Satire gegen die aus Frankreich nach England verpflanzte Sekte protestantischer „Propheten". Zwei kleineren Schriften [1]) folgen seine vielgelesenen, erst nach seinem Tode veröffentlichten „Briefe an einen jungen Mann auf der Universität". 1711 erschien eine Sammlung seiner bisherigen Schriften unter dem Titel: Characteristics of men, manners, opinions, times in drei Bänden. Schon 1713 aber stirbt er in Neapel, wohin er sich aus Rücksicht auf seine Gesundheit zurückgezogen hatte.

2. Man hat Shaftesbury oft als „Gefühlsphilosophen" bezeichnet. Die Charakteristik trifft zu, wenn man eingedenk bleibt, daß er im Gefühl nicht sowohl den Gegenstand als vielmehr das Zeichen für das Vorhandensein des Gegenstandes alles Nachdenkens und Wollens, alles Strebens und Handelns erblickt. Dieser Gegenstand aber ist das Gute. Das wahre Gute ist der Gegenstand der Philosophie. Sie erforscht, was dieses sich in dem Glücksgefühl spiegelnde Gute bedeutet; wie dieses Glücksgefühl von billigendem Wohlgefallen begleitet und geleitet, sich mit dem Gefühl der Schönheit organisch verknüpft; wie solche Verknüpfung, durch alle Schichten des Daseins hindurchgreifend, als das Werk eines überragenden Geistes Einheit und System schafft, wo Mannigfaltigkeit und Verworrenheit allein die Herrschaft zu führen scheinen. Je nach seiner Zugehörigkeit zu verschiedenen Systemen ist Gut oder Übel eines bestimmten Wesens zu beurteilen. Dabei ist für das empfindende Wesen das Gute des Systems, auf welches ein Besonderes bezogen ward, zugleich der Gegenstand seiner „Neigung". Überall bestimmen sich somit ethische Größen zugleich nach ästhetischen Gesichtspunkten und die durchgängige Harmonie ethischer, religiöser, ja wissenschaftlicher Werte mit ästhetischen gehört zu den Grundzügen der Philosophie Shaftesburys. Die Tugend ist, gerade in ihrer schlechthin autonomen Bestimmtheit, sittliche Schönheit; andererseits bedeutet die Schönheit in ihrer wesenhaften Ordnung erfassen so viel, wie das Gute von einer anderen, charakteristischen Seite her schauen. Wer das Schöne als Bedingung der Weltordnung ergreift, der erfaßt diese Weltordnung zugleich nach ihrer restlos harmonischen Bestimmtheit; er selbst ist, indem er vom Schönen ergriffen wird, gut. Erziehung zum Genuß des Schönen

[1]) „Die Moralisten oder eine philosophische Rhapsodie" und der „Gesunde Menschenverstand oder ein Versuch über die Freiheit des Humors". 1709.

bedeutet sonach immer auch Zucht zum Guten. Allein, gerade diese Harmonie schließt noch eine weitere, in gewissem Sinn höher zu bewertende in sich. Nur in einer unaufhebbaren Gemeinschaft mit seinem Nächsten wird der Mensch jener Harmonie des Schönen mit dem Guten und eben darum des Guten selbst teilhaftig. In der schönheitsbezogenen sittlichen Handlung lebt der einzelne zugleich für sich und für die Gemeinschaft; er erhöht sein Wesen im Sinne und im Dienste der Gemeinschaft, indem er es nach allen Seiten hin entfaltet. Eine gewaltige soziale und pädagogische Perspektive eröffnet sich von hier aus dem Denker. Das Glück des Nächsten stellt sich dem Menschen als die Folge seines eigensten und persönlichsten Handelns dar, und mit Bezug darauf zugleich als Ausdruck der unaufhebbaren Einheit von Gut und Schön. Es ist leicht zu erkennen, wo sich Shaftesbury mit der großen antiken, von Plato und den Stoikern genährten Überlieferung berührt; aber ebenso leicht zu verstehen, weshalb sich der unter so verschiedenen Gesichtspunkten mit dem Begriff der Harmonie operierende Deismus der Aufklärung vielfach zu Shaftesbury bekennt; wie vor allem die von der Idee eines ursprünglichen Wechselverhältnisses zwischen Gut und Schön gewaltig ergriffenen Dichterphilosophen des 18. Jahrhunderts von Shaftesburys Lehren erfaßt worden sein mögen. So übt Shaftesbury, vielfach in fremdem Gewande, keinen geringeren Einfluß auf die Gegenwart aus, als die großen Erkenntnistheoretiker unter seinen Zeitgenossen. Wo immer Philosophie sich auf das System der Werte besinnt, sich vor die Frage des Zusammentreffens entscheidender Forderungen des Guten und des Schönen gestellt sieht, da werden Shaftesburys Gedanken lebendig; denn da wird die Frage nach den letzten Gründen der Einheit aktuell, in der sich die Idee menschlicher Handlungen überhaupt bestimmt.

3. Unter seinen Zeitgenossen wirkt Shaftesbury insbesondere auf F r a n c i s H u t c h e s o n (1694—1747). Die „empiristischen" Züge in Shaftesburys Denken treten hier mit erhöhter Deutlichkeit hervor. Es wird der ausdrückliche Versuch gemacht, Ethik als Moralpsychologie zu fassen, d. h. es wird nicht sowohl von dem Begriff der Harmonie, als vielmehr von den psychologischen Bedingungen gehandelt, die Harmonie erzeugen sollen; es wird die Sympathie als eine sittliches Handeln bestimmende Forderung auf eine psychologische Tatsache des Sympathiegefühls abgebildet; schließlich aber ein moralischer Sinn als psychisches Vermögen gefordert, in das sich Vernunft und Erfahrung mit ihren Interessen teilen. Auf Hutcheson geht die später durch J e r e m i a s

Bentham (1748—1832) so berühmt gewordene empiristische Glückseligkeitsformel „The greatest happiness for the greatest number“ zurück. Die theoretische Deutung, die der Bischof Butler (1692—1752) Shaftesburys Lehre zu geben versuchte, mündet in eine Apologie der Religion. Die Tatsache der Ungleichheit der Lebensschicksale sei mit der Forderung der Harmonie unvereinbar. Die Moral vermöge sie nicht zu erklären und so sieht sich ihr gegenüber der Mensch allein auf die Religion verwiesen. Nicht sowohl der moralische Sinn, als vielmehr das „Gewissen“ sei die Quelle, aus der der einzelne die Kraft und die eigentlichen Motive für sein Handeln zu schöpfen habe. Zu verwandten Lehren bekennt sich William Paley (1743—1805). Alle Pflicht sei ihrer Form nach göttlicher Befehl. Dabei sei kraft ursprünglicher psychologischer Einrichtungen an den Gehorsam Lust, an den Ungehorsam Schmerz geknüpft. Verpflichtet sein könnten wir nur zu etwas, wofür es psychologisch umschriebene Beweggründe gibt, was uns in diesem Sinn Nutzen oder Schaden bedeutet. Es verbindet sich hier, wie man sieht, eine flache Glückseligkeitsmoral mit theologischen Begründungen. Eine Handlung ist dem göttlichen Willen gemäß, wenn sie die allgemeine Glückseligkeit vermehrt. Ein Vorläufer Benthamschen Utilitarismus, bedeutet der „Gefühlsphilosoph“ Paley [1]) einen starken Rückschritt gegenüber Shaftesbury. — Als energischer Gegner Shaftesburys enthüllt sich der Verfasser der vielgelesenen „Bienenfabel“, der aus französischer Familie stammende, in Holland geborene, in London lebende Arzt Bernard de Mandeville (1670—1733). Nachdem ihn einige satirische Schriften gegen das weibliche Geschlecht weiteren Kreisen bekannt gemacht hatten, trat er 1709 mit seinem Lehrgedicht „Der summende Bienenstock oder ehrlich gewordene Schelme“ hervor und verficht im Rahmen einer Fabel den paradoxen Satz, daß Macht und Wohlergehen eines Gemeinwesens nicht sowohl auf den Tugenden als vielmehr auf den lasterhaften Neigungen der einzelnen beruhten. Das Laster sei für die Blüte des Staates ebenso notwendig wie der Hunger für das Gedeihen des Menschen. Das goldene Zeitalter der Unschuld könne nur anbrechen, wenn wir uns entschlössen, gleich unseren Vorfahren wieder von wilden Eicheln zu leben. Dem zunächst wenig beachteten Gedicht läßt er 1714 eine neue, besonders gegen Shaftesburys Idee von der Harmonie gerichtete Aus-

[1]) Natural theology 1802 (1819 bereits in 6. Auflage), vorher 1775: Principles of moral and political philosophy.

gabe folgen. Sie ist mit erläuternden Abhandlungen versehen und führt den bezeichnenden Titel: Die Bienenfabel oder Übeltaten Einzelner als öffentliche Wohltaten [1]). In rascher Abfolge erscheint Auflage um Auflage, vielfach durch neue Zusätze erweitert. Der Name des Verfassers wird allenthalben genannt — nicht zuletzt wegen der heftigen Abwehr, die gegen ihn von amtlicher und gelehrter Seite her einsetzt. Hat er nun in gelegentlichen Publikationen doch auch wieder der Tugend vor dem Laster den Vorzug gegeben, so bleibt ihm die Idee, daß letzten Endes die natürlichen Begierden menschlicher Selbstliebe die Beweggründe für die zur Verbesserung aller Zustände führenden Handlungen liefern müßten, trotzdem unantastbar. Der Mensch täusche die anderen, wenn er vorgebe, in der Tugend sein Glück zu finden. Mag auch die Tugend in manchen Fällen Zufriedenheit erzeugen, das Wohl einer großen Gemeinschaft werde weit mehr durch Motive des Eigennutzes und der Eitelkeit oder der Habsucht des einzelnen verbürgt. Ins Französische übersetzt [2]), übte sein Hauptwerk bestimmenden Einfluß auf die französische Aufklärung; um so mehr, als sich seine Lehren über die Stellung von Religion und Kirche im Staate mit den Thesen der französischen Freidenker fast restlos decken. Sein Verhältnis zu Bayle ist für ihn vielfach bestimmend. Doch fehlt Mandeville die feinsinnige, überall auf den Begriff der Wissenschaft bezogene Wertung der religiösen Tatsächlichkeit. — Die eigentlichen ästhetischen Motive Shaftesburys erfahren eine eigenartige Weiterbildung bei Henry Home (1696—1782), der den Begriff des Schönen auf den des Nützlichen ausgedehnt wissen will, andererseits die Quelle der Schönheit in der schaffenden und genießenden Seele, nicht aber im Gegenstande suchte [3]), und Edmund Burke (1728—1797) mit seinem berühmten, für die Psychologie der Kunst und die Entwicklung der deutschen Ästhetik bedeutsamen Werk: „A philosophical inquiry into the origin of our ideas of the Sublime and the Beautiful“ aus dem Jahre 1756, in dem das ästhetische Gefühl auf die Grundtriebe der Selbsterhaltung und der Geselligkeit zurückgeführt wird.

[1]) The fable of the bees or private vices public benefits.

[2]) La fable des abeilles. 1740. Bertrand.

[3]) Essays on the principles of morality and natural religion 1751, Introduction to the art of thinking 1761 und insbesondere seine Elements of criticisme (1762)

5. Die Assoziationspsychologen.

1. Eine Gruppe für sich bilden auf wesentlich Lockescher Grundlage die sogenannten Assoziationspsychologen Hartley und Priestley. David Hartley (1705—1757), zunächst Theologe, dann Mediziner, wird durch sein Werk „Observations on man, his frame, his duty and his expectation" (1749) berühmt. Es führt sämtliche psychische Funktionen auf „Assoziationen" zurück und diese wieder auf Bewegungen, auf Schwingungen im Nervensystem. So setzt sich für Hartley Psychisches nach festen Normen in Bewegung, Bewegung in Psychisches um. Öfter wiederholte Bewegungen erzeugen eine „Disposition" und das Gehirn gerät immer leichter in die ihm durch die „Disposition" geläufige Bahn der Bewegung. Auch „geistige" Dispositionen führen letzten Endes auf „sinnliche" zurück. — Es ist nicht nötig, die Fülle möglicher Beziehungen, die sich an solche Gedanken knüpfen, weiter auszuspinnen. Genug, wenn erkannt wird, daß das methodische Dogma, Psychologie sei Naturwissenschaft, auf Hartley zurückgeht; daß der Begriff der Assoziation sich als Ausdruck jenes Dogmas darstellt. Wenn die moderne methodische Analyse den sachlichen Eigenwert der Psychologie gegenüber der Naturwissenschaft hervorzuheben und den Begriff der Assoziation in seiner Haltlosigkeit zu kennzeichnen sucht [1]), so kämpft sie im Grunde genommen gegen die Lehre Hartleys. So gewinnt Hartley, obschon seine eigene Absicht sich wesentlich in dem Ideal erschöpft, nach Newtonschem Muster eine Physik der Seele zu schaffen, und sich damit ganz in die Bestrebungen seiner Zeit einfügt, eine über diese Zeit weit hinausreichende, für das methodische Schicksal der Psychologie überhaupt geradezu entscheidende Bedeutung. Übrigens will er die Physik der Seele vor den nahe gelegenen Gefahren des Materialismus durch eine Art von Parallelismus bewahrt wissen: die Hirnbewegung und Psychisches bilden, bei aller Entsprechung und Wechselbezogenheit, zwei durchaus inkommensurable Reihen.

2. Sein Schüler ist Joseph Priestley (1733—1804), Theologe, Dissenter-Prediger, Entdecker des Sauerstoffs, Mitglied der Royal Society. Unglücksfälle und Anfeindungen verschiedenster Art veranlassen ihn nach Amerika auszuwandern, wo er denn auch zu Philadelphia

[1]) Vgl. meine Schrift, „Prinzipienfragen der Denkpsychologie". Berlin 1913; ebenso meine „Die Grundlagen der Denkpsychologie." München 1921.

starb. Von seinen Schriften sind zunächst die unter Berufung auf den gesunden Menschenverstand gegen D. Humes schottische Gegner gerichteten bemerkenswert; sodann ein zweibändiges gegen Hume selbst gerichtetes Werk; ferner eine Reihe von „Briefen" mit der aufklärerisch-rationalen Tendenz, Glauben und Aberglauben scharf zu sondern; schließlich eine Darstellung der Lehre Hartleys und eine geschichtliche Würdigung der Lehren von dem Ursprung der Seele und von der Natur der Materie. Die Grundmotive von Hartleys Assoziationspsychologie nimmt von den Zeitgenossen mit besonderer Wärme Erasmus Darwin (1731—1802), der Großvater von Charles Darwin, auf und entfaltet in seiner „Zoonomie" eine Lehre von der Entstehung der Instinkte auf dem Grunde der Erfahrung durch Assoziation. Assoziationspsychologie wird ihm somit Element einer allgemein-biologischen Theorie und gleichsam auf anderer Stufe erscheint jetzt, mit Bezug auf konkrete Probleme des 19. Jahrhunderts, das Verhältnis zwischen Psychologie und Naturwissenschaft aufs neue zur Erörterung gestellt. — Aber noch haben sich uns nicht alle Wurzeln der Aufklärungsphilosophie enthüllt. Schon im Rahmen der bisherigen Erwägungen traten die beiden großen Namen Berkeley und Hume immer wieder hervor, wo es galt, komplexere geistige Zusammenhänge im Zeitalter der Aufklärung zu entwirren. Es ist nunmehr Zeit, die Lehren und den systematischen Standort auch dieser beiden für die weiteren Schicksale der Philosophie entscheidenden Denkergestalten ins Reine zu bringen. Auch sie rechnet man ja gern kurzweg zu den Vertretern des englischen „Empirismus". Aber auch auf sie paßt, wie sich alsbald zeigen wird, dieser Klassennamen so wenig wie auf Locke. Denn auch sie entrollen das Problem der Erkenntnis in durchaus selbständiger, nach allen Seiten hin ausgreifender Fragestellung. Wohl stehen sie Locke näher als Leibniz oder Descartes. Aber es hieße die Fäden zwischen ihnen und Locke durchschneiden, wollte man den Zusammenhang Berkeleys und Humes mit den großen „rationalistischen" Systematikern des 17. Jahrhunderts aus dem Auge verlieren.

6. Berkeley.

1. George Berkeley, geboren 1685 zu Killerin in Irland, veröffentlicht noch als Fellow zwischen dem 25. und 29. Lebensjahre seine drei wichtigsten Werke. Den Anfang macht sein Essay towards a new theory of vision 1709. Die Schrift hat eine bedeutsame erkenntnis-

theoretische Tendenz und zeitigt ein wichtiges psychologisches Ergebnis. Was wir wirklich „sehen", so erklärt Berkeley, seien niemals Entfernung, Lage und Größe der Dinge. Wohl wissen wir um diese Umstände; aber nur weil wir uns über sie durch eine Verbindung der Gesichtsempfindung mit den Empfindungen anderer Sinne zu unterrichten vermögen. „Sehen" können wir nur Farben, Licht und Schatten. Und weil diese wieder nur in unserer Empfindung sind, so können die Gegenstände des Sehens niemals als Abbilder äußerer Dinge aufgefaßt, Dinge niemals als außerhalb des Sehens existierend angenommen werden. Nur in ihrem Bezug auf Sinnliches, nur in ihrem Bezug auf die metaphysischen Voraussetzungen dieses Sinnlichen können sie ihren eigentümlichen methodischen Grund haben. Mit dieser Folgerung aber ist bereits der Boden seines philosophischen Hauptwerkes, der „Treatise on the principles of human knowledge" (1710) gewonnen. 1713 erscheinen seine „Three Dialogues between Hylas and Philonous", eine feinsinnige Wiederholung der Untersuchungen und Ergebnisse seines Hauptwerks in dialogischer Form [1]). Die umfassende erkenntnistheoretische Absicht, die Berkeleys Fragestellung leitet, läßt sich zunächst am besten an seiner Kritik des Begriffs der Materie erkennen. Dieser Begriff scheitert für ihn an der Unmöglichkeit, sich einen „Träger" für Gestalt, Bewegung oder sinnliche Qualität wirklich vorzustellen. Der Begriff einer solchen Funktion, „Träger" für etwas zu sein, erweist sich ihm als schlechterdings leer; der Gedanke, etwas sei „Substrat" und nur Substrat für Bewegung oder sinnliche Qualitäten als im Grunde genommen unvollziehbar. Es „gebe" diesen „Träger" nicht und brauche ihn nicht zu geben. Es gibt nur jenes sinnlich Greifbare, für das er Träger zu sein bestimmt ist. Es „ist" lediglich, was wahrgenommen wird. Esse est percipi. Der scharfe Gegensatz dieser Lehren zu Descartes springt in die Augen und mag die Kennzeichnung Berkeleys als „Empiristen" mit veranlaßt haben. Allein, es wird sich zeigen, daß auch jener Gegensatz nur relativ und damit diese Kennzeichnung unvollständig ist. Schon die heftige Fehde Berkeleys gegen den Begriff des „intellectus purus" trifft die eigentlichen Motive Descartes' nicht, weil es ja diesem um die „intellectio pura" zu tun ist. Descartes fordert einen Inbegriff von Vernunftwahrheiten und Berkeley bekämpft die Lehre,

[1]) Beste Ausgabe der Schriften Berkeleys von **Frazer**, 4 Bände, 2. Aufl. 1901. — Für die Frage der wissenschaftlichen Entwicklung des Denkers sein Tagebuch: Commonplace Book. 1705—1708.

daß ein besonderes, in sich begrenztes sinnliches Vermögen, das ohne Erfahrung Vernunftwahrheiten produzieren sollte, gesetzt werden müsse. Auch vertritt Berkeley durchaus nicht den Gedanken, den man heute etwa als „reine Erfahrung" bezeichnen würde. Mag auch Erkennen durchweg an Wahrnehmungen geknüpft sein, es ist ohne Beziehungen zwischen Wahrnehmungen, ohne eine Ordnung der Wahrnehmungen nicht möglich. Gerade diese Ordnung bewahrt davor, Illusion mit Erkenntnis zu verwechseln. Denn Ordnung verbürgt Gegenständlichkeit und damit das Gegenteil aller Illusion. Ja, die Gefahr der Illusion droht recht eigentlich nur da, wo eine von dem Begriff der Ordnung unabhängige Realität hinter den Wahrnehmungen gesetzt wird. Man fühlt die Nähe, in die Berkeley mit solchen Erwägungen zu Descartes und Leibniz gerät. Wenn er sich trotzdem den Leibnizschen Folgerungen verschließt, so geschieht das, weil ihm, dem mathematikfremden Kopfe, die logische Besonderheit des Begriffs der Ordnung unzugänglich bleibt. Er vermag Ordnung nur als psychologische Tatsache, er vermag sie höchstens als Hinweis auf metaphysische Bedingungen dieser Tatsache aufzufassen. Auf alle Fälle ist dieser Berkeleysche „Empirismus" von jeglichem Positivismus genau so weit entfernt, wie das Motiv der objektiven Ordnung von der Idee eines zufälligen Zusammens von Wahrnehmungstatsachen. Und doch verfällt der Philosoph andererseits gewissen positivistischen Konsequenzen, — genau in dem Maße, als sich der Begriff der Ordnung jeglicher logischen Bestimmtheit entäußert. Dabei leugnet der Satz „esse = percipi" den Begriff des „intellectus ipse" keineswegs; er bejaht und fordert ihn vielmehr, schon als den psychologischen Ort einer Ordnung, gemäß der allein Wahrnehmungen Erkenntniswert erlangen. In solchem Sinne aber bedeutet der Rückbezug aller Erkenntnis auf Wahrnehmungen noch ein weiteres: jene bereits erwähnte Ablehnung des Begriffs der Materie und die Entwurzelung des Materialismus. Wir sahen es bereits: der Gedanke von etwas, das sich in der geheimnisvollen Funktion erschöpfen sollte, „Träger" sinnlicher Bestimmtheiten zu sein, ist schlechterdings unvollziehbar; diese Funktion selbst jeder positiven Bestimmung bar. Mathematik und Mechanik, die exakte Zergliederung der Einzelerscheinung, mögen die Annahme eines solchen Trägers immerhin begünstigen: ein edleres und höheres Ziel bleibt es, aus der Ordnung und Mannigfaltigkeit der Natur die Größe des Schöpfers, seiner Weisheit und seiner Güte zu erschließen. Die Materie aus der Natur austreiben, bedeutet letzten

Endes den Feinden der Religion — und als solche gelten ihm neben Götzendienern und Epikureern die Hobbisten und Spinozisten — ihre stärkste Stütze, den Begriff der nichtdenkenden Materie, rauben. Ist aber einmal die Materie beseitigt, so erstrahlt die Harmonie der Welt in ihrer ganzen Fülle und Pracht; dann erscheint Unzulänglichkeit im einzelnen nur als Beweis und auf dem Hintergrund der Vollkommenheit des Ganzen. Auf alle Fälle gewinnt so das Einzelerlebnis selbständigen, von der Existenz der Materie unabhängigen Seinswert. Es ist selbst letzte, durch keinen anderweitigen Bezug bestimmte Gegebenheit. Ja, dieser Selbständigkeit gegenüber wird sogar Lockes grundlegende Unterscheidung zwischen Sensation und Reflexion hinfällig. Gerade weil Sensation und Reflexion stets verbunden sein müssen, können sie nicht wesenhaft Verschiedenes bedeuten. Ist es wahr, daß wir von Sensationen immer nur durch Reflexion erfahren, dann muß die Sensation eine besondere Art der Reflexion darstellen. Man erkennt: in der Universalität der Reflexion gelangt das Motiv des „intellectus ipse" aufs neue zu charakteristischer Ausprägung. Nicht in unbekannten Dingen außer uns haben die Sinneswahrnehmungen Halt und Bestand, sondern nur in dem Bewußtsein, das sie erlebt. Gleichwie nun die Zweiheit von Sensation und Reflexion, so löst sich schließlich auch die Dualität von primären und sekundären Qualitäten auf. Die primären Qualitäten sind gar nichts ohne die sekundären. Man nehme einer Kirsche ihre sinnlichen Eigenschaften und frage sich, was wohl von ihr noch übrig bleiben möchte. Das sinnliche Erlebnis in seiner konkreten Bestimmtheit ist die Bedingung, um die Ausdehnung eines Dings auch nur denken zu können. Nur wo jene gegeben ist, kann der Gedanke der Ausdehnung überhaupt erst vollzogen werden. Die primären Qualitäten beziehen ihre Kraft und ihre funktionelle Bestimmtheit aus den sekundären; von diesen abgesehen, erweisen sie sich als leere Abstrakta. Nur dem einzelnen Sinneserlebnis wohnt Bestimmtheit inne; und umgekehrt, nur vermöge seines Bezugs auf das einzelne Sinneserlebnis kommt einem Faktor Bestimmtheit zu. Wir stehen damit vor Berkeleys berühmter Theorie von der Natur des **Begriffs**. Sie gehört zu seinen sachlich und geschichtlich interessantesten Leistungen und bewegt sich um zwei Pole. Einmal gilt ihr der Begriff als „Abstraktum". Sodann aber: er verdankt seine Bestimmtheit, gerade **weil** er Abstraktum ist, nur dem Bezug auf die konkrete Bestimmtheit des Sinneserlebnisses. Der Begriff als Abstraktum ist bestimmt und brauchbar, sofern sich unbemerkt die Bestimmtheit eines konkreten Sinnendings an seine Stelle setzen kann. Wir denken nicht ein Dreieck überhaupt, oder doch: wir denken es nur, sofern ein ganz bestimmtes Dreieck, etwa ein rechtwinkliges oder gleichschenkliges von bestimmter Seitenlänge, repräsentativ an seine Stelle tritt. Es gibt keine allgemeine Idee des Dreiecks. Es gibt höchstens ein Absehen von den besonderen Verhältnissen eines bestimmten Dreiecks. Die Möglichkeit aber, daß dieses allgemeine, seiner Bestimmtheit entkleidete Dreieck einer Erkenntnisfunktion überhaupt fähig ist, rührt her von dessen Beziehung auf die Bestimmtheit eines konkreten und individuell gedachten. Keine zweite Anschauung hat im Laufe der Zeit das alte Dogma, daß der Begriff ein unbestimmtes Gemeinbild darstelle, mehr befestigen geholfen, als die Berkeleys. Wohl lehnt ja der Denker, weil er dem unbestimmten Gemeinbild jede wirkliche Erkenntnisfunktion absprechen muß, dieses Theorem ab. Aber, was er an dessen Stelle zu setzen hat, die repräsentative Funktion des bestimmten individuellen Erlebnisses, verdunkelt den Sachverhalt mehr, als daß es ihn zu klären vermöchte. Für Berkeley rückt, um es mit einem Worte zu sagen, die Frage nach der Genese des Begriffs unbemerkt an die Stelle des Problems seiner Funktion. Es ist möglich, daß der Begriff zeitlich-genetisch an das Erleben konkreter, sinnlich-bestimmter Einzelobjekte gebunden ist. Seine Erkenntnisfunktion aber entscheidet sich an einer ganz anderen Frage; — daran, wie er trotz jener Gebundenheit überzeitlicher Bestimmtheit fähig, wie er „allgemein" und dennoch bestimmt sein, wie er, obschon frei von allen individuellen sinnlichen Qualitäten, eine Norm werden kann, der gemäß Sinnlich-Konkretes beurteilt wird. Wieder wendet sich also die Aufmerksamkeit zurück zum intellectus ipse. Überhaupt bedeutet „Begriff" nicht immer dasselbe. Das Sein und das Gute, das Gleiche und das Ähnliche sind dem Begriff des Hundes und des Dreiecks gegenüber von eigentümlicher Art[1]). Denn in ihnen erfaßt der Verstand gleichsam sich selbst. Hier erscheinen als gegenständliche Gegebenheiten nicht mehr Elemente von sinnlich-inhaltlicher Bestimmtheit, sondern reine Funktionen; nicht mehr qualitativ gekennzeichnete Erlebnisse, sondern über sie hinweggreifende Beziehungsobjekte. An diesen Gegenständen offenbart sich die Selbstgesetzlichkeit des Geistes. Auch diese Einsicht freilich verdunkelt sich für Berkeley alsbald wieder. Mit einer jede empiristische Einstellung überwindenden

---

[1]) Siris § 305.

Schärfe erhebt er die Frage, wie wohl angesichts der Verschiedenheit der sinnlichen „Zeichen" die Identität des Objekts verbürgt werden möchte. Aber in tiefster Verkennung ihrer erkenntnistheoretischen Tragweite beantwortet er sie sofort dahin, daß es eben nur die Gemeinsamkeit der Namen sei, vermöge deren das Verschiedenartige zu scheinbarer gegenständlicher Identität gebracht wird. Allein, gleichwie es keiner besonderen Überlegung bedarf, daß damit jede, auch die elementarste Form wissenschaftlicher Bestimmtheit geleugnet ist, ebenso steht fest, daß schon die bloße Frage nach den Bedingungen der Identität die Besinnung auf die Eigengesetzlichkeit des Intellekts einschließt.

2. Ohne diese Eigengesetzlichkeit wäre der metaphysische Flügel der Philosophie Berkeleys überhaupt nicht zu verstehen. Sein Kampf gilt der Materie. Aber die Frage, was denn angesichts der Tatsache des Wahrnehmens das eigentlich Existierende sei, bleibt für ihn offen. Und diese Frage stellen, heißt auf dem Boden von Berkeleys Voraussetzungen, sie bereits beantworten: das wirklich Existierende, die eigentliche Substanz, kann nur das Bewußtsein, können nur wahrnehmende Wesen sein. Idee und metaphysische Wirklichkeit treten scharf auseinander. Nie kann der Geist Idee werden; nie läßt sich der Geist vermittels der Ideen erfassen. Nur in ihren Offenbarungen, nicht an sich selbst wird die metaphysische Wirklichkeit erkannt. Die metaphysische Wurzel der Wahrnehmungen hat man also nicht in den äußeren Dingen, sondern in den wahrnehmenden Wesen zu suchen. Sie bringen sie auf eine von aller Willkür unabhängige Weise, gemäß einer jene metaphysischen Wesen selbst erst bestimmenden Ordnung hervor. Die letzte Quelle dieser Ordnung aber kann wieder nur ein wahrnehmendes Wesen sein. Es ist, weil es die Ordnung aller Wahrnehmungen beherrscht, ein schlechthin höchstes: Gott. Nicht aus der Erfahrung folgt somit seine Existenz, nicht aus Begriffen wird sie ontologisch hergeleitet, sondern sie ist aus der Tatsache der Vernunft gewonnen. Ebendarum bestätigt sie andererseits auch diese Tatsache, die Tatsache des intellectus purus. Ein kleiner, aber bedeutsamer Schritt führt den Denker von hier aus nicht nur in die unmittelbare problemgeschichtliche Nähe Malebranches, sondern, was sachlich weit bedeutsamer ist, zu der methodologischen Konsequenz, der Psychologie eine Sonderstellung im System der Wissenschaften einzuräumen. Die Psychologie allein ist Vernunftwissenschaft; alle anderen Wissenschaften dagegen wurzeln in der Erfahrung. Wohl erscheint damit die empiristische Entfremdung des Denkers von der Mathematik besiegelt; andererseits

aber erweist sich der Empirist plötzlich als Verfechter einer „rationalen" Psychologie. So repräsentieren Berkeleys negative Stellung zu dem Problem der Mathematik und sein Verhältnis zu dem Begriff der Psychologie zwei Seiten eines und desselben Sachverhalts. — Die Art, in der sich Berkeleys Mathematikfremdheit ausprägt, ist keineswegs ursprünglich. Weil ihre Grundbegriffe und Voraussetzungen in der Erfahrung keine Rechtfertigung finden können, ist für ihn Mathematik recht eigentlich nicht Wissenschaft. Es hält nicht schwer, solche Anschauungen an dem Begriff des Unendlichen zu bewähren. Berkeley muß dieser Begriff, weil es ihm an einer psychologisch greifbaren Repräsentation in der Erfahrung gebricht, nach allen seinen Dimensionen hin für unvollziehbar gelten. Man sieht, das logische Fundament aller Mathematik, die Gedanken der Funktion und der Relation, beurteilt Berkeley nicht nach autonomen, in ihren Begriffen selbst enthaltenen Gesichtspunkten, sondern ausschließlich danach, ob sie als Dinge erfahrbar sein möchten oder nicht. So entzieht sich der Philosoph allenthalben den im Begriff der Stetigkeit gelegenen Forderungen, und oft ist es, als hätte er den Geist der zenonischen Aporien zu neuem Leben erweckt. Mit dem Begriff der Mathematik aber muß ihm auch der der Erfahrung — mag er sich von der „reinen" Erfahrung noch so weit entfernen wollen — ins Wanken geraten. Das Problem der gegenständlichen Bestimmtheit des Dings und des Ereignisses droht zu zerflattern, wo die Funktion gegenständlicher Bestimmtheit überhaupt, und zwar in der schärfsten konkreten Ausprägung, deren sie fähig ist, verfehlt wird.

3. Trotzdem reichen die Aufgaben, die Berkeley sich stellt — blickt man nur auf die entscheidenden Motive und deren Auswirkungen —, tief in das Gefüge der Kantischen Fragestellung herein. Die Art, wie Berkeleys Idealismus das Problem der Erkenntnis aufrollt, stellt im ganzen wie im einzelnen betrachtet, das klassische Gegenstück dar zum Idealismus Kants. Ja, man darf sagen: Erst an Berkeleys Idealismus entscheidet sich recht eigentlich der positive Sinn der „Kritik". So reicht denn auch der problemgeschichtliche Einfluß des Denkers weit über seine Zeit hinaus. Wo immer in der Geschichte der Philosophie das Kantische Motiv auftaucht, da stößt es auf einen Idealismus in der „rezipierten" Bedeutung des Wortes; da sieht es sich Gedanken gegenübergestellt, die sich bei Berkeley in klassischer Vollendung entfalten. Seine umfassende Belesenheit vermittelt dem Denker tiefe Einblicke in geschichtliche Zusammenhänge. Er bewundert Plato und erschließt sich vielleicht

mehr als mancher seiner berühmtesten Zeitgenossen den großen philosophischen Systemen des Jahrhunderts. Mehrfach besucht er in verschiedenen Missionen Frankreich und Italien und mehr als ein Spiel des Zufalls mag es sein, daß sie ihn gerade Malebranche näher brachten. Geistliche Ämter der verschiedensten Art setzen ihn in unmittelbare Beziehung zu dem Leben, und der Plan, ein Kollegium auf den Bermudas-Inseln zu errichten, führt ihn in Begleitung seiner Gattin und einiger Freunde nach Amerika. Eine hier verfaßte Abhandlung zur Rechtfertigung seiner Theorie des Sehens sowie sein „Alciphron", in dem insbesondere Shaftesbury, Mandeville und Collins bekämpft werden, erscheint 1732. Ihnen verdankt er, angeblich, weil sie das Interesse der Königin erregt hatten, seine Ernennung zum Bischof von Cloyne in Irland. Die große seelsorgerische und literarisch-wissenschaftliche Tätigkeit, die er nun entfaltet, findet ihren Abschluß durch seine Übersiedelung nach Oxford, wo er 1753 starb. Berkeleys Kampf gegen Shaftesbury bietet besonderes systematisches Interesse. Denn er dient vor allem der Abwehr des Versuchs, die Geltung des Sittengesetzes auf irgendwelche empirisch-psychologische Tatsächlichkeiten zu gründen. Die Normen des sittlichen Handelns könnten niemals Affekten des Wohlwollens und der Sympathie entspringen; sie können nicht aus „sittlichen Gefühlen" stammen. Sie müssen objektiv verbindlich sein, d. h. sie müssen unter den Voraussetzungen Berkeleys ihren Quellpunkt in der göttlichen Vollkommenheit selbst haben. Diese liefert auch dem Staate seine notwendigen Grundlagen: der bedingungslose Gehorsam gegen die Staatsgewalt gilt Berkeley nur als eine andere Form der religiösen Hingabe an Gott, der bedingungslosen Unterordnung unter den göttlichen Willen.

7. Hume.

1. Straffer und geschlossener als Locke und Berkeley stellt sich nach Anlage und Durchführung seines Hauptwerks der tiefe schottische Denker David Hume dar. 1711 als jüngster Sohn eines mit dem Geschlecht des Grafen Home verwandten Grenzlords geboren, widmet sich Hume zunächst in Edinburg Rechtswissenschaft, Philosophie und Literatur. Nach kurzer kaufmännischer Tätigkeit in Bristol begibt er sich 1734 nach Frankreich, wo er in Reims, dann an der berühmten Jesuitenniederlassung zu La Flèche sich ganz der philosophischen Forschung hingibt.

Hier entsteht in dreijähriger Muße sein 1738 und 1739 dreibändig zu London erschienenes Hauptwerk über die menschliche Natur[1]), ein Versuch — wie er sich nicht ganz unmißverständlich ausdrückt —, „die experimentelle Methode auch auf geistigem Gebiete einzuführen". Dem Werk war zunächst kaum ein Erfolg beschieden. Weit besser erging es den moralischen, politischen und literarischen Essays[2]). Sie fanden in England und in Frankreich schnelle Verbreitung. Schon 1742 erscheint eine zweite Auflage mit einem neuen zweiten Band[3]). Den dritten Teil der Essays stellt die wertvolle Umarbeitung des Hauptwerks unter dem Titel „An inquiry concerning the human understanding" dar, während der vierte 1755 als „The natural history of religion" herauskam. 1761 folgt dann seine große Geschichte Englands. Nie hat Hume eine Professur bekleidet und erst auf der Höhe seines Ruhms fand er als Bibliothekar des Kollegiums der Advokaten in Edinburg eine Art von wissenschaftlicher Stellung. Nach mannigfacher diplomatischer Tätigkeit, die ihn auch nach Paris führte und zu hohen Staatsämtern gelangen ließ, verbringt er die letzten 8 Jahre seines Lebens zurückgezogen, aber von einem Kreis treuer Freunde umgeben in behaglicher wissenschaftlicher Muße. Am 25. August 1776 starb Hume[4]). In seinem Nachlaß fand sich ein Essay über den Selbstmord und die Unsterblichkeit der Seele. Noch von seiner Pariser Zeit her verband ihn warme Freundschaft mit einer Reihe berühmter Enzyklopädisten (Diderot, Turgot, d'Alembert). Selbst dem seiner Gedankenwelt vielfach so fremd gegenüberstehenden Rousseau war er lange Zeit freundschaftlich zugetan, bis sie sich dann nach schweren persönlichen Mißhelligkeiten trennten.

2. Auf zwei miteinander organisch verknüpfte Fragen richtet sich zunächst Humes theoretisches Interesse: auf den Ursprung der Erkenntnis und auf den Begriff der Erfahrung. In bezug auf die erste Frage wandelt der Denker vorerst ganz in den Bahnen Lockes. Nur wo es gelingt,

---

[1]) The treatise of human nature, being an attempt to introduce the experimental method of reasoning into moral subjects.

[2]) Essays moral, political and literary.

[3]) Mit den Abhandlungen „A dissertation on the passions" und „An inquiry concerning the principles of moral".

[4]) Die beste englische Ausgabe seiner Werke ist die von Green und Grose 1898, 4 Bände. Ins Deutsche sind seine Schriften mehrfach übersetzt, zuletzt das Hauptwerk von Th. Lipps, die Inquiry von R. Richter, die Dialoge von Paulsen.

Sinneseindrücke aufzuzeigen (impressions), seien die letzten Quellen der Erkenntnis aufgedeckt, obschon Impressionen an sich niemals Erkenntnis bedeuten. Als Elemente der Erkenntnis müßten sie vielmehr in charakteristischen Beziehungen verbunden sein; sie müssen Vorstellungen (ideas) oder Gedanken (thoughts) zur Grundlage dienen. Dabei haben Vorstellungen und Gedanken in den Impressionen ihre unerläßlichen Wurzeln: keine Vorstellung ohne vorausgegangene Impression. So gipfelt Humes Frage in dem scharf umrissenen Problem: Nach welchen Grundsätzen verbinden sich Sinneseindrücke, bzw. Vorstellungen zur Erkenntnis? Schon die Fragestellung enthält eine entscheidende Voraussetzung: Erkennen bedeutet nicht ein Ergreifen des metaphysischen Wesens hinter Sinneseindrücken verborgener Substanzen. In aller Erkenntnis sind vielmehr funktionale Wechselbezüge zwischen gewissen Elementen zu stiften und zu erfassen. Und zwar erstreckt sich diese Überzeugung mit radikaler Bestimmtheit auf alle möglichen Gegenstände der Erkenntnis: auch Psychisches gilt Hume folgerichtig nicht als metaphysisches Seelenwesen, als substantialer Geist, sondern lediglich als ein charakteristisches Zusammen von Erlebnissen. Welchem Prinzip gemäß verbinden sich nun die Elemente zunächst da, wo als Gegenstand der Erkenntnis die Natur in Frage kommt? Welches Prinzip der Gegenständlichkeit beherrscht die Natur und deren Erkenntnis? Die Antwort auf diese Fragen gliedert sich nach zwei Seiten hin: sie umfaßt einmal Humes berühmte Kritik des Kausalgedankens, und sie erstreckt sich sodann auf seine Lehre von der Realität der Außendinge, oder was hier dasselbe bedeutet, auf eine kritische Erörterung des Prinzips der Substanz. Hier wie dort handelt es sich um die nähere Bestimmung der Notwendigkeit von Verbindungen. Welcher Art ist diese Notwendigkeit, wo Ereignisse kausal verknüpft gedacht werden? Welcher Natur ist sie, wenn eine Mannigfaltigkeit sinnlicher Gegebenheiten gemäß dem Gesetz der Beharrung als Bestimmung eines „Seienden" betrachtet wird? Die erste Frage bezeichnet den Ansatz zu Humes berühmter Kritik der Kausalität. Und gerade der Ansatz entscheidet über das Ergebnis dieser Kritik. Hume verzichtet nicht im entferntesten auf den Gedanken der Kausalität; er bestreitet, ja er bezweifelt nicht einmal, daß der kausalen Verknüpfung zwingende Notwendigkeit zukomme. Er bekennt sich nur zu der Auffassung, daß diese Notwendigkeit eine solche von eigener Art sei. Denn weder ist sie diejenige begrifflicher Verknüpfungen, also etwa die Notwendigkeit des Schlusses, noch auch die des Zwanges der sinnlichen

Wahrnehmung. Kausalität ist so wenig rational-demonstrativ erweisbar, wie sie erfahrbar ist. Erfahren wird höchstens, was gemäß der Kausalität aufeinander folgt, niemals die Kausalität selbst.

3. Aus welcher Quelle stammt nun aber die der Kausalität innewohnende Notwendigkeit, wenn es weder die Vernunft noch auch die Erfahrung ist? Humes Antwort auf diese Frage kennzeichnet seine ganze philosophiegeschichtliche Stellung. Sie lautet: Die in der Kausalbeziehung sich ausprägende Notwendigkeit ist das Ergebnis, gleichsam der Widerschein unserer eigenen psychischen Organisation. Wir verbinden, wir „assoziieren" kausal, d. h. mit dem Merkmal der Notwendigkeit, was wir vermöge der Regelmäßigkeit, mit der es uns in der Erfahrung entgegengetreten war, zusammenbringen müssen. Wir urteilen kausal, wir setzen kausale Notwendigkeit auf derselben Grundlage, auf der wir Vorstellungen nach dem Prinzip der Ähnlichkeit (resemblance) oder je nach ihrer Berührung in Raum und Zeit (contiguity) verbinden — auch wenn uns nur die eine von ihnen gegeben ist. So stellt sich die „causation" für Hume als ein Sonderfall des Assoziierens dar; die Notwendigkeit kausaler Verbindung nicht als eine objektiv erweisbare oder in der Erfahrung gegebene Größe, sondern als der Ausdruck einer unabweisbaren, unbeirrbaren Erwartung. Mit triebhafter Sicherheit beherrscht uns der Glaube (belief), daß notwendig aufeinanderfolge, daß aufeinanderfolgen müsse, was regelmäßig aufeinandergefolgt ist. So enthüllt sich Hume die Gegenständlichkeit kausaler Notwendigkeit als Schein; denn sie wird zurückgeführt auf eine Notwendigkeit des subjektiven Erlebens. Darin besteht, und um es gleich auszusprechen, darin erschöpft sich — von gewissen Redewendungen über die Unzulänglichkeit menschlicher Erkenntnis abgesehen — Humes vielberufene Skepsis. Weder bezweifelt Hume das Walten der Kausalität, noch auch deren Verhältnis zur Erfahrung; er zweifelt weder an dem Recht, die Natur durchgängig für ursächlich bestimmt zu halten, noch auch, und zwar in einem klar umrissenen Sinn des Wortes, an der Apriorität des Kausalgedankens. Gerade weil dieser vor aller Erfahrung ist, weil Erfahrung ohne ihn nicht möglich wäre, ist die Feststellung des ihm zukommenden Maßes und der ihm eigentümlichen Art der Notwendigkeit für den Begriff der Erfahrung von so grundlegender Bedeutung; darum konnte seine Analyse Kant aus dem „dogmatischen Schlummer" wecken. Freilich, die Apriorität des Kausalprinzips erschöpft sich für Hume darin, der Erfahrung in diesem Sinne „vorauszugehen". Es

ist nicht apriorisch, es „geht“ der Erfahrung nicht „voraus“, sofern sein Recht nicht unabhängig von der Erfahrung, sofern es nicht für die Erfahrung deduziert werden kann. Es geht der Erfahrung voraus, gleichwie dieser etwa die Gewöhnung an die Regelmäßigkeit der Abfolge von Erscheinungen „vorausgeht“. Allein, bedient sich — so fragte man oft — die Rückbeziehung der Kausalität auf die Gesetzlichkeit der Assoziation, die „Erklärung“ der kausalen Notwendigkeit aus dem Zwang der Gewöhnung an die regelmäßige Abfolge der Erscheinungen, nicht selbst schon des Gedankens der Kausalität? Liegt in jener Rückbeziehung nicht eine bedenkliche petitio principii? Nun, jeder Schein einer solchen schwindet, wenn man sich nur streng an die Problemstellung Humes hält. Das Recht, so will Hume sagen, der kausalen Beziehung Notwendigkeit zuzuschreiben, ist das der Gewöhnung, d. h. es ist ein Recht, das nicht erweisbar ist; ein Recht, das keine andere Begründung zuläßt wie die Tatsache des Lebens selbst. Kausalität hat demzufolge die Gewißheit dieser Tatsache: sie ist nicht demonstrierbar, sondern „biologisch“ beglaubigt.

4. Nicht zum erstenmal in der Geschichte der Philosophie tauchen ähnliche Gedanken auf. Die antike Skepsis hatte mit der Herausstellung scheinbar immanenter Widersprüche in der Kausalbeziehung nicht nur die tatsächliche Unmöglichkeit, die der Kausalität eigentümliche Notwendigkeit durch Gründe zu stützen, hervorgehoben; sie streift bereits hart an den Gedanken, daß diese Notwendigkeit in keiner Erfahrung gegeben sein und durch keine Erfahrung bewährt werden könne. Und doch ist die antike Skepsis von Humes Kritik weit entfernt. Wohl erkannte ja auch sie die Unerläßlichkeit des Kausalgedankens in aller Erfahrung. Allein, die Funktion, die sie ihm zuweist, ist — um es so auszudrücken — technischer nicht grundsätzlicher Art. „Man“ braucht Kausalität, um Erfahrung zu machen, nicht das Objekt der Erfahrung bedarf ihrer, um bestimmt zu sein. Gerade dies letztere aber erfaßt mit analytischer Schärfe Hume. Er erkennt, daß Erfahrung sich durch Kausalität „konstituiere“; er erkennt, daß die Kritik des Kausalprinzips eine Kritik des Begriffs der Erfahrung bedeute. Er erfaßt Kausalität in ihrer „transzendentalen“, d. h. Gegenständlichkeit verbürgenden Funktion; — freilich mit der für seinen Begriff des „Transzendentalen“ bedeutsamen Einschränkung, daß ihm die Auffindung eines methodischen Grundes für jene Funktion nicht gelingt. Sie bleibt für ihn biologische Tatsache. So markiert sich in Humes Abstand von der Antike zugleich

sein Abstand von Kant. Wie die Notwendigkeit der Kausalität erweisbar und dennoch für Dinge gültig sein könne, das war die große Frage, die Hume gestellt und der er durch seine „skeptische“ Entscheidung ausgewichen war, die aber Kant vermittels des neuen Begriffs der transzendentalen Methode beantwortet hat. Hume fordert den Begriff des Naturgesetzes, während er selbst doch nur bis zu dem der Regel vorzudringen vermag. Kant erblickt in der Regel den Anlaß, vom Gesetz zu sprechen. Er erkennt die Zusammenhänge, die die Begriffe des Gesetzes und der Regel wechselseitig verknüpfen; aber er gibt dem Begriff des Gesetzes einen eigentümlichen, methodisch scharf umrissenen Sinn: im Gesetz allein offenbart sich ihm mit restloser Bestimmtheit die Funktion der Objektivität. So wird ihm die Kausalbeziehung zur Form des Naturgesetzes, d. h. die aus der Idee der Objektivität selbst fließende Norm, Regelmäßiges im Sinne des Begriffs der Gesetzlichkeit zu werten. — Und, wie zum Problem der Kausalität, so verhält sich Hume auch zu dem Begriff der Substanz[1]). Gleich Locke gilt sie auch ihm als Erkenntnis- nicht als Wesensbegriff. Sie ist ihm nicht der „dunkle Klumpen“, der in unbekannter und unbestimmter Wesenhaftigkeit hinter den Erscheinungen verharrend das Erfahrbare nach geheimnisvollen Normen im Dasein erhält, sondern ein Gesetz des „Zusammen“ von Merkmalen. Substanz ist ihm wie Kausalität ein Relationsbegriff, definiert in seiner scharf umrissenen Funktion. Aber wie bei der Kausalität ist auch hier die Gegenständlichkeit dieser Funktion weder erwiesen, noch auch in der Erfahrung gegeben, obschon für die Erfahrung zu fordern. Auch die dem Substanzgedanken innewohnende Notwendigkeit ist die des Lebens selbst, auch sie ist biologisch fundiert, in der Sprache der antiken Skeptiker: ὑπὸ τοῦ βίου πεπιστευμένον. Sie ist die Nötigung, zu verbinden und verbunden zu denken, was „zusammen“ erlebt worden. Substanz ist die Form, gemäß welcher Beharrliches als Voraussetzung, um von Gegenständen der Erfahrung überhaupt sprechen zu können, gedacht wird. Sie ist eine der Formen, den Gegenstand in seiner Unabhängigkeit von subjektiven Verhältnissen, d. h. in seiner „Notwendigkeit“ zu denken. Diese Notwendigkeit selbst aber ist genau besehen und in einem eigentümlichen Sinn doch wieder subjektiver, nichts als die Tatsache des Lebens selbst widerspiegelnder Zwang.

[1]) Vgl. hierzu meine Schrift „Über die Lehre Humes von der Realität der Außendinge“. Berlin 1904.

5. Es mag jetzt Zeit sein, die Frage nach Humes systematischer Stellung in der Philosophie aufzuwerfen. Ist er „Empirist“? Nun, es hält nicht schwer, die Gründe, die für die Bejahung der Frage sprechen mögen, ausfindig zu machen. Sie ergeben sich aus der vorausgegangenen Analyse ohne weiteres: die Berufung auf die Tatsache der Gewöhnung, der Ersatz objektiver Notwendigkeit durch subjektiven Zwang und psychologische Nötigung, die Leugnung der Beweisbarkeit der Erfahrungsgrundsätze und deren Begründung auf den Gewißheitscharakter des Lebens und Erlebens — dies und manches andere klingt empiristisch. Allein, entscheidende Züge in Humes philosophischem Charakterbild sind von wesentlich anderer Art. Demonstrative Einsicht dient ihm als Kriterium für die Beurteilung des Erkenntniswertes der Kausalbeziehung. Er denkt nicht daran, rational-demonstrierende Erkenntnis auf Erfahrung zurückzuführen, er bemüht sich lediglich um den Beweis, daß die Grundbegriffe der Erfahrung jener Erkenntnis entrückt seien. Er denkt nicht daran, den Satz des Widerspruchs als selbständiges Kriterium der Erkenntnis zu leugnen, ja, mehr noch: als Quelle selbständiger Erkenntnis in Zweifel zu ziehen. Hume ist Empirist, nur soweit das Gebiet „synthetischer“, auf Dinge bezüglicher Erkenntnis in Betracht kommt. Aber daneben kennt er ein weites und entscheidendes Feld „analytischer“ Erkenntnis: die Mathematik. Es kommt nicht darauf an, auch hier wieder Hume an Kant zu messen. Es handelt sich nicht um die Entscheidung der Frage, ob die Einsichten der Mathematik, wie Hume meinte, wirklich „analytischer“ Natur seien, oder ob die Unabhängigkeit ihrer Begründung von aller Erfahrung, wie Kant will, sich mit ihrem „synthetischen“ Charakter vertrage: ob Mathematik synthetisch und dennoch apriorisch sei. Viel wichtiger für diesen Zusammenhang erscheint es zu begreifen, daß Hume nicht aufgehört hat, eine von der Erfahrung grundsätzlich unabhängige Quelle der Erkenntnis anzunehmen: die ratio. Das ist alles, nur nicht Empirismus. Vollends aber versagt die Berufung auf diesen, wenn man sein Augenmerk auf die Stellung des Denkers zu dem Problem des Ich richtet. Wohl gilt ihm auch das Ich nur als ein „Bündel“ von Vorstellungen: wohl weist er jede Anspielung auf einen substantialen Träger von Empfindungen und Vorstellungen, also jede Gemeinschaft mit der Lehre von einer metaphysischen Seelensubstanz weit von sich. „Die Philosophen beginnen, sich mit dem Satz auszusöhnen, daß wir keine Vorstellung einer Substanz außer uns haben, die von der Vorstellung ihrer einzelnen Qualitäten unterschieden

wäre. Dies muß den Weg ebnen für die Anerkennung des gleichen Satzes hinsichtlich des geistigen Wesens, d. h. des Satzes, daß wir vom Geiste keine Vorstellung haben, die etwas von den einzelnen Perzeptionen Unterschiedenes zum Inhalte hätte." Und doch kann er sich nicht enthalten, das Problem der Einheit des Mannigfaltigen, wie es im ichbezogenen Erlebnis einer Vielheit von Vorstellungen vorliegt, in Betracht zu ziehen. Er fühlt, daß dieses Problem, wo der Begriff der Erkenntnis in Frage gestellt ist, unabhängig von der metaphysischen Angelegenheit der Seelensubstanz, aber auch entgegen der empiristischen Doktrin vom Ich als Vorstellungsbündel, nach Entscheidung drängt. Allein, indem er diese Entscheidung sucht, stößt er auf die Schranken seiner Position. „Alle meine Hoffnungen schwinden", so heißt es einmal, „wenn ich daran gehe, die Faktoren zu bezeichnen, die unsere sukzessiven Perzeptionen für unsere Vorstellung oder unser Bewußtsein vereinigen. Ich kann keine Theorie ausfindig machen, die an diesem Punkte befriedigt" [1]). Hume berührt damit eine Frage von schlechthin grundsätzlicher Wichtigkeit. Er verweist auf eine Instanz, an der sich das Problem der Einheit des Mannigfaltigen überhaupt entscheiden muß, wo der Gedanke der Verknüpfung im Bewußtsein nach allen seinen, Gegenständlichkeit wie Subjektivität umspannenden, Funktionen hin erfaßt wird. Die Frage, deren Entscheidung Hume, ohne diese selbst herbeiführen zu können, fordert, ist die nach dem Begriff des Denkens von Gegenständen, weiterhin: die Frage nach der Struktur des Gegenstandes überhaupt, soweit sie sich durch jenen Begriff bestimmt. So bedeutet Humes Erkenntnislehre nicht einen Abschluß, sondern einen verheißungsvollen Anfang; den Auftakt zu den großartigen Analysen der Kritiken Kants. In solchen problemgeschichtlichen Beziehungen und nicht in seinen unmittelbar greifbaren Ergebnissen offenbart sich die Fruchtbarkeit des sogenannten „Empirismus" der Zeit. Und wenn Hume wirklich, wie immer wieder hervorgehoben wird, den Höhepunkt der Entwicklung dieses „Empirismus" bezeichnet, so gibt er ihm zugleich nach der systematischen Seite hin das charakteristische Gepräge. Die Bezeichnung „Empirismus" mag, wenn man auf die persönlichen Tendenzen des Philosophen allein achtet, eine denominatio a potiori sein. Sachlich bleibt sie hinter dem methodischen Gehalt der zeitbewegenden Probleme genau so zurück, wie der Begriff eines „Bündels" von

---

[1]) Treatise. Deutsch von Th. Lipps. Bd. I, S. 362 f.

Vorstellungen hinter jener, Hume unergründlich und doch unerläßlich erscheinenden Funktion der Bewußtseinseinheit.

6. Gleich dem Bereich der Erkenntnis nun ist auch die Sphäre des Willens letztlich biologisch bestimmt. Der Impuls zum Wollen oder Nichtwollen ist nicht das Ergebnis begrifflicher Erwägungen, sondern von ursprünglich triebhafter Beschaffenheit. Nicht die Vernunft gebietet Willensentschließungen Halt, sondern Leidenschaft allein steht wider Leidenschaft. Nicht die Vernunft lehrt uns Tugend und Laster kennen und nie wird logisch demonstriert werden können, wer gut und böse sei. So kommt es denn auch, daß der Mensch handeln muß, ohne sich über die Grundlagen seines Handelns vergewissern zu können; nach Maßgabe des Gefühls, nicht nach Kriterien des Verstandes. Die Allgemeinheit des sittlichen Urteils hängt dabei von der Gemeinsamkeit des sittlichen Gefühls ab; mag sich dieses selbst auch nach verschiedenen Richtungen hin und mannigfachen Gesichtspunkten gemäß, je nachdem natürliche oder „künstliche" Tugenden in Frage kommen, betätigen. Auch hier beherrscht, wie man sieht, der Begriff des belief die Sachlage; der Begriff eines „Glaubens", der sich von dem religiösen (faith) grundsätzlich unterscheidet: er ist die biologisch fundierte, nicht die durch fremde Autorität gestützte Überzeugung. Jene allein schaffe im Sittlichen die Voraussetzungen, eine Handlung zu bejahen oder zu verneinen. Auf sie gründet sich daher letzten Endes auch Humes politische Theorie. In dem Begriff des stillschweigenden Übereinkommens, einer Modifikation des Hobbesschen Vertragsgedankens, erblickt Hume die durch das Wesen der menschlichen Natur geforderte Gewähr für die Erhaltung des Eigentums, für die Wahrung des gegebenen Versprechens, kurz für die Ordnung und das Gefüge des Staates. Umfassende volkswirtschaftliche Erwägungen, vermittels deren er wesentliche Gedanken seines jüngeren Freundes Adam Smith vorwegnimmt, knüpfen sich ihm an solche Einsichten. Arbeit allein sei die Quelle alles Erwerbs; als die Ursachen der Arbeit aber könnten einzig unsere „Leidenschaften", unsere Interessen betrachtet werden. Ja, die Arbeit selbst wird zur Leidenschaft, sobald nur der Mensch die Früchte seines Fleißes sieht und damit aufhört, von dem Durst nach Vergnügungen geplagt zu werden. Erst der Begriff der Arbeit aber schaffe auch den des Eigentums. Es ist die Frucht der Arbeit und gestaltet sich dem Grundsatz gemäß, daß der Mensch die Notwendigkeiten und die Bequemlichkeiten des Lebens nur aus seiner Arbeit schöpfe. Damit ist die Frage nach der Verteilung der Güter im

Staate aufgeworfen. Alle Hände müßten seinem Nutzen dienen. Ebendarum müsse der Staat viel aus- bzw. einführen und könne sich nicht mit seinen eigenen Erzeugnissen begnügen. Der Handel gewährleiste die Größe und Macht des Staates. Ihn fördern, heiße an dem Glück der Völker arbeiten. Auch das Streben nach Luxus aber diene, sofern wichtigere Bedürfnisse nicht gehemmt werden, der Verfeinerung der Sitten und der Entwicklung der Künste. Denn der Luxus schafft Arbeit über das eigentliche Bedürfnis hinaus. Daher ist die Vermehrung der Bedürfnisse der Menschen zugleich eine Quelle ihres Wohlstandes: sie erzeugt ein vermehrtes Tauschbedürfnis und befördert den Umlauf des Geldes, in dem Hume lediglich einen Maßwert des Tausches erblickt, und das er ausschließlich im Sinne dieser Funktion einschätzt. Von diesen und verwandten Gedanken aus hat sodann Adam Smith (1723—1790), eine Zeitlang Professor der Moralphilosophie in Glasgow, nachdem er 1759 mit seiner „Theorie der moralischen Gefühle" hervorgetreten war, seine Lehren von der Natur und von den Ursachen des Reichtums der Nationen (1776) entwickelt. Erschien dort das Humesche Sympathiemotiv bis ins kleinste hinein ausgebaut, so entfaltet sich hier das auf die Ideen der Freiheit und Schrankenlosigkeit des Erwerbstriebs gegründete Prinzip des Laissez faire mit seinem bestimmenden Einfluß auf die Entwicklung der sogenannten „klassischen" Nationalökonomie (Ricardo).

7. Humes Stellung zu dem Problem des religiösen Glaubens erhellt aus seiner „Naturgeschichte der Religion", sowie aus seiner nachgelassenen Schrift „Gespräche über die natürliche Religion". Er bekennt sich darin im wesentlichen zu den Grundsätzen des englischen Deismus: die Natur als Kunstwerk verbürgt ihm die Existenz Gottes. In manchen wichtigen Zügen unterscheidet er sich freilich von der landläufigen Auffassung. Zunächst lehnt er den Begriff einer angeborenen Vernunftreligion ab. Theismus bzw. Monotheismus gelten ihm als aus dem Polytheismus entstanden. Dieser aber wurzle in dem natürlichen Streben des Menschen, die Ursachen eindrucksvoller Ereignisse, menschlicher Hoffnungen und Befürchtungen zu personifizieren. Der Monotheismus entspringe aus dem Polytheismus nicht durch spekulative Überlegungen, die der Masse stets fremd sind, sondern einfach dadurch, daß einer der vielen Götter zum Range des Weltschöpfers erhoben wird. Sofort aber schieben sich Mittelwesen zwischen Schöpfer und Welt; sie erfreuen sich gerade um ihrer vermittelnden Funktion willen

alsbald besonderer Verehrung und werden Gegenstände besonders betonter Andacht. Vernünftige Grundsätze vermögen eine positive Religion, auch die christliche, nicht zu begründen. Vielmehr wurzelt diese in vernunftfreier Hingabe und unmittelbarem Glauben (faith). Nur durch ihn und in ihm kann man bewogen werden der christlichen Religion beizustimmen, d. h. an sich selbst ein aller Verstandeserkenntnis und Erfahrung zuwiderlaufendes Wunder zu erleben. Das Wunder freilich, wie es gewöhnlich aufgefaßt wird, steht jenseits jeder Möglichkeit beglaubigt zu werden. Sollte es sich auf ein Zeugnis stützen können, so müßte dieses von besonderer Art sein: seine Falschheit müßte wunderbarer sein als das zu beglaubigende Ereignis selbst. Nicht auf Wunder stützt sich der religiöse Glaube; denn er stützt sich nicht auf Vernunft. Täte er es, so wären Zweifel und Suspension des Urteils die einzigen Verhaltungsweisen, den Behauptungen und Forderungen der Religion gegenüberzutreten. Die sittigende Wirkung der Religion gesteht Hume zu. Es sei kein guter „Bürger und Politiker", wer das Volk davon befreien wolle, mag er auch ein guter — „Logiker" sein. Der Staat freilich habe allen Lehren gegenüber absolute Duldung zu üben.

8. Von Humes entscheidendem Einfluß auf die Vertreter der sogenannten Assoziationsphilosophie war bereits die Rede. Von wesentlich anderer Art war sein Verhältnis zu der sogenannten schottischen Schule, in der Hauptsache vertreten durch Reid, Beattie und Dugald Stewart. Thomas Reid (1710—1796), Professor der Moralphilosophie zu Aberdeen, dann in Glasgow, vertritt in seinem Hauptwerk[1]) und in einer Reihe weiterer Schriften die Philosophie des sogenannten „common sense". Dieser sei älter als alle Philosophie. Er ist vor aller Philosophie: er stammt unmittelbar von Gott und begründet eine Reihe von selbst einleuchtender, allen Vernünftigen gemeinsamer, keines weiteren Beweises mehr bedürftiger Wahrheiten. Man erkennt die bedenkliche Einengung und Verflachung, die hier die klassische Lehre von der intuitiven Gewißheit erfahren hat; die Verarmung an Motiven, die in der Beschränkung mathematischer und logischer Axiome auf die allgemeine Zustimmung gelegen ist. Rechtsfragen gibt es für diese Art von gesundem Menschenverstand im Bereich der Erkenntnis nicht. Das Problem der Kausalität ist mit dem Hinweis auf den „Kausalinstinkt"

[1]) Inquiry into the human mind on the principles of common sense (1763).

abgetan, die Realität der Außendinge mit der Berufung auf eine „natürliche Magie" erledigt, vermittels deren die Natur in uns Empfindungen als die untrüglichen Zeichen jener Realität hervorbringt. James Beattie (1735—1803) baut Reids Philosophie des „common sense" in seinem vielgelesenen Hauptwerk[1]) nach allen Seiten hin aus. Der gesunde Menschenverstand ist letztes Kriterium der Wahrheit; er folgt dem Instinkt, der jeglichem Beweis, allem Glauben an die Kraft der Kausalität, allem Wissen und aller Tugend letztlich zugrunde liegt. Eine gewisse Bedeutung dürfen seine psychologischen Theorien über das Gedächtnis und die Einbildungskraft beanspruchen. Dugald Stewart (1753—1828) kommt von der Mathematik, wendet sich aber alsbald der Philosophie des „common sense" zu und versucht dieser vor allem durch eine Kritik des Begriffs der Assoziation einen theoretisch vertieften Sinn zu geben. Zum Unterschied von Reid wurzelt für ihn die Assoziation nicht in der Gewohnheit, sondern umgekehrt die Gewohnheit gründet sich ihm auf Assoziation. Neben den erkenntnistheoretischen Sonderproblemen seiner Vorgänger beschäftigt ihn, im Zusammenhang einer Auseinandersetzung mit Descartes, eine allgemeine Theorie des Bewußtseins. Sie gipfelt in der gerade heute bemerkenswerten Einsicht, „daß wir nicht imstande sind, die Tatsache unserer eigenen Existenz kennen zu lernen, ohne daß durch die Erregung irgend einer Empfindung in unserem Geiste das Vermögen des Denkens erweckt würde". Der Ursprünglichkeit und Unableitbarkeit sittlicher Begriffe entspricht bei ihm die moralische Fähigkeit als ursprüngliche Kraft der Seele. Sie erscheint ihm fest an das Motiv der Pflicht, die nur der Autorität des Gewissens gehorcht, gebunden. Unter solchen Voraussetzungen gestaltet er seine Systematik der Tugenden, in deren Rahmen die Idee der autonomen Pflicht, trotz aller empiristischen Konzessionen an den „common sense", immer deutlicher und differenzierter hervortritt[2]).

[1]) Essay on the nature and immutability of truth in opposition to sophistry and scepticism (1770), im Jahre 1776 im Verein mit ästhetischen Schriften und einem vielbewunderten Gedicht „The minstrel" unter dem Gesamttitel „Essays" neuerdings herausgegeben. 1783 erscheinen seine „Dissertations moral and critical", denen 1786 die Schrift „Evidences of the christian religion" und 1790 die „Elements of moral science" folgen.

[2]) Stewarts Schriften: Elements of the philosophy of human mind, 1792, Outlines of the moral philosophy 1793, Philosophical essays 1810. Philosophy of the active and moral powers of man, 1828, außerdem eine Reihe von Abhandlungen zur Geschichte der Philosophie.

D. Die Aufklärung und ihre Überwindung. Rousseau. Kant.

1. Die französische Aufklärung.

1. Die Philosophie des „gesunden Menschenverstandes“ hat, teils um ihrer gröberen, teils um ihrer feineren Motive willen, mächtiger nachgewirkt, als es nach ihren ursprünglichen Ansätzen zu erwarten gewesen: die deutsche Popularphilosophie der Aufklärung, die psychologisch fundierte Metaphysik Jouffroys (1796—1842) und die eigentümliche Wissenschaftstheorie William Hamiltons (1788—1856) tragen noch allenthalben ihre Spuren und verpflanzen so den Geist der Aufklärungszeit, dem sie selbst entspringen, auf den Boden des 19. Jahrhunderts. Indessen, die umfassendste und greifbarste geschichtliche Auswirkung des Geistes jener Zeit ist der etwa gegen Mitte des 18. Jahrhunderts mächtig einsetzende kulturelle Einfluß Englands auf Frankreich. Man kann sich diesen Einfluß gar nicht tief genug denken. Frankreich dürstet gleichsam nach der wissenschaftlichen Kultur Englands. Größtes und Kleinstes wird nach englischen Vorbildern geregelt. Die englische Literatur beherrscht den französischen Geschmack. Durch tausend und abertausend Kanäle, vermittelt durch ungezählte Fälle persönlicher Berührungen, ergießt sich mit beispielloser Schnelligkeit ein gewaltiger Strom englischer Kultur über Frankreich. Kein Träger eines auch nur einigermaßen bedeutenden Namens, der sich nicht mit dem Geist dieser Kultur zu erfüllen strebte; kein Philosoph vor allem, der nicht bewußt Anknüpfung an die englische Tradition suchte, nach Auseinandersetzung mit den Motiven und Ereignissen dieser Tradition verlangte. Allein, der Geist der englischen Aufklärung erfährt auf französischem Boden eine eigentümliche Weiterbildung und Vollendung und neben seinem direkten Einfluß auf das deutsche Geistesleben entfalten sich an diesem indirekte, aber nicht minder bedeutungsvolle Wirkungen durch französische Vermittlung. Und so ist es schließlich ein Strom des Geistes, der als philosophische Aufklärung über Europa dahinrollt, hier zart aufkeimende Originalität unter sich begrabend, dort grundsätzlichen Widerspruch herausfordernd, und jene großartige Reaktion zeitigend, die sich für alle Zeiten in den Namen Rousseau und Kant verkörpert.

2. Zunächst befruchteten die großen naturwissenschaftlichen Denker Englands die französische Aufklärung: **Robert Boyle**, der Reformator der Chemie, mit seiner scharfen Forderung eines methodischen Begriffs der Natur, mit seiner tiefsinnigen Verknüpfung atomistischer Naturphilosophie, persönlicher Religiosität und Einsicht in die schlechthin autonome Norm der Sittlichkeit; und **Isaac Newton**, der geniale Begründer der kosmischen Physik, der Fortbildner der logischen Überlieferung Galileis und der Verkünder einer sich an dem Problem göttlicher Raumqualitäten entfaltenden Metaphysik. Die Lehre vom göttlichen Werkmeister der Welt gewinnt immer tiefere und immer leidenschaftlicher verteidigte Formen. In dem Gegensatz zwischen dem teleologischen Deisten und dem Metaphysiker des überlieferten Glaubens stellt sich die Frage nach dem Verhältnis zwischen exakter Naturforschung und der Normgesetzlichkeit des Sittlich-Religiösen zu bedeutsamer Erörterung. Und selbst, wo sich die Aufklärung in den Niederungen des Materialismus zu verlieren droht, bleibt dieses Problem bestehen: immer ist es die Aufgabe, die Gesetzlichkeit des atomaren Geschehens mit den normativen Forderungen der Sittlichkeit in Einklang zu bringen. Zwei Fälle sind hier möglich. Entweder es wird dem Begriff des Geschehens von vornherein ein normatives Ferment hinzugefügt, d. h. dem Naturverlauf selbst, vermöge seiner besonderen Struktur, die Fähigkeit zuerkannt, sittlichen Geboten und Forderungen Raum zu gewähren, ja als Grundlage zu dienen — eine Annahme, die, wie man sofort erkennt, in der Entwicklungslinie des Deismus gelegen ist; oder aber der Begriff der Sittlichkeit muß sich eine schwerwiegende Umdeutung gefallen lassen. — Von beiden Möglichkeiten hat die Aufklärung ausgiebigen Gebrauch gemacht. In beiden aber offenbaren sich ihre natürlichen Schranken. Denn hier sowohl wie dort vermag sie den Widerstreit nur scheinbar, gewissermaßen durch einen heteronomen Machtspruch, zu schlichten; hier wie dort muß er sofort wieder aufleben, wenn mit den Fragen nach dem Verhältnis zwischen Sittlichkeit und Naturgesetz, oder was dasselbe bedeutet, nach der Mannigfaltigkeit und dem Wechselverhältnis der Geltungsarten und Geltungsforderungen, Ernst gemacht wird.

3. Auch was man die Geschichtsfremdheit der Aufklärung nennt, unterliegt verwandter Beurteilung. Nicht als ob sie ihr Interesse geschichtlichen Stoffen versagt hätte: man kennt manche, selbst der Romantik vorauseilende Leistung der Aufklärungszeit auf dem Gebiete wissenschaftlicher Geschichtsschreibung. Ja, sogar der Ausdruck „Philosophie

der Geschichte" ward von Voltaire geprägt. Was ihr aber fehlt, ist ein Verhältnis zum Begriff der Geschichte. Die Überzeugung, alles unabhängig von jeglicher Rücksicht auf Werte der Überlieferung von vorn anfangen zu können, entspringt einer besonderen Auffassung des geschichtlichen Gegenstandes. Die Aufklärung sieht nämlich durch das Individuelle hindurch allemal nur das Typische, im Typischen das Allgemeine und durch verstandesmäßige Berechnung zu Meisternde — auch wo ihr Interesse dem Individuellen zugewendet bleibt, und auch, wenn in das Prinzip der Berechnung, wie im Deismus, Faktoren eingehen, die selbst sich aller Berechnung grundsätzlich entziehen. Damit grenzt sich die Aufklärung der Renaissance gegenüber, mit der sie im übrigen manchen typischen Zug teilt, scharf ab. Ihr fehlt der Sinn für die Mannigfaltigkeit der Gegenstandsfunktion, für die Vielgestaltigkeit der „Wahrheit", die die führenden Denker der Renaissance — und sei es auch nur unbewußt — leitet, und die ungeheure Fruchtbarkeit ihrer Leistungen mit bedingt. Damit aber grenzt sie sich vor allem auch gegenüber der transzendentalen Fragestellung Kants ab. Der Aufklärung ist es keine Frage, wie der hemmungslos betätigte Verstandesgebrauch zu rechtfertigen sei; wie weit sich seine Kompetenzen erstreckten; welche Umstände sie beschränken mögen. Sie verfährt eben dogmatisch. Ihr Begriff wird ihr selbst nicht zum Problem. Ebendeshalb ist sie Substrat und Anlaß, geschichtliche Voraussetzung und sachlicher Anknüpfungspunkt der kritischen Fragestellung.

2. Montesquieu, Voltaire.

1. Zunächst wirkte sich die französische Aufklärung in einer Theorie der Politik aus. Durch Montaignes Lehre, daß die wissenschaftliche wie die sittliche Kultur durch ihr natürliches Milieu restlos bestimmt seien, beeinflußt, entwickelt Montesquieu[1]) (1689—1755) in glänzender literarischer Arbeit die Grundlagen einer weit ausgreifenden politischen Theorie. Seine schriftstellerische Tätigkeit beginnt mit einer ätzenden Satire auf die unter Ludwig XIV. herrschenden Meinungen sowie auf die staatlichen und kirchlichen Instanzen seiner Zeit[2]). 1734 folgen seine „Betrachtungen über die Ursachen der Größe der Römer und ihres Verfalls", 1748 als Frucht 20 jährigen Nachdenkens sein Hauptwerk „L'esprit des lois". Es ist, in einer Reihe oft nur lose zusammenhängender

[1]) Charles de Secondat, Baron de la Brède et de Montesquieu.

[2]) Lettres persanes, 1721.

Abhandlungen, dem Nachweis gewidmet, daß die staatlichen und rechtlichen Einrichtungen durch die natürlichen Verhältnisse der Umwelt bedingt sind, und daß der Zustand gesetzlicher Freiheit am besten in der konstitutionellen Monarchie, gemäß dem der englischen Literatur entstammenden Grundsatz von der Dreiteilung, der Gewalten gewährleistet erscheine. Das Werk erfreute sich eines beispiellosen und tief in das 19. Jahrhundert hinein nachwirkenden Erfolgs[1]). Doch fehlte es auch nicht an heftigen Angriffen. Sie veranlaßten eine Abwehrschrift des Denkers „Défense de l'esprit des lois". Philosophisch verfocht Montesquieu Descartessche Ideen und einen, durch spinozistische Notwendigkeitsgedanken modifizierten Deismus. Nebenher läuft sein durch eine hochentwickelte Tugendlehre gemilderter Utilitarismus.

2. Nicht an Tiefe, wohl aber an Umfang wird Montesquieus Einfluß auf seine Zeit übertroffen durch François Marie Arouet, genannt Voltaire (1694—1778). Nach mannigfachen Wechselfällen kommt der junge Dichter nach England, empfängt hier im Verkehr mit Freidenkern und Deisten entscheidende Anregungen und entwickelt sich allmählich zu dem geistsprühenden Interpreten der zeitgenössischen Philosophie der Engländer und dem bald leichtfertig-witzigen Spötter, bald sarkastisch-gehässigen Feind des positiven Christentums. Er verbindet bedingungslose Bewunderung Newtons[2]) mit einem an die Motive der negativen Theologie anklingenden Deismus. Wir fühlen uns, heißt es einmal bei ihm, unter der Obhut eines unsichtbaren Wesens. Das aber ist auch alles. Die Philosophie zeige uns nur, daß Gott sei, nicht: was er ist. Ihm menschliche Eigenschaften andichten, sei Lästerung; seine Existenz bezweifeln, Widersinn. Das höchste Wesen wäre so notwendig und nützlich, daß man es erfinden müßte, wenn es nicht existierte. — Voltaires Beweisgründe sind kosmologischer, teleologischer und vor allem moralischer Art, d. h. sie gründen sich auf die Harmonie der Welt, die Zweckmäßigkeit ihrer Einrichtungen und auf die Tatsache des sittlichen Bewußtseins. In bezug auf das Problem der Theodizee wandelt Voltaire anfangs in Leibnizschen Bahnen. Unter dem Eindruck des Erdbebens von Lissabon aber bekennt er sich, da ihm die methodischen Voraussetzungen, die Leibnizen bestimmen, im Grunde genommen

[1]) Es erlebt in 18 Monaten 22 Auflagen.

[2]) „Eléments de la philosophie de Newton, mis à portée de tout le monde", 1738 und „La métaphysique de Newton on parallèle de sentiments de Newton et de Leibniz" 1740.

fremd bleiben, alsbald zu einer dessen sogenannten Optimismus kühl und ironisch kritisierenden Skepsis. Das deistische Glaubensbekenntnis seiner Zeit „Gott, Freiheit, Unsterblichkeit" ist lange auch Voltaires Schlachtruf. Erst ganz allmählich vollzieht sich in betreff seiner Lehren von Freiheit und Unsterblichkeit ein bemerkenswerter Wandel. Frei sein, bedeutet ihm schließlich „können". Ich habe Freiheit, wenn ich ausführen kann, was ich will; denn sonst würde ich ohne Ursache wollen, was unmöglich ist. Nichtsdestoweniger bleibt Laster Laster und der Übeltäter hat die Folgen seiner Tat zu tragen. Das Grundgesetz der Moral gelte für alle Menschen und für alle Völker, gleichwie Newtons Gesetz der Gravitation für die ganze Welt des Stoffes wirkt. Die Lehren der Vernunft über Tugend und Laster sind nicht weniger sicher als die der Mathematik, und die Denker aller Zeiten haben im Grunde genommen immer nur eine und dieselbe Moral, gerade weil Tugend nicht Wohlgefallen ist. Immaterialität und Unsterblichkeit der Seele aber sinken ihm andererseits zu einer bloß „nützlichen" Lehre herab, an der festzuhalten zweckmäßig ist; allenfalls zu einer sittlich zu rechtfertigenden Hoffnung. — Voltaires politische Theorien entbehren der grundsätzlichen Tiefe. Auf dem Boden des eigenen Begriffssystems verherrlichen sie die Prinzipien des politischen Liberalismus der Engländer. — Eine besondere Note empfängt seine gesamte philosophische Haltung von zwei persönlichen Umständen. Er gehört einmal mit d'Alembert und Diderot, mit Holbach, Grimm und Helvétius dem Kreise der Enzyklopädisten an, jener Gemeinschaft ganz verschiedenartiger Geister, die die pädagogische Tendenz der Aufklärung, das Wissen zu verbreiten, auf eine sachlich ebenso fruchtbare, wie literarisch vollendete Weise im Rahmen eines gewaltigen, alle Erkenntnis kritisch umspannenden Lexikons zu befriedigen suchten [1]). Sodann aber erweitert sich dem philosophischen Freund **Friedrichs des Großen** vielfach der Problemkreis der Aufklärung; an mehr als einer Stelle ragt er über die typischen Fragen und Aufgaben der Zeit hinaus. Gewiß, Friedrich als Philosoph ist trotz der individuellen Note seines Denkens und trotz seiner Hinneigung zu Christian Wolff wiederum durch Voltaire entscheidend beeinflußt. Ja, allgemeiner: ohne die französische Aufklärung wäre Friedrichs Philosophie überhaupt nicht möglich. Dennoch bricht sich in dem Denken

[1]) Encyclopédie ou dictionnaire raisonné des sciences, des arts et des métiers" in 28, schließlich in 35 Bänden mit 2 Registerbänden 1780. Mehrfach verboten und wieder frei gegeben, erlangen sie einen beispiellosen Einfluß und Erfolg.

des großen Königs ein Motiv Bahn, vermöge dessen auch er den Typus der französischen Aufklärung — und damit Voltaires Einfluß — verleugnet: die Idee der Pflicht, der autonome Begriff der Tugend, der Gedanke der Freiheit einer auf sich selbst gegründeten ethischen Gesinnung. Kantsche Gedanken bestimmen eben, ohne daß er selbst es ahnt, den Denker. Das stolze Wort am Ende des berühmten Briefs an Keith offenbart vielleicht am schärfsten den Kern seiner Meinung: „Ohne Furcht vor Strafe, ohne Hoffnung auf Lohn, lediglich aus Menschenliebe das Gute zu tun, aus Pflichtgefühl das Schlechte zu lassen" [1]). Die Bestimmtheit, mit der Voltaire den Grundsatz einer höchstens nur den mathematischen Einsichten ebenbürtigen Allgemeinheit des Sittlichen vertritt; der heilige Ernst, mit dem er — in charakteristischer Vermengung der Motive — selbst Locke gegenüber das Angeborensein des Sittlichen verkündet; die Energie, mit der er die Begriffe „Tugend" und „Annehmlichkeit" trennt, bezeichnen einen Punkt, an dem freilich auch er die ausgefahrenen Gleise der philosophischen Aufklärung im Sinne der Auffassungen Friedrichs des Großen verläßt. So kommt Voltaire, trotz seines philosophischen Eklektizismus, ein nicht unbeträchtlicher Anteil an der Vorbereitung von Ideen zu, deren folgerichtige Entfaltung die Aufklärung überwinden und eine völlig neue philosophische Fragestellung zeitigen sollte.

3. D'Alembert. Maupertuis.

1. Weit schärfer und fruchtbarer als bei Voltaire treten die erkenntnistheoretischen Grundprobleme auf dem Boden der Aufklärungskultur bei Jean le Rond d'Alembert (1717—1783) in den Vordergrund. Schon mit 24 Jahren als Mathematiker Mitglied der Akademie, verband er sich 1751 mit Diderot zur Herausgabe der Encyclopédie, deren berühmte Einleitung, der Discours préliminaire, aus seiner Feder stammt. Sie erörtert Ursprung und Stammbaum der menschlichen Erkenntnisse und benutzt die Anregungen Bacons zur Frage des Systems der Wissenschaften. In seinen sonstigen Artikeln für die Encyclopédie sucht er mit seinen vielfach skeptisch gehaltenen Darlegungen Anlehnung an Locke. Seit 1757 von der Encyclopédie zurückgezogen, veröffentlicht er 1759 den auf Anregung Friedrichs des Großen verfaßten „Essai sur les éléments de philosophie". Er starb als Sekretär der Akademie.

[1]) Vgl. Ed. Zeller, Friedrich der Große als Philosoph. Berlin 1886. S. 74.

Der sachliche Ausgangspunkt für d'Alemberts philosophische Erwägungen stellt sich in seiner Kritik des Begriffs vom Axiom dar. Das mathematische Axiom hat neben seiner Funktion, den Inhalt gewisser psychischer Tatbestände, für die es eine Ableitung nicht gibt, zum Ausdruck zu bringen, keine anderen. Es besitzt neben diesem Tatbestand keine methodische Selbständigkeit. Ein Axiom, bzw. die ihm gleichwertige Definition oder wie man auch sagen kann, der Begriff, sind nicht sowohl durch Aufzählung ihrer Merkmale, als vielmehr durch die Angabe der Art und Weise bestimmt, wie sie aus gewissen einfachen Vorstellungen entstanden sind. Diese Art und Weise übersichtlich darzustellen, wäre eine der wichtigsten Aufgaben der Philosophie. Allein, solcher Empirismus findet seine natürlichen Schranken in dem Umstand, daß alle wirkliche Wissenschaft eine die sinnlichen Gegebenheiten meisternde Aktivität des Geistes zu ihrer greifbaren und unerläßlichen Voraussetzung habe[1]). Verfolgt man nun diese Fährte weiter, so drängt alsbald alles zur Wiederherstellung der alten erkenntnistheoretischen Kompetenzen der Mathematik. In der Tat zieht d'Alembert die entsprechende Folgerung mit der These, daß es alle Mathematik schließlich mit selbstgebildeten Ideen zu tun habe, also immer nur das enthalte, was vorher — und zwar unabhängig von individuellen Vorstellungen — in sie gelegt worden war. So betrachtet aber steht das Maß der Exaktheit einer Wissenschaft im umgekehrten Verhältnis zu ihrer Vorstellungsnähe. Je mehr sie von der Sinnlichkeit abhängt, umso weniger bestimmt sind Art und Geltungsanspruch ihrer Ergebnisse. Diese Einsicht nun stellt ein bedeutsames Problem zur Erörterung. Es ist jetzt die Aufgabe, das Maß der Abhängigkeit einer Wissenschaft von der Sinnlichkeit, oder was dasselbe bedeutet, den Umfang gedanklicher Bedingungen, denen sie genügt, zu umgrenzen. So stößt man denn auf ein System idealer Voraussetzungen der Physik: nur unter Zugrundelegung eines idealen Begriffs der Zeit kann von wissenschaftlich-physikalischer Erfahrung die Rede sein. So aber drängt auch die ganze Sachlage zu einer Unterscheidung im Begriff der Metaphysik, die später durch Kant zu klassischer Höhe gebracht werden sollte: einer Metaphysik, die in nebelhafter Spekulation hinter die Erscheinungen zu dringen und in wissenschaftlich undefinierten Begriffen deren Wesen zu entschleiern sucht, steht eine andere gegenüber, die die allgemeinen Prinzipien wissenschaftlicher Erkenntnis umfaßt. Diese letztere ist die

[1]) Vgl. Cassirer, a. a. O. S. 329 f.

Leistung des vom „Esprit de système" grundsätzlich unterschiedenen „Esprit systematique"[1]). Wenn nun d'Alembert trotzdem den Gedanken, aus der Philosophie eine „Experimentalphysik der Seele" zu machen, niemals aufgegeben hat, so weist er doch der Philosophie für alle Zeiten Aufgaben zu, denen gegenüber jeder Empirismus zu völliger Bedeutungslosigkeit herabsinkt.

2. Eine unverkennbare Beziehung zu d'Alembert läßt an manchen wichtigen Punkten der durch seine Gradmessungen in Lappland bekannt gewordene und von Friedrich d. Gr. 1746 zum Präsidenten der Berliner Akademie berufene Pierre Louis Moreau de Maupertuis (1698—1759) erkennen. Erst als 25 jähriger Dragonerhauptmann wendet er sich ganz dem Studium der Mathematik zu, um schon 1723 Mitglied der Pariser Akademie zu werden. Zunächst springt ein unverkennbarer sachlicher Bezug zu Hume in die Augen. Newtons Sorge um die Möglichkeit einer actio in distans per vacuum erscheint ihm grundsätzlich erledigt, wenn nur einmal über das Kausalprinzip Klarheit gewonnen ist. Mag die Wirkung in die Ferne immerhin unbegreiflich sein: sie ist nicht weniger begreiflich als alle Wirkung in die Nähe; nicht weniger begreiflich als Wirkung überhaupt. Der Begriff der Kraft erfährt damit eine bedeutsame funktionelle Reduktion. Kraft wird zum Symbol für die Gesetzmäßigkeit des Zusammenhangs zwischen Erscheinungen, genauer: der Ausdruck einer unbekannten Beziehung, die die Erscheinungen miteinander verbindet. Daß sich in diesen und verwandten Gedanken bedeutungsvolle Motive der Leibnizschen Naturphilosophie widerspiegeln, erkennt man auf den ersten Blick. Wie weit sie unmittelbar auf Leibnizens Einfluß zurückgehen mögen, ist, da sich in ihnen die gangbaren naturphilosophischen Lehren der Zeit überhaupt ausprägen, schwer zu sagen. Man hat in diesem Zusammenhang oft auch den Namen des scharfsinnigen Jesuiten Roger Josef Boscovich (1711—1787) genannt, der in seiner berühmten Dissertation „De lege virium in natura existentium" 1755 das Atom als räumlich bestimmten, aber ausdehnungslosen Kraftpunkt aufzufassen lehrte. Indessen Maupertuis' Anschauungen scheinen von solchen konkreten Gestaltungen des Problems verhältnismäßig wenig berührt zu sein. Ihm ist es, wenigstens als Philosophen, offenbar mehr um die erkenntnistheoretische Begründung der wissenschaftlichen Erkenntnis schlechthin, denn um die

[1]) Discours préliminaire.

Herausstellung besonderer physikalischer Folgerungen aus dem neugewonnenen Kraftbegriff zu tun. Der symbolische Sinn dieses Begriffs erhält für ihn, weil ihm Leibnizens erkenntnistheoretische Subtilität und die Vertiefung in die logische Struktur des Begriffs der Funktion mangeln, nur zu schnell die Bedeutung eines empiristischen Beweisgrundes für die Relativierung aller Erkenntnis. Mathematik gilt ihm nicht als Produkt des Geistes. Denn der „Geist" kann kein wirklich neues Produkt zeitigen. Er vermag nur die ihm dargebotenen Impressionen zu verknüpfen. So erweist sich ihm denn auch die Mathematik, trotz aller gegenteiligen Instanzen, zunächst als empirisch begründet. Ihre der Erfahrung gegenüber offenbar bevorzugte logische Struktur hält er für Schein. Er beruht ihm auf der Besonderheit der in der Mathematik zu verknüpfenden Elemente. Diese seien hier von solcher Art, daß sie durch „Wiederholung" ein Ganzes zu erzeugen imstande sind. Die Wiederholbarkeit der Elemente also, und nicht irgend ein höherer Grad von Gegenständlichkeit, begründet die methodische Ausnahmestellung der Mathematik. — Es ist leicht zu erkennen, was sich hinter diesem Begriff der „Wiederholbarkeit" (Réplicabilité) verbirgt: es ist, kurz gesagt, der Gedanke der Ordnung. Auch wird klar, weshalb sich dieser Gedanke Maupertuis nur teilweise enthüllen sollte: seine entscheidende logisch-erkenntnistheoretische Komponente fehlt in des Denkers Gedankenschatz. Aus verwandten Gründen ist ihm auch die Struktur des Begriffs der Bewegung fremd. Auch hier urteilt er, daß der Charakter der Notwendigkeit nur scheinbar und vorgetäuscht sei. Wer an Stelle von Berührungswahrnehmungen Farbenerlebnisse und eine Kenntnis der Gesetze der Farbenmischung besäße, der würde nicht ahnen können, daß sich in Bewegung befindliche Körper nach ihrer Begegnung mit einer gemeinsamen Geschwindigkeit weiterbewegen. Für ihn müßte vielmehr das Ergebnis der Begegnung immer nur Farbenmischung sein [1]). Aber auch hier erscheint, eingehüllt in empiristische Formeln, zum mindesten die Idee eines Prinzips der Ordnung mitgedacht, das eine gegebene Mannigfaltigkeit beherrscht und erst zu bestimmen gestattet. Und so bedeutet es denn letzten Endes keinen Verstoß gegen die eigenen Grundsätze, wenn Maupertuis nach einem höchsten Prinzip fahndet, das selbst die einzelnen besonderen Naturgesetze unter einem neuen Gesichtspunkt zusammenzufassen und so zu einem hinter ihrer „Zufälligkeit" stehenden

[1]) Essai de Cosmologie I, p. 31 f. Oeüvres de Maupertuis, nouvelle édition, corrigée et augmentée. Lyon 1756.

„Wesen" alles Geschehens vorzudringen fähig wäre. Damit erscheint der logische Ort für Maupertuis' berühmtes Prinzip der kleinsten Wirkung gegeben. Sieht man von dessen mathematischer Fassung ab, so stellt es sich ihm als ein Grundsatz der Mechanik dar, vermittels dessen die göttliche Zweckbestimmtheit alles Geschehens das Wesen der Dinge auch da zu enthüllen erlaubt, wo die ursächliche Betrachtung angesichts der Beschränktheit menschlicher Einsicht versagen würde.

4. Der Materialismus. Condillac.

1. Immer mehr aber neigt sich die französische Aufklärung von der deistisch-mathematisierenden Sublimierung der Fragen einer materialistischen Ausdeutung der empiristischen Erkenntnislehre zu — auch im Bereich der Enzyklopädie. Als erster ist in diesem Zusammenhang der geistvolle, ja geniale Denis Diderot (1713—1784) zu nennen. Bacon, Locke und die englischen Freidenker üben auf den feinsinnigen Literaten und Schriftsteller die ersten entscheidenden philosophischen Einflüsse aus. Durch etwa 30 Jahre stellt er seine Kräfte in den Dienst der Enzyklopädie, doch ohne in dieser Aufgabe, trotz ihrer Größe, aufzugehen. Kaiserin Katharina weiß ihn für ihre Pläne zu interessieren, aber schon nach kurzem Aufenthalt in St. Petersburg kehrt er nach Paris zurück. — Diderot macht alle Phasen zwischen gläubigem Christentum und materialistischem Atheismus durch und spiegelt gleichsam in seiner eigenen geistigen Entwicklung die seiner Zeit. Noch 1745 erklärt er die Atheisten für seine eigentlichen Widersacher und mit ehrlicher Beflissenheit bekennt er sich zu der Annahme der selbständigen Substantialität und Stabilität der Seele, sowie zur Freiheit des Willens. Schon 1747 aber wendet sich seine, erst sehr viel später unter anderem Titel herausgegebene Promenade d'un sceptique mit scharfer Dialektik gegen Kirche, Schrift und Glauben. Nun folgt eine Periode deistischen Freidenkertums. Sie offenbart sich insbesondere in den angeblich während dreier Tage niedergeschriebenen Pensées philosophiques. Auf Parlamentsbefehl verbrannt, aber sofort heimlich wieder gedruckt, wendet sich diese Schrift gegen den Jansenismus Blaise Pascals. Nicht die Metaphysik, sondern die Physik liefere die tiefsten Beweisgründe für das Dasein Gottes. Aus ihr allein ergebe sich daher auch die „natürliche" Religion, die alle Menschen verbindet. Eine Untersuchung über die Physiologie der Sinne sucht das Recht der teleologischen Gottes-

beweise zu erschüttern und trägt dem Verfasser eine längere Gefängnisstrafe ein. Verwandten Problemen ist eine Abhandlung über Ursprung und Bildung der Sprache gewidmet [1]). Jetzt sinkt ihm der Gottesglaube zu bloßer Konvention herab. Wie von selbst vollzieht sich dabei in der Abhandlung „Pensées sur l'interprétation de la nature" 1754 die Hinwendung zu einer Art sensualistischen Materialismus: an den Atomen schon hafte — Diderot glaubt sich damit in Leibnizschen Bahnen zu bewegen — die Empfindung. Die Materie ist ewig, in sich selbst ruhend, aber gerade in dieser ihrer Bestimmtheit zugleich durchgeistigt. Seele und Geist erweisen sich ihm so als ursprüngliche Eigenschaften der Materie selbst. Nun erst wird diese Lehre in einer Reihe weiterer Schriften ausgebaut, so ganz besonders in dem berühmten „Traum d'Alemberts" [2]). Spinozistische Motive gesellen sich alsbald den vermeintlichen Leibnizschen hinzu: das einzige Individuum, an dem sich alles abspielt, durch das und in dem alles ist und wird, ist das All selbst. Auf dieser Grundlage verläßt er denn auch seine Lehre von der Freiheit des Willens. Denn nur in dem All bin und will ich. Sittlichkeit wird ihm ein Gefühl des Wohltuns, Unsterblichkeit zu dem Fortleben in der Erinnerung späterer Geschlechter.

2. Mit Buffon (1707—1788) gewinnt der französische Materialismus einen fruchtbaren biologischen Einschlag. Nicht allein das Ganze der Natur gilt ihm als Organismus, der Begriff des „organischen Moleküls" soll ihm das Leben, den Begriff des Lebens selbst, erklären. Mit Lamarck und Erasmus Darwin ist die ganze Naturforschung des ausgehenden 18. und des beginnenden 19. Jahrhunderts von diesen Gedanken befruchtet worden. — In dem gegenwärtigen Zusammenhang mag auch Jean Baptiste Robinet (1735—1820) Erwähnung finden. Sein 1761 in vier Teilen erschienenes Hauptwerk „De la nature" operiert, wiederum in vermeintlicher Anlehnung an Leibniz' Monadenlehre, mit dem Begriff des organischen Moleküls. Robinet selbst bekennt sich zu der Lehre, daß in den menschlichen Keimen zugleich die Keime der Intelligenzen gelegen seien und nähert sich in seinem Satz von der „Erzeugung der Wesen" (auch der Sterne und Metalle) in gewisser Weise der Romantik, insbesondere Schelling. Im Zusammenhang damit steht seine Hinneigung zum Pantheismus und zur negativen Theologie.

[1]) Lettres sur les sourds et les muets, 1751.

[2]) Le rêve de d'Alembert.

Gott ist in seiner Unendlichkeit, obschon er als Ursache aller Dinge erkannt ist, unergründlich. Unter solchen Voraussetzungen tritt an die Stelle der Theodizee eine streng durchgeführte Kompensationslehre [1]). Robinets Begriff der Sittlichkeit ist im wesentlichen durch Humes und Hutchesons Ergebnisse bestimmt: er wurzelt ganz und gar in dem des moralischen Instinkts.

3. Den typischen Materialismus der Aufklärung vertritt zunächst der aus der Schule Boerhaves stammende Arzt Julien Offroy de La Mettrie (1709—1751). Nach manchen harten Kämpfen mit kirchlicher und ärztlicher Überlieferung gibt er anonym 1748 seinen schnell berühmt gewordenen „L'homme machine" heraus. Das Werk erweckte eine gewaltige Diskussion. Unter dem Einfluß Friedrichs d. Gr., der seinen Verfasser zum Berliner Akademiker gemacht hatte, folgt alsbald eine größere Reihe wichtiger Abhandlungen [2]). Man kann es Fr. A. Lange zugestehen [3]), daß die negativen Vorurteile gegenüber La Mettrie einzeln und in ihrer Gesamtheit einer strengen Nachprüfung bedürfen. Allein, der systematische Standort des Philosophen bleibt durchwegs durch die Tatsache seiner typisch-materialistischen Einstellung bedingt. Wie zu allen Zeiten, so gesellt sich freilich auch bei La Mettrie zu dem Materialismus eine sensualistische Komponente hinzu, zunächst da, wo er der Tatsache des Bewußtseins Herr zu werden versucht: schon der Materie selbst kommt nach ihm die Fähigkeit zu, zu empfinden. Es bedürfe daher keines metaphysischen Prinzips, um das Zusammensein von Seele und Körper zu erklären; keines „unbewegten Bewegers". Gehirn und Nervensystem selbst seien die ausschließlichen Quellen und Erzeuger der Empfindungen. Wohl bleiben ja Empfindungen allemal auf den, der sie hat, beschränkt. Aber aus den Gebärden und der artikulierten Rede der Menschen dürfe auch auf das Dasein fremder Empfindungen geschlossen werden. Und wie die Entstehung, so ist auch die „Aufbewahrung" der Empfindung im Gedächtnis organisch, d. h. materiell bedingt. Charakter und Temperament, Krankheit und Gesundheit unterliegen gleichermaßen dieser Bestimmung. Die Ärzte allein, nicht die Philosophen, vermöchten sie zu erforschen. In solchem Sinn darf der Mensch eine Maschine genannt werden. Aber auch das Glück des

[1]) Vgl. Noack, a. a. O. S. 743.

[2]) Unter ihnen Traité de la vie heureuse de Sénéque avec l'Antisénéque, L'homme plante, Réflexion sur l'origine des animaux.

[3]) Vgl. Geschichte des Materialismus 270—303.

Menschen kann nur auf der Grundlage dieses sensualistischen Materialismus verstanden werden. Es beruht auf Lust, deren Begriff freilich noch näherer Bestimmung bedürfe. Der intensiveren sinnlichen Lust steht nämlich das mildere, aber dauernde Glück der höheren und höchsten Lust, wie sie sich an Bildung und Wissen knüpfen, gegenüber. Wohltun heißt, sich selbst Lust vermitteln. Der Verbrecher sei krank; nicht der Theologe, sondern der Arzt habe sich seiner anzunehmen. Für die Existenz eines höchsten Wesens spreche alle Wahrscheinlichkeit; nur hätte seine Annahme keine praktische Bedeutung. Auch der Begriff der Unsterblichkeit enthalte keinen Widerspruch, denn am Ende ließe sich ja auch eine unsterbliche Maschine wenigstens denken. Im übrigen hätte auch die klügste der Raupen nicht recht gewußt, daß aus ihr ein Schmetterling werden würde. So wissen auch wir nicht, was aus der Materie alles werden kann. Auf keinen Fall aber dürfe die Ruhe des Daseins durch solches Nichtwissen eine Störung erleiden.

4. Der Materialismus der französischen Aufklärung entfaltet sich des weiteren in den Lehren von Holbach, Grimm, Helvetius und Cabanis. Der Deutsche Paul Heinrich Dietrich, Baron von Holbach (1723—1789), der Freund Mirabeaus und Lagranges, ist eine der gelehrtesten und feinsinnigsten Gestalten der französischen Aufklärung. Doch gründet sich seine Bedeutung weit mehr auf seine literarischen und gesellschaftlichen Qualitäten, denn auf die Originalität seiner philosophisch-wissenschaftlichen Lehrmeinungen. Auch sein Hauptwerk, das „System der Natur", ist unter solchen Gesichtspunkten zu beurteilen. Es vertritt einen geistvollen, an Lukrez, dem englischen Deismus, der Assoziationspsychologie und der Naturforschung seiner Zeit gebildeten Materialismus. Willensfreiheit und Unsterblichkeit kommen für ihn nicht mehr in Frage, doch verlieren die Begriffe von Verdienst und Schuld, Belohnung und Strafe ihren Sinn trotzdem nicht. Die sittlichen Urteile seien physiologisch zu begründen — ein Satz, der aber das Eintreten des Denkers für soziale Tugenden nicht schmälert. Als Quelle der Gottesvorstellung gilt ihm das Übel. Gott sei die verborgenste Ursache geheimnisvoller Wirkungen; ein Phantom, das sich die Verzweiflung an der Unvermeidlichkeit des Übels schafft. Von diesem Phantom gälte es loszukommen; die Verdoppelung der Natur, die in ihm liege, sei aufzuheben und zu überwinden. Das aber sei nur vermittels des Atheismus möglich. Das Bekenntnis zu ihm bedeutet für Holbach das Bekenntnis zur Natur selbst mit ihren „drei Töchtern": Tugend, Vernunft und Wahrheit. —

Das Buch begegnete allgemeiner Ablehnung. Nur einige machten sich seinen Gedankengang zu eigen, darunter vor allem der seit 1776 im russischen diplomatischen Dienst stehende Staatsrat Melchior Baron von Grimm (1723—1807)[1]) und der wenig originelle und eitle, von den Führern der französischen Aufklärung auch wenig geschätzte Claude Adrien Helvétius (1715—1771)[2]). Seine philosophische Absicht geht auf eine sensualistische Weiterbildung des Materialismus. Sie gibt seinen ethischen, vor allem aber seinen staatspädagogischen Lehren Gehalt und Richtung. Religion fällt ihm mit — sensualistisch-materialistisch begründeter — Moral zusammen. Gebote, die über das Staatsgesetz hinausgehen, seien schädlich. Origineller ist der von Condillac stark beeinflußte Arzt Pierre Jean Georges Cabanis (1757—1808). Eine schöngeistig veranlagte und durch frühzeitige literarische Leistungen hervorragende Persönlichkeit, gerät Cabanis zunächst unter den Einfluß der Führer der französischen Aufklärung, wendet sich aber alsbald der Medizin zu und wirkt in intimem Verkehr mit Mirabeau an der Reorganisation des Unterrichts, insbesondere des medizinischen, entscheidend mit. In unausgesetzter Gedankenarbeit entwickelt er zugleich seine philosophischen Anschauungen. Sein Hauptwerk ist der „Traité du physique et du moral de l'homme" (1802). Schon früher aber hatte er den leitenden Gedanken der Schrift ausgesprochen: Physiologie ist ihm Grundwissenschaft. Alle geistigen Eigenschaften des Menschen fließen aus dessen Fähigkeit zu empfinden. Auch die Moral wurzelt in der menschlichen Organisation. Ja, alle Erscheinungen im Weltall sind Folgen der Eigenschaften der Materie. In ihr und durch sie allein offenbare sich die göttliche Ordnung. Die Lehre erfährt mannigfache Wandlungen; ihr Kern aber bleibt unverändert. Metaphysik gibt es für Cabanis nicht, denn als Ursache könne nur gelten, was auf die Sinne wirkt. Daher gebe es auch keine Kenntnis von ersten Ursachen. Unter Seele sei nur ein Inbegriff leiblicher Fähigkeiten, nicht aber ein besonderes, in unerklärlicher Gemeinschaft mit dem Körper stehendes Wesen zu verstehen. Auch für die Psychologie ist daher Physiologie Grundwissenschaft. Zwischen

[1]) Correspondance littéraire, philosophique et critique, vierzehntägig an einige deutsche und nordische Höfe gesandte Berichte über die neuesten Erzeugnisse der französischen Kunst und Literatur. 16 Bände (ed. Tourneux, Paris 1878—1882).

[2]) De l'esprit, de l'homme, de ses facultés et de son éducation; sodann „Le vrai sens du système de la nature", ein Auszug aus Holbachs „Systeme de la nature" und schließlich „Le progrès de la raison dans le recherche du vrai", 1775.

Pflanzentrieb und tierischer Sensibilität beständen nur Grad- nicht Wesensunterschiede. Weil aber Sensibilität eine allgemeine Eigenschaft der Organismen ist, muß sie auch in Organen wirksam sein, wo das Ich ihre Gegenwart nicht wahrnimmt. Eine ausführliche physiologische Theorie der Empfindung vermittelt ihm sodann bemerkenswerte Sondereinsichten in die feinere nervöse Struktur des Organismus. Eine Loslösung einzelner Sinnesempfindungen von anderen sei nicht möglich; nur in ihrer Gemeinschaft und ihrem Wechselbezug vermöchten sie den gesamten psychischen Mechanismus zu erklären. Andererseits müsse dieser überall auf die Verhältnisse und die Entwicklung beim Kinde zurückbezogen werden. Lust und Unlust würden durch physiologische Zustände der Eingeweide bestimmt. So wird der „innere Sinn" an die physiologische Funktion innerer Organe geknüpft, damit seines Charakters als okkulter Qualität entkleidet und die Erregbarkeit der Nerven, im Anschluß an Karl Bells Entdeckung der doppelten Wurzeln im Rückenmark, als eine gemeinsame Grundlage für Empfindung und Muskelerregung bestimmt. — Cabanis hat auf die Entwicklung der sogenannten Psychophysik, nicht minder aber auf die Lehren der physiologischen Materialisten um die Mitte des 19. Jahrhunderts, der Vogt, Moleschott usw. bestimmenden Einfluß geübt. Ganz besonders aber zeigen sich die Spuren seines Einflusses an den Ideen des Grafen Destutt de Tracy (1754—1836). Sein unvollendet gebliebenes, Cabanis gewidmetes Hauptwerk, der „Cours d'idéologie", will den Nachweis führen, daß auch die Geisteswissenschaften nach naturwissenschaftlicher Methode zu bearbeiten seien. — Das Übergreifen sensualistischer Lehrmeinungen auf die Theorie der Ästhetik sei hier nur kurz erwähnt. Es hat bei Charles Batteux (1713—1780)[1]) die folgenschwere These gezeitigt, daß Kunst Nachahmung der Natur sei.

5. Den Sensualismus im eigentlichen und engsten Sinn vertritt auf dem Boden der französischen Aufklärung der dem geistlichen Stande angehörige Etienne Bonnot de Condillac (1715—1780). In zeitweilig engem Verkehr mit Rousseau und Diderot bekennt er sich zunächst zu den Lehren Lockes, die er unter besonderer Betonung der Probleme von Assoziation und Sprache in seinem „Essai sur l'origine des connaissances humaines" (1746) zur Darstellung bringt. Lockeschen Geist atmet auch

[1]) Les beaux arts réduits à un même principe (1746). — Seine philosophischen Lehrmeinungen sind durch Epicur beeinflußt, seine philosophiegeschichtlichen Bestrebungen verraten, ohne eigentliche Originalität, Ernst und Scharfsinn.

sein „Traité des systèmes“ 1749. Einer Abhandlung ästhetischen Inhalts [1]) folgt schließlich sein Hauptwerk „Traité des sensations“, 1754. Unter Zuhilfenahme der alten Fiktion einer beseelten Statue, in der nach und nach die einzelnen Sinnesfunktionen erwachen, sucht er zu zeigen, daß alle unsere Kenntnisse und Fähigkeiten aus den Sinnesempfindungen stammen. Vorstellen, Vergleichen und Urteilen, Lust, Begierde und Haß, Hoffnung, Furcht und Wille sind nach gewissen Grundsätzen modifizierte Empfindungen. Weitere Stufen dieses Prozesses offenbaren sich in Zahl und Dauer. Mit dem Gedächtnis verbindet sich die Funktion des Ich, die Idee der Persönlichkeit. Das ganze System der Erfahrungen, das Schließen und Abstrahieren, das Ziele Setzen und die Wahl der geeigneten Mittel, schließlich die Äußerungen des sittlichen Verhaltens und die geselligen Triebe, — alles verweist, und sei es auch nur mittelbar, auf die Empfindung. Nichtsdestoweniger läßt Condillacs Sensualismus an einigen Punkten bemerkenswerte, aber fruchtbare Schranken erkennen. Das einer größeren Zeit philosophischer Einsicht entstammende Motiv, daß Denken Rechnen sei, muß der Empfindung gegenüber auf irgend eine Weise den Eigenwert der Relation betonen. Trotz aller ausdrücklichen Beziehung auf die Empfindung gewinnen deshalb die Probleme der Sprache und der Infinitesimalrechnung auch bei Condillac ihre besondere Stellung. Sodann aber übersteigt das Problem des religiösen Glaubens die Schranken des Sensualismus. Und schließlich der theoretisch vielleicht wichtigste Punkt: Mag auch alles auf Empfindungen zurückgeführt sein — das Problem der Empfindung selbst bleibt davon unberührt. Wie Hume, so erkennt auch Condillac, daß der Summe von Empfindungen gegenüber die Einheit des Bewußtsein einen besonderen theoretischen Wert darstelle. — Condillacs Schüler waren Verächter der Metaphysik und Vertreter eines Programms empirisch-psychologischer Analyse. Im Hinblick auf dieses letztere werden sie gern als „Ideologen" bezeichnet und gewinnen als solche einen nicht unerheblichen Einfluß auf den philosophischen Unterricht. Unter ihnen ragt besonders hervor Charles Bonnet (1720—1793). Als Erforscher der organischen Natur schon

[1]) Recherches sur l'origine des idées que nous avons de la beauté 1749. Als Erzieher des Prinzen von Parma legt er im Rahmen einer pädagogischen Abhandlung seine Gedanken noch einmal auszugsweise dar. Kurz vor seinem Tode erscheint seine im Auftrag der polnischen Regierung verfaßte „Logique ou les prémiers développements de l'art de penser“ (1780) — alsbald in mehrere Sprachen übersetzt.

frühzeitig zu großer Berühmtheit gelangt, faßt er in einer Reihe geistvoller Studien sein philosophisches Bekenntnis zusammen. In seinem Hauptwerk „Essai de psychologie" 1755, ringt er mit dem Gedanken einer Mechanik der Ideen. Aller Besitz der Seele wurzle in physikalischen Gründen. Denn nur durch Vermittlung des Körpers selbst wirke die Seele auf jenen. Auf scharfsinnige Weise wird dieses Thema in Anlehnung an Condillac bis ins Einzelne hinein durchgeführt. Doch tritt hier noch deutlicher als beim Lehrer — und zwar nicht ohne metaphysische Absicht — die Idee der unteilbaren Einheit, der schlechthinnigen Einfachheit der Seele in den Vordergrund. Bonnet hatte durch Vermittlung von Tetens und Lavater einen gewissen Einfluß auch auf den deutschen Kulturbereich.

5. Rousseau.

1. Eine durchaus neue Phase in der Entwicklung der französischen Aufklärungsphilosophie bedeutet Jean Jacques Rousseau. Sie überschreitet in Rousseau ihren Höhepunkt. Ja, mehr noch! Rousseau schafft mit an den Voraussetzungen, sie zu überwinden. In seinen Lehren bereitet sich eine systematisch entscheidende Peripetie vor: die nach dem Kritizismus hin. So gewinnt Rousseau in der Geschichte der Philosophie eine eigenartige Stellung. Nicht sowohl um des Inhalts seiner Lehren willen; denn kaum ein einziges Motiv seines Denkens ist schlechthin ursprünglich — als vielmehr im Hinblick auf die Art seiner Fragestellung, in Rücksicht auf gewisse grundlegende Begriffe, die sich aus der Besonderheit dieser Fragestellung ergeben.

1712 in Genf als Sohn eines protestantischen Uhrmachers geboren, eröffnet sich Rousseau nach einer an Wandlungen und Wechselfällen reichen Kindheit das Haus einer alternden, kurz vorher zum Katholizismus übergetretenen Dame, der Frau von Warens. Zu ihr kehrt er nach mannigfachen, zum Teil recht zweifelhaften Abenteuern immer wieder zurück. Erst 1741 löst er sein Verhältnis zu ihr. In das Jahrzehnt zwischen 1732 und 1741 fällt seine Beschäftigung mit Mathematik und Latein, mit der Logik von Port Royal, mit Locke, Leibniz, Descartes und Malebranche. In Paris, wohin er sich nach seinem Bruch mit Frau von Warens wendet, verkehrt er mit den Größen der französischen Aufklärung, mit Diderot und Condillac, mit d'Alembert, Grimm und Holbach. Doch bleibt sein Leben innerlich und äußerlich unstet. Er knüpft die mannigfachsten Beziehungen an, schreibt Lustspiele und Opern, treibt

Theorie der Musik, geht als Sekretär des französischen Gesandten nach Venedig, kehrt alsbald wieder nach Paris zurück und lernt die ungebildete, aber gutmütige Therese Levasseur, die er dann viele Jahre später heiratet, kennen. 1750 begründet er seinen Ruhm als Denker. Die Akademie zu Dijon, die 1749 die Preisfrage gestellt hatte, ob die Wiederherstellung der Wissenschaften und Künste zur Reinigung der Sitten beigetragen habe, krönt Rousseaus Arbeit. Er hatte die übrigens auch in dieser Form keineswegs zum erstenmal aufgeworfene Frage[1]) verneint. Seine äußeren Lebensformen aber erleiden auch jetzt keine Änderung: er kopiert Noten, dichtet und komponiert. Doch war der Glaube an seine philosophische Sendung in ihm erwacht. 1753 erscheint seine Antwort auf die gegen die Preisarbeit erhobenen Einwände[2]), wenige Jahre später löst er eine zweite Preisfrage derselben Akademie: „Welches ist der Ursprung der Ungleichheit unter den Menschen und ist sie durch die Naturgesetze gerechtfertigt?" 1761 schreibt er auf dem Landgut einer Madame d'Epinay seine Nouvelle Heloise, 1762 endlich erscheint sein großer Erziehungsroman, der seinen Namen unsterblich machen sollte, der „Emile" und sein berühmtes staatsphilosophisches Werk, der Contrat social. Der Artikel „Economie politique" in der Encyclopédie war ihm 1755 vorausgegangen. Einige Jahre vorher war der Denker zum Kalvinismus zurückgekehrt und hatte damit das Genfer Bürgerrecht erworben. Aber immer noch gewinnt sein Leben keinen Halt. Mannigfachen Verfolgungen ausgesetzt, Freundschaften knüpfend und lösend, eilt er, dessen Schriften in Genf der öffentlichen Verbrennung anheimgefallen waren, ruhelos von Ort zu Ort. Eine glänzende Streitschrift, „Lettres de la montagne" stammt aus dieser Zeit. Seiner flüchtigen Beziehungen zu Hume und der Reise nach England war schon anderweit Erwähnung geschehen. Um 1766 herum treten bei ihm unverkennbare Zeichen einer geistigen Erkrankung auf. Sein Wanderleben aber dauert, während seine schon vor Jahren begonnenen „Confessions", eine unverhüllte Analyse seines eigenen Lebens und Charakters, zum Abschluß kommen, an. Am 3. Juli 1778 starb er in der Nähe von Paris. Das Genfer Heimatsrecht hatte er längst wieder verloren.

[1]) So z. B. Johannes Kepler in einer Jugendschrift, daß die Ausbildung der Wissenschaften den Staaten den Untergang bereitet. Opp. ed. Frisch V. Vgl. Sigwart, Kleine Schriften I, 1889, S. 188.

[2]) Discours sur l'origine et les fondements de l'inégalité parmi les hommes.

2. Rousseaus Antwort auf die Preisaufgaben der Akademie zu Dijon bedeutet eine Absage an den geschichtsphilosophischen Rationalismus der Aufklärung. Dieser galt Unwissenheit als Quelle aller Sünde und alles Elends, als Ursache alles Widerspruchs und aller Ungerechtigkeit in den gesellschaftlichen Einrichtungen. Rousseau dagegen will zeigen, daß diese Ursachen gerade in der Bildung zu suchen seien, der die Zeit bedingungslose Bewunderung zollte. Von dieser Bildung nun gelte es, wenn Glück und Sittlichkeit unter den Menschen wieder heimisch werden sollen, loszukommen. Es gelte zurückzukehren zu dem ungetrübten Born der Natur. Denn hier erst erscheinen alle asozialen Triebe getilgt; vor allem die Eigenliebe (amour propre), die den Nächsten schädigt. Der Naturmensch kennt nur, wie Tier und Pflanze auch, die seiner Erhaltung dienende Selbstliebe (amour de soi). Er lebt in Ruhe, Glück und Reinheit. Er ist gesund und stirbt eines „natürlichen", d. h. eines durch Altersschwäche verursachten Todes. Das Aufhören dieses Naturzustandes ist der Übergang zu Kultur und Gesellschaft, deren schädliche Wirkungen freilich schon mit dem bloßen Begriff des Eigentums einsetzen. Die Form nun, in der jenes Aufhören des Naturzustandes sich vollzieht, ist der sogenannte Gesellschaftsvertrag, durch dessen Begriff sich zugleich der des Staates selbst bestimmt. Andererseits ist es Sache der Erziehung, das Wiedereintreten des Naturzustandes auf dem Boden der Kultur vorzubereiten. So bilden Rousseaus Geschichtsphilosophie, seine Lehre vom Staat und seine Grundsätze der Erziehung eine einzige unlösbare Einheit. Schon jetzt aber offenbart sich eine Reihe grundlegender kritischer Gesichtspunkte. Der Naturzustand, zu dem Überlegung und Erziehung den kulturverderbten Menschen zurückführen sollen, ist nicht ein Zustand schlechthinniger Kulturlosigkeit. Es bestehe, so erklärt einmal Rousseau, ein großer Unterschied zwischen einem Naturmenschen im Naturzustande und einem Naturmenschen im Stande der Gesellschaft. Rousseaus Emile, der doch das Prinzip der Rückkehr zur Natur greifbar versinnbildlichen soll, sei nicht ein Wilder, der in die Wüste verbannt worden, sondern ein Wilder, welcher in Städten wohnen soll. Was von ihm verlangt wird, ist lediglich dies, daß er im Wirbel der Welt nicht durch Leidenschaften und Vorurteile der Menschen richtungslos fortgerissen werde. Er soll mit seinen eigenen Augen sehen, mit seinem eigenen Herzen fühlen und durch keine andere irdische Macht bewegt werden, als durch die Vernunft.

3. So rücken Natur als Zielpunkt der Erziehung und Vernunft hart zusammen. Die Natur, zu der die Menschheit zurückzuführen ist, ist vernunftgemäße, vernunftgeforderte Natur. Nicht an die Natur der Naturwissenschaft also denkt Rousseau bei seiner These; auch nicht an die Natur als den Kulturzustand des sogenannten „Wilden"; — sondern an eine Natur als Kulturforderung. Sein Begriff einer Rückkehr zur Natur ist somit nicht negativ, sondern positiv bestimmt. Er bedeutet nicht eine bedingungslose Abwendung von der Kultur, sondern eine Hinwendung zu einem neuen Begriff der Kultur. Sein Begriff der Natur ist recht eigentlich dieser neue, vernunftbestimmte Begriff der Kultur. Damit aber rückt auch Rousseaus Staatsphilosophie in eine veränderte Beleuchtung. Seine berühmte Lehre vom Gesellschaftsvertrag (contrat social) ist es, wodurch sich jener neue Begriff der Kultur an den Problemen des menschlichen Gemeinschaftslebens bewähren soll. Er scheint ja die Entstehung des Staates zu betreffen: ein Vertragsverhältnis zwischen den einzelnen müsse herbeigeführt worden sein, damit die Härten des ursprünglichen Naturzustandes aufgehoben werden, auf daß die Rückkehr zum „kultivierten" Naturzustand ermöglicht werde. In Wahrheit aber betrifft Rousseaus Frage nicht die Entstehung, sondern — ganz wie bei Hobbes — den Begriff des Staates. Der contrat social beschreibt nicht die Geschichte eines Ereignisses, er ist Element in der Definition eines Begriffs. Ein vertragsmäßiger Zustand sei, so will auch Rousseau sagen, vorauszusetzen, wenn der Kulturlosigkeit des ursprünglichen Naturzustandes, aber auch der Kulturlosigkeit einer unnatürlichen, überbildeten und künstlichen Kultur ein Ende bereitet, wenn der neue, auf liberté und égalité zu gründende Staat Wirklichkeit werden soll. Der überzeitliche Sinn des Staates, nicht die Umstände seines zeitlichen Werdens, sollen in dem Begriff jenes Vertrags ihren Ausdruck finden. Der in ihm geforderte freiwillige Verzicht des einzelnen auf seine ursprüngliche Freiheit wird darum aus einer scheinbar geschichtlichen Tatsache eine übergeschichtliche Forderung, zugleich aber ein leitender politischer Grundsatz des Denkers. Freilich, dieser Grundsatz findet gerade im Tatsächlichen seine notwendigen Schranken. Mag auch die Souveränität des Volks die Quelle aller Macht sein und bleiben, die besondere Form, in der sie sich ausprägt und betätigt, wird durch rein empirische Gesichtspunkte bestimmt: durch die Macht und die Besonderheit der tatsächlich zu bewältigenden Aufgaben. Es ist dies der Punkt, an dem die Theorie des Staates herüberführt zu der Erwägung

der tatsächlichen, geschichtlichen Entfaltung seines Wesens. Rousseau selbst aber hat jene Theorie von dieser Erwägung auf das schärfste und fruchtbarste getrennt. Er hat offenen Auges den Grundsätzen, denen gemäß der Staat aufgebaut und zu begreifen ist, die Betrachtung der Machtverhältnisse, vermöge deren er geworden war, gegenübergestellt. So ist für Rousseau der Staat ein ideales Gebilde; und ideal in demselben Sinne ist auch die Willensbetätigung derjenigen zu nennen, die im Staat vereinigt sind. Welches aber ist dieser Sinn? Er bestimmt sich in dem berühmten Begriffspaar „volonté générale“ und „volonté de tous“. Gegenüber der Tatsache von Willensäußerungen stellt die volonté générale die ideelle Form, die Einheit einer Bedingung dar. Sie ist die Form, der gemäß sich die Vielheit von Willensrichtungen der im Staat vereinigten Subjekte, der Idee des Staates entsprechend, gestaltet. Wo der politische Einzelwille sich im Sinne des Staatsbegriffs, d. h. „vernunftgemäß“ betätigt, da genügt er der Bedingung der volonté générale. Sie bedeutet ein Prinzip, eine Richtschnur für den Einzelwillen. Niemals kann sie darum Summe einzelner Willensregungen sein, auch dann nicht, wenn diese letzteren in bezug auf ihren Inhalt mit dem Gemeinwillen tatsächlich übereinkommen sollten. Denn die volonté générale ist der theoretische Sinn dieser Willensregungen; er verhält sich zu ihnen ähnlich, wie das analytische Gesetz eines Ereignisses zu den einzelnen Fällen, an denen es sich offenbart. In der Tat: der „Gefühlsphilosoph“ am Ende der Aufklärungszeit setzt hier die logische Überlieferung der großen Systematiker des 17. Jahrhunderts auf bedeutsame Weise fort. Nur unter dem Gesichtspunkt des „analytischen Verfahrens“ ist der Unterschied zwischen der volonté générale und der volonté de tous scharf zu begreifen. Auch hier also versagen die philosophiegeschichtlichen Schlagworte von „Rationalismus“ und „Empirismus“. Auch hier offenbaren sich übergreifende Beziehungen, in denen sich jene Gegensätze restlos relativieren. Die Freiheit des Menschen im Staate ist die Abhängigkeit vom Gesamtwillen. Sie ist die Abhängigkeit vom Gesetz. Durch das Gesetz gebunden sein, heißt der Bedingung des Gesamtwillens genügen, zugleich selbst konstituierendes Glied dieses Gesamtwillens sein, also an der Schöpfung von Gesetzen rechtlichen Anteil haben. In seinem Verhältnis zum Begriff des Staates wurzelt die bindende Kraft des Gesamtwillens. Er kann grundsätzlich an alles heran, was nicht der Aufhebung seines Wesens gleichkommt. Er kann grundsätzlich auch die Aufhebung des Privateigentums vollziehen. Gewichtige, das Sein des Staates selbst berührende psychologische Gründe sprechen allerdings dafür, das Privateigentum als rechtliche Institution zu erhalten. Gerade diese Rücksicht auf psychologische Realitäten nun kennzeichnen Rousseau als Mann der politischen Praxis. Das zeigt sich z. B. an seinem Eingreifen in einen Genfer Verfassungskonflikt. Mit kluger Zurückhaltung, feinem geschichtlichen Takt, ohne jegliche Überspannung der politischen Prinzipien ist er bestrebt, wohlerwogene Kompromisse herbeizuführen, um vermittels ihrer seinen Grundsätzen doch noch Geltung zu verschaffen. Das offenbart sich auch in seinem Verfassungsentwurf für die Adelsrepublik Polen: allen nur denkbaren nationalen Velleitäten trägt er hier mit scharfer Einstellung auf Psychologie und Geschichte seines Gegenstandes Rechnung. Überhaupt hat er den schematisierenden Kosmopolitismus der Aufklärung überwunden. Das Besondere der nationalen Eigenart dient ihm auch da als Wegweiser, wo sich sein Sinn ganz dem angeborenen Menschenrecht auf Freiheit zuzuwenden scheint. Nur bei dem Plan einer Verfassung für Corsica, das er mit allen Mitteln kluger Berechnung als Bauernstaat erhalten wissen will, leiten ihn mehr als sonst rein theoretische Erwägungen.

4. Über Rousseaus Erziehungslehre ist viel gehandelt worden. So sehr er auch hier ins Einzelne geht, und eine so große Perspektive er auch Pädagogik und Psychologie eröffnet — die Grundsätze dieser Erziehungslehre sind rasch geschildert. Zu einer an sich guten „Natur" gilt es ihm den Menschen zurückzuführen. Schafft man seinen natürlichen Anlagen freie Bahn, schlägt man sie nicht in die Fesseln blinden Autoritätsglaubens oder ungezügelter Freidenkerei, so sichert man dem Menschenkinde die naturgemäße Entfaltung seiner Kräfte und damit sein Glück und sein Gedeihen. Allen beengenden Einflüssen körperlicher oder geistiger Art sei das in der freien Natur, fern von der entnervenden Atmosphäre der Städte zu erziehende Wesen entrückt. Die Erziehung sei in diesem Sinne zunächst negativ. Das Recht, der psychologische und kulturelle Eigenwert des kindlichen Daseins werde geachtet. Eine vorzeitige Erziehung zu Liebe und Verehrung sei ebenso zu vermeiden, wie eine voreilige Berührung mit dem Kreis religiöser Vorstellungen. Trotzdem müsse das Verhalten des Zöglings letzten Endes positiv gerichtet werden. Und das wird zunächst dadurch anzustreben sein, daß man in dem Zögling das Gefühl einer im höchsten Sinn des Wortes zu verstehenden Interessengemeinschaft mit seinen Neben-

menschen, vor allem dem Erzieher selbst, erweckt. Der Zögling fügt sich dem Erzieher, weil er fühlt, daß dieser seine Spiele lenkt, und daß er ihm die umgebende Natur erfolgreich deutet. Allmählich gliedert sich ihm dann der Kreis seiner positiven Interessen: Emile lernt nunmehr im eigentlichen Sinn des Wortes und eben darum frei von aller beengenden Äußerlichkeit und Passivität, aktiv und mit allseitiger, auch den körperlichen Verrichtungen und dem Handwerk freudig zugewandter Entfaltung seiner Kräfte. Immer tiefer wächst er so in die Bedingungen des gesellschaftlichen Lebens hinein. Die ganze Stufenfolge der sozialen Triebe erwacht in ihm und fordert vernunftgemäße Befriedigung; auch die Begriffe der Religion hören nun auf, für ihn leerer Schall zu sein. Rousseau selbst aber gelangt durch diese Erwägungen auf die Fragen der Ehe und der damit verknüpften Probleme der Mädchenerziehung und eröffnet so der Pädagogik nach neuen Dimensionen hin bedeutungsvolle Perspektiven. Die gesamte Entwicklung der Pädagogik nach Rousseau erscheint in der Tat von seinen Gesichtspunkten entscheidend beeinflußt. Allein, über diese nächsten pädagogischen Wirkungen hinaus stellt der „Emile" das Problem des Kulturbegriffs der Natur — denn so muß man den Ruf nach der „Rückkehr zur Natur" kennzeichnen — nur von einer neuen Seite her zur Erörterung.

5. Rousseaus Religionsphilosophie und Weltanschauung ist in dem „Glaubensbekenntnis eines savoyischen Vikars" niedergelegt. Sie ist das Bekenntnis zu einer Religion der Vernunft: der Vernunft, nicht des Verstandes; einer Religion des Herzens, nicht des Wortes oder der Werke. Rousseaus Streit richtet sich gegen zwei Gegner: den materialistischen Pantheismus und den Glauben an eine übernatürliche Offenbarung. Die reale Existenz der Außendinge ist nicht minder gewiß als das eigene Dasein, oder, weil alles, was auf die Sinne wirkt, Materie genannt werden kann, das Dasein der Materie. Sie ist mit den Tatsachen der Empfindung und der Vergleichung, der Wahrnehmung und des Urteils gegeben. Materie ist gegen Ruhe und Bewegung gleichgültig; daher ist ihr natürlicher Zustand der, in Ruhe zu sein. Wirkt nichts auf sie ein, so bewegt sie sich auch nicht. Doch gebe es auch freiwillige Bewegungen. Ich kenne sie aus der Tatsache meines Willens. Die Bewegung der Weltkörper freilich könne von dieser Art nicht sein. Nur in Rücksicht auf eine bewegende Kraft kann ich mir die Bewegung der Sonne denken, wie überhaupt die ersten Ursachen der Bewegung nicht in der Materie selbst zu suchen seien. Von Wirkung zu Wirkung zurück-

gehend, müsse man auf eine erste Ursache stoßen, da der Regressus ins Unendliche nicht möglich ist. Eine Bewegung, die nicht durch andere hervorgebracht ist, könne nur einer freiwilligen Handlung entspringen. Jede wahrhafte Handlung aber verweist auf den Willen. Nur aus dem Willen ist bewegte Materie zu erklären; und sofern sie nach gewissen Gesetzen bewegt erscheint, ist dieser Wille zugleich Intelligenz. Ein höchstes, denkend wollendes Wesen muß also existieren. Wo ich die Einheit der Welt unter irgend welchem Gesichtspunkt schaue, da schaue ich auch die Notwendigkeit der Existenz ihres Schöpfers und Erhalters. Indessen, dieses Wesen, mag ich es auch gut nennen müssen, lerne ich niemals kennen. Nur meinem Gefühl erschließt es sich. Ich bete es an nach dem Bedürfnis meines Herzens, nicht nach dem Gebot einer Vorschrift. Ich bin frei in meinen Handlungen, indem ich will, was meiner Natur gemäß ist. Nur aus Mißbrauch seiner Freiheit tue der Mensch „Böses". Die Vorsehung aber kann es niemals wollen, daß er es tue; sie hindert ihn bloß nicht, es zu tun. Und deshalb ist für seine Taten er selbst, der Mensch, verantwortlich. Ein Böses jenseits dieser Taten, gleichsam ein allgemeines Böses, gebe es nicht. Es wäre grundsätzlich nur als „Unordnung" möglich und diese ist im System der Welt nirgends zu entdecken. Der Körper nützt sich ab und vergeht; ich begreife, wie er zerstört wird. Eine ähnliche Zerstörung des denkenden Wesens aber vorzustellen, ist mir nicht möglich. Ich nehme darum die Unsterblichkeit der Seele an, zumal sie mir auch eine Quelle des Trostes ist. Der wahre Seelenfriede quillt aus der Zufriedenheit mit uns selbst. Diese aber ist nur da, wo wir die Dinge ihrer ewigen Wahrheit nach, d. h. frei von allen Täuschungen betrachten; wo wir uns dem gegenüber was wir tun, darauf besinnen, was wir hätten tun *sollen*. Solchen Seelenfrieden verdienen, heißt gut sein. Es heißt zugleich seiner eigenen Natur gemäß sein. Und weil der Urheber der guten Wesen zugleich der Urheber aller Gerechtigkeit ist, so kann er sie nicht zum Leiden bestimmt haben. Mußten sie trotzdem in diesem Leben leiden, so werden sie dafür in einem anderen entschädigt werden. Die Ewigkeit der Strafen aber, die den Bösen bedrohen sollen, kann ich nicht erweisen. Sicher ist nur, daß die Ruhelosigkeit des Lasters selbst schon *dieses* Leben zur Hölle werden läßt. Nie kann ich in Gottes unendliches Wesen eindringen. Allein, weil ich weiß, daß er ist, demütige ich mich vor ihm, indem ich mich zu ihm erhebe. So wende ich mich in meiner gläubigen Herzenseinfalt von flacher Freigeisterei nicht minder ab, wie von fanatischem Religionswahn.

Man habe den Mut, jener gegenüber sich zu Gott zu bekennen; man berufe sich dieser gegenüber auf Menschlichkeit. Alle Duldung wurzelt letzten Endes in solchen Einsichten. Alle positive Religion ist durch die besonderen geschichtlichen oder naturgesetzlichen Umstände, unter denen sie geworden, bestimmt. Alle Bekenntnisse sind gut, wenn nur Gott in ihnen reinen Herzens verehrt wird. Denn die wahre Religion quillt aus dem Herzen und im reinen Herzen wohne Gott. So ist der Ort aller wahren Religiosität das Gewissen. So verbindet sich ihr Begriff zu unlösbarer Einheit mit dem der Sittlichkeit: Religion widerspräche sich selbst, versuchte sie, den Menschen von den Pflichten der Sittlichkeit zu entbinden.

6. Die problemgeschichtliche Stellung J. J. Rousseaus ist durch kein noch so umfassendes Schlagwort zu erschöpfen. Zunächst steht er, persönlich wie systematisch, mitten inne zwischen zwei großen Zeitabschnitten der Philosophiegeschichte: noch ganz und gar hineinverstrickt in die Fragen der philosophischen Aufklärung, erhebt er sich doch zugleich hoch über deren Gesichtskreis zu einer vollendeten kritischen Entfaltung schlechthin neuer und entscheidender Motive. Mit der Aufklärung teilt Rousseau das Dogma, daß die Kultur lediglich nach dem Ausmaß zu bewerten sei, in dem sie Glück und Sittlichkeit der Menschen fördert. Wohl leugnet ja Rousseau eine solche Wirkung der Kultur. Aber in dem gleichen Umfang leugnet er dafür auch den Wert der Kultur selbst. Von der Aufklärung trennt ihn andererseits seine Stellung zu der Begriffstrias: „Natur-Vernunft-Kultur". Sich der Natur hingeben, heißt sich der Vernunft und vermittels dieser der wahren Kultur verschreiben. Ein neuer, der Kulturbegriff der Natur ist ihm erstanden. Sich zur Natur zurückwenden, bedeutet für Rousseau nicht mehr, wie bisher, die Kultur, je nach der Tiefe der Einsicht in die Geheimnisse der Natur, klug berechnen wollen; es bedeutet nicht mehr die Natur als einen dogmatischen Maßstab der Kultur — das war aufklärungsmäßig. Es bedeutet ein kritisches Hinausgehen über diesen Maßstab; es heißt, ihn selbst der Bedingung einer durchaus neuen, in ihm noch nicht enthaltenen Wertung unterziehen. In der Gleichsetzung von Natur und Vernunft, wie sie bei Rousseau gemeint ist, treten recht eigentlich die Begriffe Verstand und Vernunft auseinander. In der Vernunft ist eine neue Norm, ein neues methodisches Prinzip der Einheit entdeckt; einer Einheit, der gemäß sich eben die Welt der Kultur bestimmt. Man übersieht mit einem Blick, wie tief gerade hier Rousseau und Kant zusammenstimmen,

wie sehr die Bewunderung, die Kant Rousseau zollt, sachlich begründet ist. Rousseaus neuer Begriff der Natur überwindet den Rationalismus der Aufklärung; — ganz wie sich Kants Begriff der „Idee" als neue Bedingung der Einheit über das Niveau der Grundsätze der Erfahrung erhebt. Wohl fehlt Rousseau Kants systematische Tiefe. Noch sind ihm die verschiedenen Prinzipien der Einheit nicht notwendig aufeinander bezogen. Noch gliedern sie sich ihm nicht wie bei Kant zum festgefügten System. Aber die Rolle, die Rousseau seinem Kulturbegriff der Natur zuweist, deckt sich genau mit den Funktionen der kantischen Idee. Die Ordnung der Kultur ist derjenigen der bloßen „Erkenntnis" gegenüber eine eigentümliche. Allein, sie ist Ordnung; sie ist als Ordnung denkbar; und sie heißt in diesem ihrem Bezug Natur und Vernunft. Nicht ein schlechthin jenseitiger Bestand, eine unfaßbare metaphysische Realität offenbart sich uns in der Norm der Kultur, sondern eine neue Funktion der Einheit gedanklicher — darum freilich noch nicht erkenntnismäßiger und rationaler — Betätigung. So treten denn bei Rousseau, ganz so wie später bei Kant, die Begriffe Gott und Glaube, Freiheit, Gewissen und Unsterblichkeit in eine unmittelbare Nähe zur „Vernunft". Sie sind auch hier aus „bloßer Vernunft", Forderungen der Vernunft; gerade deshalb aber vor jeder rationalisierenden, jeder „aufklärerischen" Vergewaltigung grundsätzlich gesichert. Sie werden auch hier nicht erkannt und im Rahmen der Erkenntnis verstandesmäßig erledigt: das eben tat die Aufklärung. Sie werden für den, der erkennen will, postuliert. Sie werden der Besonderheit ihres Geltungsanspruchs nach erfaßt und gewürdigt. So decken sich in diesem merkwürdigen „Naturalismus" Rousseaus notwendig die Forderungen des „Herzens" mit denjenigen der „Vernunft". So aber gewinnt auch der vage Begriff des „Gefühls" volle methodische Bestimmtheit. Der Gefühlsphilosoph ist als Überwinder des aufklärerischen Rationalismus Vernunftphilosoph. Allein, die Aufklärung überwinden, heißt zugleich den Anschluß an die großen Systeme suchen, deren Verflachung die Aufklärung mit ihr Dasein verdankt. Hand in Hand mit der kritischen Unterscheidung zwischen Verstand und Vernunft geht, so überraschend das auch fürs erste klingen mag, Rousseaus methodische Einstellung auf die Gesichtspunkte des analytischen Verfahrens. Zwar handelt es sich ihm nicht um Bedingungen mathematischer Einsicht oder um die Struktur der Erkenntnis überhaupt; aber die Begriffe von Staat und Gesellschaft, von politischer Willensbetätigung und gesetzlicher Freiheit strebt er ganz und gar durch die methodischen Mittel zu bewältigen, deren sich die großen Systematiker des 17. Jahrhunderts bedient hatten. Gewiß, er ist in diesem Belang „Rationalist", aber in einem ganz anderen Sinn und einem ganz anderen Umfang wie seine aufklärerischen Zeitgenossen. Er sucht zu Gegebenheiten Bedingungen, aber der Begriff der Bedingung hat sich ihm geweitet: ihr oberstes Gesetz enthüllt sich ihm nur in Rücksicht auf das Einheitsprinzip der Vernunft.

7. Wie bei allen großen Gestalten der philosophischen Vergangenheit, tritt auch bei Rousseau den problemgeschichtlichen Fernwirkungen gegenüber der unvermittelte und im engsten Sinne schulgemäße Einfluß auf seine Zeit relativ zurück. Das mag sich schon darin ausprägen, daß die Genossen von der „Encyclopédie" den gedanklichen Gehalt seiner Lehren zunächst völlig verkannt haben. Das äußert sich aber auch in der Art und dem Umfang der Gefolgschaft, die man ihm zunächst leistete. Im wesentlichen kommen hier die sogenannten „Physiokraten" in Frage. Sie haben Rousseaus Begriff der Natur zu einem nationalökonomischen Grundsatz verarbeitet: er sollte dem „laissez aller" und der Forderung staatlicher Fürsorge für die Landwirtschaft zur Richtschnur dienen. Die spärlichen Versuche einer philosophischen Begründung dieser Tendenzen sind kaum erwähnenswert. Höchstens darf in diesem Zusammenhang neben Quesnay und Turgot der edle Marquis de Condorcet (1743 bis 1794) genannt werden. Sein Hauptwerk[1]) dient der Verherrlichung der französischen Revolution als des Beginns wahrer Vernunftherrschaft. Völkerpsychologische und pädagogische Gesichtspunkte verbinden sich in ihm mit der bedeutsamen Forderung einer sozialen Moral. Es gelte nicht nur, die Gesetzgebung entscheidend zu beeinflussen; es müsse auch dem individuellen Willen im Sinne seiner ewigen Interessen die Richtung gegeben und er damit in die Bahnen der „Vernunft" gelenkt werden. Auch die kommunistischen Staatsentwürfe des Abbé Morelly und die spartanischen Erziehungsmaximen des Gabriel Bonnot de Mably (1709—1785) gehören in diesen Zusammenhang. Sie leiten mit größerer oder geringerer Wirksamkeit zu der umfangreichen sozialistischen und kommunistischen Literatur der eigentlichen Revolutionszeit hinüber. Aber weder der Umkreis dieser näheren Beziehungen, noch auch die großen problemgeschichtlichen Zusammenhänge, denen Rousseau angehört, können die philosophiehistorische Bedeutung des Denkers er-

[1]) Esquisse d'un tableau historique des progrès de l'esprit humain.

schöpfen. Wie kaum eine zweite Gestalt hat Rousseau die Stimmung, man darf wohl sagen: der gesitteten Welt beeinflußt. Kein Gebiet des kulturellen Lebens vermochte sich diesem Einfluß für die Dauer zu entziehen. Literatur und Politik, Erziehung und Gemeinschaftsbewußtsein, ja alle Formen, in denen das individuelle und das öffentliche Leben der Zeit nach Gestaltung drängen, lassen gleichermaßen seine Spuren erkennen. Man hat oft Rousseaus unmittelbaren Einfluß auf den Sturm und Drang, auf Schiller und Herder, dann auf die großen Philosophen und Erzieher der deutschen Romantik hervorgehoben. Aber über alle diese, trotz aller Tiefe immer noch besonderen Wirkungen hinaus bestimmt er, nicht zuletzt durch seinen Einfluß auf den Ideengehalt der französischen Revolution, die Stimmung und das Denken seiner Zeit.

6. Lambert und Tetens. Über die deutsche Aufklärung.

1. Rousseau gibt dem 18. Jahrhundert den charakteristischen, auch systematisch geforderten Abschluß und stellt dem 19. eine Fülle unabweisbarer Probleme. Aber ehe sie sich in ihrem ganzen Reichtum enthüllen konnten, mußte einem Größeren durch den Begriff der Erkenntnis der gesamte Tatbestand der Philosophie zum Problem geworden sein. Wohl ist schon Kants Fragestellung ein Gebilde von höchster Komplexion. Mit Bezug auf diese nennt man denn auch nicht nur die großen Systematiker und Erkenntnisphilosophen des 17. und 18. Jahrhunderts, nicht nur Rousseau als seine „Vorläufer"; sondern auch Männer von engerer systematischer Einstellung, wie Johann Heinrich Lambert (1728—1777) [1]) und Johann Nikolaus Tetens (1736—1807) [2]). Lamberts Fragestellung ist durch eine scharf umrissene erkenntnistheoretische Absicht gekennzeichnet. Auch hat Lambert — als Mathematiker wie als Philosoph Leibniz-Wolffscher Richtung gleichermaßen berühmt — mit der Idee der „Gedenkbarkeit" und dem Begriff des logischen Apriori Motive angeschlagen, ohne die Kants Fragestellung gar nicht möglich wäre. Erfahrung in ihrer eigentümlichen Substruktion, ihrem systematischen Ineinander apriorischer und aposteriorischer Faktoren, ist auch ihm wie Kant zum Problem geworden. Auch in dem Plan, Locke und

[1]) Kosmologische Briefe 1761, Neues Organon 1764, Anlage zur Architektonik. 1771.

[2]) Philosophische Versuche über die menschliche Natur und ihre Entwicklung. (1776 und 1777).

Wolff im Wechselbezug des Begriffspaars Inhalt und Form miteinander zu versöhnen, regen sich Kantsche Motive. In einer Art von „Gegenstandstheorie“ [1]) erfahren sodann die Probleme des Objekts und seiner vorstellungsmäßigen Korrelate ein bedeutsames Maß kritischer Vertiefung; und schließlich bewegt auch Lambert die Frage nach der Beziehung der Wahrheit auf die Wirklichkeit in dem Tatbestande der Erkenntnis aus Erfahrung. Indessen, bei aller Verwandtschaft mit Kant erreicht er doch nirgendwo dessen methodische Kraft und Tiefe. Die Wirklichkeit verharrt für ihn schließlich in unanalysiertem metaphysischem Dunkel und letztlich ist es die Gottheit selbst, die Begriff und Wirklichkeit aneinanderkettet. Sein Denken ist eben „eklektisch“, er suchte „einen Ausgleich, ja, im Grunde einen bloßen Kompromiß zu stiften zwischen Empirismus und Rationalismus; der Gedanke an die ursprüngliche Verknüpfung von Vernunft und Erfahrung in aller Erkenntnis, der Gedanke Kants, kam ihm noch nicht in Sicht“ [2]).

2. Und noch einfacher liegen die Dinge in bezug auf das Verhältnis von Tetens zu Kant. Gerade weil einzelne der Gedanken Tetens' bereits offenkundig den Einfluß Kants verraten, ist es besonders wichtig, sich sofort auf den entscheidenden Unterschied beider zu besinnen. Niemand hat diesen Unterschied schärfer gekennzeichnet als Kant selbst. Tetens, äußert einmal der Philosoph, untersucht die Begriffe der reinen Vernunft bloß subjektiv; ich untersuche sie objektiv. Jene Analysis ist empirisch, diese transzendental. — In der Tat, die allenthalben auf die physiologischen Grundlagen gerichtete psychologische Analyse, nicht die erkenntnistheoretische Zergliederung des Tatbestandes der Erkenntnis, ist Tetens' Verdienst; — auch und ganz besonders da, wo er sich etwa mit Humes Kausalitätslehre kritisch auseinandersetzt. Zwar will auch er alle die „gedenkbaren“ Verhältnisse ermitteln, um damit den Umfang der Erkenntnis zu bestimmen. Aber alsbald verliert sich diese kritisch klingende Aufgabenstellung in psychologische Erwägungen. Er streift hart an Kantische Einteilungen, Formeln und Fragen; aber sie erfüllen sich ihm so gut wie nie mit kritischem Inhalt. Er sucht die Fundamente, auf denen das menschliche Denken seine allgemeinen Theorien errichtet; nicht die sachlichen Voraussetzungen dieser allgemeinen Theorien selbst. Und deshalb rührt auch seine Unterscheidung zwischen den Phänomenen

[1]) Vgl. Cassirer, a. a. O. S. 420.

[2]) Al. Riehl, Der philosophische Kritizismus. I. Bd., 1908, S. 233.

und den hinter ihnen stehenden, der Seele schlechthin verborgenen Dingen nicht an die eigentlichen Tiefen der Kantischen Ergebnisse.

Lambert und Tetens lassen die meisten typischen Vertreter der deutschen Aufklärung weit hinter sich. Das gilt nicht allein für die älteren und ältesten Vertreter dieser Richtung [1]), mit ihrer vielfach grundsatzlosen und flachen Bewunderung des englischen Deismus, ihrer dogmatischen Verwerfung jedes übernatürlichen Glaubensgehalts, ihrer Kennzeichnung aller Offenbarung als Betrug und Irrtum. Es gilt auch für die Aufklärung als theologischen Rationalismus [2]); nicht minder aber für ihre in besonderen Gesellschaften (Illuminaten-Orden, Gesellschaft der Freunde der Aufklärung) zusammengeschlossenen Vertreter und den hinter der „Alten" bzw. der „Neuen Deutschen Bibliothek" stehenden Kreis (Friedrich Nicolai 1733—1811). Zu ihnen gesellt sich dann eine Gruppe höher strebender Popularphilosophen, die wesentlich an den Problemen des göttlichen Daseins und der Unsterblichkeit eine Art moralischer Glückseligkeitsdoktrin entfalten: Joh. Georg Sulzer (1720 bis 1779), Dietr. Tiedemann (1748—1803), Christ. Garve (1742 bis 1798), Heinr. Feder (1740—1820), Joh. Aug. Eberhard (1739—1809), Thom. Abbt (1738—1766), vor allem aber der feinsinnige, von Kant aufrichtig bewunderte, mit Lessing befreundete Moses Mendelssohn (1729—1786) [3]). Ohne tiefere theoretische Einstellung, verbindet er in edler Gesinnung die Forderung religiöser Toleranz mit dem auf Wolffschen Grundlagen aufgebauten Versuch, den ontologischen Gottesbeweis aufs neue zu beleben.

3. Aber allen diesen und verwandten aufklärerischen Tendenzen, auch soweit er sie teilen mag und bewundert, setzt Kant ein schlechthin Neues entgegen. Allen tastenden Vorstadien seines Philosophierens steht er in überragender Größe gegenüber. Mag daher auch diese oder

[1]) Gottfried Arnold (1666—1714), Joh. Konr. Dippel (1673—1734), Christ. Edelmann (1698—1767).

[2]) Hermann Sam. Reimarus (1699—1768), Joh. Salomo Semler (1728 bis 1791).

[3]) Philosophische Gespräche. Briefe über die Empfindungen (1755), eine Übersetzung von Rousseaus Preisschrift (Betrachtungen über die Ungleichheit der Menschen) 1756; seine 1763 preisgekrönte Abhandlung: Über die Evidenz in den metaphysischen Wissenschaften, dann 1767 der „Phaedon" oder „Über die Unsterblichkeit der Seele", schließlich neben einer Reihe der Kultur des Judentums gewidmeten Schriften, seine vielgelesenen „Morgenstunden" (1785) und eine Streitschrift „Mendelssohn an die Freunde Lessings" (1786).

jene kritische Sonderfrage schon vor Kant aufgetaucht sein; mag er auch hinsichtlich mancher seiner Begriffe und Ergebnisse seine „Vorläufer" haben; — über sein Verhältnis zur Vergangenheit entscheiden alle diese Einzelheiten nicht. Die souveräne methodische Beherrschung des gesamten Gebietes möglicher Geltung durch eine einzige Fragestellung ist es, was Kant über alle seine Vorläufer, mögen sie ihm auch zeitlich und persönlich noch so nahe gekommen sein, grundsätzlich hinaushebt. — Mit Kant ersteht ein neues Prinzip philosophischer Fragestellung. Das analytische Verfahren wird gleichsam nach einer neuen Dimension hin ausgebaut und vertieft. Auch jetzt wird nach der „Möglichkeit" von Erkenntnis gefragt, aber so, daß diese Frage sich in ihrer eigenen Unerläßlichkeit rechtfertigt. Es entsteht ein neuer Begriff der Philosophie. Sie ist strenge Wissenschaft. Nur ist, was sie in unablässiger Arbeit zu bewältigen hat, ihr eigener Begriff. Methode und Sache sind von nun an eins. Forschung und Rechtfertigung der eigenen Fragestellung fallen von nun an zusammen: Philosophie wird sich selbst zum Gegenstand. Das heißt: Sie hat in allen Wandlungen der Erkenntnis gegenständlicher Zusammenhänge, wissenschaftlicher und außerwissenschaftlicher, das Recht eben dieser Erkenntnis zu begründen. Sie reicht so weit, wie die Sphäre und die Gliederung möglicher, wissenschaftlicher oder außerwissenschaftlicher Wahrheit. Sie weist aber auch, wie alle Wissenschaft, nach vorn. Wohl verzichtet auch sie nicht darauf, System zu sein. Allein, der neue, der kritische Begriff des Systems setzt der positiven Einsicht nirgends Schranken. Die Philosophie im Sinne Kants fordert die unabsehbare Entwicklung der Kultur; gerade mit Bezug auf die Begründung solcher Unabsehbarkeit der Entwicklung aber ist bei Kant Philosophie System.

4. Der Entwicklungsgang der Philosophiegeschichte von der Renaissance bis Kant stellt selbst eine systematische Einheit dar. So reich und vielgestaltig aber diese Entwicklung auch sein mag, ihre geschichtlich greifbaren Träger erscheinen der tiefer eindringenden Analyse doch überall durch einen bis in die letzten Motive hinein wirksamen sachlichen Wechselbezug miteinander verknüpft und damit jeder erschöpfenden Kennzeichnung durch kontradiktorische Schlagworte grundsätzlich entrückt. Ihren schärfsten philosophiegeschichtlichen Ausdruck empfängt gerade diese Tatsache von dem gemeinsamen Bezug aller wesentlichen Motive auf die Philosophie Kants. In solchem Sinne beschließt diese eine der größesten Epochen der Geistesgeschichte. In solchem Sinn aber eröffnet sie ihr auch neue und unabsehbare Möglichkeiten.

Namenregister.

Sachregister.

Kolibri 360 GmbH
Ferdinand-Jühlke-Straße 7
99095 Erfurt, Deutschland
produktsicherheit@kolibri360.de